应用生物技术大系

可再生能源的微生物转化技术

宋安东 等 编著

科学出版社

北京

内 容 简 介

本书在分析当前全球面临的能源和环境危机的基础上，阐述了利用生物质转化为主的生物炼制的内涵，将微生物技术与可再生能源转化有机结合起来，全面论述了利用微生物技术转化可再生能源的基础理论、基本工艺、基本装备、应用情况和发展前景。内容主要包括生物炼制、生物沼气、生物氢气、生物乙醇、生物丁醇、生物柴油、生物采油、生物燃料电池、煤炭的生物转化、能源的洁净化等方面，为读者展示了能源微生物技术的全貌。本书是一部全面反映可再生能源生物转化的新技术、新材料、新方法、新进展的集理论性和实践性为一体的专著。

本书可以作为生物、环境、能源、生物化工等领域有关科研人员、生产技术人员的参考书，也可作为高等院校的生物技术、生物科学、生物工程、生物化工、能源工程、资源利用等专业的研究生、本科生的教学用书。

图书在版编目（CIP）数据

可再生能源的微生物转化技术 / 宋安东等编著. —北京：科学出版社，2009.5
（应用生物技术大系）

ISBN 978-7-03-024586-1

Ⅰ. 可…　Ⅱ. 宋…　Ⅲ. 再生资源：能源-转化-微生物催化作用-研究
Ⅳ. TK01

中国版本图书馆CIP数据核字（2009）第074690号

责任编辑：李秀伟　李晶晶 / 责任校对：李奕萱

责任印制：赵　博 / 封面设计：耕者设计工作室

科学出版社 出版
北京东黄城根北街 16 号
邮政编码：100717
http://www.sciencep.com

中煤（北京）印务有限公司印刷

科学出版社发行　各地新华书店经销

*

2009年5月第　一　版　开本：720 × 1000　1/16
2009年5月第一次印刷　印张：21 1/2
2025年1月第四次印刷　字数：486 000

定价：120.00元

（如有印装质量问题，我社负责调换）

编著者名单

主　编　宋安东

副主编　王风芹　杜风光

编著者　（按姓氏拼音顺序排序）

杜风光　冯文生　康清浦　李欣峰　李　琰
刘　杰　刘　钺　宋安东　苏丽娟　沈兆兵
王风芹　肖　伟　谢　慧　闫德冉　于瑞嵩
张建威　周志华

序　　一

能源、环境、人口与就业是影响全球经济社会可持续发展的主要因素，尤其是当前国际社会所面临的化石能源日益枯竭和环境污染日益恶化两大问题备受世人瞩目。

资料显示，目前我国石油消耗正以每年13%的速度增长，从1993年开始我国成为石油净进口国。现在我国已成为世界第二能源消费大国和第二石油进口大国，年消费量超过世界能源消费总量的10%；按照目前7%左右的经济增长速度计算，我国对进口石油的依赖程度将越来越大，能源安全已经成为威胁国家长期发展战略和国家安全的重要因素。据专家估计，到2010年，我国民用汽车的保有量将达到2000万辆左右，年耗汽油6400万吨，原油供求矛盾将成为制约我国经济发展的长期压力。开发新的替代能源技术已经迫在眉睫。

微生物技术在几千年的社会进步和经济发展中已经呈现出了巨大作用。在能源紧张的今天，利用微生物开发新能源越来越受到世人的青睐，微生物技术已经在沼气发酵、乙醇生产等新能源的开发中呈现出巨大魅力。《可再生能源的微生物转化技术》一书对生物燃料乙醇、生物沼气、生物制氢、生物柴油、生物丁醇等可再生能源生产的原理、技术、研究现状与进展进行了系统、全面的介绍，并对微生物技术在石油和煤炭资源的清洁利用与开采方面进行了深入细致的总结与分析。

该书对从事生物质能源和微生物资源利用方面的研究者将具有重要的参考价值。

中国工程院院士
中国生物工程学会理事长

2009年4月于北京

序 一

序　　二

能源是人类活动的物质基础，是整个世界发展和经济增长的最基本的驱动力。人类社会的发展离不开优质能源的出现和先进能源技术的使用。在当今世界，能源和环境是全世界、全人类共同关心的问题。

作为世界上最大的发展中国家，中国是一个能源生产和消费大国。能源生产量仅次于美国和俄罗斯，居世界第三位；基本能源消费占世界总消费量的1/10，仅次于美国，居世界第二位。20世纪90年代以来，中国经济的持续高速发展带动了能源消费量的急剧上升。自1993年起，中国由石油净出口国变成石油净进口国，能源总消费已大于总供给，能源需求的对外依存度迅速增大，到2006年石油进口依存度达47%，且在逐年增加。石油需求量的大增以及由此引起的结构性矛盾日益成为中国能源安全所面临的最大难题。

随着地球上化石能源（煤、石油和天然气）不断耗尽，寻找、开发新能源已成为世界各国亟待解决的问题。利用微生物开发新能源正日益受到人们的重视，并在石油开采、沼气发酵、生物制氢、生物乙醇等的研究和实践方面取得突出的成果。《可再生能源的微生物转化技术》一书是编著人员在长期的教学、科研、生产实践中的工作积累，对燃料乙醇、生物沼气、生物制氢、生物柴油、生物丁醇等可再生能源生产的原理、技术、研究现状与进展进行了系统、全面的介绍，并对微生物技术在石油和煤炭资源的清洁利用与开采进行了深入细致的总结与分析。

该书是目前为止国内最为系统的一本以微生物技术来转化可再生能源的专业论著，全面地反映了国内外在生物能源技术方面的理论、技术和实践。该书对从事生物质能源和微生物资源利用方面的研究者、工作者将具有重要的参考价值，也将为推动我国可再生能源的发展做出一定的贡献。

北京化工大学副校长
教育部"长江学者奖励计划"特聘教授
谭天伟

2009年4月于北京

序 二

[illegible]

前　言

随着全球经济的发展和一体化进程的加快，人们对能源的需求日益增加。化石能源的大量消耗，导致全球气候变暖等环境问题日益突显。国际油价在2004年强劲攀升的基础上屡屡创出历史新高。因此，在当前仍然以化石能源消费为主的前提下，提高能源效率、减少温室气体排放、控制能源消费的数量、同时努力开发新能源与可再生能源，已成为全球的共识。

我国是一个化石能源资源十分短缺的国家，已探明的原油、天然气储量仅占世界储量的2.4%和1.2%。从1990年起，我国国内生产总值年平均保持9%以上增长的同时，能源消费总量开始接近生产总量，1992年能源的生产总量已略低于消费需求总量，自1993年起我国能源生产与消费总量缺口逐渐加大，能源特别是石油进口逐年增加，到2006年石油净进口约1.8亿吨，进口成品油3600万吨，石油进口依存度达47%。据测算，到2010年和2020年，我国石油消费量还将呈现上升趋势，届时石油的对外依存度将分别接近50%和60%左右。这说明，我国能源总消费已大于总供给，能源需求对外依存度将继续增大，形势十分紧迫。能源安全尤其是石油供应安全将成为国家安全的重中之重。能源问题已成为我国经济和社会发展中的热点和难点，党中央和国务院一直高度重视能源问题。如何认识我国的能源安全，如何全面贯彻落实"十一五"规划纲要提出的优化能源结构，构筑稳定、经济、清洁和安全的能源供应体系，是实现国民经济和能源工业可持续发展的重大问题。大力发展生物能源是实现以上目标的重要途径。

我国提出了2020年能源战略目标，即进口石油2亿吨，进口依存度为55%，2020年生物能源替代25%进口石油，相当于整个石油消耗的12.5%，其中，燃料乙醇1500万吨、生物柴油1500万吨、材料和化工原料用油1500万吨、二氧化碳排放减少2亿吨。

如何加快可再生能源开发，保护生态环境，增强能源的可持续发展能力？

现代生物技术将成为人类解决能源、食物、环境等重大问题的重要手段，是一项在温和的条件下进行的安全、经济和环境友好的技术。生物技术的第三次浪潮就是以生物催化和生物转化生产生物能源、生物材料和大宗化学品的新技术时代。现代生物技术包括基因工程、细胞工程、酶工程、发酵工程和过程工程五大技术体系。基于生物炼制、微生物基因组学和生物信息学、代谢工程、现代工业酶技术、生物炼制细胞工厂、生物催化与生物转化、工业生物过程技术以及工业微生物菌种的选育和改良等技术，来生产可以替代化石能源的生物能源，如生物乙醇、生物沼气、生物柴油、生物氢气、生物丁醇等，并将这些技术应用于生物燃料电池、能源的生物净化、石油勘探与开采等领域，将在能源的可持续发展、缓解能源紧张的进程中发挥巨大的技术潜力。

利用生物炼制核心技术可以促进人类利用生物质发展生物能源，降低人类社会对石油的依赖，减弱对石油经济的冲击，使人类社会逐步向生物经济、碳氢化合物经济过渡，打造地球、人和经济效益的共同体，实现人类社会的和谐、可持续发展。正如美国战略经济分析家里夫金博士在《生物技术世纪》里指出的，生物技术世纪也可能是中国人的世纪，希望中国在生物技术世纪发挥重要的作用。我国在国际生物能源领域必将充当越来越重要的角色。

本书对生物炼制、生物沼气、生物氢气、生物乙醇、生物丁醇、生物柴油、生物采油、生物燃料电池、煤炭的生物转化、能源的洁净化等方面进行系统的论述，为可再生能源的微生物转化领域的技术进步和产业发展提供参考资料。

本书由河南农业大学、中国科学院上海生命科学研究院、青岛科技大学、南阳理工学院、河南天冠企业集团、上海天之冠可再生能源有限公司等单位相关研究人员编著而成，他们长期从事可再生能源转化和生物技术研究，具有丰富的教学经验和生产经验。本书共分十章，其中，第 1 章、第 2 章由宋安东编著，第 3 章由宋安东、康清浦、闫德冉、刘钺、冯文生编著，第 4 章由周志华、肖伟、于瑞嵩、李欣峰编著，第 5 章由杜风光、宋安东、康清浦编著，第 6 章由王风芹编著，第 7 章由谢慧编著，第 8 章由刘杰编著，第 9 章由谢慧、李琰、刘杰编著，第 10 章由杜风光、王风芹、苏丽娟、张建威、刘杰、沈兆兵编著。同时全书吸收和借鉴了国内外该领域的最新研究成果，作者在此对给予本书以启示及参考的有关文献的作者深表谢意。宋安东博士对全书进行了修改和定稿。原河南农业大学校长、博士生导师张百良教授对全书的构思撰写和定稿做出了科学指导并提出了意见，在此表示感谢。中国工程院院士杨胜利研究员和北京化工大学副校长谭天伟教授欣然为本书作序，在此表示衷心的感谢。

由于作者水平有限，时间仓促，书中可能存在一些不成熟的地方，也难免有疏漏和不妥之处，恳请专家与读者予以批评指正。

宋安东
2008 年 10 月

目　　录

1 绪　　论

1.1 能源状况

1.1.1 世界能源状况

能源是人类文明的先决条件，是经济增长和社会发展的重要物质基础。能源安全是一个国家或地区实现经济持续发展和社会进步所必需的保障。狭义的能源安全指的是液体燃料的供应安全，主要指石油供应安全。在20世纪的社会发展史中，以石油为主的化石能源占据着举足轻重的地位。具体来说，石油的供应与一个国家的外交、军事和经济等领域息息相关，一个国家的GDP对石油价格上涨的弹性指数为－0.065，也就是说，石油价格上涨1倍，相应的GDP就损失6.5%；石油中断供应时，外交和军事手段是解决经济问题的根本途径（张雷，1999）。

据统计，人类每年消耗掉的能源已经超过87亿吨石油当量，而且这一数字正以惊人的速度（1.6%～2.0%）增长，预计到2015年将达到112亿～172亿吨石油当量。但资料表明，1991年全球石油储量为1330亿吨，按每年30亿吨消费计算，全球石油仅能维持到2050年（宋安东，2003）。

过去的200多年，建立在石油、煤炭、天然气等化石燃料基础的能源体系极大地推动了人类社会的发展。人类所需的能量80%以上来源仍然是石油、煤和天然气。经济社会的发展以能源为重要动力，经济越发展，能源消耗越多，尤其是化石燃料消费的增加，有两个突出问题摆在我们面前：一是其造成环境污染日益严重，二是地球上现存的化石燃料总有一天要枯竭。由于过度消费化石燃料，过快、过早地消耗了这些有限的资源，释放大量的多余能量和碳素，直接导致了自然界的能量和碳平衡被打破、臭氧层被破坏、温室效应增强、全球气候变暖和酸雨等灾难性后果。化石燃料日益枯竭和环境问题的日趋严重，使人们对不可再生的化石燃料储量的有限性和使用的局限性有了深刻的认识。能源问题是当今世界各国都面临的关系国家安全和经济社会可持续发展的中心议题，已经成为全球关注的焦点。因此，人们开始把目光转移到有利于社会可持续发展的可再生能源体系（宋安东，2003）。

目前，世界能源发展已经步入一个崭新的时期，能源结构将呈现多元化的发展趋势，即世界能源结构正在经历由化石能源消耗为主向可再生能源为主的变革。根据国际能源机构（International Energy Agency，IEA）预测，在未来的能源结构中，石油和煤炭的比例将逐渐下降，天然气、核能和可再生能源比例将逐渐上升。

生物质能作为世界一次能源消费中的第四大能源，在历史长河中与人类的生活密切相关，是唯一可存储和运输的可再生能源，在能源系统中占有重要地位。生物质资源是生物质能的主要存在的载体，并且在可再生能源结构体系中占相当大的比例。生物质资源主要包括农作物秸秆、能源作物、畜禽粪便和农产品加工业副产品等，且取之不尽、用之不竭，具有广阔的发展空间和潜力。

1.1.2 中国能源现状

中国已探明的石油可采储量约 62 亿吨，已累计采出 34.6 亿吨，剩余 27.4 亿吨。中国石油的消费，现仍以每年 13%的速度激增，按目前的采油量计算，可供开采 17 年。进入 20 世纪 90 年代，中国的国民经济按年均 9.7%的速度增长，原油消费按年均 5.77%的速度增加，而同期国内原油的增长速度仅为 1.67%，导致中国自 1993 年开始成为石油的净进口国，且进口量逐年增大：1996 年为 1387 万吨，1999 年为 4381 万吨，2000～2002 年为 7000 万吨；中国石油的对外依存度也迅速增加，1995 年为 5.3%，1996 年为 8.0%，1997 年为 18.2%，1999 年为 21.1%，2000 年为 30.7%。近 10 年来，我国国民经济将以 7%的速度发展，原油需求量也以 4%的速度增加，而同期国内石油产量增长速度为 2%（叶焕民，2002；刘卿和胡迎春，2002；孔令标和侯运炳，2002）。2006 年，我国进口原油已达到 1.4 亿吨，石油的对外依存度达到 47%（田宜水等，2008）。

进口石油耗去中国大量的外汇。1999～2001 年，每年都需 100 亿美元以上的资金来进口石油；国际油价每桶升高 1 美元，中国每年就需多支出 50 亿美元，GDP 将损失 150 亿人民币（郭云涛，2002；刘山，2002）。

这是一个严峻的事实：国际经验表明，当一个国家石油进口量超过 5000 万吨，国际石油市场行情的变化就会影响该国家的经济运行；超过 1 亿吨，石油的安全问题就要由外交、军事的手段来保证。国际惯例表明，当一个国家石油的对外依存度超过 30%时，该国的石油安全是很危险的（马维野等，2001）。因此，从现阶段起，中国的石油安全问题实际已成为维系国家和民族安危的大问题。

21 世纪的今天，随着经济的迅猛发展，中国已跃升为世界第二大能源消费国，已经成为全球化进程中的一个重要支点，其经济循环也日益融入世界经济体系中。在石油价格不断创历史新高、中国对石油需求快速增长、石油进口依存度不断攀升的情况下，石油问题已经严重影响到中国的发展战略和经济安全。中国每年石油开采总量基本增幅很小，完全不能满足社会发展的需要（图 1.1）；而每年的石油净进口总量却在迅猛递增（图 1.2）。与此同时，以化石燃料为主的能源结构也带来日益严重的环境问题。

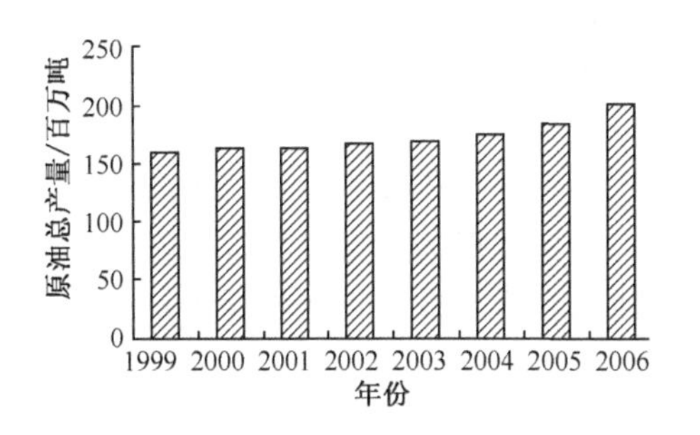

图 1.1　中国原油总产量统计图
（中华人民共和国国家统计局，2006）

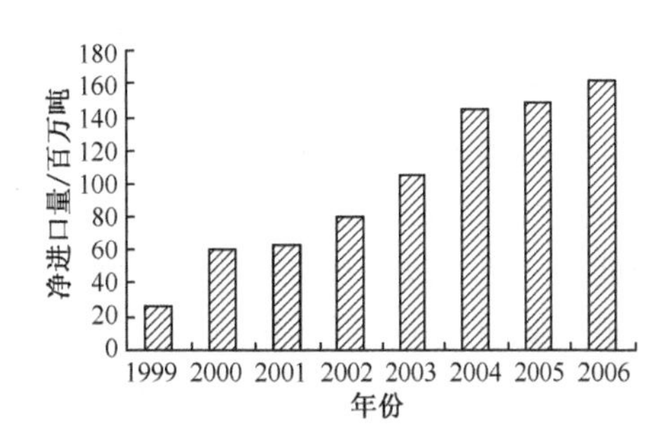

图 1.2　中国石油净进口量统计图
（中华人民共和国国家统计局，2006）

从表 1.1 可以看出，1990～2006 年，我国成品油消费量从 1990 年的 4942.1 万吨，增加到 2006 年的 18 203 万吨，年均增长 8.5%。其中，汽油消费量从 1899.5 万吨增加到 5245.2 万吨，年均增幅 6.6%；柴油消费量从 2691.7 万吨增加到 11 836 万吨，年均增长率为 9.7%；煤油的消费量从 350.9 万吨增至 1125 万吨，年均增长 7.6%。按照上海财经大学吴方为教授的研究，交通运输业对石油消费的急剧上升可以很大程度上解释经济增长与石油需求增长之间的逻辑关系，即随着经济总量快速提升，交通基础设施的高速建设为交通运输业的迅猛发展提供了物质保证，交通运输所需的燃油数量也随之不断上升，进而对石油的需求也不断上升。

表 1.1　成品油消费和石油消费

年份	石油消费量/万吨	年均增长率/%	成品油消费量/万吨	年均增长率/%	成品油消费所需的石油量/万吨	年均增长率/%	成品油消费所需的石油占石油消费总量的比例/%
1990	11 486	N. A.	4 942.1	N. A.	7 722	N. A.	67.2
1995	16 065	6.9	7 743.1	9.4	12 099	9.4	75.3
2000	22 439	6.9	11 148.8	7.6	17 420	7.6	77.6
2005	32 535	7.7	16 902.6	8.7	26 410	8.7	81.2
2006	34 876	7.2	18 203	7.7	28 442	7.7	81.6

资料来源：中华人民共和国国家统计局，2006；中华人民共和国国家统计局，2007。
注：N. A. 表示负增长。

1.2　微生物能源转化技术

1.2.1　解决中国能源安全问题的途径

国际上解决能源安全问题的途径主要是建立战略石油储备，即储存多余的石油来保障在石油危机时国家社会和企业的石油供给。

根据中国的国情，中国解决能源安全问题主要有节能技术推广、能源供应多元化、石油进口多元化和建立战略石油储备等途径。节能技术推广可以缓解但不能彻底解决能源安全问题；石油进口多元化仅能在一定程度和一定范围内解决能源问题；建立战略石油储备是一个系统工程，需要政府为主的庞大资金投入；目前最有效的途径是能源供给多元化，而利用生物技术开发的可再生能源是多元化能源体系中的关键部分（马维野等，2001）。

1.2.2 利用微生物技术转化可再生能源

不管是液态的如乙醇、生物柴油、丁醇还是气态的如沼气和氢气，均可来自于生物资源。通过生物技术的方法，利用能源微生物如产乙醇菌、产丁醇菌、产甲烷菌、产氢菌等对生物质进行发酵生产。生物燃料乙醇、生物沼气已成为当前可再生能源的重要组成部分，生物氢气被认为是最有发展潜力、最清洁的能源，生物丁醇是刚刚引起重视的具有很高燃值的液态生物燃料（丁福臣和易玉峰，2006）。

随着生物酶技术的应用，生物柴油的转化可以不通过碱法皂化，也可以不通过化学催化剂转酯化而可直接通过脂肪酶的生产和应用来进行酶法转化。用动物油脂、植物油脂、微生物油脂和低碳醇通过脂肪酶进行转酯化反应，制备相应的脂肪酸甲酯或乙酯。微生物油脂是由微生物利用生物质通过培养合成的，脂肪酶可以通过微生物发酵生产（李昌珠等，2007）。

燃料电池是一种将持续供给的燃料和氧化剂中的化学能连续不断地转化成电能的电化学装置。生物燃料包括氢气、甲醇、甲烷可以通过生物技术的方法生产供应给燃料电池系统，也可在燃料电池系统中直接配套生物燃料的发酵装置，将生物燃料的制取与电能的获得偶联起来。在生物燃料电池系统中，氧化剂也可用生物酶如葡萄糖氧化酶等来替代。葡萄糖氧化酶可以通过生物技术的手段发酵获得。目前，氢能利用的最好方式就是在生物燃料电池中的应用（毛宗强，2005b）。

石油工业与生物技术之间有着密切的联系。微生物活动与石油地质学和地球化学之间有很强的相关关系，可以通过微生物的种类、数量来勘探石油；微生物的存在与活动对石油的开采有很强的推动作用，可以通过微生物的生长、代谢产生一系列的物质来提高石油的开采率；抑制有害于石油工业的微生物的活动对提升油的品质、提高油的产量有很重要的作用（彭裕生，2005）。

利用生物技术手段将煤炭变成高附加值的化工品或油类物质，尤其是对低阶的褐煤、风化煤的转化更为重要，这是一项重要的矿业生物工程，更是一项生物技术能源领域的应用体现（王龙贵，2006）。

1.2.3 开发利用可再生生物能源的意义

许多国家和地区都已经开始利用可再生能源，这主要是由于开展此项活动会产生重大的经济效益、社会效益和生态效益（姚向君和田宜水，2005）。

减少石油的需求量。可再生能源可以替代先进车辆使用的石油燃料。在常规的汽油中调和至少10%或更高含量的乙醇形成的乙醇汽油可以正常驱动机动车。生物柴油可以和石油柴油以任意比例勾兑，纯的生物柴油甚至可以直接在常规的发动机上使用。这样就可以减少石油的消耗，从而缓解能源紧张局面。

改善空气质量，降低温室气体的排放。煤的燃烧向大气中排放了大量的SO_2、H_2S、CO_2和NO_x等气体，造成了酸雨和温室效应；大量燃烧残渣的堆积严重影响着人们的身体健康和人们工作环境。石油的燃烧也向空气中排放大量的CO_2，加重了地球的温室效应；机动车尾气的排放，向大气环境中排放了大量的重金属铅。据有关资料介绍，大气污染中汽车尾气的污染已达60%以上。国际能源机构最近公布的一项调查统计显示，1995年全球CO_2总排放量为220亿吨，其中45%来自石油消费，人均排放量为3.66t，其中美国人均排放量为19.88t。由于能源消费造成CO_2的排放量在近40年内已经增加了4倍。中国1995年SO_2排放量为2730万吨，全国燃煤排放的烟尘总量为1478万吨。

与汽油和柴油相比，乙醇和生物柴油可显著减少温室气体的排放。一般来说，使用从谷物生产的乙醇可降低温室气体排放量30%左右，使用从甜菜和甘蔗生产的乙醇可分别降低温室气体排放量42%和80%左右，使用从纤维素原料生产的乙醇可降低温室气体排放量60%～65%，使用从油菜获得的生物柴油可降低温室气体排放量55%～60%。特别是用纤维素来生产乙醇是世界各国看好的重要可再生能源利用方法之一，甚至有人认为这种乙醇的使用可实现碳的全部封闭循环，实现温室气体的零排放，同时使用可再生能源可以降低空气中CO、SO_2和颗粒物的含量（特别是控制排放体系较差时，如在一些发展中国家）。

改善车辆使用性能。乙醇的辛烷值很高，可以用来提高汽油的辛烷值，这样就可以减少过去传统提高辛烷值的物质甲基叔丁基醚（MTBE）的使用，从而降低了铅的排放，减少环境污染。乙醇作为辛烷值改进剂和含氧化合物添加剂的应用正在上升，例如，在加利福尼亚州的情况就是如此。在欧洲，通常将乙醇转变为乙基叔丁基醚（ETBE）调和进汽油。与乙醇相比，乙基叔丁基醚挥发性较低、辛烷值较高。生物柴油可以改善柴油的润滑性和提高十六烷值，促进燃料性能的提高。

有利于农业的发展。利用农作物，如玉米、小麦（用于生产乙醇）、大豆和油菜（用于生产生物柴油），为农民增加了额外的农产品市场，对农村经济发展起到了积极作用。利用农林废弃物、农村和城市垃圾来生产沼气、乙醇等可以在减少环境污染的同时补充能源的供应（李建政和汪群慧，2004）。

参考文献

丁福臣，易玉峰. 2006. 制氢储氢技术. 北京：化学工业出版社. 1～3

郭云涛. 2002. 我国国家能源安全及能源管理体制面临的挑战及对策. 中国煤炭，28 (9)：4～8

孔令标，侯运炳. 2002. 国家能源安全模式研究. 金属矿山，11：3～5

李昌珠，蒋丽娟，程树棋等. 2007. 生物柴油——绿色能源. 北京：化学工业出版社. 8

李建政，汪群慧. 2004. 废物资源化与生物能源. 北京：石油工业出版社. 1～10

刘卿，胡迎春. 2002. 21世纪初我国石油安全战略选择. 国土资源科技管理，6：25～30

刘山. 2002. 我国的能源结构调整与能源安全. 国际技术经济研究，5 (2)：1～7

马维野，王志强，黄昌利. 2001. 我国能源安全的若干问题及对策思考. 国际经济技术研究，4 (4)：7～16

毛宗强. 2005a. 氢能——21世纪的绿色能源. 北京：化学工业出版社. 90～97

毛宗强. 2005b. 燃料电池. 北京：化学工业出版社. 212～216

彭裕生. 2005. 微生物采油基础及进展. 北京：石油工业出版社

宋安东. 2003. 生物质（秸秆）纤维燃料乙醇生产工艺试验研究. 郑州：河南农业大学博士学位论文

田宜水，孙丽英，赵立欣. 2008. 我国生物燃料乙醇产业发展条件分析. 中国高校科技与产业化，3：72～75

王龙贵. 2006. 煤炭的微生物转化与利用. 北京：化学工业出版社. 1. 1～5

姚向君，田宜水. 2005. 生物质能资源清洁转化利用技术. 北京：化学工业出版社. 158～185

叶焕民. 2002. 中国能源战略的思考. 山西能源与节能，27 (4)：11，12

张雷. 1999. 中国能源供应战略的调整. 中国能源，3：12～14

中华人民共和国国家统计局. 2006. 中国统计年鉴——2006. 北京：中国统计出版社

中华人民共和国国家统计局. 2007. 中国统计年鉴——2007. 北京：中国统计出版社

2　生物炼制与可再生资源

在化石能源资源渐趋枯竭和环境压力越来越大的背景下，21世纪将是可持续和多元化的清洁能源世纪（石元春，2005）。2006年5月在德国首都柏林举行的“面向21世纪的生物燃料”国际会议也指出，发展中国家应主要通过发展生物燃料满足能源增长需求，促进农村经济发展，并向发达国家出口生物燃料（李十中，2006）。为了实现人类社会、经济的可持续发展，进一步建立人与自然的和谐关系，从根本上改变目前重点依赖化石原料的制造加工工业的生产模式，发展以农村生物质为原料的生物炼制产业是解决人类所面临的资源、能源和环境问题的唯一途径。

2.1　石油炼制到生物炼制

2.1.1　石油炼制

石油炼制以不可再生的化石资源（石油、煤炭、天然气等）为原料，以化学催化剂为手段，实现物质的彻底、多元化转化（图2.1）（杨光启，1987）。这一模式受到化石原料的严重制约而终将被新的工艺所取代。

2.1.2　生物炼制——新型经济产业的缔造者

第一届国际生物炼制大会于2005年在比利时召开，会上就生物炼制的内容、主要用途和意义进行了专门讨论。生物炼制以现代石化工业为模板，采用类似于流化催化裂化、热裂解和加氢裂解等集成化平台技术，用先进的预处理和酶水解等生物平台技术将生物质转化为各种糖类，再通过糖平台技术转化为大宗生物乙醇产品和各种高附加值中间体化学品（美国能源部，2003），生产出燃料乙醇、生物柴油等新型能源、聚乳酸等新型生物材料和糠醛等几乎所有的生物基化学品类型（图2.2）。

生物炼制可以被分为生物质生产地区类型和废弃材料使用类型两种（Ohara，2000a）。在巴西、美国、中国、东南亚和澳大利亚这些国家和地区大量种植甘蔗、玉米、甜菜、木薯、西米椰子和土豆等用于生物炼制，用农业产品发展新工业。相对的，在缺少空间堆积垃圾和有机质并且没有足够多的农业产品的日本

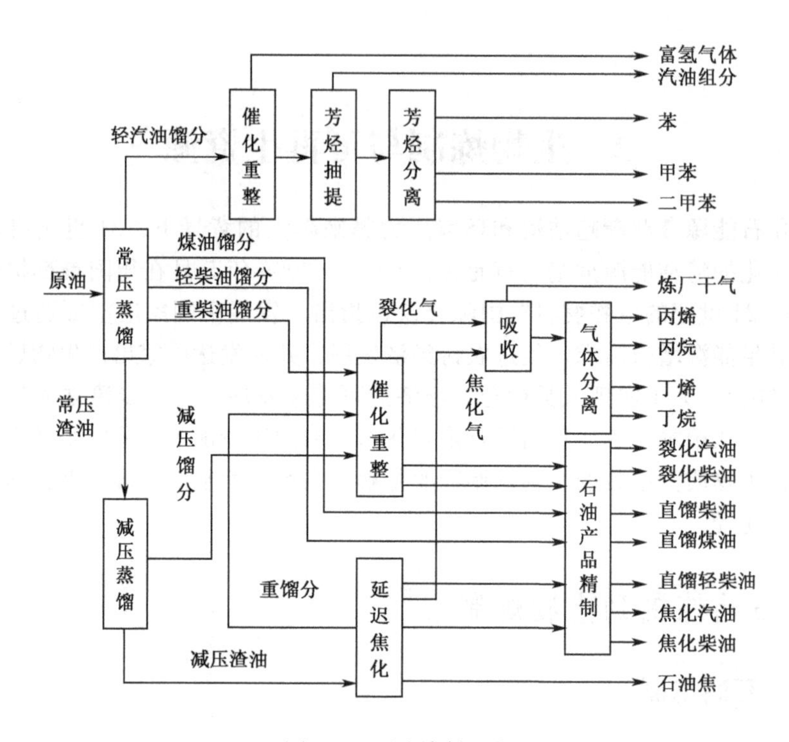

图 2.1　石油炼制工艺

和一些欧洲国家，生物炼制起着废弃物处理和有用产品的生产的双重作用，旧报纸、林业废弃物、动物粪便和食品废弃物为生物炼制提供了原始的材料（Ohara 2000b)。在糖化的木材中既有葡萄糖也有木糖，其中木糖将产生乳酸提供必需的碳素（Tanaka and Ohmomo，1998)。如果木材短缺，纤维素如玉米芯可以被用作碳源、动物粪便可作为氮源一起来发酵。这样，生物炼制作为一种解决环境问题的手段为同时出现的食品危机提供了有效的解决途径，同时对于缓和环境和社会矛盾将有积极的经济影响（Mette，2005)。

微藻是一类在显微镜下能辨认其形态的微小藻类类群，目前已经可以进行大规模培养。许多微藻中富含蛋白质、多糖、油脂、类胡萝卜素和不饱和脂肪酸等多种有用成分，是人类重要的生物质资源宝库。微藻的生物炼制如图 2.3 所示(孔维宝等，2008)。

木质纤维素数量巨大、来源广泛、可再生，是生物炼制的重要原料。玉米秸秆是其中非常易于得到的一类，秸秆中 92.5%的总糖可以通过对玉米秸秆稀酸预处理和酶水解获得，经过炼制可以生产几乎所有我们需要的化学品和能源（图 2.4)（Todd and Charles，2005)。

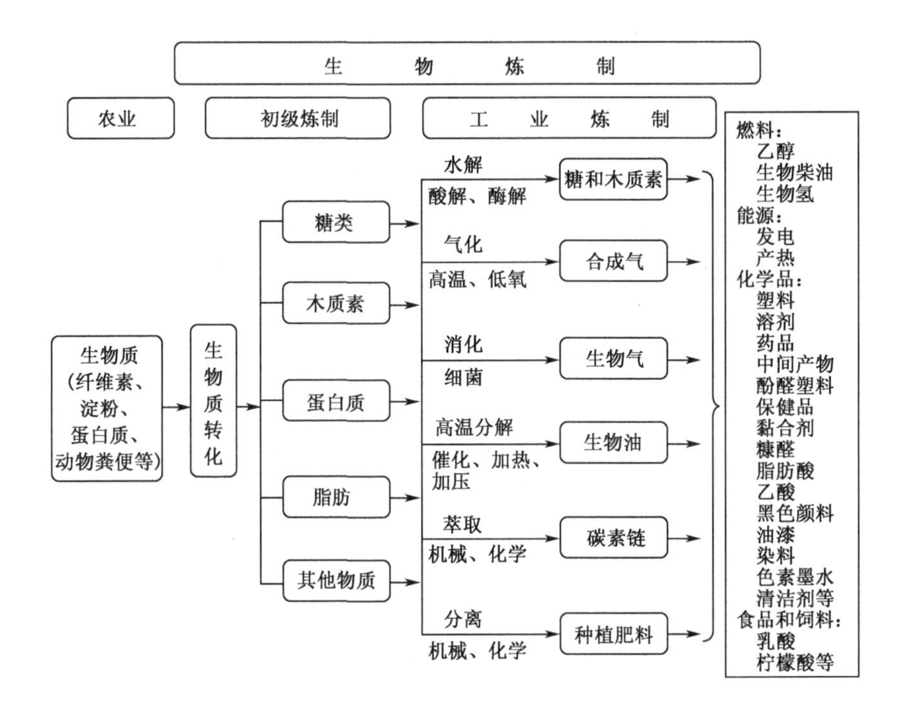

图 2.2 生物炼制工艺

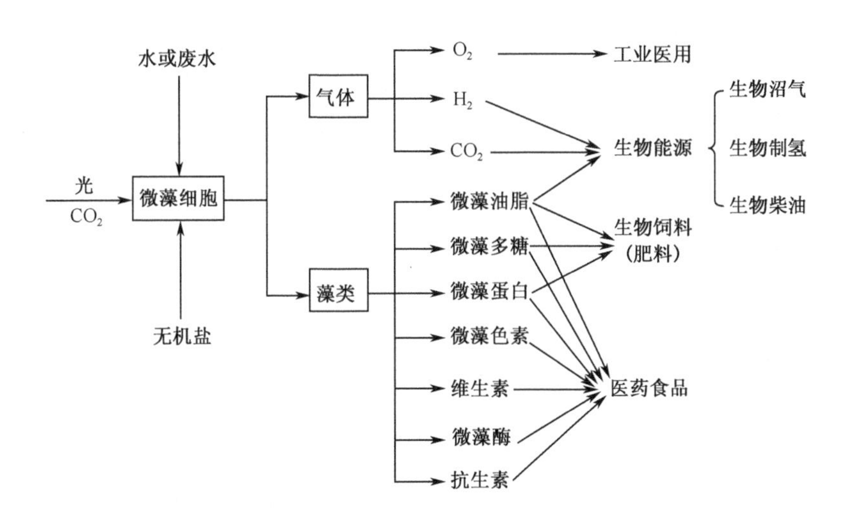

图 2.3 微藻的生物炼制示意图

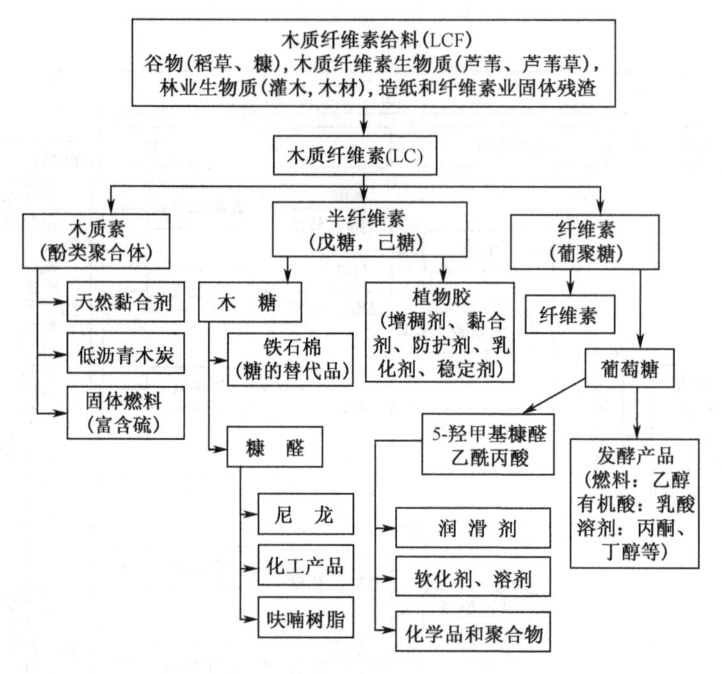

图 2.4　木质纤维素的生物炼制示意图

2.2　生物炼制基本内涵

生物炼制的过程就是对原料的生物转化和化学品合成的过程，其中主要包括生物工程、化学工程、分离工程及过程控制工程等。生物炼制针对生物质原材料、工业媒介及最终产品三部分联合了所必需的技术（Kamm and Kamm, 2004)。

2.2.1　生物工程

生物炼制是以生物转化为主要的生产过程，它是以生物质（主要为纤维素、淀粉等）为原料，经过微生物的生物体实现物质的代谢转化得到人类所需要的化学品。具备高转化率和高耐受性的菌种是该过程的主要影响因素，引进和培育高效转化生物是今后工作的重点之一。这个过程的重要体现是微生物功能基因组、蛋白质定向进化、酶工程和代谢工程。代谢工程是构建生物炼制细胞工厂的核心技术，微生物将糖转化为产品的过程，不是生化反应的简单流程，而是通过细胞内复杂的生化网络实现的（黄英明等，2006)。生化网络包括基因调控网络、蛋白质互作网络、信号转导网络和代谢网络，主要由胞内各种分子即基因、蛋白质和代谢物通过物理互作或者化学反应结合在一起形成（Barabasi and Oltvai，2004）。

2.2.2 化学工程

化学工程已经广泛地应用在当前生物炼制的工艺中，美国能源部实施的6个生物炼制示范工厂中最先投入工业化实验运行的是位于美国内布拉斯加州的乙醇生产厂，这个年产1500t的工业示范装置中所使用的纤维质原料预处理技术是美国国家可再生能源实验室（Natural Renewable Energy Laboratory，NREL）的稀酸法，即用化学方法先对原料质进行预先的处理过程。事实上不仅在预处理中，在化学品的分离及提纯过程中化学工程都是必不可少的。

2.2.3 分离工程

生物转化后得到的物质必须经过进一步的分离纯化才可以成为商品，离子交换法、吸附法、色谱法等都是当今生物炼制行业常用的分离方法，其中，生物反应器工程贯穿于生物过程与分离过程始末，在糖工业和甜味料行业用处广泛。合适又巧妙地运用分离过程可以在很大程度上减少生产的成本（Kochergin and Kearney，2006）。

2.2.4 过程控制工程

过程控制工程是对整个生物炼制工艺的控制要求，它涉及各个环节中的设备控制参数及环节间结合匹配的控制要求。过程控制是实现产业化必须解决的难点之一，在保证各个环节实现最大转化率的同时，稳定而又高效的整体控制是进行产业化的前提和关键。

2.3 生物炼制发展现状

2.3.1 生物能源

世界各国很早就已经认识到化石资源带来的未来能源问题，美国2002年制订了“生物质技术路线图”，并计划2020年使生物质能源和生物基产品较2000年增加10倍，达到全国能源总消费量的25%（2050年达到50%）。欧盟委员会提出到2020年运输燃料的20%将用燃料乙醇等生物燃料替代；日本有“阳光计划”；印度有“绿色能源工程计划”；加拿大发现本国生物质行业落后于美欧和日本，正大力调整政策，欲迎头赶上。世界经济合作与发展组织（Organisation for Economic Co-operation and Development，OCED）的最新研究报告（2004年9月）指出：“各国政府应大力支持和鼓励生物质能源领域的技术创新，减小它与传统原油及天然气产品的价格差距，以最终达到替代的结果。”（陈英明等，2005）。在两院院士石元春教授的倡议下，中国将农林生物质转化为能源的工作也正在蓬勃发展着。

2.3.1.1 燃料乙醇

20世纪70年代第二次石油危机之后，世界各国为减少对石油的依赖，纷纷开始研究乙醇汽油。目前这一领域的领跑者是美国和巴西，巴西更是唯一在全国范围内使用乙醇汽油的国家。2005年巴西乙醇产量1250万吨，是世界上唯一在全国范围内不供应纯汽油的国家，计划2025年乙醇产量达到7200万吨，远景为3.2亿吨。美国有101家乙醇生产厂，在建37个乙醇厂，扩建7个乙醇厂，计划增产675万吨。印度从2003年起实行燃料乙醇试点，2010年以后，将比例提高到10%，到2020年达到20%。我国在21世纪初，国务院决定在吉林、辽宁、安徽、河南等四省以陈化粮为原料进行燃料乙醇的规模化生产，年生产能力达102万吨。

目前使用的燃料乙醇基本上是通过使用玉米或小麦淀粉类作为原料发酵生产的。从世界粮食生产现状看，玉米作为乙醇原料不能满足E85乙醇汽油对乙醇的需求。以美国为例（图2.5），美国年产玉米约2.5亿吨，即使全部用来生产乙醇也只能得到约7000万吨乙醇，远不能满足E85乙醇汽油需求（每年4.2亿吨）（胡敏和何昌义，2006）。生产全面替代汽油的燃料乙醇的出路在于利用农作物秸秆等木质纤维素生物质来生产乙醇。中国每年约有7亿吨作物秸秆，25亿

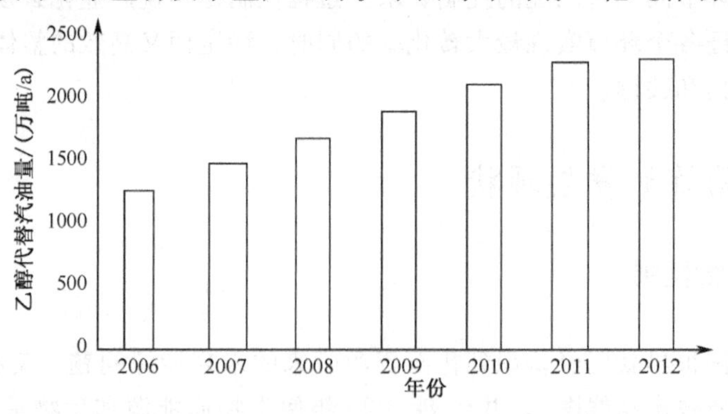

图2.5 美国2005年《能源法案》规定乙醇替代汽油量

吨畜禽粪便及大量有机废弃物。以秸秆类木质纤维素为原料的燃料乙醇产业可能成为持续高速增长的中国经济的新的主要增长点之一。

2.3.1.2 生物柴油

生物柴油是一种以动植物油脂为原料，经过酯交换反应（碱、酸或酶催化）加工而成的清洁可再生的脂肪酸甲酯（FAME）或脂肪酸乙酯（FAEE）燃料，目前生物柴油主要以植物油为原料与甲醇发生酯交换反应得到脂肪酸甲酯（Hidekl et al., 2001）。

全球生物柴油生产主要集中在欧盟和美国（朱行，2005）。2005 年全球生物柴油产量 400 万吨。欧洲主要以菜籽油、美国主要以豆油为原料生产生物柴油。欧盟计划将生物柴油在柴油中的添加比例由 2005 年的 2%提高到 5.75%，生物柴油需求量将相应从 2005 年的 490 万吨提高到 2010 年的 1400 万吨。废油脂生产生物柴油存在很多问题，相对于碱法和酸法催化，酶法具有反应条件温和、醇用量少、无污染物排放、副产物甘油易回收等优点，是目前比较好的方法之一。根据我国“十一五”规划，到 2010 年，中国生物柴油年产量将达 200 万吨。

2.3.1.3 生物制氢

氢作为一种清洁的新型能源，从 20 世纪 70 年代起就引起了世界各国的重视（Dunn，2002），各国政府也是推动氢能经济的主要力量，日本、欧洲、美国都构建了自身的氢能源路线图，计划 2020～2050 年全面推动氢能经济的实施。中国的氢能燃料电池汽车“863”计划也已完成验收（邢新会和张羽中，2005）。

传统上 90%以上的氢气都以化石燃料为能源，以天然气、轻油馏分为原料通过气化重整的工艺生产的，电解水、气化煤等工业上也比较常用（Fascetti，1998）。目前氢气还没有在以可再生资源为原料的生产方面实现突破。生物制氢技术包括光驱动过程和厌氧发酵两种路线，前者利用光合细菌直接将太阳能转化为氢气，而后者采用的是产氢菌厌氧发酵的方式。

2.3.1.4 丁醇

丁醇是已经被一些专家注意到的比乙醇更加优越的燃料替代品，可再生碳水化合物用于丙酮-丁醇发酵是相对较成熟的技术，在苏联时期的俄罗斯就用木质纤维素水解物发酵丙酮-丁醇（Zverlov，2006）。和乙醇汽油一样将在未来市场上出现丁醇汽油燃料，是替代石油燃料的又一条出路。

2.3.2 生物材料

聚羟基脂肪酸酯（PHA），是很多微生物合成的一种细胞内聚酯，是一种天然的高分子生物材料，它具有良好的生物相容性、生物可降解性和塑料的热加工性能，同时可作为生物医用材料和生物可降解包装材料（Solaiman and Ashby，2006）。我国在 PHA 的研究和开发上已走在世界前列。

聚乳酸（PLA）是以发酵法生产的乳酸为原料，并进一步合成的用于包装的生物材料。美国 Cargill 公司采用发酵技术生产 L-乳酸，然后生产聚乳酸，它是未来用作食品袋等包装材料的卫生环保的生物塑料，将具有非常广阔的市场前景，2004 年产量已达到 14 万吨（Shogren，1997）。美国 DuPont 公司和 Tate & Lyle 公司合作开发了采用基因工程菌生产 1,3-丙二醇的技术，于 2006 年建成一个年产量为 9 万吨的 1,3-丙二醇生产装置，并计划 2020 年取代全国石化原料制成材料的 25%（谭天伟，2006）。

2.3.3 精细化学品

利用生物质原料，除了可以生产乙醇等燃料化学品外，将其进一步精细加工也将成为未来生物炼制极具潜力的化工行业。变形淀粉、山梨醇、烷基糖苷、蔗糖酯等这些精细化学品的生产将占据未来市场。美国计划到 2010 年生物基产品增加 3 倍，到 2020 年增加 10 倍。

2.4 我国发展生物炼制的问题及对策

2.4.1 资源定位和规划

生物质原料有地域性差异，因此不同地域和国家应该尽早对发展生物质产业做原料上的定位。我国应以农作物秸秆、林木残体、畜禽粪便、有机废弃物等农林废弃物，以及利用边际性土地种植的能源、材料植物为原料进行生物能源和生物基产品生产（石元春，2005；Ragauskas et al.，2006）。

生物质原料种类多、分布广、地域性强、年际变化大，因此我国应对各地区的土地及发展实际情况做好勘查和部署，发展优势炼制产业。

2.4.2 加大技术攻关

目前生物炼制产业还处于刚刚起步阶段，很多技术难题未能解决，这严重影响产业的规模化和推广，各企业、高校和政府应积极合作，在预处理技术、发酵技术、工程技术等方面共同攻关，力争走在世界的前列。

2.4.3 政策倾斜

原材料的收集和处理是产业成本的一个重要组成部分，政府要从财政、税收等方面给予优惠政策以调动广大消费者的积极性，确保生物质产业的健康发展（Wright and Pryfogle，2005）。据称，我国财政部、发展与改革委员会对生物质能产业的政策倾斜实施正在酝酿计划中。

生物技术飞速发展，特别是基因工程技术、生物催化剂的快速改造技术、生物转化的过程耦合技术、产业化技术等更是日新月异，生物质资源量不断增加，这将有力带动生物炼制产业的迅速规模化。同时，石油化工技术已经发展了很多年，积累了大量成熟的化工生产工艺，这也将在以生物质为原料的生物炼制后期化学品加工中起着十分重要的作用（Kamm and Kamm，2004）。生物炼制生产化学品的成本正在逐步下降，目前，在某些化学品的生产领域，生物炼制与传统石油炼制相比，已经具备了现实的经济竞争力。

美国 1999 年 8 月总统令："目前生物基产品和生物能源技术有潜力将可再生农林业资源转换成能满足人类需求的电能、燃料、化学物质、药物及其他物质的主要来源。这些领域的技术进步能在美国乡村给农民、林业者、牧场主和商人带来大量新的、鼓舞人心的商业和雇佣机会；为农林业废弃物建立新的市场；给未被充分利用的土地带来经济机会；以及减少我国对进口石油的依赖和温室气体的排放，改善空气和水的质量。"

温家宝总理在 2006 年 4 月 20 日国家能源领导小组会议上就发展可再生能源和生物能源时指出了"我们应当早觉悟、早行动"的迫切要求。中国工程院院士杨胜利研究员指出，预计今后 15 年将是生物炼制产业的快速成长期，生物炼制将在提高能源安全、资源利用方面发挥越来越大的作用，逐渐成为支柱产业。

生物炼制产业依靠将阳光作为最终能源资源的方式，在地球有限的空间内建立起包括人类自身的生态系统，打破地球的使用界线对人类文明的限制，将人类文明推向外太空的梦想正在进入实施阶段，如图 2.6 所示（Ragauskas and Williams，2006）。

为了使人类能够长期的居住在外太空，生态系统必须通过使用自养生物来建

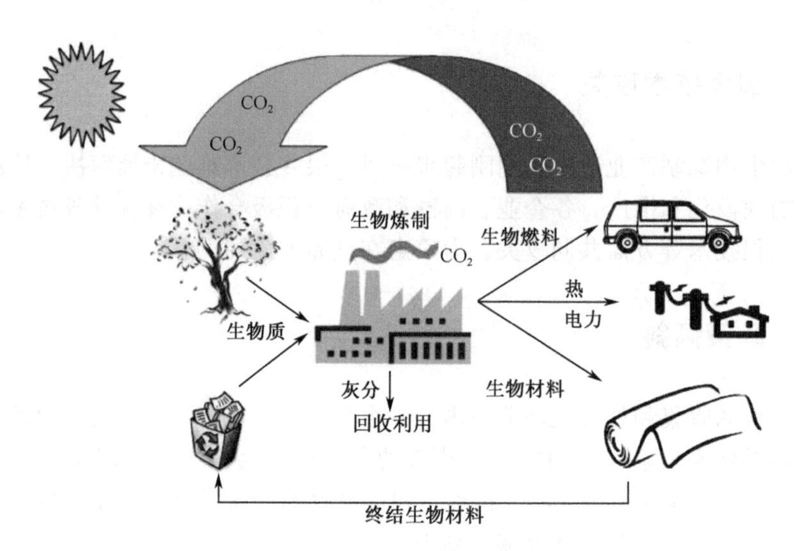

图 2.6 生物炼制的理想途径

立。由生物炼制提升的碳素和氮素循环系统将被用来实现这一目标。生物炼制有解决环境问题和食品危机以及为宇宙新纪元提供有前途的技术的潜力（Ohara, 2003）。

参 考 文 献

陈英明，肖波，常杰. 2005. 能源植物的资源开发与应用. 氨基酸和生物资源，27 (4)：1～5

胡敏，何昌义. 2006. 我国秸秆生物转化燃料酒精研究现状. 氨基酸和生物资源，28 (3)：36～40

黄英明，高振，黄和等. 2006. 生物炼制——实现可持续发展的新型工业模式. 生物加工过程，4 (3)：1～8

孔维宝，牛世全，马正学等. 2008. 微藻生物炼制技术. 生物加工过程，6 (5)：1～7

李十中. 2006. 中国生物质能源技术现状与展望. 太阳能，(1)：42～46

石元春. 2005. 谈发展生物质产业的几个问题. 中国基础科学，(6)：3～6

谭天伟. 2006. 生物炼制发展现状及前景展望. 现代化工，26 (4)：6～10

邢新会，张羽中. 2005. 发酵生物制氢研究进展. 生物加工过程，3 (1)：1～8

杨光启. 1987. 中国大百科全书：化工. 北京：中国大百科全书出版社. 582

朱行. 2005. 世界可再生燃油生产现状和发展趋势. 世界农业，(8)：40～42

Barabasi A L, Oltvai Z N. 2004. Network biology：understanding the cell's functional organizationl. Nat Rev Genet, (5)：101～113

Dunn S. 2002. Hydrogen futures：toward a sustainable energy system. Int J Hydrogen Energy, 27：235～264

Fascetti E. 1998. Photosynthetic hydrogen evolution with volatile organic acids derived from the fermentation of source selected municipal solid wastes. Int J Hydrogen Energy, 23：753～760

Hidekl F, Akihiko K, Hideo N. 2001. Biodiesel fuel production by transesterification of oil. Journal of Bioscience and Bioengineering, 92 (5)：405～416

Kamm B, Kamm M. 2004. Principles of biorefineries. Appl Microbiol Biotechnol, 64: 137～145

Kochergin V, Kearney M. 2006. Existing biorefinery operations that benefit from fractal-based process intensification. Applied Biochemistry and Biotechnology, 129～132: 349～360

Mette H T. 2005. Complex media from processing of agricultural crops for microbial fermentation. Appl Microbiol Biotechnol, 68: 598～606

Ohara H. 2000a. Zero emission is realized by polylactate. *In*: United Nations. Preprints of Zero Emission Symposium 2000. Tokyo: United Nations. 81～89

Ohara H. 2000b. Development of producing poly-L-lactic acid asbiodegradable plastics from kitchen refuse. *In*: Nickei Hall. Preprints of Japanese Business Leaders' Conference on Environmentand Development. Tokyo: Nikkei Hall. 19～23

Ohara H. 2003. Biorefinery. Appl Microbiol Biotechnol, 62: 474～477

Ragauskas A J, Williams C K, Davison B H et al. 2006. The path forward for biofuels and biomaterials. Science, 311 (5760): 484～489

Shogren R. 1997. Water vapour permeability of biodegradable polymers. Environ Polym Degrad, 5 (2): 91～95

Solaiman D K, Ashby R D. 2006. Conversion of agricultural feedstock and coproducts into poly hydroxyalkanoates. Applied Microbiology and Biotechnology, 71 (6): 783～789

Tanaka O, Ohmomo S. 1998. Lactic acid productivity of the selected strains of the genus *Lactobacillus* in laboratory-scale silages. Grassl Sci, 43: 374～379

Todd A L, Charles E W. 2005. Combined sugar yields for dilute sulfuric acid pretreatment of corn stover followed by enzymatic hydrolysis of the remaining solids. Bioresource Technology, 96: 1967～1977

US Department of Energy, Office of the Biomass Program. 2003. Biomass Program multi-year technical plan. Washington D. C, USA

Wright C T, Pryfogle P A. 2005. Biomechanics of wheat/barley straw and corn stover. Applied Biochemistry and Biotechnology, 121 (1～3): 5～19

Zverlov V V. 2006. Bacterial acetone and butanol production by industrial fermentation in the Soviet Union: use of hydrolyzed agricultural waste for biorefinery. Applied Microbiology and Biotechnology, 71 (5): 587～597

3 生物沼气

我国沼气事业开始于1930年，水压式沼气池早在20世纪30年代就有研究，目前农村中使用较多的是池型，并且受到国际上的重视，通常把它称作“中国式沼气池”。著名科学家周培源教授于1936年在江西省宜兴县建造了水压式沼气池，用以烧饭点灯，随后浙江省诸暨县安华镇和河北省武安县也建了沼气池。1958年全国不少省市曾推广过沼气，但因技术不成熟和缺乏经验而没能发展起来。70年代，由于农村燃料严重缺乏，国家又一次重视并大力推进沼气建设，再次掀起了沼气建设高潮。农村沼气用户从1970年的6000户发展到1980年的723万户。但由于技术不成熟，没有专业施工队，多数沼气池质量问题突出，只能使用1～3年，出现了边建设边报废的情况；到80年代中期，土法建设的沼气池基本上全部报废。

20世纪80年代以后，我国开展了大量有关沼气发酵的理论和应用技术的研究，并取得了可喜的研究成果，沼气建设开始稳步发展。90年代以来，经过多年的研究、开发，各地认真汲取沼气建设的经验教训，加强科研攻关和试点示范，沼气建设技术获得重大突破。沼气建设从池型设计、建设施工到使用管理逐步成熟，发酵工艺和综合利用技术处于世界领先水平，我国沼气事业蓬勃发展。

在我国，沼气的研究与废弃物资源化处理、沼气发酵产物综合利用和生态环境保护等农业生产活动密切相关，形成了以南方“猪-沼-果”、北方“四位一体”和西北“五配套”（在猪-沼-果的基础上增加太阳能暖圈和暖棚）为代表的农村沼气发展模式。“八五”期间平均每年新增36万户，“九五”期间平均每年新增75万户，到2000年底全国已有农村用沼气池980万户，其中，55%的沼气池开展了综合利用。同时，畜禽养殖场大中型沼气工程建设开始起步，先后建设了一批示范工程。截至2004年底，全国已推广农村用沼气池1450万户，大中型沼气工程1960处。

从20世纪90年代初开始，大中型沼气工程的建设重视工程的环境效益并通过开展综合利用来增加工程的经济效益，把沼气工程作为一个有多种作用的系统工程进行设计和管理，通过高质量的设计、建造和优质配套设备来实现沼气工程的综合效益。研究开发了多种新型高效发酵工艺，使厌氧消化器的处理能力提高2～10倍、产气率提高1～3倍、化学需氧量（COD）去除率提高10%～20%。这些装置的出现与成功应用，不仅标志着我国沼气工程技术水平的提高，同时也为畜禽场沼气工程进一步推广应用和商业化奠定了坚实的基础。

目前，沼气技术的目标已从“能源回收”转移到“环境保护”，沼气的利用不仅仅局限于点灯、做饭，已经发展到乡村集中供气和沼气发电，并且开展了沼渣、沼液的综合利用，形成了以沼气为纽带的生态家园富民工程，引导农民改变传统的生活和生产方式，提高了农民生活质量。在国家各部委的领导和支持下，我国已经建立了省级和国家级的沼气专业化组织，形成了农村能源建设技术管理与服务体系，进行了沼气技术、管理和维护人员培训，为沼气事业的发展提供了保障。农村沼气建设受到党中央、国务院和各级地方党委、政府的高度重视，社会各界人士、广大农民把农村沼气建设项目称为建立资源节约型社会的能源工程、实现农业可持续发展的生态工程、增加农民收入的富民工程、改善农村生产生活条件的清洁工程、为农民办实事办好事的民心工程（崔富春，2005）。

3.1 沼气燃料的特性

在日常生活中，特别是在气温较高的夏、秋季节，人们经常可以看到，从死水塘、污水沟、储粪池中，咕嘟咕嘟地向表面冒出许多小气泡，如果把这些小气泡收集起来，用火引燃，便可产生蓝色的火苗，这种可以燃烧的气体就是沼气。由于它最初是从沼泽中发现的，所以叫做沼气（marsh gas）。沼气又是有机物质在厌氧条件下产生出来的气体，因此，又称为生物气（biogas）。沼气实质上是人畜粪尿、生活污水和植物茎叶等有机物质在一定的水分、温度和厌氧条件下，经沼气微生物的发酵转换而成的一种方便、清洁、优质、高品位气体燃料，可以直接用于炊事和照明，也可以供热、烘干、储粮。沼气发酵剩余物是一种高效有机肥料和养殖辅助营养料，与农业主导产业相结合，并进行综合利用，可产生显著的综合效益。

沼气发酵是自然界中普遍而典型的物质循环过程，按其来源不同，可分为天然沼气和人工沼气两大类。天然沼气是在没有人工干预的情况下，由于特殊的自然环境条件而形成的。除广泛存在于粪坑、阴沟、池塘等自然界厌氧生态系统外，地层深处的古代有机体在逐渐形成石油的过程中，也产生一种性质近似于沼气的可燃性气体，叫做“天然气”。人类在分析掌握了自然界产生沼气的规律后，便有意识地模仿自然环境建造沼气池，将各种有机物质作为原料，用人工的方法制取沼气，即“人工沼气”。

3.1.1 沼气的主要成分及其特性

无论是天然产生的，还是人工制取的沼气，都是以甲烷为主要成分的混合气体，其成分不仅随发酵原料的种类及相对含量不同而有变化，而且因发酵条件及发酵阶段各有差异。一般情况下，沼气中的主要成分是甲烷（CH_4）、二氧化碳（CO_2）和少量的硫化氢（H_2S）、氢（H_2）、一氧化碳（CO）和氮气（N_2）等气体。其中，CH_4占50%～70%、CO_2占30%～40%，其他成分含量极少。沼气中的CH_4、H_2、CO等是可以燃烧的气体，人类主要利用这一部分气体的燃烧来获得能量（田晓东等，2002b）。

甲烷是一种热值相当高的优质气体燃料。1m^3纯CH_4，在标准状况下完全燃烧，可放出35 822kJ的热量，最高温度可达1400℃。沼气中因含有其他气体，发热量稍低一点，为20 000～29 000kJ，最高温度可达1200℃。因此，在人工制取沼气中，应创造适宜的发酵条件，以提高沼气中甲烷的含量。

与空气相比，甲烷的相对密度为0.55，标准沼气的相对密度为0.94。所以，在沼气池气室中，沼气较轻，分布在上层；二氧化碳较重，分布于下层。沼气比空气轻，在空气中容易扩散，扩散速度比空气快3倍。当空气中甲烷的含量达25%～30%时，对人畜有一定的麻醉作用。

甲烷在水中的溶解度很小，在20℃、一个大气压①下，100单位体积的水只能溶解3个单位体积的甲烷，这就是沼气不但在淹水条件下生成，还可用排水法收集的原因。

气体从气态变成液态时，所需要的温度和压力分别称为临界温度和临界压力。标准沼气的平均临界温度为−37℃，平均临界压力为56.64×10^5 Pa（55.90个大气压力）。这说明沼气液化的条件是相当苛刻的，也是沼气只能以管道输气，不能液化装罐作为商品能源交易的原因。

甲烷的分子结构是一个碳原子和四个氢原子构成的等边三角四面体，相对分子质量为16.04。其分子直径为3.76×10^{-10} m，约为水泥砂浆孔隙的1/4，这是研制复合涂料，提高沼气池密封性的重要依据。

甲烷是一种优质气体燃料，一个体积的甲烷需要两个体积的氧气才能完全燃烧。氧气约占空气的1/5，而沼气中甲烷含量为60%～70%，所以，1个体积的沼气需要6～7个体积的空气才能充分燃烧。这是研制沼气用具和正确使用用具的重要依据。

在常压下，标准沼气与空气混合的爆炸极限是8.80%～24.4%；沼气与空气按1∶10的比例混合，在封闭条件下，遇到火会迅速燃烧、膨胀，产生很大的推动力，因此，沼气除了可以用于炊事、照明外，还可以用做动力燃料。了解和熟悉沼气的上述主要理化性质，对于制取和利用沼气很有必要。

① 1大气压＝$1.013\,25\times10^5$Pa，后同。

3.1.2 沼气的成分对其燃烧特性的影响

（1）沼气的着火。沼气中的各可燃气体由于温度急剧升高，由稳定的氧化反应转变为不稳定的氧化反应，从而引起燃烧的一瞬间，称为着火。沼气着火点燃温度为 650～750℃。沼气的着火温度随其中 CO_2 成分的增加而增高，所以沼气的着火温度高于甲烷的着火温度。同理，沼气在氧气中燃烧时，就要比在空气中燃烧的着火温度低。

（2）沼气着火的浓度极限。在沼气与空气混合物中，可燃气体的含量只有在一定界限内方可着火燃烧，这个界限称为着火极限，极限分上限和下限。沼气与助燃气体混合，形成可燃混合气，沼气过多或过少都不能达到着火条件。如可燃混气中沼气过多，则氧气成分就少，只能使一部分沼气起氧化反应，因而生成的热量较少，这少量的生成热不可能使可燃混合气达到着火温度，因此就不能着火燃烧。着火时，可燃气体在混合气中所占的最大体积百分数称为着火浓度上限，反之，如在混合气体中可燃气体量过少，燃烧成的热量也少，不可能使可燃混合气体达到着火温度而不能着火。可燃混合气体着火时，可燃气体在混合气中所占的最小体积百分数称为着火浓度下限。

3.1.3 影响着火浓度极限的因素

（1）混合气体的温度。提高混合气体的初始温度，对大多数烃类燃料——空气混合气体来说，可使着火浓度极限范围变宽。其原因在于此时提高了反应的放热率，而对散热的影响则不大。研究表明，温度对着火浓度极限的影响主要反应在上限，而对下限则没什么影响。

（2）混合气体的压力。研究表明，混合气体在较高的压力下时，压力对着火浓度极限可以说没有影响，压力的影响表现在压力逐渐下降时才显著。压力对着火浓度极限的影响，对不同气体影响的变化规律不相同。

（3）混合气体中惰性气体的含量。一般来说，混合气体中惰性气体的含量增加时，则其着火浓度上限和下限均有所提高。当 CH_4 在沼气中的浓度不同时，沼气的燃烧上限和下限均有变化，如表 3.1 所示（黎良新，2007）。

表 3.1 沼气的燃烧范围

沼气成分	燃烧范围	上限	下限
CH_4（50%）	CO_2（50%）	52.61%	9.52%
CH_4（60%）	CO_2（40%）	24.44%	8.8%
CH_4（70%）	CO_2（30%）	20.16%	7.05%

由表 3.1 可看出，当沼气中甲烷成分增大时，燃烧范围减小，上限和下限均相应降低；当甲烷浓度减小时，其燃烧范围增大，而且上限下限也相应提高。着火浓度极限范围内的燃气-空气混合气，在一定条件下（如在密闭空间里）会瞬间完成着火燃烧而形成爆炸，因此着火浓度极限又称爆炸极限。了解可燃混合气体的浓度极限，对安全使用燃气是很重要的。浓度极限值一般由实验测得。影响燃气燃烧的火焰传播速度的因素，以沼气中的甲烷成分分别为 50%和 70%；二氧化碳为 50%和 30%为例，经有关计算得到沼气中各可燃组分和沼气的燃烧特性如表 3.2 和表 3.3 所示（黎良新，2007）。

表 3.2　沼气中的可燃组分的燃烧性能参数

气体名称		氢气	一氧化碳	甲烷	硫化氢
燃烧反应方程式		$H_2+0.5O_2 \longrightarrow H_2O$	$CO+0.5O_2 \longrightarrow CO_2$	$CH_4+2O_2 \longrightarrow CO_2+2H_2O$	$H_2S+1.5O_2 \longrightarrow SO_2+H_2O$
理论助燃气体需要量/(Nm^3/Nm^3)	氧气/气体	0.499	0.500	2.003	1.14
	空气需要量	2.383	2.386	9.559	7.228
热值/(MJ/Nm^3)	高热值	12.74	12.63	39.80	35.87
	低热值	10.78	12.63	25.34	23.36
着火温度/℃		530～590	630～650	680～750	300～400
空气系数 $a=1$ 时，燃烧产物的体积/(Nm^3/Nm^3)	二氧化碳	0.0007	0.9996	0.998	1.006
	水蒸气	0.964		1.934	0.975
	氮气	1.883	1.885	7.554	5.712
	合计	2.848	2.880	10.486	7.693
以空气助燃的燃烧温度/℃		2210	2370	2013	1900
可燃气体在常压下和273K条件下爆炸极限	下限	4.00	75.9	5.00	4.3
	上限	12.5	74.2	15.00	45.5
空气助燃下火焰传播速度/(m/s)	最大火焰传播速度(静实验室 $d=25.4mm$)	0.83	1.25	0.67	
	最大法向火焰传播速度(动实验)	2.67	0.41	0.37	
	最大速度下可燃气体浓度/%	38.50	45.0	9.8	

表 3.3 沼气的燃烧特性

参数名称		单位	数值
沼气的低发热量		MJ/Nm^3	17.94～21.52～25.11
沼气的理论需空气量		Nm^3/Nm^3	(50%)(60%)(70%)
$a=1$ 时，沼气的燃烧产物体积	二氧化碳	Nm^3/Nm^3	0.9999
	水蒸气	Nm^3/Nm^3	0.9673～1.3538
	氮气	Nm^3/Nm^3	3.7762～5.2851
	合计	Nm^3/Nm^3	5.7422～7.6375
沼气的理论燃烧温度		℃	1807.2～1943.5
沼气的最大火焰传播速度		m/s	0.268～0.4288
沼气的着火温度（爆炸极限）	上限	%	9.52～6.99
	下限	%	26.09～20.13

总之，沼气是一种非常宝贵的资源，我们应当尽可能地提高其热能利用效率。如果只用作生活燃料，不能充分发挥它的热效能；若用作内燃机的燃料，则可以将更大部分的热能转化为机械能和电能，为工业和农业生产服务。

3.2 沼气发酵原理

3.2.1 沼气发酵过程

沼气发酵是自然界广泛存在的，是在厌氧条件下，由微生物分解转化动植物有机质产生的一种可燃性气体的过程。沼气的主要成分是甲烷和二氧化碳。各种有机质，包括农作物秸秆、人畜粪便以及工农业排放废水中所含的有机物等，在厌氧及其他适宜的条件下，通过微生物的作用，最终转化成沼气，完成这个复杂的过程，即为沼气发酵。沼气发酵主要分为水解、产酸和产甲烷三个阶段。农村利用秸秆、人畜粪尿、垃圾等废弃有机物，在人工控制的厌氧条件下，进行沼气发酵，既有较高经济效益，又有良好生态效益和社会效益，值得广泛开展。

（1）水解阶段。沼气池中使用的原料都是复杂的有机物质，它们不能被产甲烷细菌直接利用，而是通过一些微生物的作用先将粪便、农作物秸秆、青草等有机物进行腐烂，分解为结构比较简单的化合物，即把固体的有机物质通过酶的作用转变为可溶于水的物质。

在沼气发酵中，首先是发酵性细菌利用它所分泌的胞外酶，如纤维酶、淀粉酶、蛋白酶和脂肪酶等，对有机物进行体外酶解，也就是把畜禽粪便、作物秸秆、豆制品加工后的废水等大分子有机物分解成能溶于水的单糖、氨基酸、甘油和脂肪酸等小分子化合物。这个阶段叫水解阶段，又称液化阶段。

（2）产酸阶段。水解阶段产生的可溶于水的物质进入微生物细胞，在胞内酶的作用下进一步将它们转化成为小分子化合物。

这个阶段由三个细菌群体联合作用，先由发酵性细菌将水解阶段产生的小分子化合物吸收进细胞内，并将其分解为乙酸、丙酸、丁酸、氢和二氧化碳等，再由产氢产乙酸菌把发酵性细菌产生的丙酸、丁酸转化为产甲烷菌可利用的乙酸、氢和二氧化碳。

另外还有耗氧产乙酸菌群，这种细菌群体利用氧和二氧化碳生成乙酸，还能代谢萜类产生乙酸，它们能转变多种有机物为乙酸。液化阶段和产酸阶段是一个连续过程，在这个过程中，不产甲烷的细菌种类繁多、数量巨大，它们主要的作用是为产甲烷菌提供营养和为产甲烷菌创造适宜的厌氧条件，消除部分有毒物质。此阶段主要的产物是挥发性有机酸，其中，以乙酸为主，约占80%，故此阶段称为产酸阶段。

（3）产甲烷阶段。在此阶段中，产甲烷细菌群（产甲烷菌有70多种），可以分为食氢产甲烷菌和食乙酸产甲烷菌两大类群，这两大菌群可以将甲酸、乙酸、氢和二氧化碳等小分子分解成甲烷和二氧化碳，或通过氢还原二氧化碳的作用，形成甲烷，这个过程称为产甲烷阶段，这种以甲烷和二氧化碳为主的混合气体便称为沼气。

在发酵过程中，上述三个阶段的界线和参与作用的沼气微生物菌群都不是截然分开的。微生物种群之间通过直接或间接的共生关系，相互影响、相互制约，组成一个复杂的共生网络系统，现在通常称之为微生态系统。

3.2.2 沼气发酵的微生物学

沼气发酵是由微生物引起的。沼气发酵微生物学就是阐明沼气发酵过程中微生物学的原理和微生物的种类、生理生化特性、作用及各类微生物群体间的相互关系、沼气发酵微生物的分离培养技术的科学。它是沼气发酵工艺学的基础，无论在大中型企业还是在农村推广户用型沼气，都必须根据沼气发酵微生物学的原理，研究沼气发酵的各种工艺，因此沼气发酵微生物是沼气发酵的核心。满足沼气发酵微生物要求的条件，就能获得最大的产气速率和产气量。

沼气发酵微生物学和微生物学一样，是在人们生活和生产实践活动中逐渐发展起来的。我国劳动人民很早就知道如何利用微生物（虽然当时还不知道微生物的存在和作用），如酿酒、豆制品的加工（制酱、制腐乳等）和泡菜制作，在医学上用种植牛痘防治天花等。随着科学的发展，人们逐渐认识了微生物的存在及其作用，反过来又促进了微生物的应用，造福于人类。沼气发酵微生物学也是在发现和应用沼气的基础上发展起来的，首先发现沼气可以燃烧，促进人们研究沼气产生的生态环境条件，从而了解到有机物的厌氧分解才能形成沼气，厌氧分解作用是由微生物引起，控制和创造合适的生态条件就能产生沼气。

有机物的沼气发酵并不是由单一的甲烷产生菌完成的，而是由五类分别在各阶段发挥作用的不同细菌协作的结果，它们分别是：①初级发酵菌；②氧化氢的甲烷产生菌；③裂解乙酸的甲烷产生菌；④次级发酵菌；⑤同型乙酸产生菌。

对沼气发酵过程的进一步研究发现沼气发酵是一个复杂的有机物分解过程，关键是微生物的作用，增加沼气发酵中微生物的数量，就能加速有机物的分解，促进沼气的形成。沼气发酵工艺的改革，从常规厌氧消化发展成厌氧接触法，即厌氧活性污泥法，至今发展成上流式厌氧过滤器和厌氧污泥床反应器等均是为了增加沼气发酵微生物的浓度，加速有机质的分解和沼气的形成。近几十年来，由于对沼气发酵过程进一步深入了解，按其微生物学原理，提出发酵的工艺来生产沼气，因此沼气发酵工艺学以沼气发酵微生物学的原理为基础。沼气发酵可用图3.1表示（王立群，2007）。

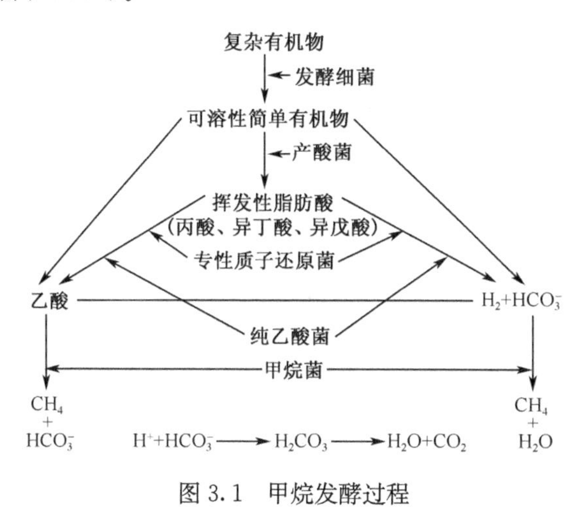

图3.1 甲烷发酵过程

下面阐述沼气发酵各阶段微生物。

3.2.2.1 水解阶段与发酵前期细菌菌群

沼气原料通过微生物酶解，分解成可溶于水的小分子化合物，这个过程称为水解。木质纤维素类生物质作为发酵底物时，植物秸秆表面的蜡质或硅质，使纤维素降解率降低。脂肪、蛋白质等大分子不能被产酸细菌作为营养物质直接吸收利用。发酵前期各细菌生理群主要包括蛋白质氨化菌、纤维素分解细菌、梭状芽孢杆菌、硫酸盐还原细菌，硝酸盐还原细菌和脂肪分解细菌等。

纤维素酶最早发现于蜗牛的消化液，是一类将纤维素降解成葡萄糖的多组分酶系的总称。虽然有关纤维素酶降解纤维素的机理仍未完全阐明，但纤维素酶在发酵底物水解阶段起到举足轻重的作用。

3.2.2.2 产氢产酸阶段与产氢产酸菌

产氢与产酸菌将单糖类、肽、氨基酸、甘油、脂肪酸等物质转化成简单的有机酸、醇以及二氧化碳、氢、氨和硫化氢等，其中，挥发性乙酸约占80%。

产酸细菌有梭菌属（*Clostridium*）、芽孢杆菌属（*Bacillus*）、葡萄球菌属（*Staphylococus*）、变形菌属（*Proteus*）、杆菌属（*Bacterium*）等。

活性污泥是研究产酸菌的很好材料，其中的微生物菌群主要由细菌、放线菌、真菌以及原生动物和后生动物等构成。经典纯培养方法培养的细菌数量只占活性污泥微生物总数的1%～15%，20世纪80年代后期，随着细菌分子分类学的发展，活性污泥中起关键作用的微生物菌群被陆续发现。

3.2.2.3 产甲烷阶段与产甲烷菌

前两个阶段生成的有机酸等物质被产甲烷细菌分解成甲烷和二氧化碳，或通过氢还原二氧化碳的作用形成甲烷，或以甲基化合物为原料生物合成甲烷，这个过程称为产甲烷阶段。

产甲烷细菌在沼气生产过程中起着决定性作用。迄今为止，已经分离鉴定的产甲烷细菌有70种左右，有人根据它们的形态和代谢特征划分为3目、7科、19属，见表3.4。此外，还有一些不属于这三个目的产甲烷细菌。产甲烷杆菌的细胞呈细长弯曲的杆状、链状或丝状，两端钝圆，细胞大小为（0.4～0.8）μm×（3～15）μm；甲烷短杆菌的细胞呈短杆或球杆状，两端锥形，细胞大小为0.7μm×（0.8～1.7）μm；甲烷球菌的细胞为不规则球形，直径为1.0～2.0μm；甲烷螺菌细胞呈对称弯杆状，常结合在一起成为长度几十到几百微米的波浪丝状；甲烷八叠球菌的菌体呈球状，而且常常有很多菌体不规则地聚集在一起，形成直径可达几百微米的球体；甲烷丝菌细胞呈杆状，两端扁平，能形成很长的丝状体（岑沛霖等，2000）。

甲烷菌是自养型严格厌氧菌，属于水生古细菌门（Euryarchaeota），不能利用糖类等有机物作为能源和碳源，以NH_4^+作为氮源。大多数产甲烷菌只能利用硫化物，许多产甲烷菌的生长还需要生物素。甲烷菌分布广，最适宜生长的pH是6.8～7.5，生长温度为15～98℃。从产甲烷菌的营养需求看，它们能利用的碳源和能源非常有限。常见的底物有：H_2/CO_2、甲酸、甲醇、甲胺和乙酸等。它们中的有些种能利用CO作为碳源，但生长很差；有些种则能利用异丙醇和CO_2；也有一些种能以甲硫醇或二甲基硫化物为底物合成甲烷。

表 3.4 产甲烷细菌的分类

目	科	属	学名
甲烷杆菌目 Methanobacteriales	甲烷杆菌科 Methanobacteriaceae	甲烷杆菌属	*Methanobacterium*
		甲烷短杆菌属	*Methanobrevibacter*
		甲烷球状属	*Methanosphaera*
	高温甲烷杆菌科 Methanothermaceae	高温甲烷属	*Methanothermus*
甲烷球菌目 Methanococcales	甲烷球菌科 Methanococcaceae	甲烷球菌属	*Methanococcus*
甲烷微菌目 Methanomicrobiales	甲烷微菌科 Methanomicrobiaceae	甲烷微菌属	*Methanomicrobium*
		甲烷螺菌属	*Methanospirillum*
		产甲烷菌属	*Methanogenium*
		甲烷叶状菌属	*Methanolacinia*
		甲烷袋形菌属	*Methanoculleus*
	甲烷八叠球菌科 Methanosarcinaceae	甲烷八叠球菌属	*Methanosarcina*
		甲烷叶菌属	*Methanolobus*
		甲烷丝菌属	*Methanothrix*
		甲烷拟球菌属	*Methanococcoides*
		甲烷毛状菌属	*Methanosaeta*
		甲烷嗜盐菌属	*Methanohalophilus*
	甲烷片菌科 Methanoplanaeae	甲烷片菌属	*Methanoplanus*
		甲烷盐菌属	*Methanohalobium*
	甲烷球粒菌科 Methanocorpusculaceae	甲烷球粒菌科	*Methanocorpusculum*

产甲烷菌的共同特征是：① 生长非常缓慢，如甲烷八叠球菌在乙酸上生长时，其倍增时间为 1～2 天，甲烷菌丝倍增时间为 4～9 天；② 严格厌氧，对氧气和氧化剂非常敏感，在有空气的条件下就不能生存；③ 只能利用少数简单的化合物作为营养；④它们要求在中性偏碱和适宜温度环境条件；⑤ 代谢活动主要终产物是以甲烷和二氢化碳为主要成分的沼气（王立群，2007）。

3.2.3 沼气发酵的条件

人们在观察到沼气气泡从沼泽、池塘水面以下的污泥中和粪坑底部冒出的现象以后，受到启示。认识到，丰富的有机物质在隔绝空气和保持一定水分、温度的条件下，便能生成沼气。于是在实验室里，对沼气的产生过程进行了深入研究，逐步弄清了人工制取沼气的工艺条件。那么，满足哪些条件，才能制取质优、量多的沼气呢？

沼气是有机物质经过多种细菌群发酵而产生的，微生物都是有生命的，沼气微生物同样如此，它们在沼气池中进行新陈代谢和生长繁殖的过程中，需要一定的生长条件。只有充分满足它们适宜的生长条件，才能使微生物迅速地繁殖，才能达到发酵快、产气量高的目的。综合起来，人工制取沼气的基本条件是：严格的厌氧环境、适宜的发酵温度、碳氮比适宜的发酵原料、适宜的发酵液浓度、适当的酸碱度（pH）和质优足量的菌种等。沼气池（或沼气发酵罐）发酵产气的好坏与发酵条件的控制密切相关。在发酵条件比较稳定的情况下产气旺盛，否则产气不好。实践证明，往往会由于某一条件没有控制好而引起整个系统运行失败。因此，控制好沼气发酵的工艺条件是维持正常发酵产气的关键（田晓东等，2002b）。

3.2.3.1　严格的厌氧环境

沼气发酵微生物包括产酸菌和产甲烷菌两大类，它们都是厌氧性细菌，尤其是产生甲烷的甲烷菌是严格厌氧性细菌，对氧特别敏感。它们在生长、发育、繁殖、代谢等生命活动中都不需要氧气，哪怕是微量的氧存在，生命活动也会受到抑制，甚至死亡。因此，建造一个不漏水、不漏气的密闭沼气池（罐），是人工制取沼气的关键。这不仅是收集沼气和储存沼气发酵原料的需要，也是保证沼气微生物在厌氧的生态条件下生活得好，使沼气池能正常产气的需要。这就是为什么把漏水、漏气的沼气池称为“病态池”的道理。

沼气发酵的启动或新鲜原料入池时会带进一部分氧，但由于在密闭的沼气池内，好氧菌和兼性厌氧菌的作用，迅速消耗了溶解氧，创造了良好的厌氧条件（崔富春，2005）。

3.2.3.2　发酵温度

温度是沼气发酵的重要外因条件，温度适宜则细菌繁殖旺盛、活力强，厌氧分解和生成甲烷的速度就快，产气就多；如果温度不适宜，沼气细菌生长发育慢，产气就少或不产气。从这个意义上讲，温度是生产沼气的重要条件。

究竟多高的温度才适宜呢？研究发现，沼气发酵微生物是在一定的温度范围进行代谢活动的，一般为8～65℃，均能正常发酵产生沼气，温度高低不同产气速度不同。在8～65℃时，温度越高，产气速率越大，但不是线性关系。人们把沼气发酵划分为三个发酵区，即常温发酵区8～26℃，也称低温发酵，在这个条件下产气率可为0.15～0.3m^3/（m^3·d）；中温发酵区28～38℃，最适温度为35℃，在这个温度条件下，池容产气率可为1.0m^3/（m^3·d）左右；高温发酵区

46～65℃，在这个温度条件下，池容产气率可为2.0～2.5 m^3/（m^3·d）。

40～50℃是沼气微生物高温菌和中温菌活动的过渡区间，它们在这个温度范围内都不太适应，因而此时产气速率会下降。当温度增高到53～55℃时，沼气微生物中的高温菌活跃，产沼气的速率最快。微生物对温度变化十分敏感，沼气发酵温度突然变化，会影响微生物的生命活动，对沼气产量有明显影响。温度突变超过一定范围时，则会停止产气。一般常温发酵温度不会突变；对中温和高温发酵，则要求严格控制料液的温度。概括地讲，产气的一个高峰在35℃左右，另一个更高的高峰在54℃左右。这是因为在这两个最适宜的发酵温度中，由两个不同的微生物群参与作用。

农村的沼气发酵，因为条件的限制，一般都采用常温发酵。冬季池温低产气少或不产气。为了提高沼气池温度，使沼气池常年产气，在北方寒冷地区多把沼气池修建在日光温室内或太阳能禽畜舍内，使池温增高，提高了冬季的产气量，达到常年产气的目的。

3.2.3.3 沼气发酵原料

原料（有机物）是供给沼气发酵微生物进行正常生命活动所需的营养和能量，是不断生产沼气的物质基础。农业剩余物（如秸秆、杂草、树叶等）、家畜家禽粪便、工农业生产的有机废水废物（如豆制品的废水、酒糟和糖渣等）以及水生植物都可以作为沼气发酵的原料。为了确切地表示固体或液体中有机物含量，一般采用如下方法来测定原料的有机质含量。

1）总固体和挥发性固体

原料中总固体、挥发性固体、水分和灰分之间的组成关系如下：

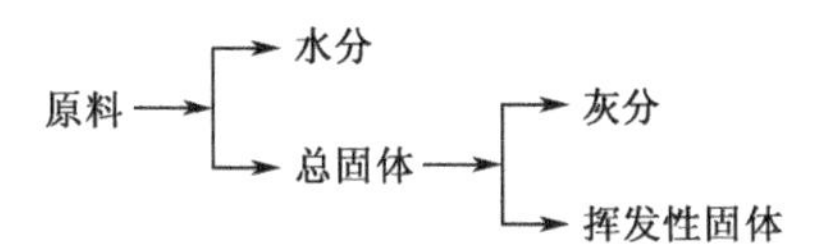

总固体（TS），又称干物质，是指发酵原料除去水分以后剩下的物质。测定方法为：把样品放在105℃的烘干箱中烘干至恒重，此时物质的质量就是该样品的总固体质量。挥发性固体（VS），是指原料总固体中除去灰分以后剩下的物质。测定方法为：将原料总固体样品在500～550℃温度下灼烧1h，其减轻的质量就是该样品的挥发性固体量，余下的物质是样品的灰分，其质量是该样品灰分的质量。在沼气发酵中，沼气微生物只能利用原料中的挥发性固体，而灰分是不能被利用的。

2）适宜的料液浓度

料液中干物质含量的百分比为料液浓度。对沼气池内发酵料液浓度要求随季节的变化而不同。发酵液浓度的范围是2%～30%。浓度越高产气越多。发酵液浓度在20%以上称为干发酵。农村用户沼气池发酵液浓度，可以根据原料多少和用气需要以及季节变化来调整。实践证明，农村沼气池一般采用6%～10%的发酵料液浓度较适宜。夏季以温补料，料液浓度为5%～6%，冬季以料补温，料液浓度为10%～12%，曲流补料沼气池工艺要求发酵液浓度为5%～8%。发酵料液的浓度太低或太高，对产生沼气都不利。因为浓度太低时，即含水量太多，有机物相对减少，会降低沼气池单位容积中的沼气产量，不利于沼气池的充分利用；浓度太高时，即含水量太少，产甲烷菌又消耗不了那么多，不利于沼气细菌的活动，发酵料液不易分解，就容易造成有机酸的大量积累、使沼气发酵受到阻碍，产气慢而少。因此，一定要根据发酵料液含水量的不同，在进料时加入相应数量的水，使发酵料液的浓度适宜，以充分合理地利用发酵料液和获得比较稳定的产气率。配制发酵料液的浓度，要根据发酵原料的含水量（表3.5）和不同季节所要求的浓度，再加入一定量的水（田晓东等，2002b）。

表3.5 常用发酵原料的含水量

发酵原料	含水量/%	含干物质量/%
干麦秆	18.0	82.0
干稻草	17.0	83.0
玉米秆	20.0	80.0
野（杂）草	76.0	24.0
鲜牛粪	83.0	17.0
鲜马粪	78.0	22.0
鲜猪粪	82.0	18.0
鲜人粪	80.0	20.0
鲜鸡粪	70.0	30.0
鲜人尿	99.6	0.4

3）产气量、产气速率与产气率

一般认为，自然界的有机物质除矿物油和木质素外，都能被微生物发酵而产生沼气，但不同有机质的产气量不同。因为各种有机物质分解的难易程度不同，所以产气速率相差很大。产气率分为原料产气率、料液产气率、池容产气率。发酵原料的产沼气量以及不同物质的产气速率见表 3.6 和表 3.7（田晓东等，2002b）。

表 3.6 发酵原料的产沼气量

原料种类	产沼气量/(m^3/t 干物质)	甲烷含量/%
畜牧肥	260～280	50～60
猪类	561	
马类	200～300	
青草	630	70
亚麻秆	359	
麦秆	432	59
树叶	210～294	58
废物污泥	640	50
酒厂废水	300～600	58
碳水化合物	750	49
脂类	1400	72
蛋白质	980	50

表 3.7 几种物质的产气速率*

发酵原料	产气速率（占总产气量%）			
	0～15 天	16～45 天	46～75 天	76～135 天
牛粪	11	33.8	20.9	34.3
水葫芦	83	17		
水花生	23	45	32	
水浮莲	23	62	15	
猪粪	19.6	31.8	25.5	23.1
干青草	13	11	43	33
稻草	9	50	16	25
人粪	45	22	27.3	5.7

注：* 发酵温度 30℃；批量发酵。

原料产气率是指单位原料质量在整个发酵过程中的产气量。说明在一定的发酵条件下，原料被利用水平的高低。料液产气率是指单位体积的发酵料液每天产沼气的数量。料液中所含原料种类和质量（料液浓度）不同，产气率差异较大。料液产气率不能说明原料利用水平的高低，也不能说明消化器容积被利用效率的高低，在大中型沼气工程中不宜被采用。

池容产气率是指消化器单位容积每天生产沼气的多少，池容产气率说明消化器利用水平高低，其表示单位为 $m^3/(m^3 \cdot d)$。用原料产气率和池容产气率去评价两种原料或两个装置被利用水平时，还要考虑两者的发酵条件和生产状况，因为原料发酵好坏与接种物、发酵温度、发酵时间、料液浓度等因素有关。各种原料实际产气量与理论产气量之间有一定差异。猪粪、牛粪实际产气量约占理论计算值的70%，稻草仅占44%左右。从工程的角度，常把去除1kg COD_{Cr} 产甲烷 $0.35m^3$ 称为理论产气量，而产沼气量则要取决于沼气中甲烷含量的多少，一般甲烷占沼气总体积的50%～70%。

3.2.3.4 适宜的pH

pH是指消化器内料液的pH，而不是发酵原料的pH。沼气发酵微生物最适宜的pH是6.8～7.5。一般来说，当pH在6以下或8以上时，沼气发酵就要受到抑制，甚至停止产气。主要是因为pH会影响微生物酶的活性。建议采用测定挥发酸来控制投料量，这样可以做到精确管理。

在大中型沼气工程中给消化器投料时，要根据pH来控制投料量，若投料量过多，接种物中的产甲烷菌数量又不足，或者在沼气池内一次加入大量的鸡粪、薯渣造成发酵料液浓度过高，都会因产酸与产甲烷的速度失调而引起挥发酸（乙酸、丙酸、丁酸）的积累，导致pH下降。这是造成沼气池启动失败或运行失常的主要原因。在间断投料时，料液的pH应在7左右为宜，当pH低于6.8时，产甲烷菌的生命活动将受到抑制，正常发酵将遭到破坏。当消化器出现超负荷情况时，一方面停止进料，另一方面在必要时可以投加碱性物质（如石灰水），提高消化器内的pH，使发酵过程得到比较快的恢复。在投料以后pH不应低于6.5。当pH在6.0以下时，则应大量投入接种物或重新进行启动。

在沼气发酵的过程中，pH变化规律一般是：在发酵初期，由于产酸细菌的迅速活动产生大量的有机酸，使pH下降；随着发酵继续进行，一方面氨化细菌产生的氨中和了一部分有机酸，另一方面甲烷菌群利用有机酸转化成甲烷，这样使pH又恢复到正常。这样循环继续下去，使沼气池内的pH一直保持7.0～7.5，使发酵正常运行。所以，一般情况下，沼气池内的料液发酵时，只要保持一定的浓度、接种物和适宜的温度，它就会正常发酵，不需要进行调整。

3.2.3.5 碳、氮、磷的比例

富氮原料通常指富含氮元素的人、畜和家禽粪便，这类原料经过了人和动物肠胃系统的充分消化，一般颗粒细小，含有大量低分子化合物——人和动物未吸收消化的中间产物，含水量较高。因此，在进行沼气发酵时，它们不必进行预处理，就容易厌氧分解，产气很快，发酵期较短。

富碳原料通常指富含碳元素的秸秆和秕壳等农作物的残余物，这类原料富含纤维素、半纤维、果胶以及难降解的木质素和植物蜡质。干物质含量比富氮的粪便原料高，且质地疏松，相对比重小，进沼气池后容易漂浮形成发酵死区——浮壳层，发酵前一般需经预处理。富碳原料厌氧分解比富氮原料慢，产气周期较长。

氮素是构成沼气微生物躯体细胞质的重要原料，碳素是构成微生物细胞质的重要组分，而且提供生命活动的能量。发酵原料的碳氮比不同，其发酵产气情况差异也很大。从营养学和代谢作用角度看，沼气发酵细菌消耗碳的速度比消耗氮的速度要快20～30倍。因此，沼气发酵时，原料不仅需要充足，而且需要适当搭配。保持一定的碳、氮比例，这样才不会因缺碳素或缺氮素营养而影响沼气的产生和细菌正常繁殖。在其他条件都具备的情况下，碳氮比例配成（20～30）∶1可以使沼气发酵在合适的速度下进行。如果比例失调，就会使产气和微生物的生命活动受到影响。

发酵料液中的碳、氮、磷元素含量的比例，对沼气生产也有重要的影响。研究工作表明，碳、氮、磷比例以10∶4∶0.8为宜。对于以生产农副产品的污水为原料的情况，一般氮、磷含量均能超过规定比例下限，不需要另外投加。但对一些工业污水，如果氮、磷含量不足，应补充到适宜值。因此，制取沼气不仅要有充足的原料，还应注意各种发酵原料比合理搭配。

3.2.3.6 添加剂和抑制剂

许多物质可以加速沼气发酵过程，而有些物质却抑制发酵的进行，还有些物质在低浓度时有刺激发酵作用，而在高浓度时产生抑制作用。沼气池内挥发酸浓度过高（中温发酵为0.2%以上；高温发酵为0.36%以上）时，对发酵有阻遏抑制作用；氨态氮浓度过高时，对沼气发酵菌有抑制和杀伤作用；各种农药，特别是剧毒农药，都有极强的杀菌作用，即使微量存在也可使正常的沼气发酵完全破坏。很多盐类，特别是金属离子，在适当浓度时能刺激发酵过程，当超过一定浓度时对发酵过程会产生强烈的抑制作用。

3.2.3.7 搅拌

搅拌对沼气发酵也是很重要的。如果不搅拌，池内会明显地呈现三层，即浮渣层、液体层、污泥层。这种分层现象将导致原料发酵不均匀，出现死角，产生的甲烷气难以释放。搅拌可增加微生物与原料的接触机会，加快发酵速度，可提高沼气产量，同时也可防止大量原料漂浮结壳。搅拌主要包括机械搅拌、沼气搅拌和水射器搅拌三种方式。

搅拌的目的是使发酵原料分布均匀，防止大量原料浮渣结壳，增加沼气微生物与原料的接触面，提高原料利用率，加快发酵速度，提高产气量。图 3.2 表示了常用的三种搅拌方法：机械搅拌，通过机械装置运转达到搅拌的目的（图 3.2A）；气搅拌，将沼气从池底部冲进去，产生较强的气体回流，达到搅拌目的（图 3.2B）；液搅拌，从沼气池的出料间将发酵液抽出，然后又从进料管冲入沼气池内，产生较强的液体回流，达到搅拌目的（图 3.2C）。在设计搅拌装置时，应该注意沼气池内的物质移动速度不要超过 0.5m/s，因为这个速度是沼气微生物生存的临界速度。

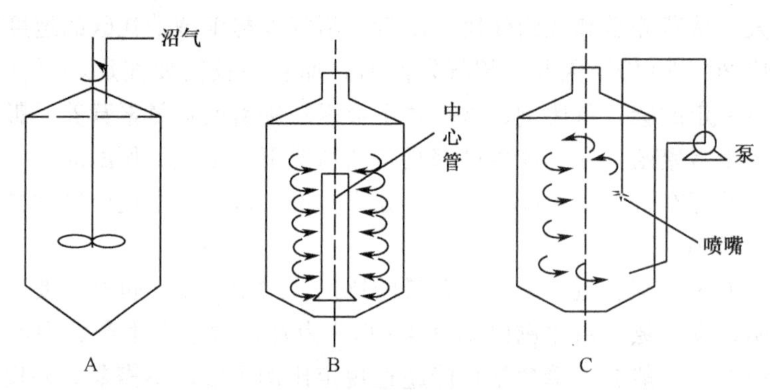

图 3.2 沼气发酵常用的几种搅拌方法

A. 机械搅拌；B. 气搅拌；C. 液搅拌

3.2.3.8 接种物

在发酵运行之初，要加入厌氧菌作为接种物（亦称为菌种）。在条件具备时，宜采用与生态环境一致的厌氧污泥作为接种物。当没有适宜的接种物时，需要进行菌种富集和培养，即选择沼气池、湖泊、沼泽、池塘底部、阴沟污泥和积水粪坑之中活性较强的污泥；或是人畜粪便等，添加适量（菌种量的 5%～10%）有机废水或作物秸秆等，装入可密封的容器内，在适宜的条件下，重复操作，扩大接种数量。

制取沼气必须有沼气细菌。如果没有沼气细菌作用，沼气池内的有机物本身是不会转变成沼气的，所以沼气发酵启动时，要有足够数量含优良沼气菌种的接种物，这是人工制取沼气的内因条件，一切外因条件都是通过基本的内因条件才能起作用。

沼气发酵是沼气微生物群分解代谢有机物产生沼气的过程，沼气微生物像其他生物一样，对环境有一个适应范围。上述各项是沼气微生物群维持正常活动所必需的条件，只有满足这些条件要求，沼气发酵方能正常运行下去。

3.3 沼气发酵工艺

3.3.1 沼气发酵工艺分类

对沼气发酵工艺，不同的角度有不同的分类方法。一般从投料方式、发酵温度、发酵阶段、发酵级差、发酵浓度、料液流动方式、发酵容量的大小等角度，可做如下分类。

3.3.1.1 以投料方式划分

沼气发酵微生物的新陈代谢是一个连续过程，根据该过程中的投料方式的不同，可分为连续发酵、半连续发酵和批量发酵三种工艺。

(1) 连续发酵工艺。沼气池发酵启动后，根据设计时预定的处理量，连续不断地或每天定量地加入新的发酵原料，同时排走相同数量的发酵料液，使发酵过程连续进行下去。发酵装置不发生意外情况或不检修时，均不进行大出料。采用这种发酵工艺，沼气池内料液的数量和质量基本保持稳定状态，因此产气量也很均衡。

这种工艺流程先进，但发酵装置结构和发酵系统比较复杂，造价也较昂贵，因而适用于大型的沼气发酵工程系统。如大型畜牧场粪污、城市污水和工厂废水净化处理，多采用连续发酵工艺。该工艺要求有充分的物料保证，否则就不能充分有效地发挥发酵装置的负荷能力，也不可能使发酵微生物逐渐完善和长期保存下来。因为连续发酵，不会导致因大换料等原因而造成沼气池利用率的浪费，从而使原料消化能力和产气能力大大提高。

(2) 半连续发酵工艺。沼气发酵装置初始投料发酵启动一次性投入较多的原料（一般占整个发酵周期投料总固体量的1/4～1/2），经过一段时间，开始正常发酵产气，随后产气逐渐下降，此时就需要每天或定期加入新物料，以维持正常发酵产气，这种工艺就称为半连续沼气发酵。我国农村的沼气池大多属于此种类型。如“三结合”沼气池就是使猪圈、厕所里的粪便随时流入沼气池，在粪便不足的情况下，可定期加入堆沤后的农作物秸秆等纤维素原料，起到补充碳源的作用。这种工艺的优点是，比较容易做到均衡产气和计划用气，能与农业生产用肥紧密结合，适宜处理粪便和秸秆等混合原料。

(3) 批量发酵工艺。发酵原料成批量地一次投入沼气池，待其发酵完后，将残留物全部取出，又成批地换上新料，开始第二个发酵周期，如此循环往复。农村小型沼气干发酵装置和处理城市垃圾的“卫生坑填法”均采用这种发酵工艺。这种工艺的优点是投料启动成功后，不再需要进行管理，简单省事。其缺点是：

产气分布不均衡，高峰期产气量高，其后产气量低，因此所产沼气适用性较差。

3.3.1.2　以发酵温度划分

沼气发酵的温度范围一般为 10～60℃，温度对沼气发酵的影响很大，温度升高沼气发酵的产气率也随之提高，通常以沼气发酵温度区分为高温发酵、中温发酵和常温发酵工艺。

(1) 高温发酵工艺。高温发酵工艺指发酵料液温度维持在 50～60℃，实际控制温度多在 53±2℃。该工艺的特点是，微生物生长活跃，有机物分解速度快，产气率高，滞留时间短。采用高温发酵可以有效地杀灭各种致病菌和寄生虫卵，具有较好的卫生效果，从除害灭病和发酵剩余物肥料利用的角度看，选用高温发酵是较为实用的。但要维持消化器的高温运行，能量消耗较大。一般情况下，在有余热可利用的条件下，可采用高温发酵工艺，如处理经高温工艺流程排放的酒精废醪、柠檬酸废水和轻工食品废水等。

(2) 中温发酵工艺。中温发酵工艺指发酵料液温度维持在 (35±2)℃，与高温发酵相比，这种工艺消化速度稍慢一些，产气率要低一些，但维持中温发酵的能耗较少，沼气发酵能总体维持在一个较高的水平，产气速度比较快，料液基本不结壳，可保证常年稳定运行。为减少维持发酵装置的能量消耗，工程中常采用近中温发酵工艺，其发酵料液温度为 25～30℃。这种工艺因料液温度稳定，产气量也比较均衡。总之，与经济发展水平相配套，工程上采取增温保温措施是必要的。

(3) 常温发酵工艺。常温发酵工艺指在自然温度下进行沼气发酵，发酵温度受气温影响而变化，我国农村户用沼气池基本上采用这种工艺。其特点是，发酵料液的温度随气温、地温的变化而变化，一般料液温度最高时为 25℃，低于 10℃以后，产气效果很差。其优点是，不需要对发酵料液温度进行控制，节省保温和加热投资，沼气池本身不消耗热量；其缺点是，同样投料条件下，一年四季产气率相差较大。南方农村沼气池在地下，还可以维持用气量。北方的沼气池则需建在太阳能暖圈或日光温室下，这样可确保沼气池安全越冬，维持正常产气。

3.3.1.3　以发酵阶段划分

根据沼气发酵分为“水解—产酸—产甲烷”三个阶段理论，以沼气发酵不同阶段，可将发酵工艺划分为单相发酵工艺和两相（步）发酵工艺。

(1) 单相发酵工艺。将沼气发酵原料投入到一个装置中，使沼气发酵的产酸和甲烷阶段合二为一，在同一装置中自行调节完成，即“一锅煮”的形式。我国农村全混合沼气发酵装置，大多数采用这一工艺。

(2) 两相发酵工艺。两相发酵也称两步发酵，或两步厌氧消化。该工艺是根据沼气发酵三个阶段的理论，把原料的水解、产酸阶段和产甲烷阶段分别安排在两个不同的消化器中进行。水解、产酸池通常采用不密封的全混合式或塞流式发酵装置，产甲烷池则采用高效厌氧消化装置，如污泥床、厌氧过滤等。

从沼气微生物的生长和代谢规律以及对环境条件的要求等方面看，产酸细菌和产甲烷细菌有着很大差别。因而为它们创造各自需要的最佳繁殖条件和生活环境，促使其优势生长、迅速地繁殖，将消化器分开来，是非常合适的。这既有利于环境条件的控制和调整，也有利于人工驯化、培养优异的菌种，总体上便于进行优化设计。也就是说，两步发酵较之单相发酵工艺过程的气量、效率、反应速度、稳定性和可控性等方面都要优越，而且生成的沼气中的甲烷含量也比较高。从经济效益看，这种流程加快了挥发性固体的分解速度，缩短了发酵周期，从而也就降低了生成甲烷的成本和运转费用。

3.3.1.4 按发酵级差划分

（1）单级沼气发酵工艺。简单地说，就是产酸发酵和产甲烷发酵在同一个沼气发酵装置中进行，而不将发酵物再排入第二个沼气发酵装置中继续发酵。从充分提取生物质能量、杀灭虫卵和病菌的效果以及合理解决用气、用肥的矛盾等方面看，它是很不完善的，产气效率也比较低。但是这种工艺流程的装置结构比较简单，管理比较方便，因而修建和日常管理费用相对来说，比较低廉，是目前我国农村最常见的沼气发酵类型。

（2）多级沼气发酵工艺。所谓多级发酵，就是由多个沼气发酵装置串联而成。一般第一级发酵装置主要是发酵产气，产气量可占总产气量的50%左右，而未被充分消化的物料进入第二级消化装置，使残余的有机物质继续彻底分解，这既有利于物料的充分利用和彻底处理废物中的BOD（生物需氧量），也在一定程度上能够缓解用气和用肥的矛盾。如果能进一步深入研究双池结构的形式，降低其造价，提高发酵的运转效率和经济效果，对加速我国农村沼气建设的步伐是有现实意义的。从延长沼气池中发酵原料的滞留时间和滞留路程、提高产气率、促使有机物质的彻底分解角度出发，采用多级发酵是有效的。对于大型的两级发酵装置，第一级发酵装置安装有加热系统和搅拌装置，以利于产气量，而第二级发酵装置主要是彻底处理有机废物中的BOD，不需要搅拌和加温。但若采用大量纤维素物料发酵，为防止表面结壳，第二级发酵装置中仍需设备搅拌。

把多个发酵装置串联起来进行多级发酵，可以保证原料在装置中的有效停留时间，但是总的容积与单级发酵装置相同时，多级装置占地面积较大，装置成本较高。另外由于第一级池较单级池水力滞留期短，其新料所占比例较大，承受冲击负荷的能力较差。如果第一级发酵装置失效，有可能引起整个的发酵失效。

3.3.1.5 按发酵浓度划分

（1）液体发酵工艺。发酵料液的干物质浓度控制在10%以下，在发酵启动时，加入大量的水。出料时，发酵液如用作肥料，无论是运输、储存或施用都不方便。对于干旱地区，由于水源不足，进行液体发酵也比较困难。

（2）干发酵工艺。干发酵又称固体发酵，发酵原料的总固体浓度控制在20%以上，干发酵用水量少，其方法与我国农村沤制堆肥基本相同。此方法可一举两得，既沤了肥，又生产了沼气。干发酵工艺由于出料困难，不适合户用沼气采用。

3.3.1.6 以料液流动方式划分

（1）无搅拌且料液分层的发酵工艺。当沼气池未设置搅拌装置时，无论发酵原料为非匀质的（草粪混合物）或匀质的（粪），只要其固形物含量较高，在发酵过程中料液会出现分层现象（上层为浮渣层，中层为清液层，中下层为活性层，下层为沉渣层）。这种发酵工艺，因沼气微生物不能与浮渣层原料充分接触，上层原料难以发酵，下层常常又占有越来越多的有效容积，因此原料产气率和池容产气率均较低，并且必须采用大换料的方法排除浮渣和沉淀。

（2）全混合式发酵工艺。由于采用了混合措施或装置，池内料液处于完全均匀或基本均匀状态，因此微生物能和原料充分接触，整个投料容积都是有效的。它具有消化速度快、容积负荷率和体积产气率高的优点。处理禽畜粪便和城市浮泥的大型沼气池属于这种类型。

（3）塞流式发酵工艺。采用这种工艺的料液，在沼气池内无纵向混合，发酵后的料液借助于新鲜料液的推动作用而排走。这种工艺能较好地保证原料在沼气池内的滞留时间，在实际运行过程中，完全无纵向混合的理想塞流方式是没有的。许多大中型畜禽粪污沼气工程采用这种发酵工艺。

3.3.1.7 发酵容量的大小来分

近年来，随着沼气工程技术的发展，沼气池按其发酵容量的大小来分有两种：农村户用沼气工艺和大中型沼气工艺。

沼气发酵工艺除有以上划分标准外，还有一些其他的划分标准。例如，把“塞流式”和“全混合式”结合起来的工艺，即“混合-塞流式”；以微生物在沼气池中的生长方式区分的工艺，如“悬浮生长系统”发酵工艺和“附着生长系统”发酵工艺。需要注意的是，上述发酵工艺是按照发酵过程中某一特点进行分类的，而实践中应用的发酵工艺所涉及的发酵条件较多，上述工艺类型一般不能完全概括。因此，在确定实际的发酵工艺属于什么类型时，应具体分析。例如，我国农村大多数户用沼气池的发酵工艺，从温度来看，是常温发酵工艺；从投料方式来看，是半连续投料工艺；从料液流动方式看，是料液分层状态工艺；按原料的生化变化过程看，是单相发酵工艺，因此其发酵工艺属于常温、半连续投料、分层、单相发酵工艺。

3.3.2 典型农村户用沼气技术与工程

目前亚洲各国农村户用沼气池推广应用情况差别很大，大体可以分为三类：一是发展情况好的国家，包括中国、印度和尼泊尔，这些国家有成熟的技术、完整的技术推广体系，同时产业市场也基本形成；二是越南，已经制定周密的推广计划，正在实施，同时通过政府宣传，多数农民已经了解沼气技术的作用和好处；三是柬埔寨、老挝等国家，沼气技术推广应用才刚刚起步（胡启春和夏邦寿，2006）。

印度是继中国之后户用沼气数量最多的国家。印度农村沼气技术的研究和开发起始于20世纪60年代，甘地·乡村工业委员会（Khadi and Village Industries Commission，KVIC）是印度沼气技术研发的主要机构。1981年印度开始在第六个五年计划中实施全国沼气发展计划（NPBD），提供财政资金推动农村沼气的推广。到2005年底，印度已经建成380万口户用沼气池。近年的建池速度为每年约20万口。目前印度沼气发展的主管部门是国家非常规能源部（MNES）。在2004～2005年财政年度，印度非常规能源部地方办公室抽查了3825口在近三年建造的户用沼气池，有93%在正常使用。河内会议上来自印度的C. V. Krishna先生认为，目前印度正常使用的沼气池比例约为60%。印度推广农村户用沼气池有很好的自然条件，一方面是因为当地自然温度较高，另一方面是印度拥有世界上最多的牛饲养量，约2.6亿头，有40%的农户拥有超过4头以上的牛。据估计，印度的户用沼气池发展潜力在1200万口以上。

尼泊尔早在20世纪70年代就分别从中国和印度引入沼气技术，但是真正的规模化推广应用起始于荷兰援助尼泊尔沼气项目（BSP）。BSP从1992年开始实施，到2005年已经完成了前四期项目，一共建成了14万口户用沼气池。其中，在尼泊尔2004～2005年财政年度中，建成了17 803口沼气池。目前正在实施第五期项目（2006～2009年），计划新建11.75万口池。通过荷兰发展组织（SNV）的长期帮助，目前尼泊尔全国有62家建筑企业、15家沼气设备生产商和140家小型公司参与到农村沼气推广项目中，已经初步建立起全国性的沼气推广和技术发展体系。据估计，尼泊尔户用沼气发展潜力在190万口以上，目前已经实现7.25%，局部地区已达到50%份额。

越南气候炎热，个体养殖业发达，发展沼气的市场潜力非常大，据估计该国有发展200万口户用沼气池的市场潜力。在2003年之前，越南实践了多种沼气池型，包括水压式沼气池、浮罩式沼气池和塑料袋沼气池，先后建成了约2万口户用沼气池，经历了较长时间的探索阶段。真正有步骤地推广户用沼气池是从2003年开始的。越南被选作荷兰SNV在亚洲的第二个援助沼气项目的国家，两国全面进行沼气推广项目合作，将越南的沼气池设计、施工技术与SNV大规模推广沼气的经验相结合。Ⅰ期项目（2003～2005年），在越南64个省中的12个省推广户用沼气技术已经建设。1.8万口户用沼气池。目前Ⅱ期项目（2006～2010年）已经开始实施，将Ⅰ期项目的成功经验推广应用，从12个省推广到58个省，计划建设18万口户用沼气池；该项目总投资4480万欧元，其中，荷兰政府投资310万欧元，SNV投资60万欧元。

荷兰SNV决定进一步促进亚洲沼气市场开发，新的援助计划中将包括孟加拉国、柬埔寨和老挝。在孟加拉国SNV沼气项目中，计划在2006～2009年完成建造36 450口沼气池（之前已经建有2.4万口户用沼气池，但多数存在质量问题）。在柬埔寨SNV沼气推广项目中，2006～2009年的沼气池建设目标是17 500口。在2000年前后，由一些包括联合国FAO在内的国际组织提供资金和技术援助，柬埔寨建设了大约400个塑料沼气池，目前已经基本废弃。

斯里兰卡、菲律宾和巴基斯坦等亚洲国家，农村应用沼气技术已经有多年历史，有一定的技术基础，但是由于种种原因发展缓慢。20世纪90年代，我国农业部沼气科学研究所曾派专家到菲律宾Cebu岛传授沼气技术。据2006年访问中国的菲律宾San Carlos大学的教授介绍，目前Cehu岛上已经建成几百口户用沼气池。

中国是世界上推广应用农村户用沼气技术最早的国家，20世纪90年代以来，在发酵原料充足、用能分散的中国农村地区，户用沼气建设发展迅速，为中国农村能源、环境和经济的可持续发展作出了贡献。1996年全国农村户用沼气为489.12万户，经过7年的推广应用，到2003年发展到1228.60万户，以年均14.06％的速度增加。1996年和2003年农村户用沼气产气量分别为158 644万m^3和460 590.27万m^3，折标准煤113.0万吨和330.21万吨。中国农村的户用沼气的基本结构如图3.3所示。

农村户用沼气工程建设可以有效促进中国可再生能源的发展，缓解农村能源需求的压力，为CO_2、SO_2的减排作出了贡献，可部分减缓全球变暖的趋势。农村户用沼气工程建设有效利用了农村生活、生产中的废弃物，改善了农村居民的生活环境，促进中国农村生产。下面介绍几种典型的农村户用型沼气工程模式。

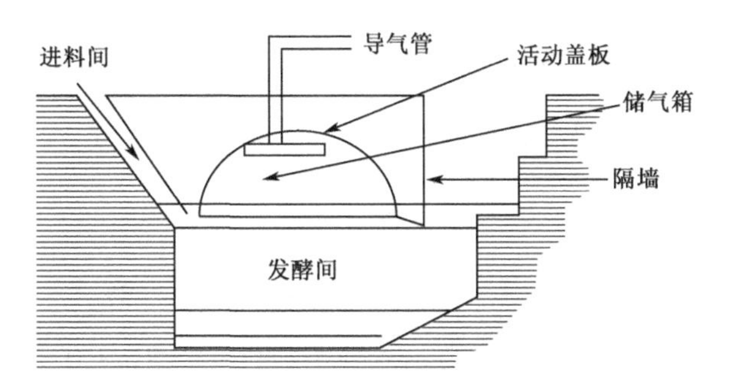

图 3.3 中国农村的户用沼气的基本结构

3.3.2.1 西北“五配套”生态模式

“五配套”能源生态农业模式是解决西北干旱地区的用水、促进农业持续发展、提高农民收入的重要模式。其主要内容是，每户建一个沼气池、一个果园、一个暖圈、一个蓄水窖和一个看营房。“五配套”模式以农户庭院为中心，以节水农业、设施农业与沼气池和太阳能的综合利用作为解决当地农业生产、农业用水和日常生活所需能源的主要途径，并以发展农户房前屋后的园地为重点，以塑料大棚和日光温室等为手段，以增加农民经济收入，实现脱贫致富奔小康。

这种模式的特点是，以土地为基础，以沼气为纽带，形成以农带牧（副）、以牧促沼、以沼促果、果牧结合的配套发展和良性循环体系。据陕西省的调查统计，推广使用“五配套”模式技术以后，可使农户从每公顷的果园中获得增收节支 3 万元左右的效益。

1）西北模式的基本内容

“五配套”的生态果园模式从西北地区的实际出发，依据生态学、经济学、系统工程学的原理，调控农业生态系统物质、能量的平衡和转化方向，以充分发挥系统内的生物与光、热、气、水、土等环境因子的作用，建立起生物种群互惠共生、相互促进、协调发展的能源-生态-经济良性循环发展系统。

以 5 亩①左右的成龄果园为基本生产单元，在果园或农户住宅前后配套一口 $8m^3$ 的沼气池、一座 $12m^2$ 的太阳能猪圈、一眼 $60m^3$ 的水窖及配套的集雨场、一套果园节水滴灌系统。该系统以农户土地资源为基础，以太阳能为动力，以新型高效沼气池为纽带，形成以农带牧、以牧促沼、以沼促果、果牧结合，配套发展的良性循环体系。

---

① 1 亩≈$666.67m^2$，后同。

2）西北模式的物流循环

如图 3.4 所示（崔富春，2005）。

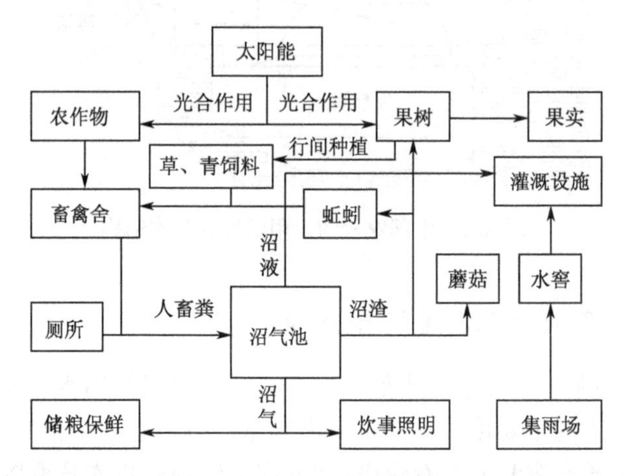

图 3.4　西北“五配套”模式物质能量示意图

3）西北模式的效益

西北“五配套”生态果园模式实行鸡、猪主体联养，圈厕池上下联体，种养沼有机结合，使生物种群互惠共生，物能良性循环，取得了省煤、省电、省劳、省钱和增肥、增效、增产及减少病虫、减少水土流失、净化环境的“四省、三增、两减少、一净化”的综合效益。

3.3.2.2　北方“四位一体”生态温室模式

“四位一体”的生态温室模式以土地资源为基础、太阳能为动力、沼气为纽带，在农户庭院或田园，将日光温室、畜禽养殖、沼气生产和蔬菜、花卉种植有机结合，使四者相互依存，优势互补，构成“四位一体”能源生态综合利用体系，从而在同一块土地上，实现产气积肥同步，种植养殖并举，能流物流良性循环的沼气应用模式。

1）北方模式的基本内容

在一个 $150m^3$ 的地下塑膜日光温室一侧，建一个 8～$10m^3$ 沼气池，其上建一个约 $20m^2$ 的猪舍和一个厕所，形成一个封闭状态下的能源生态系统。它把厌氧消化的沼气技术和太阳能热利用技术组合起来，充分利用太阳能辐射和生物能资源。圈舍为沼气池提供了充足的原料，猪舍下的沼气池由于得到了太阳热能而增温；解决了北方地区在寒冷冬季的产气技术难题；猪呼出大量的 CO_2 使日光温室内的 CO_2 浓度提高，大大改善了温室内蔬菜等农作物的生长条件；使用优质沼肥，蔬菜产量和质量也明显提高。

2）北方模式能量循环

北方模式取得了显著的效益。以庭园为基础，提高了土地利用率；高度利用时间，生产不受季节、气候限制，使冬季农闲变农忙；高度利用劳动力资源；缩短养殖、种植时间，提高养殖业和种植业经济效益；为城乡人民提供充足的鲜肉和鲜菜，繁荣了市场，发展了经济（图 3.5）（崔富春，2005）。

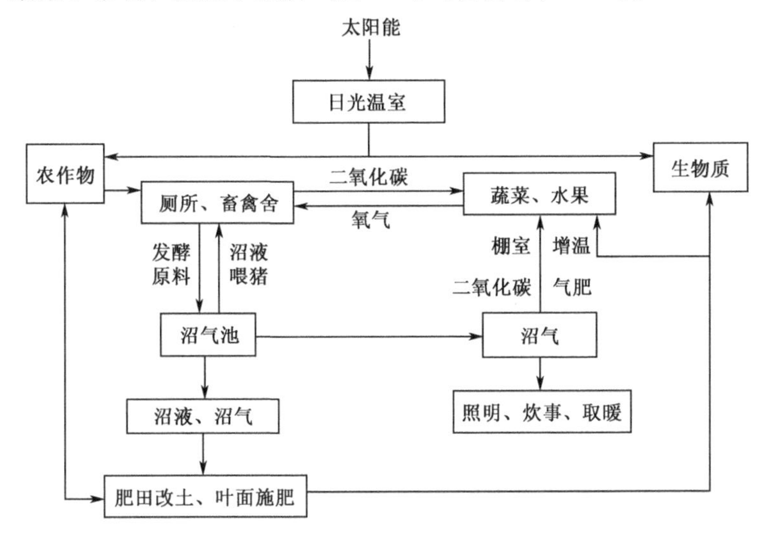

图 3.5 北方模式质能流动和利用图

3.3.2.3 南方“三位一体”能源生态模式

南方模式是以农户庭园为基本单元，利用房前屋后的山地、水面、庭院等场地，主要建设畜禽舍、沼气池、果园三部分，同时使沼气池建设与畜禽舍和厕所三结合，形成养殖-沼气-种植三位一体庭院经济格局，达到生态良性循环、农民收入增加的目的。

1）南方模式的基本内容

模式的基本内容是“户建一口沼气池，人均年出栏两头猪，人均种好一亩果”。通过沼气的综合利用，可以创造可观的经济效益。大量的实践表明，用沼液加饲料喂猪，猪毛光皮嫩，增重快，可提前出栏，节省饲料约 20%，大大降低了饲养成本，激发了农民养猪的积极性；施用沼肥的脐橙等果树，要比未施沼肥的年生长量高 0.2m，多长 5～10 个枝梢，而且植株抗旱、抗寒和抗病能力明显增强，生长的脐橙等水果的品质提高 1 或 2 个等级。另外，每个沼气池每年还可节约砍柴工 150 个。作为南方“猪-沼-果”能源生态农业模式的发源地，江西省赣州和广西壮族自治区恭城县给全国提供了发展小型能源生态农业，特别是庭院式能源生态农业模式的思路。

2）南方模式的物质能量循环

模式结合南方的特点，围绕农业主导产业，因地制宜开展沼液、沼渣综合利用。除养猪外，还包括养牛、养羊、养鸡等庭园养殖业；除与果业结合外，还与粮食、蔬菜、经济作物等相结合，构成“猪-沼-果”、“猪-沼-菜”、“猪-沼-鱼”、“猪-沼-稻”等衍生模式。该模式质能流动和利用过程见图 3.6（崔富春，2005）。

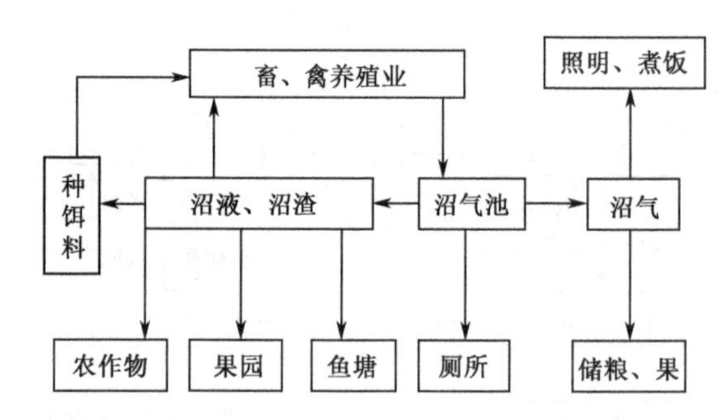

图 3.6　南方模式物质能量循环示意图

3）南方模式的效益

(1) 生态效益。“三位一体”生态模式为养殖场粪尿无害化处理和资源化利用创造了条件，使年排放的农业废弃物得到资源化循环利用，有效保护了生态环境。

(2) 能源效益。沼气是生物能源，也是可再生能源。在能源供应日趋紧张的形势下，利用农业废弃物开发利用沼气能源，也是缓解能源供应矛盾的一种有效途径。日产沼气约 80m^3 沼气工程，用作生产、生活能源，年可节约商品电 4.8 万 kW · h，节省液化气 1.8t。

(3) 社会效益。沼气能源充足，供应当地农民做炊事燃料，有利于保护森林资源，提高农民用能水平和生活质量。“三位一体”能源生态模式为南方农村规模养猪场提供了高效生态农业发展，并为加快农村环境污染治理、保护生态环境起到了示范作用。

沼气集经济、生态、社会效益于一体，深受广大农民的欢迎。沼气的科学技术利用模式，实现了家居温暖清洁化、庭院经济高效化、农业生产无害化的目标。中国农村户用沼气技术经过几十年的推广应用已经逐渐趋于成熟，正在成为解决农村能源和环境问题的重要手段。

3.3.3 大中型沼气技术与工程

3.3.3.1 大中型沼气工程与农村户用沼气池的区别

大型厌氧沼气工程的工艺，应以上级主管部门的审批文件为准，以小试、中试试验数据为依据，并参照当前国内外正在运行的同类工程的实际运行数据和经验进行设计，设计时应考虑当地的经济水平和发展现状，力求达到实际、适用、简单、方便、经济、高效。

中型沼气工程与农村户用沼气池从设计、运行管理、沼液出路等方面都有诸多不同，其主要区别见表 3.8（黎良新，2007）。

表 3.8 大中型沼气工程与农村户用沼气池的比较

	农村户用沼气池	大中型沼气工程
用途	能源、卫生	能源环保
沼液	作肥料	作肥料或进行好氧后处理
动力	无	需要
配套设施	简单	沼气净化、储存、输配、电气、仪表控制
建筑形式	地下	大多半地下或地上
设计、施工	简单	需要工艺、结构、设备、电气与自控仪表配合
运行管理	不需要专人管理	需要专人管理

沼气工程的规模主要按发酵装置的容积大小和日产气量的多少来划分（表 3.9）（黎良新，2007）。

表 3.9 沼气工程规模的划分

工程规模	单池容积（V）/m^3	总池容积（V）/m^3
大型	≥500	≥1000
中型	1000＞V≥100	1000＞V≥100
小型	＜100	＜100

大中型沼气工程，是指沼气发酵装置或其日产气量达到一定规模，即单体发酵容积不小于 100m^3，或多个单体发酵容积之和不小于 100m^3，或日产气量不小于 100m^3 为中型沼气工程。如果单体发酵容积大于 500m^3，或多个单体发酵容积之和大于 1000m^3，或日产气量大于 1000m^3 为大型沼气工程。人们习惯把中型和

大型沼气工程放到一起去评述，称之为大中型沼气工程。

3.3.3.2　液态发酵大中型沼气工程的工艺类型及其基本工艺流程

当前大中型沼气工程的发酵装置一般为5000～10 000m^3，如图3.7所示，从沼气发酵装置产生的气体的储存设备如图3.8所示。

图3.7　沼气发酵装置实物图

图3.8　沼气储存装置实物图

规模化畜禽场、屠宰场或食品加工业的酒精厂、淀粉厂、柠檬酸厂等沼气工程，根据工程最终达到的目标基本上可以分为三种类型：一是以生产沼气和利用沼气为目标；二是以达到环境保护要求，使排水符合国家规定的标准为目标；三是前两个目标的结合，对沼气、沼渣和沼液进行综合利用，实现生态环境建设。沼气工程类型的确定，要根据厂家原料来源的具体情况，由工程建设单位和设计者共同确定。

工程建设涉及国家或集体的投资，一项工程的寿命至少定为15～20年，所以原料供应要相对稳定，尤其是以畜禽场粪污为原料的大中型沼气工程，更要注重粪便原料的相对稳定。同时，必须重视沼气、沼渣和沼液的综合利用，以环保达标排放为目标的大中型沼气工程，只有实行沼气、沼渣和沼液的综合利用，才能增大工程的经济效益。工程建设的批复文件、国家对资源综合利用方面的优惠政策，以及国家对工程建设项目的相关规定、工程设计的技术依托单位等，都是工程设计的具体依据，需要明确。工程建设项目必须符合国家或部门规定的相关条款要求，还要根据场地和原料来源的具体情况，进行全面综合设计。设计内容应该包括：工程选址和总体布置设计、工艺流程设计、前处理工艺段设备选型与构筑物的设计、厌氧消化器结构形式的设计、后处理工艺段设备选型与构筑物设计、储气罐设计、沼气输气管网设计及安全防火等。

总体布置在满足工艺参数要求的同时，要与周围的环境相协调，选用设备装置及构筑物平面布局与管路走向要合理，并符合防火相关条款规定。若以粪便为原料来源，在条件允许的前提下，还要考虑养殖场生产规模扩展的可能性。

工艺流程是沼气工程项目的核心，要结合建设单位的资金投入情况、管理人员的技术水平、所处理物料的水质水量情况确定，还要采用切实可行的先进技术，最终要实现工程的处理目标。要对工艺流程进行反复比较，确定最佳的和适用的工艺流程。

大中型沼气工程工艺流程可分为三个阶段，即预处理阶段、沼气发酵阶段和后处理阶段。料液进入消化器之前为原料的预处理阶段，主要是除去原料中的杂物和沙粒，并调解料液的浓度。如果是中温发酵，还需要对料液升温。原料经过预处理可使之满足发酵条件要求，减少消化器内的浮渣和沉砂。料液进入消化器进行厌氧发酵，消化掉有机物生产沼气为中间阶段。从消化器排出的消化液要经过沉淀或固液分离，以便对沼渣进行综合利用，这为后处理阶段。

一个完整的大中型沼气发酵工程，包括如下的工艺流程：原料（废水等）的收集、预处理、消化器（沼气池）、出料的后处理、沼气的净化、储存和输配以及利用等环节。在确定具体的工艺流程时，要考虑到原料的来源、原料的性质和数量。不同的发酵原料具有不同的发酵工艺，同种发酵原料也有不同的发酵工艺，因此，工艺流程不能照抄照搬。就目前国内外沼气工程发酵原料的情况来看，主要为畜禽粪便和工业有机废弃物，在这些原料中，有固态原料和固液混合原料，也有液体原料。对于固态或固液混合原料，在利用常规消化器时，原料预处理要进行除杂、稀释、沉砂、调节等工序；如果利用高效厌氧装置，预处理还要增加固液分离和沉淀等工序。对于沼气发酵排出液，如果可以直接开展综合利用，对环境不造成污染，就不需进行后处理；如果出水直接排放，并且对环境影响很大，就必须增加必要的后处理设施，如曝气池、氧化沟、生物滤池等。沼气工程的工艺流程一般如图 3.9 所示（张百良，1999）。

3.3.3.3 沼气工程的选择

选择什么样的工艺，对于沼气工程的效果及成败起着非常重要的作用。在沼气发酵过程中，争取到更长的微生物滞留期（MRT）和固体滞留期（SRT），可以提高沼气发酵的效果。在几种常用的沼气发酵装置中，常规消化装置最大的特点是能处理高悬浮物（SS）的原料，且结构简单，其适合于处理未经分离的畜禽粪便和酒精糟液。但是，常规消化装置（图 3.10）在运行中为了尽量实现微生物与原料的混合，通常都加有搅拌装置，这样就使得在规定的水力滞留期（HRT）内不能截获大量的微生物，使微生物随排出液一同排出，因此效率一般较低。厌氧接触工艺（图 3.11）在常规工艺的基础上增加了沉淀槽及污泥回流，提高了装置内微生物的密度，使 MRT 大于 HRT，因此效果要优于常规消化工艺。升流式厌氧污泥床反应器（UASB）（图 3.12）是处理工业有机废水的主要装置之一，其 COD

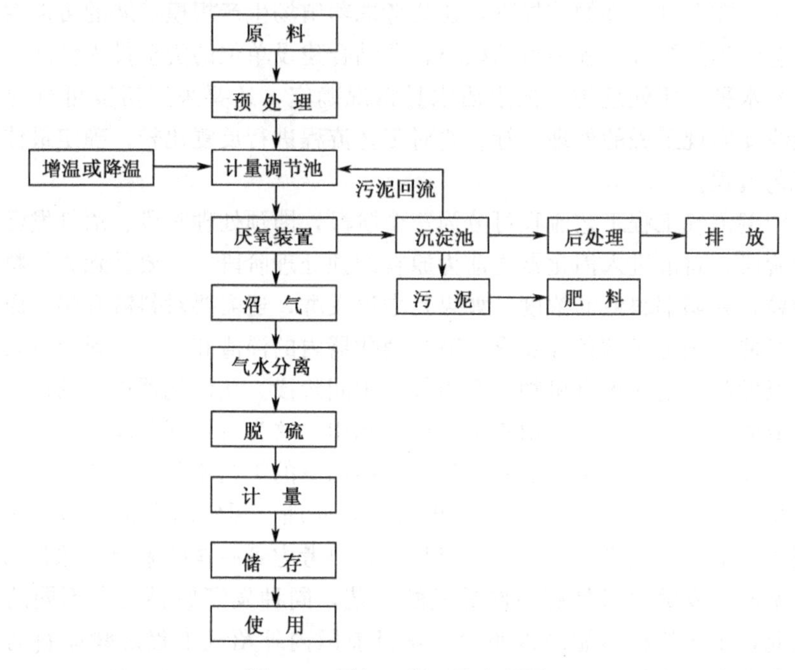

图 3.9 沼气工程工艺流程图

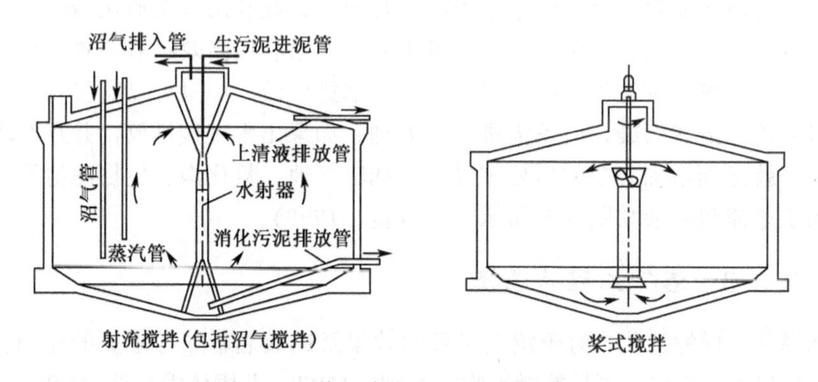

图 3.10 普通消化池（王立群，2007）

（化学需氧量）浓度适应范围广，高可以达到 30 000～50 000mg/L，低可以为 1000～1500mg/L，或者更低；对悬浮物的适应程度也可以高到 4000mg/L。因为在 UASB 内，微生物以菌团的形式形成颗粒滞留于装置内，因此处理效果是比较好的。厌氧滤器（AF）延长了 MRT 和 SRT，因此处理效果也比较好。但是，对于含有较高 SS 的废水，则不能应用 AF，因为高的 SS 容易黏结在滤层上，使滤层失去其应有的作用。AF 对 SS 的要求一般不能超过 200mg/L。

近年来，国内外有关专家正在研究一种适合于高 SS 的升流式固体反应器

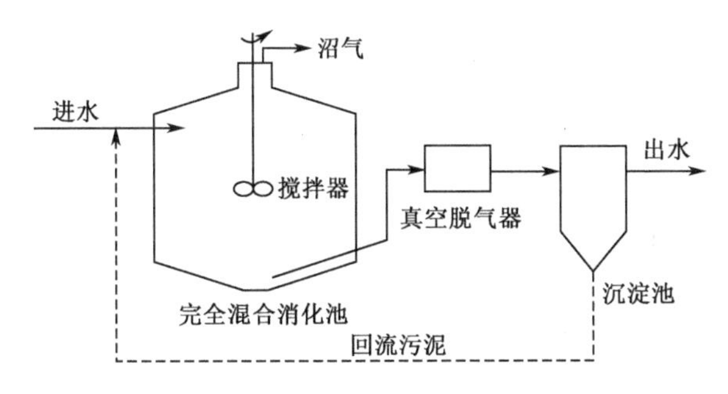

图 3.11 厌氧接触消化池（王立群，2007）

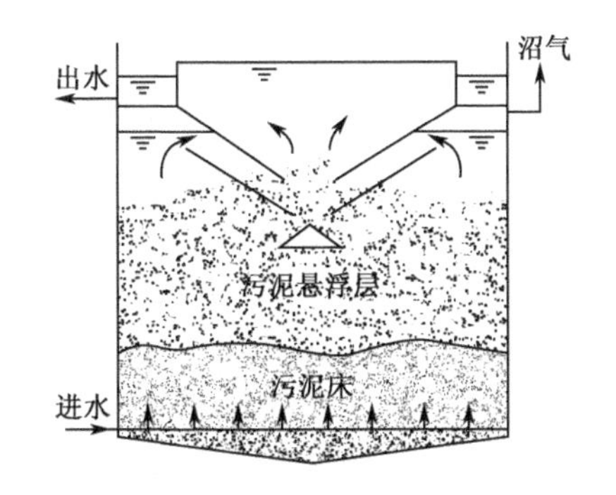

图 3.12 升流式厌氧污泥床反应器（王立群，2007）

（USR），在这种反应器内，最大限度地延长了 MRT 和 SRT，使 MRT 和 SRT 远远大于 HRT，因此提高了装置的消化率。但是，这项研究工作进行时间不长，近期内还不能实现工程应用。表 3.10 是几种常用厌氧处理工艺的性能比较（张百良，1999）。

表 3.10 几种厌氧处理工艺性能比较

技术经济指标	常规消化器	厌氧接触消化器	AF	UASB
最大 COD 负荷/[kg/(m³·d)]	2～3	5～10	10～30	10～30
最大负荷下 COD 去除率/%	70～80	80～85	90	90
最低进水 COD 浓度/(mg/L)	5000	3000	1000	1000～1500
最高进水 SS 浓度/(mg/L)	50 000	50 000	200	4000
水力滞留期/天	10～20	1～10	0.5～3	0.5～5
处理效率	低	较高	高	高
对冲击负荷的忍受程度	低	高	一般	较高
对反应器的温度要求	较高	较高	较低	较低
动力消耗	大	大	小	小
操作控制难易	一般	一般	容易	较难
总投资	高	一般	较低	低

由表3.10中可以看出，选择什么样的工艺，要视原料的特性而定，切不可盲目决定。

3.3.3.4 沼气工艺设计参数

1）原料产气量的估算

不同的发酵原料，其产气量是不一样的。对于畜禽粪便类原料，产气量可以用下式估算：

$$G = Uc_0 gv \tag{5.1}$$

式中，G为产气量（m^3）；U为原料总量（kg）；c_0为原料总固体含量（%）；g为原料TS产气潜力（m^3/kg）；v为原料在规定HRT内的产气率，即占总产气量的百分比（%）。

工业有机废水的产气量估算，如果底物是单一有机质，可以根据巴斯韦尔通式和预计发酵前后有机碳浓度的变化来计算。但工业有机废水的底物往往是多种物质混合在一起，不可能把每种物质的含量准确地分列出来，因此在实际工程中，往往是以COD的浓度来估算产气量的。劳伦斯（Lawrence）和麦卡锡（Mecarthy）曾提出，每去除1kg COD大约可以产生0.35m^3甲烷，折合0.6m^3沼气，这个数据在我国的具体实践应用中也得到了证实。

工业有机废水产气量估算式如下

$$G = 0.6\ U_{COD} \cdot \alpha \tag{5.2}$$

或

$$G = 0.6 U_{COD} \frac{c_i - c_0}{c_i} \% \tag{5.3}$$

其中

$$U_{COD} = Uc_i \tag{5.4}$$

则

$$G = 0.6\ Uc_i \alpha \tag{5.5}$$

或

$$G = 0.6\ Uc_i (c_i - c_0) \% \tag{5.6}$$

式中，G为产气量（m^3）；U_{COD}为每天原料的COD总质量（kg）；U为每天原料的总量（m^3）。c_i为原料COD浓度（kg/m^3）。c_0为厌氧出水（含SS）COD浓度（kg/m^3）；α为厌氧装置COD去除率（%），采用常规消化器时，α可取80%，采用UASB、AF时，α可取90%。

需注意的是，对于不同质的底物，即不同的有机废水，去除1kg COD所产生的沼气量及沼气中甲烷的含量是不一样的；即使是同一种有机废水，在不同的工艺条件控制下，每去除 1kg COD 所产生的沼气量及甲烷含量也不一样。一般来说，碳水化合物产气量最高，且分解速度也快，脂肪类次之，蛋白质最低。

2）发酵装置容积确定

采用不同的沼气发酵工艺和装置，容积大小的计算方法也不一样。根据目前工程建设中实际运用的情况来看，一般按总固体浓度和 COD 浓度两种方法确定。

（1）按总固体浓度确定发酵装置容积：

$$V = Uc_0 T/(c\rho k) \tag{5.7}$$

式中，V 为装置容积（m^3）；U 为每天发酵原料总量（t/d）；T 为原料水力滞留期（天）；c_0 为原料总固体含量（%）；c 为进料浓度（%）；ρ 为进料的密度（t/m^3），在工程应用中可近似取为 $1t/m^3$；k 为装料率（%），即料容所占总容积的比例，一般取 85%～95%。

（2）按 COD 浓度确定发酵装置容积：

$$V = Uc_i/N \tag{5.8}$$

式中，V 为装置容积（m^3）；U 为有机废液每天的排放量（m^3/d）；c_i 为有机废液 COD 浓度（kg/m^3）；N 为装置 COD 容积负荷［$kg/(m^3 \cdot d)$］。不同发酵装置所能达到的 COD 容积负荷是不一样的。

在工程实践中，容积的计算要综合考虑到污水水质和水量的变化。例如，在淀粉生产过程中，由于生产工艺或生产人员操作有别，所排放废水的 COD 浓度最高可达 8000～10 000mg/L，最低仅为 1500～2000mg/L，排水量也随之发生剧烈变化。

（3）温度的选择。厌氧发酵最佳的温度段有两个，一个是 35～38℃；另一个是 53～55℃。温度越高，产气量越多，厌氧出水的 COD 浓度也越低。一般来说，对于同种原料，高温发酵比中温发酵产气量约提高 1 倍。

但是，温度的提高会影响到产气的质量。据有关资料介绍，发酵温度越高，沼气中甲烷的含量越低，二氧化碳的含量越高。在 20℃和 50℃的条件下，50℃的二氧化碳含量是 26.3%，20℃的二氧化碳含量是 23%。天津市纪庄子污水处理厂的结果是中温发酵时甲烷含量为 56.58%，高温时则降为 55.6%。

尽管温度的升高会影响到沼气的质量，降低甲烷的含量，但是，温度升高提高了有机质的分解率，提高了沼气的总产量，降低了厌氧出水的 COD 含量。因此，在条件许可的情况下，应该选用较高的发酵温度，在原料温度较低、但有余热可利用时，利用余热提高原料的发酵温度。

（4）进料浓度及水力滞留期的确定。不同的发酵装置对不同发酵原料的进料浓度要求是不一样的。一般来说，在工程设计中，对于粪便类原料常用 TS 浓度

（%）来表示，对于工业有机废弃物常用 COD 浓度来表示。表 3.11 列出了几种常用装置不同原料的进料浓度（张百良，1999）。

表 3.11　几种常用装置不同原料的进料浓度

原料指标	物质浓度			
	常规消化器	厌氧接触消化器	厌氧滤器	升流式厌氧污泥床反应器
粪便（TS）/%	5～8	5～8	1～2	1～4
有机废水（COD）/(mg/L)	10 000～100 000	10 000～100 000	1000～10 000	1000～30 000

原料水力滞留期的长短，视原料的不同类型而定，对于粪便类原料来说，由于其中含有大量的难以分解的悬浮性有机质，因此滞留期要长。在工程应用中，粪便类原料滞留期是根据原料的产气速率而确定的。例如，对于猪粪来说，中温条件下，10 天的滞留期产气速率为 46 %，20 天的滞留期产气速率为 78.10%，30 天的滞留期产气速率为 93.9%；如果单纯从产气的角度看，滞留期应该选择 30 天，但是，在实际中要考虑到装置的总容积和总投资，因为滞留期越长，容积就越大，这样势必造成总投资的增加。这里既要考虑到产气情况，又要兼顾到总规模及总投资，因此，对于猪粪的滞留期一般可取 15～20 天。

对于利用粪便过滤液进行发酵的工艺，由于发酵液中悬浮物含量大大降低，其中多为可溶性的易分解的有机质，因此滞留期可以相应缩短。例如，杭州市浮山养殖场沼气工程，利用鸡粪滤液进行发酵，装置为 UASB ＋ AF＋折流式，其水力滞留期在 20℃时为 6.7 天，装置容积产气率为 1.35m^3/(m^3 · d)；在 30℃发酵时水力滞留期为 2.5 天，容积产气率为 2.08m^3/(m^3 · d)。

3.3.3.5　沼气工艺实用举例

由于原料不同，运行工艺不同，每个阶段所需要的构筑物和选用的通用设备也各有不同。下面介绍三种典型的大中型沼气工程的工艺。

1）液体酒糟高温沼气发酵工艺

液体酒糟高温发酵工艺是利用从酒精粗馏塔排出具有 80～90℃的糟液，通过沉砂池将酒糟中砂粒和碎石沉淀分离，并进行适当的冷却。沼气发酵温度一般控制在 53～56℃，所以要将高温糟液先冷却到 60℃左右，再进入消化器发酵。以南阳酒精总厂的沼气工程为例，工厂年产酒精 5 万吨，丙酮、丁醇 5000t，白酒 1 万多吨，排放废糟液 2700t，年排放量达 80 万吨以上。沼气工程日产沼气 40 000m^3，除供给城市 2 万户家庭炊事用燃气外，还供本厂职工食堂和锅炉作燃料，部分还作为工业原料。该酒精总厂沼气发酵工艺流程如图 3.13 所示（田晓

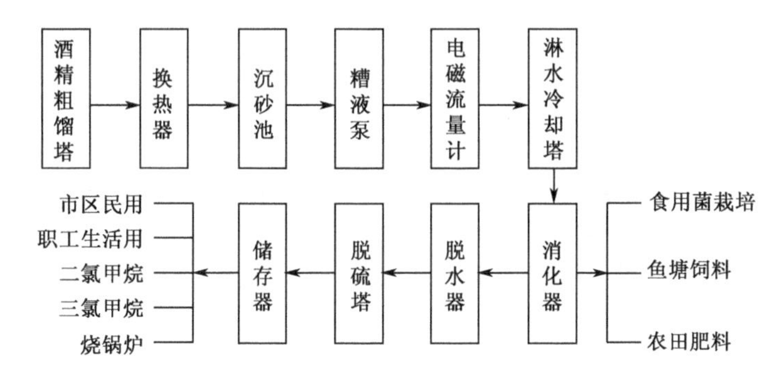

图 3.13 某酒精厂沼气发酵工艺流程

东等，2002)。糟液进料浓度为 COD_{Cr} 50g/L，厌氧处理后，排放浓度为 COD_{Cr} 8g/L，去除率为 84%；BOD（原料中的有机物含量，用生物耗氧量来表示）由 25g/L 降至 2.3g/L，去除率 90.8%；pH 由 4.2 升至7.2～7.5；悬浮物由 20g/L 降至 0.7g/L，去除率 96.5%，糟液发酵产沼气。启动消化器进行接种时，要调节料液 pH。待启动运转正常后，经冷却后的糟液可以按规定投料量直接进入消化器，发酵过程中可通过控制投料量及污泥回流来调节 pH，应保持消化料液的 pH 在 7 左右。

2）屠宰污水与猪粪二级沼气发酵工艺

屠宰污水经两级沉淀后加氯处理效果良好。屠宰污水与猪栏的粪便在预处理池，通过格栅除去杂物后，用计量泵从计量池送入消化器，进行常温发酵。先在第一级消化器发酵后，进入第二级消化器（第一级和第二级消化器由两个单独装置串联起来进行厌氧发酵）再发酵，使其有机物更好地为沼气微生物代谢分解，减少对环境的污染。经发酵后的污水通过滤池里的细砂石滤层，可进一步减少寄生虫卵与 COD_{Cr}值，达到较好的卫生环境效果。其工艺流程如图 3.14 和图 3.15 所示（田晓东等，2002a)。

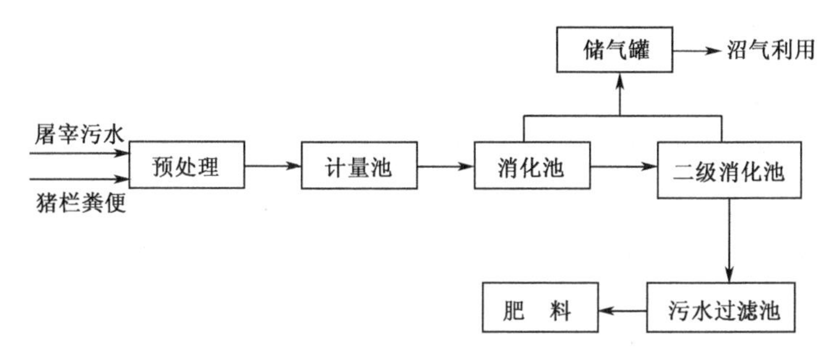

图 3.14 屠宰污水、猪粪二级发酵工艺流程图

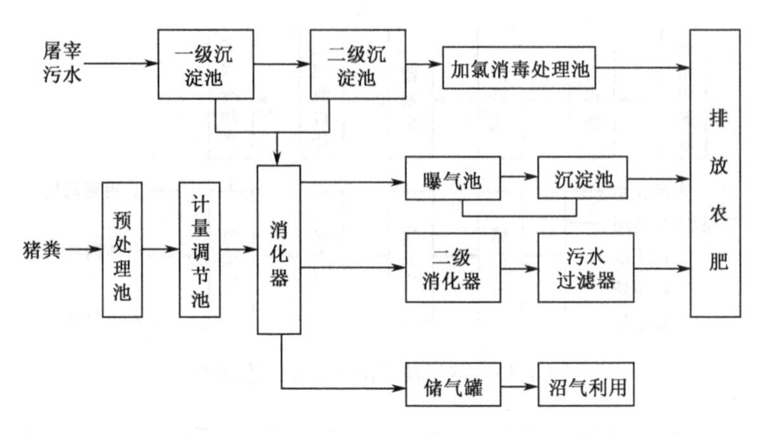

图 3.15　屠宰污水、猪粪沼气发酵工艺流程方案

只用屠宰污水为原料进行沼气发酵和曝气处理工艺流程如图 3.16 所示。屠宰污水在预处理池除去碎皮、烂肉、毛屑类难消化物，进入调节池调节料液浓度和 pH，然后进入消化器进行常温消化。厌氧消化器处理的污水分成两路再处理，经厌氧消化后的污水，可以采用曝气（好氧）处理并沉淀后排放，沉淀池沉淀的污泥回到曝气池中去利用，最终达到排放标准（田晓东等，2002a）。

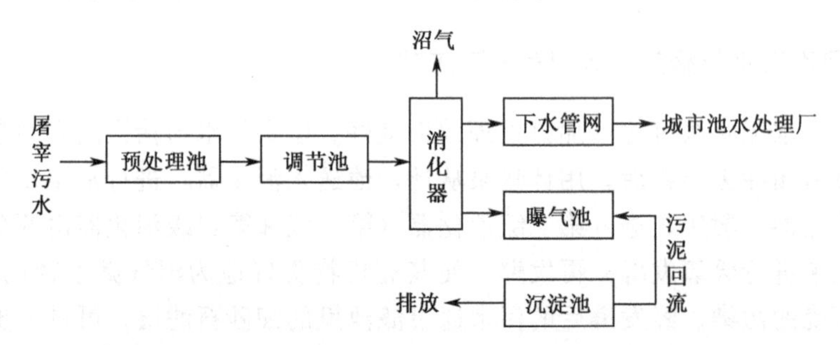

图 3.16　屠宰污水沼气发酵和曝气处理工艺流程示意图

3）近中温发酵处理畜禽粪污水工程

近中温发酵处理猪粪污水工艺流程如图 3.17 所示，该工艺是针对规模化养猪场猪粪污水处理提出的工艺流程。猪舍粪污及冲洗水流经格栅、集水池，再经潜污泵送到除渣池。猪舍鲜粪用小车运到除渣池，除杂后的料液经过前处理、计量升温后泵进消化器。消化液流经储气罐作水封后，再流进储液池，可供温室作肥料用。由消化器产生的沼气，先经水封罐再进到储气罐。沼气的一部分与煤混烧，产生蒸气用于料液升温，另一部分沼气可作其他燃料。在北方的沼气工程设计中，要特别注意室外装置和管网的保温处理（田晓东等，2002a）。

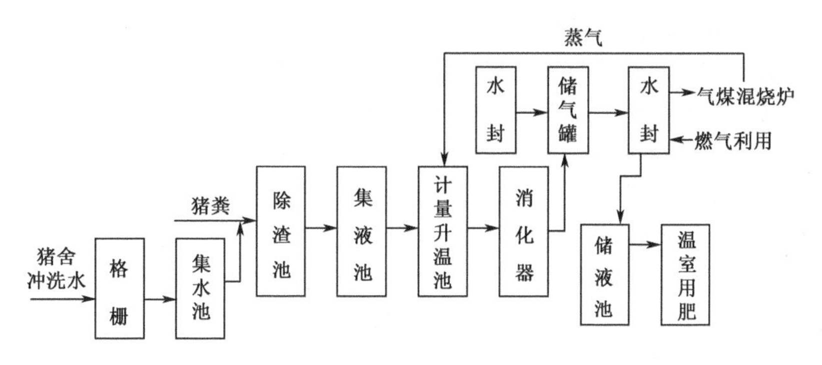

图 3.17 近中温发酵处理猪粪污水工艺流程示意图

图 3.18 是针对规模化养牛场排放的牛粪污水处理提出的近中温发酵处理工艺流程（田晓东等，2002a）。牛舍粪污及冲洗水流经格栅至集水池，再经潜污泵送到除渣机，把牛粪稀释后，经除渣机除去杂物，再经前处理计量升温后泵进消化器。消化溢流液先经储气罐作水封后流进沉淀池，其上清液经过调质处理作为液体肥料自用或进入市场；沉淀后稠液经固液分离机后，对其成分进行调质处理，制成有机肥。由消化器产生的沼气，一部分与煤混烧，获得蒸气用于料液升温，另一部分沼气可作其他燃料用。

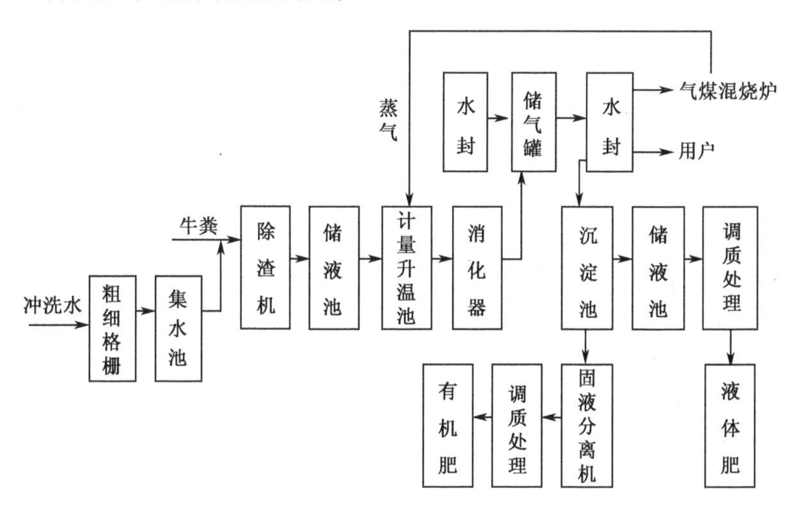

图 3.18 近中温发酵处理牛粪污水工艺流程示意图

3.3.3.6 沼气工程设计

1）前处理设施设计

在沼气发酵工程中，由于各种原料的物理状态不一样，在工程运转过程中会影响到设备及装置的运行性能，因此必须进行必要的预处理。例如，畜禽粪便类原料，在畜禽饲养及粪便收集过程中会掺杂有大量的秸秆、杂草、羽毛、石块等大颗粒物质，这些物质如果在发酵前期不把它们分离出去，不但会影响进料机械的性能及寿命，还会影响装置的运行效果。又如，在利用酒精糟液发酵时，酒精糟液中会存有未经去除的砂粒，这些砂粒如果不进行脱除，进入装置后就会沉积于装置的底部，时间一长，这些砂粒就会占据装置的一部分容积，减小装置的有效容积；在UASB内，砂粒还会严重影响布水功能及微生物颗粒的形成。如果对酒糟液进行固液分离，分离出的固体糟部分可以作为高蛋白饲粒出售；分离后的清液进行沼气发酵，这样可以大大减小装置的总容积和总投资，出水的COD也会大大降低，达到能源和环境双重效益。

常用的预处理措施有：格栅除杂、沉砂、固液分离、沉淀等。

(1) 格栅除杂。格栅主要用于畜禽粪便前处理去除长纤维类物质。由于粪便中悬浮性杂质较多，且尺寸不一，因此在工程中通常设粗细两道格栅。第一道格栅栅条间隙50～100mm；第二道格栅如采用人工清理时为25～40mm，采用格栅清污机清理时为16～25mm，最大间隙不应超过40mm。格栅条通常选用边长20mm的方形条或直径20mm的圆形条。为了保证格栅的除杂效果，格栅前渠道内流速采用0.4～0.9m/s；过栅流速0.6～1.0m/s；格栅倾角一般采用45°～75°；通过格栅的水头损失一般采用0.08～0.15m高。

(2) 沉砂池。沉砂池适用于以任何原料发酵的沼气工程。在工程上，沉砂池有三种类型：一是平流矩形式，这种沉砂池结构简单，造价低，沉砂效果较好；二是曝气式，这种沉砂池通过对污水鼓入水平向的空气，使污水在池内旋转前进，因此除砂效果较稳定。但曝气式沉砂池结构较复杂，且需要动力；三是竖流式，这种沉砂池是污水由中心管进入池内，然后自上而下流动，无机物颗粒借重力沉降于池底，由于池内没有形成较长时间的稳流环境，因此效果一般较差。在设计沉砂池时，流量应按最大流量考虑，对于大型工程且含砂量较大时，应采用机械除砂。对于含砂量较小的工程可采用重力排砂，当采用重力排砂时，沉砂池和排砂管应尽量靠近，以缩短排砂管长度，并设排砂闸阀于排砂管的前端，使排砂管畅通和易于养护管理，排砂管的直径应大于200mm。沉砂池超高应大于0.3m。

(3) 固液分离。固液分离是工业有机废水利用高效厌氧装置发酵前必不可少的一道工序。一般的工业有机废液，如酒精废醪、淀粉废水、制糖废水等，其中含有大量的悬浮性物质，这些悬浮物质最高者可达25～30g/L，而高效装置中UASB要求SS低于4g/L，AF要求SS低于0.2g/L，如果不对废液进行固液分离，将很难达到这些要求。

目前，对有机废液进行固液分离的方法有四种：一是依靠废液本身的自然沉淀；二是真空过滤；三是加压过滤；四是离心脱水。

自然沉淀是一种原始而落后的方法，采用自然沉淀需要场地大、时间长，且分离效果也比较差。例如，对于一个万吨级酒精厂来说，每天要排放糟液近500m^3，而酒精糟液要达到较好的自然沉降效果，最少需要2～3天时间，这样就需要1000～1500m^3的池子来储存这些糟液，糟液分离后，还需要大量的人力来挖掘沉渣。因此，自然沉淀法是一种效率低、工作环境差、操作劳动强度大的方法。

真空过滤是在过滤介质的一面造成负压而使固液分离的一种方法。真空过滤机可以连续工作，但其处理量小、设备费高、分离后的渣含水量大，尤其是在酒精糟液分离时，由于酒糟黏度比较大，因此处理效果较差。例如，蒲江酒精厂采用GD-5型真空过滤机，每小时只能处理2～3m^3，固相物回收率只有50%，且滤渣的含水量高达90%。采用这种方法的厂家比较少。

加压过滤中最典型的设备是板框压滤机，这种设备回收率高，渣含水率低，清液悬浮物含量低且粒度小，适用范围广。但其劳动强度较大，工作环境差，不能连续工作。目前国内生产板框压滤机的厂家有四川省化工机械厂、上海市过滤机械厂、山东省庙山化工机械厂等40多家。

离心过滤机是固液分离设备中效果最好的一种，这种设备占地少、能连续工作、工作能力大、能耗较低。目前国内生产的离心机有卧式、立式和复合式等，主要厂家有重庆江北机械厂（WL-450型，WL-380D型）、象山4819工厂（WL-db450型）、潍坊东方环境工程公司（IJ-600型）、上海市离心机研究所（LW-220型，LW-350型，LW-400型，LW-500型，LW-620型）等。

（4）沉淀池。如果废水中含有较多的悬浮物，在废水进入高效厌氧装置之前要进行沉淀，沉淀池的主要型式有平流式、竖流式、辐流式和斜板（管）式四种。

平流式沉淀池沉淀效果好，对冲击负荷和温度的变化适应能力强、施工方便、造价较低，但平流式池配水不易均匀，排泥时较复杂，其适用于地下水位高、地质条件差的各类工程。竖流式沉淀池排泥方便、管理简单、占地面积较小，但池子深度大，对冲击负荷和温度变化的适应能力较差，池子直径不宜过大，造价较高，一般适用于中小型工程。辐流式沉淀池机械化程度高、管理方便、效率高，但其造价高、施工要求高，一般适用于规模较大的工程。

设计沉淀池时，应按最大的流量考虑，并尽可能修建双池或单池双格，以便于维修；池子的地面超高不应小于0.3m；缓冲层高度一般采用0.3～0.5m；沉渣斗的斜壁与水平面的夹角：方斗不应小于60°，圆斗不应小于55°；不论单斗或多斗排渣，每个斗都应设置排渣管，排渣管的直径应大于200mm；为使水流分布均匀，沉淀池入水口处应加整流设施。

2）常规消化装置设计

在厌氧消化装置中，常规厌氧消化装置是应用最早、范围最广、数量最多的一种，在我国现行的大中型沼气工程中，常规消化装置占80%以上。

常规消化装置从结构上看主要有隧道式、球形、圆柱形和纺锤形几种。20世纪80年代末期以来，随着厌氧工艺的不断发展，地下隧道式和球形装置已不再受人们的欢迎，圆柱形和纺锤形已成了常规消化装置的主要形式。在工程设计中，为便于工程运行及管理，常把圆柱形和纺锤形结合在一起，如图3.19所示。这种形式具有以下优点：①原料利用率高。池内上液面面积小，原料浸泡于消化液中，便于发酵利用，新料不易排出。②沉渣集中于池底，便于排出。③气体易顺拱顶上升，能增大气泡的“冒顶”能力。④池形合理，节省建筑材料，降低成本（张百良，1999）。

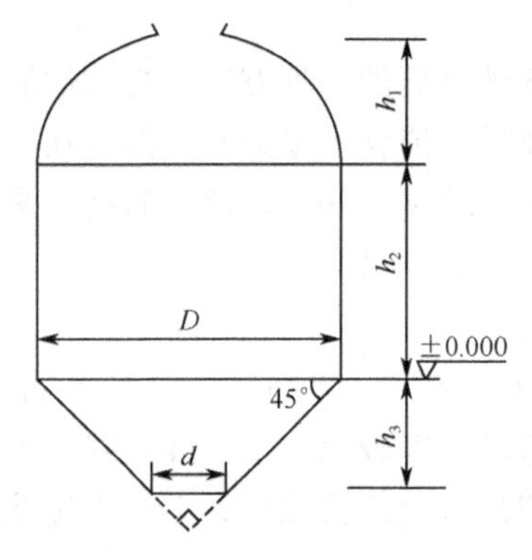

图3.19　常规消化装置示意图

一般经验，圆柱形和纺锤形发酵装置，直径和高度之比取（1∶1）～（1∶3）；顶部削球形壳矢高与装置直径比取1∶(4～8)；底部削球形壳矢高与直径之比取1∶(8～10)；顶与底若采用圆锥壳，锥角取90°。

3）升流式厌氧污泥床反应器

大量中试和生产性工程所用的反应器按其基本构造大致划分为五种类型，各自的构造原理见图3.20。类型A的最大优点是构造简单，便于制造或建造，不足之处是在回流缝部位同时存在流动方向相反的流体，从而影响泥水的分离和污泥的回流。类型B与A十分相似，这一结构多在多层三相分离器上使用，以便利用上层分离的部件作为公用的组件。世界上最大的厌氧技术公司PAQUES公司在其反应器上使用的三相分离器采用的就是这种结构类型。类型C是Biothane公司的三相分离器所采用的结构，这种三相分离器的特点与类型A及B相似。类型D可以说是类型B的变形，这种结构形式的三相分离器将集气部分分成互不相连的两部分，这种改造有两方面的好处：其一，避免了当排气管道堵塞时气体的不断积累对三相分离器的破坏；其二，由于上部的集气槽没有与反应器的主题结构固定在一起，而是靠自重保持在其位置上，所以可以对其进行及时的清理，以消除堵塞现象。类型E在结构上较前几种类型都要复杂，但在这种三相分离器内流体流动方向无相互冲突的现象，从而使泥水分离、气水分离的效果都比前几种好，而且污泥回流也通畅（杨世关，2002）。

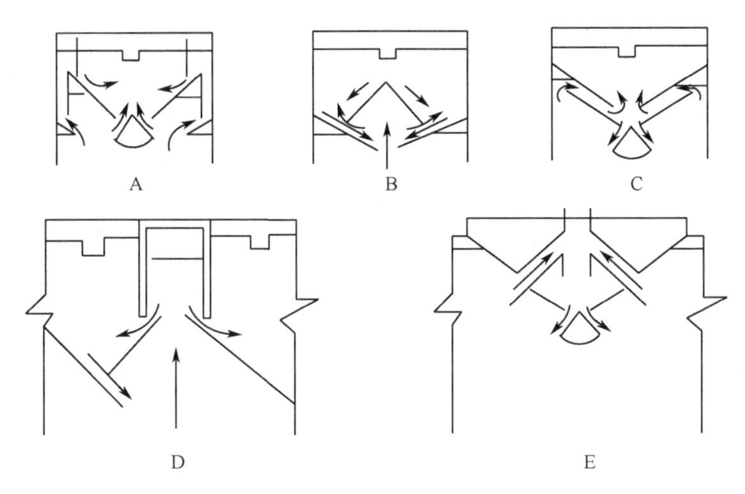

图 3.20 几种不同类型的三相分离器结构示意图

4）脱硫技术与设备

在沼气发酵过程中会产生微量的硫化氢（H_2S）气体，而硫化氢气体是一种有毒的气体，当空气中含有 0.1%的硫化氢时，数分钟内就可以使动物致死。沼气中的硫化氢气体在燃烧过程中变成二氧化硫（SO_2），二氧化硫与气体中的水蒸气结合形成亚硫酸（H_2SO_3），因此，在硫化氢没有脱除的情况下使用沼气，硫化氢及二氧化硫将会对储气设备、计量仪表、输气管道、燃具及室内设施产生严重的腐蚀作用。

沼气中硫化氢的含量一般为 1～12g/m^3，而国家标准规定燃气中硫化氢的含量不能超过 20mg/m^3，因此，对硫化氢进行脱除是沼气工程项目必不可少的一项内容。为保证硫化氢的脱除率，可设单级或多级脱硫。一般硫化氢含量在 2mg/m^{3}时采用两级脱硫，含量在 5g/m^{3}以上时采用三级脱硫。

（1）脱硫方法及原理。在常规的脱硫方法中有干式脱硫和湿式脱硫两种。干式脱硫硫化氢去除率高，但处理量小，一般适合于日处理数万立方米以下的工程。湿法脱硫处理容量大，但硫化氢去除率较低，一般适合于硫化氢含量较低的大型工程，如日产数十万至数百万立方米的煤气工程。

对于沼气工程，其沼气日产气量小，沼气中含硫化氢较高，要求去除率高，因此应该采用干法脱硫。干法脱硫是用活性氧化铁作为脱硫剂，当硫化氢与其接触后，形成硫化铁（Fe_2S_3），硫化氢被脱除。而当硫化铁在空气中被氧化时，又生成了氧化铁和单质硫，再生的氧化铁可以继续作为脱硫剂使用，直至脱硫剂中的孔隙大部分被硫堵塞，硫容达 30%为止。

（2）脱硫工艺流程。沼气脱硫系统由水封、气水分离器、脱硫塔和流量计等。其工艺流程如图 3.21 所示。对于中高温发酵，脱硫系统应增设降温装置：一方面是通过降温脱去沼气中的水分，另一方面是为了使沼气温度达到最佳的脱硫温度。例如，沼气温度在 35℃时，饱和含湿量为 40g/m^3，而在 20℃时，含湿量只有 19g/m^3，即沼气从 35℃降到 20℃，将有 21g 的水被脱除。沼气的最佳脱硫温度为 20～40℃。降温设备可以另设，也可以由水封代替，还可以在气水分离器中用冷却水对沼气进行喷淋降温（张百良，1999）。

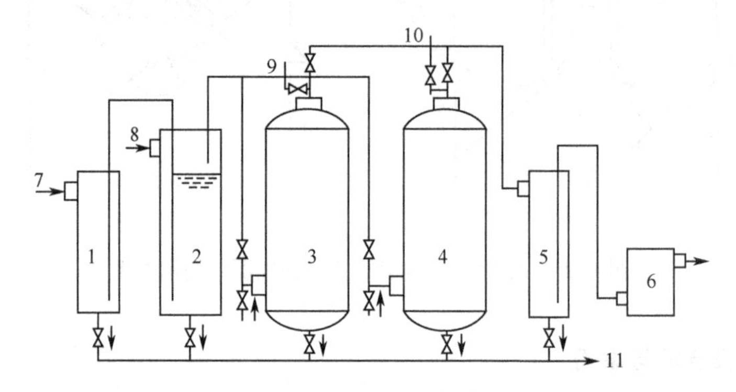

图 3.21　脱硫工艺流程图

1，5. 气水分离器；2. 水封；3，4. 脱硫塔；6. 气体计量装置；7. 沼气入口；8. 给水口；9，10. 再生通气阀；11. 排水管

3.4　沼气发酵的综合利用

随着国家对农村沼气投资力度的逐渐加大，农村沼气建设在数量和质量上都有了质的飞跃，在农业发展、农业生态环境建设中的作用日益明显。沼气综合利用技术是指将沼气、沼液、沼渣（简称“三沼”）运用到生产过程中，降低生产成本，提高经济效益的项技术措施，是将农业废弃物转化为多种农业生产资料，综合提高生产能力和回收生物能源的一种可靠手段。对有限的农业资源进行高效和多层次的综合利用，是农业走可持续发展道路的重要举措（艾章朋，2007）。

3.4.1　沼气的综合利用

沼气是一种可无限再生优质气体燃料，除可用于炊事、点灯、发电外，还可广泛用于蔬菜大棚、孵化禽类，育蚕、升温育苗、烘干、储粮、保鲜水果等农业生产领域。

3.4.1.1 沼气用于炊事

1）沼气灶具的结构

目前，家庭使用的沼气灶具，多数属于大气式燃烧器。通常由喷嘴、调风板、引射器和头部四部分组成（崔富春，2005）。

喷嘴是控制沼气流量（负荷）并将沼气的压能转化为动能的关键部件。喷嘴的形式及尺寸直接影响燃烧器热负荷，并影响吸入一次空气的多少，是非常关键的部件。喷嘴与引射器组装时，插入深度应在10～15mm，要插正，不能偏心。

调风板一般装在喷嘴和引射器的喇叭口的位置，用来调节一次空气量的大小。以把火焰调到内外清晰，内焰呈三角形的浅蓝色为好。

引射器的作用是将具有一定压力的沼气从喷嘴喷出后，带动空气在引射器内充分混合，并形成必要的剩余压力，用来克服气流在燃烧器头部的阻力损失，达到沼气和空气混合物的火孔出口速度，保证燃烧器正常工作。初次使用沼气炉具之前，应认真检查一下引射器，如果里面有铁砂或其他物质堵塞，应及时清除。

灶具头部是沼气炉具的主要部位，它由气体混合室、喷火孔、火盖、炉盘四部分构成，它的作用是使沼气空气混合物均匀地分布在各火孔上进行燃烧，多余的燃气在这里与二次空气混合，并且进行完全燃烧。

2）沼气灶的安装

沼气灶应安装在专用厨房内，房间高度不应低于2.2m，并有良好的自然通风设置。当有热水器时，房间高度不得低于2.6m。灶的背面与墙距离不小于10cm，侧面与墙距离不小于25cm，如果墙面为易燃材料时，必须设隔热防火层，其尺寸应大于灶的长或宽。原则上不允许一个厨房内安装两套沼气灶。灶台高度应适中。

3.4.1.2 沼气灯

沼气灯是把沼气的化学能转变为光能的一种燃烧装置。

沼气灯实际上是一种大气式燃烧器，家用沼气灯有吊式和座式两种，它具有省气、亮度大、造价低、使用方便的优点。主要由燃烧器、反光罩、玻璃罩及支架或底座等部分组成。灯上的燃烧器又包括喷嘴、引射器、泥头及纱罩（崔富春，2005）。

沼气灯可以诱虫养鱼、养鸡、养鸭，也可增温育雏鸡、养蛋鸡。

3.4.1.3 沼气发电

沼气发电是随着沼气综合利用的开发而产生的一项沼气利用技术。由于沼气是一种资源丰富而又廉价的生物质能源，利用沼气发电对于缓解商品电能供应不足的紧张局面找到了一条有效途径。目前小沼电站在中国各地农村发展迅速，农村庭院经济、生态循环系统正在兴起，小沼电在其中日益发挥出良好的作用。实践证明，在农村因地制宜地发展这项技术适合中国的国情。工程上小沼电每千瓦投资 1500 元左右，沼气发电每千瓦时的价格只有 0.12 元（崔富春，2005）。

1）小沼电的基本工作原理

沼气是由多种气体组成的混合气体，它的主要成分为甲烷和二氧化碳，主要可燃成分为甲烷。甲烷在空气中遇火时就能燃烧，进而转变成二氧化碳和水，并发光放出热量。当空气中混有 5.3%～15%的甲烷时，在密闭的条件下，遇火就会产生强烈的爆炸。沼气机就是利用这一原理，推动汽缸内活塞做功的。沼气发电也就是利用沼气开动内燃机带动发电机进行发电的。它的基本工作原理是：由内燃机把沼气的化学能经过燃烧过程转变成热能，并经过相应的传动装置再变成机械能，最后由发电机把机械能转变成电能。通常情况下，每立方米的沼气，在 0.1MPa（一个标准大气压）、0℃时，理论发热量为 23～27MJ，它可以使得 1kW 的内燃机工作 1.5h，大约发电 1.25kW·h，与 0.6～0.7kg 汽油或 0.83kg 标准煤的发电量相当。

利用沼气发电的方法不外乎三种：第一种是将发电机组改装成全烧沼气的发电机组，这种方法改装工作量比较大，成本也高。第二种方法是以沼气作为主燃料，用柴油引燃，当沼气供应不足时，发电机自动调节供油量以适应负荷的变化，沼气供应一旦中断，全部转换成由纯柴油运行，这种方法需增加附加机构，技术比较复杂。第三种方法是利用简单的沼气、空气混合器，用柴油引燃发电机，采用手动控制沼气的供给量，或者通过调速器增加燃油量以适应负荷的变化，达到双燃料运行的目的，这种方法简单易行，特别适合于在农村小沼电中推广。

目前市售有定型的微型沼气发电机（包括进口机型），从机组组成原理上分析，有沼气发动机和交（直）流发电机。沼气发动机主要由缸体（包括活塞和缸套）、进排气门、火花塞、气体混合器与飞轮相结合的发电部件冷却系统。这些结构件的功能大体上与汽油机相同，其差别之处是气体混合器和冷却系统。发电机有单相交流发电机和直流发电机两种，一般常用的是交流发电机。发电机转子与沼气发动机主轴同轴转动，主要由转子磁场绕组和定子切割磁力线绕组、风叶轮和配电盘组成。发电机与沼气发动机同轴相连成卧式装置。

2）沼气发动机类型

我国的沼气发动机主要为两类，即双燃料式和全烧式。目前，对“沼气-柴油”双燃料发动机的研究开发工作较多。如中国农业机械研究院与四川绵阳新华内燃机厂共同研制开发的 S195-1 型双燃料发动机，上海新中动力机厂研制的 20/27G 双燃料机等，成都科技大学等单位还对双燃料机的调速、供气系统以及提高热效率等方面进行过研究，潍坊柴油机厂研制出功率为 120kW 的 6160A 单连 3 型全烧式沼气发动机，贵州柴油机厂和四川农业机械研究所共同开发出 60kW 的 6135AD（Q）型全烧沼气发动机发电机组；此外，还有重庆、上海、南通等一些机构进行过这方面的研究、研制工作。可以说，目前我国在沼气发电方面的研究工作主要集中在内燃机系列上。

研究表明，在 4000kW 以下的功率范围内，采用内燃机具有较高的利用效率。相对燃煤、燃油发电来说，沼气发电的特点是中小功率性，对于这种类型的发电动力设备，国际上普遍采用内燃机发电机组进行发电，否则在经济性上不可行。因此采用沼气发动机发电机组，是目前利用沼气发电的最经济、高效的途径。

根据沼气发动机的工作特点，在组建沼气发动机发电机组系统时，要着重考虑以下几个方面（陈泽智，2000）。

（1）沼气脱硫及稳压、防爆装置。沼气中含有少量的 H_2S，该气体对发动机有强烈的腐蚀作用，因此供发动机使用的沼气要先经过脱硫装置。沼气作为燃气，其流量调节是基于压力差，为了使调节准确，应确保进入发动机时的压力稳定，故需要在沼气进气管路上安装稳压装置。另外，为了防止进气管回火引起沼气管路发生爆炸，应在沼气供应管路上安置防回火与防爆装置。

（2）进气系统。在进气总管上，需加装一套沼气-空气混合器，以调节空燃比和混合气进气量，混合器应调节精确、灵敏。

（3）发动机。沼气的燃烧速度很慢，若发动机内的燃烧过程组织不利，会影响发动机运行寿命，所以对沼气发动机有较高的要求。

（4）调速系统。沼气发动机的运行场合是和发电机一起以用电设备为负荷进行运转，用电设备的装载、卸载会使沼气发动机负荷产生波动，为了确保发电机正常发电，沼气发动机上的调速系统必不可少。

从沼气发动机的经济性能出发，希望沼气发动机多工作在中、高负荷工况下，因为这样发动机的燃气能耗率较低，研究表明，沼气发动机在低负荷下气耗率很高，因此要尽可能使发动机避免在此情况下工作。即沼气发动机应在高效率下工作。

为了提高沼气能量利用率，可采取余热利用装置，对发动机冷却水和排气中的热量进行利用。采取余热利用装置后，发动机的综合热效率会大幅度提高。沼气发动机的可靠性较差、沼气的燃烧速度慢，若不采取有效措施，很容易使发动机出现后燃现象，也就是发动机的排气温度较高，使发动机热负荷增大，影响使用寿命。

近年来，我国已研制出不同型号的沼气发动机，单机功率逐步上升 100kW 以上，最大的已达到 400kW。但由于在基础研究（如发动机工作过程）等方面的科研相对滞后，沼气发动机后燃严重问题未能根本解决。许多发动机实际排温高 650～700℃，排气阀严重磨损，阀座下陷，气缸盖要经常拆动，发动机可靠性与寿命过不了关。而且，由于燃烧过程组织不利，沼气消耗率普遍偏高，实际上 $1m^3$ 沼气发电不到 1.6kW·h，与国际上 $1m^3$ 沼气能发电 2kW·h 以上的性能相比，经济性不好（陈泽智，2000）。

由于上述原因，许多国产机组不得不降负荷运行。有的在使用中途被国外机组替换，而有的沼气工程则直接使用国外机组，这对沼气发电技术的国产化造成不利影响。因此，重视有关问题的研究，加强相关科研攻关，提高国产机组的性能，对推进我国在实施沼气发电技术上的水平，具有重要意义。

多年来，我国科技工作者致力于国产沼气发电机组的研制，表 3.12 为我国部分省（区）自行研制的 12kW 以下沼气发电机组测试表，大多数性能指标达到和接近世界先进水平（张百良，1999）。

表 3.12　12kW 以下沼气发电机组测试简表

研制单位	研制产品型号	功率/kW	甲烷含量/%	比气耗/[m^3/(kW·h)]	节油率/%	发动机热效率/%
四川省农业机械所	CC195沼气发电机组	8.10	80	0.488	100	33.6
四川省农业机械所	0.8 GFZ 沼气发电机组	1.357	73	0.868	100	23.45
泰安电机厂	12GFS32双燃料发电机组	12.85	78.45	0.492	81	31.99
南充地区农业机械科学所	195双燃料发动机	13.53	70.9	0.322	81.9	38.9
泰安电机厂	10GFS13双燃料发电机组	11.18	96.65	0.248	62	37.89
武进柴油机厂	195-Z 沼气发动机	13.52	71.2	0.40	100	35.39
上海内燃机研究所	SGFZ 沼气发电机组	5.62	72.35	0.687	100	26.78
四川省农业机械所	195沼气发动机	12.97	89.4	0.37	100	30.7
重庆电机厂	1.2kW 沼气发电机组	1.52	77.05	0.76	100	29

3）沼气发电前景

沼气发电工程本身是提供清洁能源、解决环境问题的工程，它的运行不仅解决沼气工程中的一些主要环境问题，而且由于其产生大量电能和热能，又为沼气的综合利用找到了广泛的应用前景，有助于减少温室气体的排放。

由于综合利用手段单一，很多沼气工程产生的沼气大量排入大气中，不仅严重污染周围的环境，也对工作人员的安全和健康产生了极大的威胁，沼气发电则为沼气找到了一条合理利用的途径。通过沼气发电工程可以减少 CH_4 的排放，每减少 1t CH_4 的排放，相当于减少 15t CO_2 的排放，对缓和温室效应有利。

沼气发电工程有利于变废为宝，提高沼气工程的综合效益。以沼电在酒厂中的的综合效益为例：四川荣县进行了 120kW 沼气发电的生产和示范，用酒糟废水经厌氧消化产生沼气，发电效率为 1.69kW · h/m^3，当年成本为 0.0465 元/(kW · h)。沼电能够基本满足该厂的生产用电。山东昌乐酒厂安装 2 台 120kW 的沼气发电机组，1700m^3 酒糟日产沼气发电 4800m^3，发电 8640kW · h，全年能源节约开支 29 万元，工程运行一年即收回全部成本。杭州天子岭填埋场发电工程在运行过程中，在平均电价为 0.438 元/(kW · h) 的条件下，投资回报率可达 14.8%。目前，江西省最大的沼气发电工程已经启动，江西省万年县启动以利用猪粪尿沼气发电的大型沼气工程。该工程为目前江西省最大的沼气发电工程，建成后年发电量将达到 30 万 kW · h。万年县目前有 15 个万头猪场和 57 个中小型养猪场。为了解决废弃物集中排放引起的污染问题，探求生猪规模养殖的持续发展、生态发展之路，江西省山庄养殖有限公司用沼气发电，启动了大型沼气工程。2006 年，蒙牛集团内蒙古蒙牛生物质能有限公司，为蒙牛澳亚示范牧场投资配套建成大型沼气发电综合利用工程。日处理 10 000 头奶牛产生的牛粪 280t，牛尿 54t 和冲洗水 360t。可日生产沼气 1.2 万 m^3，日发电 3 万 kW · h，每年生产有机肥约 20 万吨。其直接的经济效益为：向国家电网提供每年 1000 万kW · h 的电力，发电产生的热能将用来维护牧场的日常供暖等项目。这是目前全球最大的畜禽类沼气发电厂，同时也是中国乳业第一个大规模的沼气发电厂，具有很强的示范价值与经济利用价值。联合国开发计划署项目官员在向蒙牛颁发了“加速中国可再生能源商业化能力建设项目大型沼气发电技术推广示范工程”的挂牌后表示，“该项目不仅为中国乳品行业的可持续发展作出了卓越贡献，也是世界养殖产业可再生能源利用的标志性项目”。

在我国农村偏远地区还有许多地方严重缺电，如牧区、海岛、偏僻山区等高压输电较为困难，而这些地区却有着丰富的生物质原料。因地制宜地发展小沼电，犹如建造微型“坑口电站”，可取长补短就地供电。

3.4.1.4 沼气在日光温室中的应用

作物生长需要一定的 CO_2 气体肥。在日光温室内燃烧沼气，每立方米沼气可产生 0.98m^3 的 CO_2，能满足一个 1000m^3 容积的日光温室作物生长对 CO_2 气体肥的需要。因此在日光温室内燃烧沼气，不仅能增加光照、提高棚温，而且产生的 CO_2 作为气体肥，能促进蔬菜的生长。因此增加棚内 CO_2 浓度有利于蔬菜的生长。如大棚内 CO_2 度提高到 0.1%以上，番茄的产量可提高近 2 倍（艾章朋，2007）。

3.4.1.5　沼气储粮

沼气储粮是根据“低氧储粮”原理，利用沼气含氧量低的特性，将沼气输入粮仓而置换出空气，形成低氧环境，使粮中害虫窒息死亡的方法。该法具有方法简单、操作方便、投资少、无污染、防虫效果好、经济效益显著等诸多优点，可为农户和中、小型粮仓采用（艾章朋，2007）。

3.4.1.6　保鲜水果、蔬菜

用沼气储藏水果、蔬菜，可降低其呼吸强度，减弱其新陈代谢，推迟后熟期，达到较长时间的保鲜和储藏目的。以一个容积 $25m^3$，储藏面积 10～$15m^2$ 的储藏室为例，其储藏技术要点：①输入沼气。将储藏水果、蔬菜的储藏室密封一周后输入沼气，时间 20～60min，每次每立方米容积输入沼气 11～28L，每隔 3 天输入一次。②换气排湿。根据储藏室内温度高低，湿度大小而定，湿度不够向室内添加水分，温度过高应通风降温。③倒翻去劣。入库一周后倒翻一次，将损伤的水果、蔬菜取出，以后结合换气均应倒翻一次（艾章朋，2007）。

3.4.1.7　猪舍消毒灭菌

一般猪场多用消毒液消毒猪舍、产房，或多或少会污染环境；如用液化气喷射火焰消毒灭菌，则经济负担较大。通过试验，采用沼气火焰喷射消毒，火焰喷射温度高，消毒灭菌效果好，安全方便。

3.4.1.8　仔猪舍供暖加温

利用沼气替代电能为仔猪舍供暖加温，不受停电等事故中断供暖的影响，安全可靠，可明显提高仔猪成活率和生长速度。另外，还可将沼气用于猪舍照明。沼气燃烧温度可达 1000℃以上，蚊蝇碰到沼气灯即被烧死烧伤，蚊蝇数量大幅度减少，有利于仔猪休息，加快长膘，缩短饲养期，节约饲养成本。3～5 人的农户，修建一个同畜禽舍、厕所相结合的三位一体沼气池，人畜粪便自流和池发酵，每口沼气池年产沼气 300 多立方米。一年至少 10 个月不烧柴煤，可节柴 1500～2000kg，相当于封山育林 4 亩。同时为农户节省了生活用能开支。

3.4.2　沼液的综合利用

沼液中除含有氮、磷、钾（植物生长三要素）外，还含有一定量的微量元素

和对动、植物生长有调控作用及对某些病虫有杀灭作用的物质，这些物质可渗透到生物细胞内，刺激动物、植物的生长和发育。因此，在“三沼”综合利用中沼液是最具效果，最具活力和最有发展前途的（艾章朋，2007）。

3.4.2.1 沼液浸种

沼液浸种是农民群众在沼气综合利用中创造的一种浸种方法，沼液浸种就是将农作物种子放在沼液中浸泡后再播种的一项种子处理技术。由于沼液中含有多种活性、抗性、营养性物质，浸泡过程中，它们不同程度地被种子吸收利用，加速养分运转和新陈代谢过程，具有明显的幼苗“胎里壮”，可以提高种子的发芽率、成秧率，而且可增强秧苗抗寒、抗病、抗虫、抗逆性能力，为高产奠定基础。

3.4.2.2 叶面施肥

沼液经过充分腐熟发酵，富含氮、磷、钾等营养元素和铜、铁、锌、锰、钼等微量元素以及多种生物活性物质，极宜作根外施肥，是一种速效水肥，收效快，利用率高，24h 内叶片可吸收附着喷量的 80%左右，其效果比化肥好。作物生长季节都能进行，特别是当植物进入花期、孕穗期、灌浆期、果实膨大期，喷施效果明显，对麦类、玉米、水稻、棉花、花生、蔬菜、瓜类、果树都有增产作用，尤其是施用于果树，有利于花芽分化，保花保果，果实增重快，光泽度好，成熟一致，提高品质和商品果率。

3.4.2.3 沼液防治病虫害

沼液中含有多种生物活性物质，其中，有机酸中的丁酸和植物激素中的赤霉素、维生素 B_{12} 对病菌有明显的抑制作用。沼液中氨和铵盐及某些抗生素对作物的害虫有着直接杀伤作用。在 48h 内害虫减退率达 50%以上。经实践和实验所证实，沼液防治病害的途径是沼液浸种，沼液防治虫害的途径是使用沼肥和直接喷施。

3.4.2.4 沼液作饲料添加剂

（1）沼液喂猪。沼液中含有生猪生长的 8 种必需氨基酸、8 种非必需氨基酸及铜、铁、锌等微量元素。是一种良好的饲料添加剂，猪食用后贪吃、爱睡、增膘快，较常规喂养增重 15%左右，可提前 20～30 天出栏，节约饲料 20%左右，可节约成本。因此将沼液拌入猪饲料中喂猪，起到促进生猪生长、缩短育肥期、提高饲料报酬、降低料肉比的作用，提高了养猪的经济效益。

（2）沼液养鱼。鱼塘施用沼液，除部分直接作饵料外，主要是通过促进游浮生物（动、植物）的繁殖生长来饲养鱼类，还可减少鱼的疾病传染，如鱼的细菌性肠炎病、烂鳃病明显降低。能提高鱼的产量和质量，有较高的经济效益。

（3）沼液喂鸡。沼液中所含的多种氨基酸、微量元素等活性物质，能有效地刺激母鸡卵巢的排卵功能，提高产卵能力。方法一是将沼液拌和在饲料中饲喂，方法二是与清水混合后供鸡饮用。

3.4.3 沼渣的综合利用

沼渣中营养物质含量高而种类全。沼渣质地疏松、富含有机质、腐殖酸、粗蛋白、氮、磷、钾以及多种微量元素和矿物质，在农业生产中应用广泛（艾章朋，2007）。

3.4.3.1 改良土壤结构

沼渣中含有10%～20%的腐殖酸和大量有机质，能产生持续的效果，是一种速、缓兼备又增加土壤团粒数量的优质肥料，对改良土壤功效明显。

3.4.3.2 农作物增产

沼渣作为一种优质有机肥，施入农田，能使土地肥沃、保墒、固肥、通气性好，有利于作物生长，对粮、棉、油、瓜、果、菜都有显著的增产作用。

3.4.3.3 沼渣种蘑菇

沼渣所含的有机质、腐殖酸、粗蛋白、氮、钾、磷以及各种矿物质，能够满足蘑菇生产要求。同时，沼渣已经经过厌氧发酵，培育蘑菇时杂菇少。沼渣无杂菌、酸碱度适中，质地疏松是人工栽培蘑菇的好培养基料，沼渣种菇，产量可提高15%，一二级菇比例大。沼渣种蘑菇具有成本低、效率高和省料等优点，和用秸秆育菇作为原料相比，一般成本下降36%。

3.4.3.4 沼渣制作营养钵

（1）棉花营养钵的制作。每平方米苗床用沼渣750～1500g，钙、镁、磷肥38g，氯化钾15g，采用沼渣营养钵培植的棉花幼苗叶片多，苗茎粗壮，幼苗生长快；配合其他措施，棉花可增产10%左右。

（2）玉米营养钵的制作。沼渣与泥土按3∶2的比例混合进行玉米育苗。当玉米苗长出2或3片真叶时移栽，转青快、发病率低，配合其他措施可使玉米增产10%左右。沼渣还可配制多种蔬菜及花卉的营养钵。

3.4.3.5 沼渣种花

花卉一般种植在庭院、花园、花圃与盆内。在肥料施用方面，主要有基肥、追肥两种。沼渣培育花卉优点很多，与某些花卉专用肥相比，具有不用花钱、肥效平稳、养分齐全、肥劲悠长并兼治病虫害等优点。

3.4.3.6 沼渣种大蒜

在大蒜生产过程中，沼渣可作基肥、追肥和面肥。基肥：亩用沼渣 2500kg，撒施翻耕。追肥：亩用沼渣 1500kg，越冬前随水泼洒，配合沼液浸种和苗期叶面喷施，可使大蒜产量提高 20%左右，并能减少病虫害的发生。面肥：播种时，开 10cm 宽，3～5cm 深浅沟，沟距 15cm，沼渣随水浇于沟中，浇湿为宜然后播蒜、覆土。

3.4.3.7 沼肥种西瓜

结合沼液浸种、叶面喷肥，可防病、促生，提高西瓜品质，瓜个大、味甜。

3.4.3.8 沼渣栽培果树

沼肥富含氮、磷、钾、腐殖酸、多种微量元素及具有迟、速兼效的肥料功能，非常适合果树生长需要，施用沼肥，使果树花芽分化好，抽梢一致，叶片厚绿，果实大小一致，光泽好、甜度高，树势增强，提高单产 10%以上，节省商品肥投资 50%以上。

3.4.3.9 沼渣瓶栽灵芝

灵芝生长以碳水化合物和含氮化合物为营养基础，如葡萄糖、蔗糖、淀粉、纤维素、半纤维素、木质素等，还需要少量的钙、镁、磷等矿质元素。因沼渣中含有上述各种养分元素，完全可以用沼渣进行瓶栽灵芝，有试验证明，利用沼渣瓶栽灵芝比常规的麦麸皮、棉籽壳瓶栽灵芝成本可降低 30%多，且产量高。

3.4.3.10 沼渣种油菜

油菜施用沼渣，既可减少 50%的化肥需要量，又可增加收入，提高经济效益，同时还可改良土壤结构，增强田地肥力水平，避免因多施化肥造成的土壤破坏，促进农业生产的持续发展。

利用沼渣还可养蚯蚓、土元、鳝鱼、泥鳅等多种具有高营养和药用价值的动物，都体现出投资少、成本低、效率高、收效快、管理简便等特点。

随着生产力的发展和人们在实践中对沼气认识的不断加深，沼气、沼液、沼渣在农业生产上的作用越来越广，“三沼”的综合利用，是实现生态农业、有机农业的保障措施。

参考文献

艾章朋．2007．沼气技术在农业生产上的综合利用．中国农村小康科技，10：80～82

岑沛霖等．2000．工业微生物学．北京：化学工业出版社．371，372

陈泽智．2000．生物质沼气发电技术．环境保护，10：41，42

崔富春．2005．沼气农业工程技术．北京：中国社会出版社．7～10，43～73

胡启春，夏邦寿．2006．亚洲农村户用沼气技术推广研究．中国沼气，24（4）：32～35

黎良新．2007．大中型沼气工程的沼气净化技术研究．南宁：广西大学硕士学位论文

田晓东，强健，陆军．2002a．大中型沼气工程技术讲座（二）——工艺流程设计．可再生能源，106（6）：45～48

田晓东，强健，陆军．2002b 大中型沼气工程技术讲座（一）——厌氧发酵及工艺条件．可再生能源，105（5）：35～39

王立群．2007．微生物工程．北京：中国农业出版社．285～287

杨世关．2002．内循环厌氧反应器试验研究．郑州：河南农业大学博士学位论文

张百良．1999．农村能源工程学．北京：中国农业出版社．11，158～184，261，262

4 生物氢气

随着能源危机、环境污染、温室效应等问题的加剧，各国政府对清洁、可再生能源的研究投入正在不断增加。氢气因其相对密度低，燃烧热值高，在转化为热能或电能时只产生水蒸气，不会产生有毒气体和温室气体，是最清洁的环保能源，特别适用于交通运输，同时也是航天航空的理想燃料。因此，在21世纪氢能经济所描绘的蓝图中，氢气是未来最理想的终端能源载体，它的实现将会为人类文明带来新的变革。

4.1 氢气的燃料特性

4.1.1 氢气的性质

“氢”是周期表上的第一个元素，具有最简单的原子结构，因此在各种气体中（包括空气等混合气体），氢气的相对密度最小。标准状况下（常压与0℃时），H_2以无色、无味无臭的气体存在，1L氢气的质量是0.0899g；在常压下，温度为－252.87℃时，氢气可转变成无色的液体；温度为－259.1℃时，变成雪状固体。

由于氢键键能大，燃烧1g氢能释放出142kJ的热量，是汽油发热量的3倍。与汽油、天然气、煤油相比，氢的质量特别轻，携带、运送方便，因而是航天、航空等高速飞行交通工具最合适的燃料。氢与氧气反应的火焰温度可高达2500℃，因此也常是切割或者焊接钢铁材料的最佳燃料。氢与氧或空气的混合气体燃烧速度比碳氢化合物快，氢-氧混合气的燃烧速度约为9m/s，氢-空气混合气的燃烧速度约为2.7m/s。在常温常压情况下，氢气在空气中的爆炸范围为4.1%～74.2%，在氧气中为4.65%～93.9%。

氢原子核外只有一个电子，它与活泼金属，如钠、锂、钙、镁、钡等作用生成氢化物，可获得一个电子，呈负一价；而与许多非金属元素反应，如氧、氯、硫等，均失去一个电子，呈正一价。在高温下，氢气（一般需用催化剂）对碳碳重键和碳氢重键起加成作用，可将不饱和有机化合物变成饱和化合物，例如，将醛、酮还原为醇；高温下通过电弧或低压放电，可使部分氢分子离解为氢原子，氢原子非常活泼，仅存在0.5s，重新结合为氢分子时要释放出很高的能量，可使体系达到极高的温度，从而使不能与氢气化合的锗、砷、锑、锡等与其作用生成氢化物。

氢气可以被金属氢化物（metal hydride）、碳基吸附剂（carbon-based adsorbent）以及金属-有机配位子结构（metal-organic framework）等多孔性且具有非常大表面积的材料大量吸附。当外界加热或加压时，吸附于这些材料中的氢气释放出来，这是目前开发新型氢气储运方法的理论依据。

4.1.2 氢的特性

在大自然中，氢主要以化合态的形式存在于水、石油、煤炭、天然气、各种生命有机体及其有机产物中。地球表面约 71%为水所覆盖，储水量很大，其中海洋的总体积约为 13.7 亿 km^3，因此，水是氢的大“仓库”，以原子百分比表示，水中含有 11%的氢。生物体及其所产生的各种有机物中也含有大量的氢，而地球上有机物归根结底来源于光合作用，其中蕴藏的氢来源于水。由于氢气燃烧后仍然形成水，所以，水和有机物是氢气“取之不尽、用之不竭”的源泉，关键是用什么样的方法从水中或来源于光合作用的各种有机物中制取氢气。

生物制氢技术可以在常温、常压、能耗低、环境友好的条件下，从水或各种有机物中制取氢气，这一技术将有望取代目前主要来源于钢铁厂、焦化厂、氯碱厂等的副产品回收纯化及煤、烃类、天然气和生物质的水蒸气重整技术。正因为如此，对生物制氢技术的研究正在受到人们普遍关注。2005 年以来，有关生物制氢方面的论文数量和专利数量在急剧增加。据统计，1995～2004 年的 10 年间，生物制氢技术相关论文发表近 200 篇，申请专利近 50 项，2005～2006 年的 2 年间发表论文近 180 篇，申请专利 20 多篇，而 2006～2007 年中发表了相关论文 304 篇，这说明了生物制氢技术的研究步伐正在大大加快。

4.2 生物制氢原理

自 Nakamura 于 1937 年首次发现微生物的产氢现象，到目前为止已报道有 20 多个属的细菌种类及真核生物绿藻具有产氢能力。其中，产氢细菌分属兼性厌氧或厌氧发酵细菌、光合细菌、固氮菌和蓝细菌四大类。过去的研究已揭示了以上各类微生物产氢的基本代谢途径及参与产氢的关键性酶。

依据产氢能力，目前备受关注的微生物产氢代谢途径主要有三种：以厌氧或兼性厌氧微生物为主体的暗发酵产氢，它以各种废弃生物质为原料、工艺条件要求简单、产氢速度最快，因此，暗发酵产氢技术的研究进展最快，离规模化生产的距离最近；以紫色光合细菌为主体的光发酵产氢，是暗发酵产氢的最佳补充，既能在暗发酵产氢的基础上，进一步提高底物向氢气的转化效率，又能消除暗发酵产氢过程中积累的有机酸对环境危害的隐患，暗、光发酵偶联制氢技术有望成为由废弃物或废水制氢的清洁生产工艺；蓝细菌和绿藻进行裂解水制氢，尽管目前生物裂解水制氢技术在效率上仍处于劣势，但其以水为制氢底物，在原料上具有优势。虽然，许多固氮菌也具有产氢能力，但是因为这类微生物产氢时需要的ATP来源于氧化有机物，而这些微生物氧化有机物产生ATP的效率非常低，所以，相对于以上其他产氢微生物，其产氢速率低，应用前景不是很好。

对各类产氢微生物的生物学、遗传学及酶学特性的研究，将有助于解析这些微生物的产氢机理，为进一步提高它们的产氢能力提供指导。

4.2.1 生物制氢的微生物学

依据产氢代谢途径及产氢机理不同，我们将分别介绍光解水产氢的微藻和蓝细菌、光发酵产氢的紫色光合细菌及暗发酵产氢的厌氧或兼性厌氧微生物。

4.2.1.1 光解水产氢的微生物

近年，随着对绿藻光水解制氢技术研究的不断深入，发现了许多能够用于生物制氢的绿藻，主要包括淡水微藻和海水微藻。莱茵衣藻（*Chlamydomonas reinhardtii*）是一种研究生物制氢的模式微藻，另外，斜生栅藻（*Scenedesmus obliquus*）、海洋绿藻（*Chlorococcum littorale*）、亚心形扁藻（*Platymonas subcordiformis*）和小球藻（*Chlorella fusca*）等都具有产氢的能力。

能够产生氢气的蓝细菌有固氮菌鱼腥藻（*Anabaena* sp.）、海洋蓝细菌颤藻（*Oscillatoria* sp.）、丝状蓝藻（*Calothrix* sp.）等和非固氮菌如聚球藻（*Synechococcus* sp.）、黏杆蓝细菌（*Gloeobacter* sp.）等。研究表明，鱼腥藻属（*Anabaena*）蓝细菌生成氢气的能力远远高于其他蓝细菌属，其中，丝状异形胞蓝细菌（*A. cylindrica*）和多变鱼腥蓝细菌（*A. variabilis*）都具有强大的产氢能力，因而受到人们的广泛关注。

目前研究比较深入的放氢蓝细菌主要有鱼腥藻属（*Anabaena*），念珠藻属（*Nostoc*）的几种异形胞蓝细菌如丝状异形胞蓝细菌（*A. cylindrica*）、多变鱼腥蓝细菌（*A. variabilis*）和念珠藻（*Nostoc spaeroids kutz* PCC73102），个别胶州湾聚球菌属（*Synechococcus*）和集胞藻属（*Synechocystis*）的蓝细菌种类，它们的产氢速率为0.17～4.2μmol H_2/(mg_{chla} · h)。绿藻研究的种类也非常少，最常见的是莱茵衣藻，其最高速度低于2mL/（L · h）。

蓝细菌或绿藻都具有两个光合作用系统，其中，光合作用系统Ⅱ（PSⅡ）能吸收光能分解水，产生质子和电子，并同时产生氧气。在厌氧条件下，所产生的电子会被传递给铁氧还蛋白，然后分别由固氮酶或氢酶将电子传递给质子进一步形成氢气。但产氢的过程同时也是产氧的过程，而氧气的存在会使固氮酶或氢酶的活性下降，所以在一般培养条件下，蓝细菌或绿藻的产氢效率非常低，甚至不能产氢。

研究者们希望通过传统育种或基因工程的方法，来提高绿藻或蓝细菌的光裂解水产氢效率。Lindberg、Lindblad、Liu、Masukawa 和 Yoshino 等分别对固氮蓝藻（*Nostoc punctiforme*）ATCC29133、鱼腥藻 PCC7120、念珠藻 PCC7422 等不同菌株进行了吸氢酶基因突变的研究，这些菌株都在氢气产量方面有不同程度的提高。Sveshnikov 利用一株化学诱变得到的多变鱼腥藻吸氢酶突变株 PK84 在连续产氢中获得的氢气产量提高 4.3 倍。德国 Kruse 等建立了莱茵衣藻的突变体库，从中筛选到 1 株 PSⅡ与 PSⅠ间循环电子链受阻的突变株，在该突变株中，光解水获得的电子，在光照阶段更多流向淀粉的合成，突变株中积累更多的淀粉，而在厌氧暗反应阶段，更多的电子流向氢酶，因而其产氢速率是出发菌株的 5～13 倍，突变株的最大产氢速度可达 4mL/(L·h)，能持续产氢 10～14 天，共产氢 540mL。

4.2.1.2 暗发酵产氢的微生物

发酵产氢微生物可以在发酵过程中分解有机物产生氢气、二氧化碳和各种有机酸。它包括梭菌科中的梭菌属（*Clostridium*），丁酸芽孢杆菌属（*Clotridium butyricum*），肠杆菌科的埃希氏菌属（*Escherichia*）、肠杆菌属（*Enterobacter*）和克雷伯氏菌属（*Klebsiella*），瘤胃球菌属（*Ruminococcus*），脱硫弧菌属（*Desulfovibrio*），柠檬酸杆菌属（*Citrobacter*），醋微菌属（*Acetomicrobium*），以及芽孢杆菌属（*Bacillus*）和乳杆菌属（*Lactobacillus*）的某些种。最近还发现螺旋体门（Spirochaetes）和拟杆菌门（Bacteriodetes）的某些种属也能发酵有机物产氢。其中，研究比较多的是专性厌氧的梭菌科和兼性厌氧的肠杆科的微生物。

不同种类的微生物对同一有机底物的产氢能力不同，通常严格厌氧菌高于兼性厌氧菌。据文献报道，梭状芽孢杆菌属细菌的产氢能力为 190～480mLH_2/g 已糖，最大产氢速率为 4.2～18.2LH_2/(L·d)；肠杆菌属细菌的产氢能力为82～400mLH_2/g 已糖，在连续发酵工艺中，最大产氢速率为 11.8～34.1LH_2/(L·d)(Li and Fang，2007)。肠杆菌属的微生物可以通过混合酸或 2,3-丁二醇发酵代谢葡萄糖。在两种模式中，除了产生乙醇和 2,3-丁二醇外，都可利用甲酸产生二氧化碳和氢气。

随着研究的广泛开展，不断有新的具有高效产氢能力的菌株被分离，最近一些需氧的产氢微生物气单胞菌（*Aeromonas* spp.）、假单胞菌（*Pseudomonos* spp.）和弧菌（*Vibrio* spp.）被分离，产氢量为 1.2mmol/mol 葡萄糖。在嗜热的酸性环境中，兼性厌氧的产氢菌热袍菌（*Thermotogales* sp.）和芽孢杆菌（*Bacillus* sp.）也被分离到了。还有一些嗜热厌氧菌如高温厌氧芽孢杆菌属（*Thermoanaerobacterium*）、热解糖热厌氧杆菌（*T. thermosaccharolyticum*）和地热脱硫肠状菌（*Desulfotomaculum geothermicum*）在嗜热酸性环境中厌氧发酵产氢。Shin 报道 *Thermococcus kodakaraensis* KOD1 在最适温度 85℃下发酵产氢，热解糖梭菌（*C. thermolacticum*）能在 58℃将乳糖转化成氢气和有机酸，产氢量为 2.4mol/mol 葡萄糖。甚至一株在有氧和无氧下都能产氢的产酸克雷伯氏菌（*Klebisella oxytoca*）HP1 从热喷泉中分离获得，在连续发酵时的转化效率为 3.6mol H_2/mol 蔗糖（32.5%），最佳起始 pH 为 7.0。哈尔滨工业大学从连续流反应器中分离到的菌株 *Ethanologenbacterium* sp. strain X-1 的最大产气速度为 28.3mmol H_2/(g · h)，鉴定表明其属于一新属 *Ethanologenbacterium*。最近相关研究为大规模筛选产氢细菌提供了更为直观和简便的技术手段，该方法通过一种水溶性的颜色指示剂对产氢过程进行监测，在催化剂存在的条件下，该颜色指示剂可以被氢气还原，发生颜色改变，从而可以用颜色的变化代替发酵后气体成分的检测从而对产氢细菌进行快速筛选，将为高效产氢纯菌的筛选打下了很好的基础。

通过基因工程改造产氢微生物的代谢途径将有助于提高它们的产氢能力。最近的一项研究以大肠杆菌 SR13（fhlA++，ΔhycA）为出发菌株，对厌氧发酵过程中的乳酸和琥珀酸途径进行阻断，构建了大肠杆菌 SR14（SR13ΔldhA ΔfrdBC)，使系统中更多的还原力和电子用于产氢，提高产氢量。此外，该研究通过三步法对甲酸裂解酶进行了有效诱导，缩短了从培养到产氢的过程，而且可以减少大量厌氧培养过程，使得整个发酵过程更为经济有效。另外，Liu 等通过敲除酪丁酸梭菌乙酸激酶和 PHA 合成酶阻断了合成丁酸和 PHB 的代谢通路，使得氢气产量从 1.35mol/mol 葡萄糖提高到 2.61mol/mol 葡萄糖。另一项研究通过克隆类腐败梭菌中的铁氢酶基因，并将其在类腐败梭菌中过量表达，得到了产氢量比野生型菌株提高 1.7 倍的重组菌株。在重组菌株中，由于氢酶的过量表达，NADH 被过量氧化，从而使得依赖于 NADH 的乳酸途径几乎被阻断，增加了乙酸和氢气的产量。

除了分离纯化出来的纯菌用于生物制氢，近几年来，优化选育后的混合菌群产氢更受关注。因为混合菌群底物适应能力强，能分解复杂的废弃物进行发酵，并且生长条件不苛刻，大多数研究者更愿意选择混合菌群作为接种物。目前用于研究的混合菌群主要有活性污泥、各种动物粪便堆肥、土壤等。这些来源于天然或人工组配的混合菌群以群落的形式存在和发挥作用：其组成成员在底物利用方面存在互补性，或者能通过一些方式促进产氢菌的活性，例如，互相提供生长因子、改善产氢环境、通过利用产氢代谢产物以缓解相互间的反馈抑制等。因此混合菌群在产氢过程中具有更多样的生理代谢功能和生态适应能力，常比纯菌种具有更高的产氢效率。目前混合菌群产氢的最高效率是437mL H_2/g 己糖，该结果是在发酵条件 pH5.5、55℃、HRT 84h 的半连续反应器中得到的。从产氢菌群多样性的分析结果获知，在暗发酵产氢的菌群体系中，梭菌属占到了 64.6%，这些微生物能把废弃物中的碳水化合物转变成氢气和低分子有机酸或者醇类。

4.2.1.3 光发酵产氢的微生物

在光照条件下，紫色硫细菌（荚硫菌属 *Thiocapsa* 和着色菌属 *Chromatium*）利用无机物 H_2S，紫色非硫细菌（红螺菌属 *Rhodospirillum* 和红细菌属 *Rhodobacter*）利用有机物（各种有机酸）作为质子和电子供体产氢，由于这类反应在厌氧条件下进行，类似于发酵过程，所以这种产氢方式常被称为光发酵产氢。

自从 Gest 及其同事（1949）观察到光合细菌深红红螺菌（*Rhodospirillum rubrum*）在光照条件下的放氢现象、Bulen 等（1965）证实光合放氢由固氮酶催化、Wall 等（1975）进一步说明固氮酶具有依赖于 ATP 催化质子（H^+）的放氢活性后，各国科学家们在产氢光合细菌的类群、产氢条件及光合放氢的机理等方面进行了有益的探索。

紫色硫细菌和紫色非硫细菌具有 PSⅠ，并由 PSⅠ通过光合磷酸化提供给光发酵产氢的驱动力 ATP，但这些微生物不具有 PSⅡ，不能裂解水，所以不存在同时产生氧气的现象。目前常用来产氢的光合细菌种类主要有：深红红螺菌，沼泽红假单胞菌（*Rhodopseudomonas palustris*），类球红细菌（*Rhodobacter sphaeroides*），荚膜红细菌（*Rhodobacter capsulatus*）等。但这些野生菌株的最大产氢速率一般只有 10～100mLH_2/(L·h)，底物转化效率一般为 10%～75%，并且每种菌株能够利用来产氢的碳源非常有限，所以，无论是菌株的产氢能力，还是利用底物的范围，仍然有较大的提升空间。

由于光发酵产氢依赖于固氮酶催化，因此，铵抑制现象也是阻碍光发酵产氢技术应用的重要环节。Gest 及其同事研究了深红红螺菌利用各种化合物进行生长和光合放氢的情况，试验表明在限制铵的培养基中，只有铵耗尽后才开始放氢，菌体生长并不受抑制，而以在低浓度的谷氨酸为氮源时有明显的放氢现象。因此，如何解除铵离子对光合细菌的产氢抑制，也是目前研究的重点。在光发酵微生物中还存在吸氢酶，吸氢酶也参与光合细菌的氢代谢，它催化光合细菌的吸氢反应。对生物产氢技术而言，吸氢酶带来的是负作用，它的活性势必会降低生物产氢的速率和产量，Kelly 等在研究荚膜红细菌的光发酵产氢时，发现在底物浓度较低时固氮酶产生的 H_2 可被吸氢酶完全回收。因此获得吸氢酶活性下降或完全丧失的菌株，有望大幅度提高产氢效率。

目前，科学家们更注重采用诱变、分子生物学和基因工程技术手段相结合的办法来选育产氢速率快、底物转化效率高、光能利用效率高、利用底物或者有机废弃物范围广、对铵离子的耐受能力高的优良产氢菌株。Macler 等从浑球红细菌（*R. sphaeroides*）中分离了一株突变株，能够定量地将葡萄糖转化为 H_2 和 CO_2，而不会像野生型那样积累葡萄糖酸，持续产 H_2 长达 60h，而在 20～30h 生长期内转化效率最高。Kim 等分离的数株红细菌（*Rhodobacter* sp.）能从葡萄糖酸培养基中产生更多的 H_2。也有一部分研究者通过诱变得到产氢较好的菌株，Willison 使用 EMS（甲基磺酸乙酯）和 MNNG（*N*-甲基-*N′*-硝基-*N*-亚硝基胍）诱变筛选非自养型的荚膜红细菌，得到的几株突变株利用乳酸等底物的效率比野生型提高 20%～70%；Kern 利用 Tn*5* 转座子随机插入获得深红红螺菌的随机突变株，最高产氢量接近野生型的 4 倍，达到 7.3L/L 发酵液，经鉴定发现突变点在吸氢酶基因上；Kondo 通过紫外诱变类球红细菌 RV 得到的突变株 MTP4 在强光下产氢比野生型增多 50%；Franchi 构建的类球红细菌 RV 吸氢酶和 PHA 合成酶双突变株在乳酸培养基中产氢速率提高 1/3；Kim 利用另一株类球红细菌 KD131 的吸氢酶和 PHA 合成酶双突变株使产氢速率从 1.32mLH_2/mg dcw（dcw 表示菌体干重）提高到 3.34mL H_2/mgdcw；Ooshima 得到的荚膜红细菌吸氢酶缺陷菌 ST400 在 60mmol/L 苹果酸条件下，将底物转化效率从 25%提高到 68%。

同样针对产氢光合细菌对光能的利用率比较低的现象，除了对吸氢酶进行敲除外，对其捕光系统的改造也是一个趋势。Kim 等采用基因工程的手段，分别敲除编码捕光中心蛋白 B800-850 和 B875 的基因，研究其对产氢的影响，发现缺失了类捕光蛋白复合物 B875 的突变体的光合异养生长减慢，氢气产量降低；而缺失了 B800-850 的突变体的氢气产量比在饱和光照下生长的野生型菌增长了 2 倍。Ozturk 敲除荚膜红细菌细胞色素 b_3 末端氧化酶后产氢速率从 0.014mL/(mL·h) 提高到 0.025mL/(mL·h)。Dilworth 对光合细菌产氢的主要酶——固氮酶进行点突变，将 195 位的组氨酸突变为谷氨酰胺，结果活力大大降低，因此发现了该氨基酸与酶活密切相关。基因工程在生物制氢方面的应用已经初见成效，取得了一些进展，但基因工程菌的应用还只占很小的比例，而且基因改造的范围也相对狭窄，近期这方面的研究越来越多，今后将成为生物制氢的新热点。

研究发现能进行光发酵产氢的许多微生物在黑暗厌氧条件下也能进行发酵产氢。Zajic 等发现红螺菌科的许多种在黑暗中能利用葡萄糖、三碳化合物或甲酸厌氧发酵分解为氢气和二氧化碳。吴永强也观察到类球红细菌在黑暗中厌氧放氢，并证实暗条件下的厌氧发酵产氢是由氢酶催化的放氢。Oh 等的研究表明沼泽红假单胞菌在黑暗厌氧条件下能快速产氢。Kovacs 鉴定了桃红荚硫菌氢酶基因簇，而这些基因簇是黑暗产氢的主要酶系。Manes 在深红红螺菌种发现了 3 种不同的氢酶，并分别鉴定了酶学性质。后来发现，非硫细菌在暗生长时具有与*E. coli*相似的丙酮酸甲酸分解酶（pyruvate formatelyase）和FHL（甲酸氢解酶）活性。这两种HD的同工酶到底是参与H_2的氧化反应，还是像在*E. coli*中一样参与产H_2，目前尚不清楚。看来，光合细菌的厌氧发酵产氢的潜力有待于进一步挖掘并开发利用。如果能同时或不同时段（昼与夜）发挥光合细菌的暗发酵产氢和光合放氢的作用，可望提高光合细菌的总产氢量及有机底物的利用效率，促进光合细菌产氢技术的发展。

4.2.2 生物制氢的关键性酶

光解水、厌氧发酵及光发酵产氢过程都涉及许多不同的代谢途径，许多酶参与这些产氢代谢的催化，其中，固氮酶和氢酶是生物制氢的两个最关键的酶。不同微生物类群或者利用氢酶产氢、或者利用固氮酶产氢：同是光裂解水产氢，微藻依靠氢酶产氢，蓝细菌主要依靠固氮酶产氢，黑暗厌氧发酵微生物依赖氢酶产氢，而光发酵细菌依赖固氮酶产氢。

4.2.2.1 固氮酶

固氮酶是一种多功能的氧化还原酶，主要成分是钼铁蛋白和铁蛋白，存在于能够发生固氮作用的原核生物如固氮菌和光合细菌（包括蓝细菌）中，该酶能够把空气中的N_2转化生成NH_3或氨基酸，反应式为：$N_2+8e^-+8H^++16ATP \longrightarrow 2NH_4^++16ADP+16Pi$。固氮酶催化的还原反应至少需要4个条件：钼铁蛋白、铁蛋白、ATP电子供体和厌氧条件。当反应系统无N_2存在、还原底物只有H^+时，固氮酶将所有电子用于还原H^+生成氢气，反应式为：$2e+2H^++4ATP \longrightarrow H_2+4ADP+4Pi$。

固氮酶还原分子氮为氨，也可以还原氮气以外的叁键化合物，包括氰化物、乙炔及氮氧化物和质子。乙炔还原为乙烯常被用来测定离体或整体的固氮酶活性。质子还原的反应就是光合产氢的生物学依据。对于固氮酶还原底物的机理目前还没有完全清楚，但根据已有的文献，所有底物的还原均需要一个低电位的还原剂和ATP，固氮酶的电子传递顺序如下：还原剂—Fe蛋白—MoFe蛋白—底物。基于顺磁共振波谱和酶-基质结合的转换研究，提出固氮酶反应可分解为四步：铁蛋白的单电子还原及ATP的结合；铁蛋白与钼铁蛋白复合物的形成；电子转移到钼铁蛋白，并偶联ATP的水解；复合物的解离。动力学研究指出蛋白复合物解离这一步是速率限制。ATP的水解有助于促使电子从铁蛋白到钼铁蛋白的转移。每传递一个电子的最低ATP水解值为2，因此每还原1个分子氮至少需要耗费12ATP。

对固氮酶复合物的催化性质的了解主要来自非光合固氮生物的研究，从氨基酸组成的比较到 *nif* 结构基因的分子杂交均证明光合菌的固氮酶与来自别的固氮微生物的极为相似。固氮酶由钼铁蛋白和铁蛋白组成，钼铁蛋白包含 FeMoco 和 P-cluster，为解释固氮机理，Kim 等、Peters 等和 Mayer 等分别解析出不同分辨率的钼铁蛋白晶体结构。

由于固氮反应需要消耗大量能量，固氮酶的合成和调控受严格控制。首先，固氮酶的活性对氧气非常敏感，紫色硫细菌在 6kPa 的氧气存在时，固氮酶被完全抑制。但某些光合细菌固氮酶对氧有一定耐受，如荚膜红细菌的固氮酶在氧分压 30kPa 下仍可测到活性。总体来说，光合细菌的固氮酶对氧高度敏感。氧气抑制光照放氢反应的一种可能机理是：当存在氧气时，光合细菌的光合作用色素系统被抑制不能进行光能营养生长（光合磷酸化被阻抑），而采用好氧呼吸代谢方式（黑暗好氧），这种代谢方式（氧化磷酸化）产生的能量不能与光照放氢相偶联，因此抑制光照放氢的进行。另外，固氮酶的合成和活性还受体内外氮源的丰富程度影响，当氮源充足时，固氮酶也是受抑制的，甚至基本不会表达，只有在氮饥饿时固氮酶才会高效表达。荚膜红细菌固氮酶在三个水平受到调控：首先，固氮酶的激活蛋白 *nifA* 的转录受到 NtrBC 双组分调控系统的控制；其次，*nifA*本身的激活活性要依赖 Ntr 系统的参与；最后，固氮酶本身的活性还受到翻译后修饰的调控。铵盐作为一种有效的氮源很容易被微生物利用，但是当铵盐加入后，整体细胞的固氮酶会被迅速抑制，这种现象称为瞬间关闭效应，也称氨阻遏现象。这是因为氨进入体内迅速变为谷氨酰胺，而谷氨酰胺的增加会使得全局调控因子 PⅡ蛋白由非活性的尿苷酰化状态恢复为活性状态，在它的帮助下 NtrB 表现出较强的磷酸酯酶活性使得 NtrC 去磷酸化变为失活状态，去磷酸化的 NtrC 蛋白不能激活 *nifA* 的转录，也不能帮助 nifA 蛋白激活 *nif* 基因的转录，固氮酶基因的转录就被中止，而且在高浓度的谷氨酰胺条件下，draD/T 系统会使固氮酶核糖基化，引起固氮酶活力的迅速丧失。这就是三个不同层次上氮源对固氮酶的调控。

在固氮微生物中，产 H_2 一般被视为一种释放多余电子的方法，而且，由于要消耗大量的 ATP，放 H_2 也被视为是一种能量的浪费，因此，固氮微生物，包括蓝细菌、紫色硫细菌和紫色非硫细菌在长期进化过程中形成了一套能量回补系统，即利用吸氢酶将释放的氢气再回收，转化为 ATP。研究者正是利用微生物固氮酶可以催化产氢这一特性用来进行生物制氢的研究和应用，但在利用这些微生物产氢时，不得不考虑吸氢酶在氢代谢过程中的负作用。

4.2.2.2 氢酶

氢酶是另一种参与产氢代谢的关键性酶，它催化氢气与质子相互转化的反应：$H_2 \longleftrightarrow 2H^+ + 2e^-$。氢酶存在于原核和真核生物中，按催化反应的结果可分为放氢酶和吸氢酶两种。氢酶是 Fe-S 蛋白，在它们的活性中心一般有两个金属原子。根据活性中心的金属组成类型可以分为三类：活动中心由一个 Fe 原子和一个 Ni 原子组成的［NiFe］氢酶；由两个 Fe 原子组成的［FeFe］氢酶；以及近年只在一些甲烷菌中发现的不含有 Fe-S 簇和 Ni 原子的无 Fe-S 簇氢酶或［Fe］氢酶，它的功能是生成氢气的甲基四氢蝶呤脱氢酶。许多微生物中有几种［NiFe］氢酶，有些微生物既有［FeFe］氢酶，又有一种或几种［NiFe］氢酶。在有些生物体中还存在氢酶体，例如，在寄生原生动物和厌氧霉菌中氢酶体替代线粒体，在单细胞绿藻中氢酶体替代叶绿体。

［FeFe］氢酶是许多微生物用于产氢的重要功能酶，例如，绿藻和专性厌氧微生物，都是利用［FeFe］氢酶催化产氢。但［FeFe］氢酶催化的反应是可逆的，反应的方向取决于系统的氧化还原电位：在较高氢分压和存在电子受体的条件下，它将作为吸氢酶；但存在低电势的电子供体时，它主要催化氢气的释放。［FeFe］氢酶催化产氢的活性比［NiFe］氢酶高 100 多倍，对氧非常敏感，研究较多的是梭菌和绿藻的［FeFe］氢酶。

根据［NiFe］氢酶大亚基和小亚基全氨基酸序列的相似性，Vignais 和她的同事又将［NiFe］氢酶分为四个大组：组 1 主要为膜结合吸氢酶，存在于变形杆菌和某些甲烷菌中；组 2 主要存在于细胞质中，为部分蓝细菌［NiFe］氢酶或氢气感应酶；组 3 主要存在于古细菌中，如产甲烷菌的吸氢酶；组 4 为多亚基、产氢储能、膜结合氢酶，利用低势能一碳化合物（如甲酸或 CO）氧化时产生的还原力，还原质子形成氢气，肠杆菌类微生物常利用组 4［NiFe］氢酶产氢。

Stephenson 和 Stickland 于 1931 年首次在大肠杆菌中发现了氢酶，Chen 等于 1974 年首先从巴氏梭菌中分离纯化了可溶性氢酶，随后有多种微生物的氢酶被分离纯化。到目前为止，已知有 450 种氢酶基因，并获得了多种［NiFe］氢酶和［FeFe］氢酶晶体结构。这些研究又促进了对各种氢酶的结构与催化机理的研究。

［FeFe］氢酶一般由一条肽链（如 *C. pasteurianum* 的氢酶 CpI）或两条肽链（如 *D. desulfuricans* 的氢酶 DdH）组成，通常为单体，但从晶体结构上大致也可以分成两部分：较大的部分为 H 簇，被认为是［FeFe］氢酶催化亚基的保守区，位于 C 端，包含由两个 Fe 原子构成的活性中心；较小的部分含有附属区，如 Fe-S 簇，和［NiFe］氢酶的 Fe-S 簇一样起到传递电子的作用。

［NiFe］氢酶分子通常分为大小两个亚基：大亚基包含埋藏其内部的活性中心，由 1 个 Fe 原子和 1 个 Ni 原子构成；小亚基上则含有 Fe-S 簇，按距离活性中心的远近称为近簇（proximal cluster）、中簇（medial cluster）和末簇（distal cluster）。大、小亚基彼此紧密结合，活性中心和较内部的 4Fe-4S 簇相互接近并

位于亚基之间作用的平面上。

虽然［NiFe］氢酶和［FeFe］氢酶的结构有很大的不同，但在催化机制上基本是一致的。从结构上看，都由四部分组成：电子传递通道、质子传递通道、氢气分子传递通道和活性中心。质子和电子分别通过质子传递通道和电子传递通道传递到包藏于酶内部的活性中心，形成的氢气分子再由其传递通道释放到酶的表面。［NiFe］氢酶活性中心是由 Ni 和 Fe 组成的异双金属原子中心，以 4 个硫代半胱氨酸残基通过硫键连接在酶分子上。当［NiFe］氢酶处于氧化态时，呈直角金字塔结构，Ni 原子位于塔顶，它有四个配体位于塔底各角，另外还通过桥连配体与 Fe 原子相连，第六个配体位置是空的，而 Fe 原子具有六个配体形成扭曲的八面体结构。［FeFe］氢酶与［NiFe］氢酶不同之处在于其活性中心是两个 Fe 原子（Fe1 和 Fe2）组成的双金属中心，该活性中心通过 Fe1 上的一个硫代半胱氨酸与近端 4Fe-4S 簇相连而连接在酶分子上。Fe1 原子具有 CN—和 CO—两个双原子配体，还通过两个 S 原子与另外一个配体连接，该配体可能是—CH_2—CO—CH—、—CH_2—NH—CH_2—或—CH_2—CH_2—CH_2—，另外还通过一个桥连配体与 Fe2 相连，这样 Fe1 就具有六个配体而形成扭曲的八面体结构；Fe2 在 DdH 中只有五个配体从而带有一个空的位点，在 CpI 中则带有第六个配体即水分子，这个键比较弱，很容易被破坏。由此可以看出，［NiFe］氢酶和［Fe］氢酶活性中心均含有一个空的或是电位上空的位点，该位点可能同结合 H_2有关，因为有研究表明，氢酶的竞争性抑制剂 CO 曾被发现结合在该位点上。

［NiFe］氢酶小亚基和 DdH 氢酶 C 端较小部分都含有 3 个 Fe-S 簇，形成接近直线排列的空间构型，可能与电子传递有关。近端的 4Fe-4S 簇能够直接从活性中心获得电子，远端的 4Fe-4S 簇调节氢酶同电子载体（如细胞色素 c）之间的电子交换。CpI N 端的 14 个 Fe 原子和 S 原子构成了 1 个 2Fe-2S 簇和 3 个 4Fe-4S 簇，被称为 F 簇，也是起到传递电子的作用。

质子通道在［NiFe］氢酶大亚基中可能起始于连接在 Ni 上的硫代半胱氨酸，依次经由氢键连接着的一个非常保守的 Glu 残基、四个水分子、C 端主链上的羧基、又一个水分子、另一个非常保守的 Glu 残基，直到与接近酶蛋白分子表面的 C 端位点或是 Fe 位点的一个水分子配体联结。这个水分子配体又通过另外两个水分子的 H 键作用与第三个保守的 Glu 残基相联结。质子可能就是经由这样的质子通道从活性中心释放到酶蛋白分子表面的。［Fe］氢酶中可能存在的质子通道起始于连接在 Fe2 上的赖氨酸，经过一个 Glu 残基、三个水分子到达分子表面的另一个 Glu 残基。这几个氨基酸残基也是非常保守的。

氢酶结构的拓扑分析结合氙气扩散的 X 射线衍射研究以及分子动力学计算表明分子氢的进入是由狭窄的隧道连接而成的疏水性内部空腔介导的。网络状隧道的中心端连接着活性中心的空位点，而其他几个端口则通向外部介质。孔道上的大多数残基是疏水性的，它们延伸到分子表面形成几个疏水性斑点作为气体的入口。对氢酶内部分子氢逸散的动力学研究表明气体从蛋白质分子内逸出主要利用的就是这条通道，推测氧气分子作为大多数氢酶的抑制物很可能也是利用了相同的通道进入活性中心的。

氢酶的测定方法都是基于该酶能够催化氢气的产生和氧化、顺式和反式氢气的互换及氘或氚与氢离子的互换（在没有电子的受体或供体时）。因此氢气的测定方法有三种。比色法：氢气的氧化可以和一种燃料的还原相结合，通过比色法测定酶的活性，为了使酶与外源电子受体的接触，细胞通常需要用变性剂来增加其透性，常用的染料有甲基紫精、苄基紫精等。测气法：产生或吸收的氢气的量可以用电流计、压力计或气相色谱的方法来测定。同位素交换法：通过同位素测定仪测定 H/D 的变化。

4.2.3 生物制氢的产氢机理

4.2.3.1 蓝细菌和绿藻的光解水产氢机理

蓝细菌和绿藻的产氢具有两个独立但协调起作用的光合作用中心，即接收太阳能分解水产生 H^+、电子和 O_2 的光合系统Ⅱ（PSⅡ）以及产生还原剂用来固定 CO_2 的光合系统Ⅰ（PSⅠ）。PSⅡ产生的电子经由 PSⅠ再由铁氧还蛋白携带至氢酶（微藻）或固氮酶（蓝细菌），在厌氧条件下，H^+ 在氢酶或固氮酶的催化作用下形成 H_2，同时，电子也可能经由铁氧化还原蛋白传递至NAD（P）$^+$，形成 NAD（P）H 用于固定二氧化碳，生成碳水化合物（图 4.1）（张全国，2006）。绿色植物由于没有氢酶或固氮酶，所以不能产生氢气，这是藻类和绿色植物光合作用过程的重要区别所在。因此除氢气的形成外，绿藻的作用机理和绿色植物光合作用机理相似，绿色植物的光合作用规律和研究结论可以用于藻类新

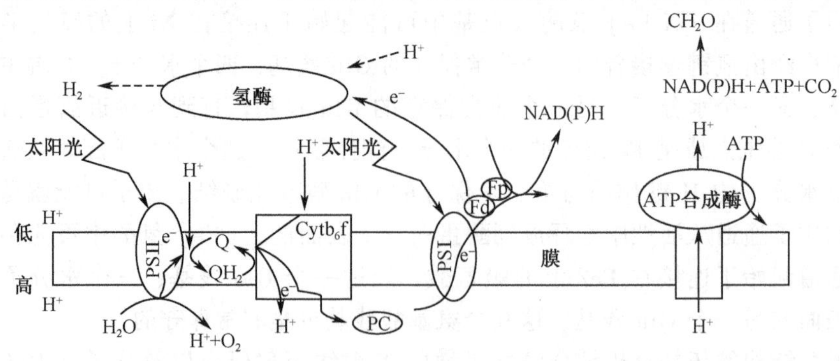

图 4.1 微藻光解水产氢过程电子传递示意图

陈代谢过程分析。

蓝细菌和微藻均可光裂解水产生氢气，它们的产氢机制也基本相似，需要强调的是，微藻在光照和厌氧条件下的产氢由氢酶催化，但蓝细菌的产氢主要由固氮酶催化。微藻的氢酶属于［FeFe］氢酶，为双向氢酶，也就是说在一定条件下，此氢酶也会有吸氢的作用。在蓝细菌中，除了产氢的固氮酶外，还存在吸氢酶，参与氢代谢。特别应注意的是，参与产氢的固氮酶或双向氢酶对氧气都非常敏感，它们可被空气中的氧和光合作用放出的氧抑制而失活。

4.2.3.2 暗发酵产氢

产氢微生物能够根据自身的生理代谢特征，通过发酵作用，在逐步分解有机底物的过程中产生分子氢。1965 年 Gray 和 Gest 在 *Science* 上发表了一篇文章，提出两种可能的产氢途径，即梭杆菌属的丙酮酸脱氢途径和肠杆菌属的甲酸裂解途径，但最大产氢能力均为 1mol 葡萄糖产生 2mol 氢气。经大量试验发现，产氢细菌利用 1mol 葡萄糖产生的氢气量为 1.2～2.1mol，证明 Gray 和 Gest 推论的产氢代谢途径是基本正确的，但随后发现 $NADH+H^+$ 也对厌氧发酵的产氢量有所贡献，因此，2000 年 Tanisho 提出还存在 $NADH+H^+$ 产氢途径。

综上所述，目前发现细菌黑暗厌氧发酵的产氢途径主要分为三种，分别为丙酮酸脱氢途径、甲酸裂解途径和 $NADH+H^+$ 产氢途径，如图 4.2 所示（Tanisho，1995）。

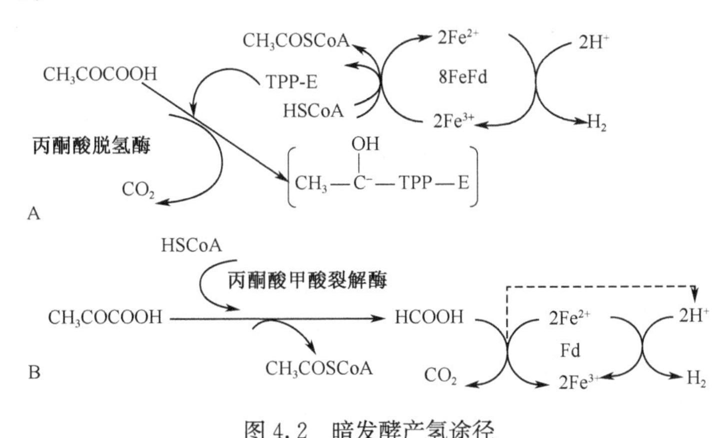

图 4.2 暗发酵产氢途径

A. 梭杆菌属的丙酮酸脱氢途径；B. 肠杆菌的甲酸裂解途径

梭状芽孢杆菌类专性厌氧微生物主要为丙酮酸脱氢发酵型产氢细菌，直接产氢过程发生于丙酮酸脱羧作用中，丙酮酸首先在丙酮酸脱氢酶的作用下脱羧，形成硫胺素焦磷酸-酶的复合物，将电子转移给铁氧还蛋白，形成还原态的铁氧还蛋白（Fd_{red}），然后在氢酶的作用下被重新氧化成氧化态的铁氧还蛋白（Fd_{ox}），并产生分子氢；肠杆菌类兼性厌氧微生物属于甲酸裂解型发酵产氢菌，直接产氢过程也发生于丙酮酸脱羧过程中，丙酮酸脱羧后形成的甲酸（也包括厌氧环境中 CO_2 和 H_2 生成的甲酸），通过铁氧还蛋白和氢酶作用分解为 CO_2 和 H_2。其中，丙酮酸脱氢发酵型产氢细菌的产氢能力为 1mol 葡萄糖产生 2～4mol 氢气，而甲酸裂解型发酵产氢菌为 1mol 葡萄糖产生 2mol 氢气。$NADH+H^+$ 产氢途径的产氢能力取决于 $NADH+H^+$ 的剩余量和转化率。Tanisho 根据 $NADH+H^+$ 产氢途径提出一个产氢假设，即在兼性厌氧细菌进行 TCA 循环过程中，产生大量的 NADH，这些 NADH 在有氧条件下将质子传递给氧分子形成水。如果筛选出缺失氧化 NADH 辅酶，又保留氧化 $FADH_2$ 辅酶的兼性厌氧细菌突变体，使 NADH 向分子氢的方向转变，产氢能力将达到 1mol 葡萄糖产生 10mol 氢气。

在暗发酵产氢中，通常是将复杂的糖类水解后生成单糖，单糖通过丙酮酸途径实现分解，产生氢气的同时伴随着一些低分子有机酸和醇类产生。也正是因为大量的有机酸或醇类产生，使得单糖转化成氢气的理论值也较低：1mol 葡萄糖转化为 2～4mol 氢气。微生物的糖降解经过丙酮酸主要有 EMP（Embden-Meyerhof-Parnas）途径（又称糖酵解途径或二磷酸己糖途径）、HMP（hexose monophosphate）途径、ED（Entner-Doudoroff）途径（又称 2-酮-3-脱氧-6-磷酸葡萄糖裂解途径）和 PK（phosphoketolase）途径（又称磷酸酮解酶途径）。丙酮酸经发酵后转化为乙酸、丙酸、丁酸、乙醇和乳酸等。丙酮酸是物质代谢中的重要中间产物，在能量代谢中起着关键作用。由于不同微生物的种属差异很大导致丙酮酸去路各不相同，因此产氢能力差别很大。

根据丙酮酸的不同去路，可以将各种发酵产氢途径分为丁酸型发酵、乙醇型发酵、丁醇型发酵、混合型发酵产氢途径。其中，梭状芽孢杆菌属（*Clostridium*）主要为丁酸型发酵产氢途径；肠杆菌主要为混合型发酵产氢途径；丙酮-丁醇梭菌（*C. acetobutylicum* ATCC 824）和拜氏梭菌主要为丁醇型发酵产氢途径；梭菌属（*Clostridium*）中部分细菌、瘤胃球菌属（*Ruminococcus*）、拟杆菌属（*Bacteroides*）等主要为乙醇型发酵产氢途径。可溶性糖类，如葡萄糖、蔗糖、乳糖、淀粉等的发酵以丁酸型发酵为主，这是一种经典的发酵产氢方式，发酵产生的末端产物主要为丁酸、乙酸、H_2、CO_2 和少量的丙酸，如图 4.3 所示（刘飞和方柏山，2007）。丁酸型发酵途径主要是在梭状芽孢杆菌属作用下进行的，如丁酸梭状芽孢杆菌（*C. butyricum*）和酪丁酸梭状芽孢杆菌（*C. tyrobutyricum*）等。

$$C_6H_{12}O_6+2H_2O \longrightarrow 2CH_3COOH+2CO_2+4H_2 \quad \Delta G_0=-184kJ/mol$$

$$C_6H_{12}O_6 \longrightarrow CH_3CH_2CH_2COOH+2CO_2+2H_2 \quad \Delta G_0=-257kJ/mol$$

一些糖类在发酵过程中，经 EMP 途径产生的 $NADH+H^+$ 通过与一定比例的丙酸、丁酸、乙醇和乳酸等发酵过程相偶联而氧化为 NAD^+，来保证代谢过

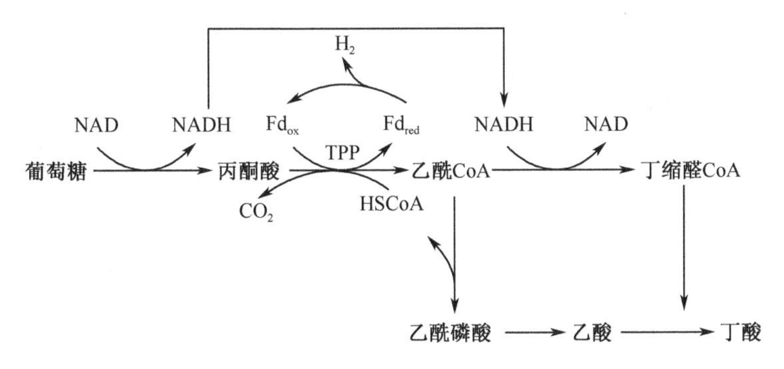

图 4.3 丁酸型发酵途径

程中的 NADH/NAD$^+$ 的平衡。为了避免 NADH＋H$^+$ 的积累从而保证代谢的正常进行，发酵细菌可以通过释放 H_2 的方式将过量的 NADH＋H$^+$ 氧化，反应式为：NADH＋H$^+$ ⟶ NAD$^+$ ＋H_2，此反应是在 NADH 铁氧还蛋白氧化还原酶、铁氧还蛋白氢化酶作用下完成的，其末端产物主要是丙酸和乙酸，气体产物非常少，一些学者把这种发酵制氢称作为丙酸型发酵制氢。

乙醇型产氢途径与传统的乙醇发酵不同，传统的乙醇发酵没有氢气产生，而乙醇型产氢途径产生乙醇和乙酸的同时有氢气产生，主要末端发酵产物为乙醇、乙酸、H_2、CO_2 和少量丁酸，如图 4.4 所示（刘飞和方柏山，2007）。

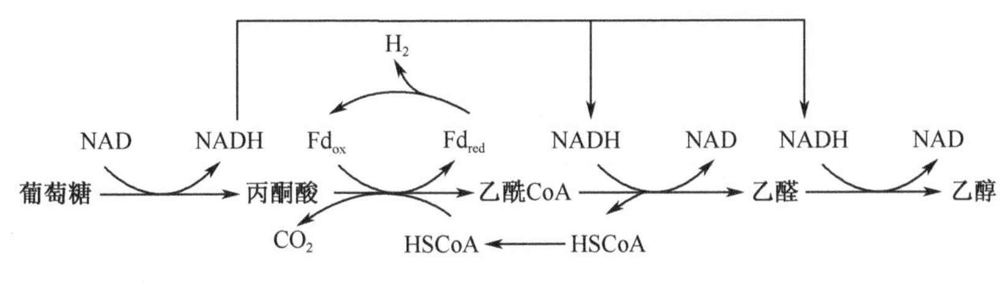

图 4.4 乙醇型发酵途径

4.2.3.3 光合细菌制氢

在产氢光合细菌中，外源性有机物，特别是各种有机酸作为电子供体，通过 EMP 和 TCA 循环生成腺嘌呤核苷三磷酸（ATP）、CO_2 以及电子，这些电子通过胞内的电子传递链传至光反应中心，低能态的电子在光反应中心受到光的激发，生成高能态的电子。高能态的电子一部分离开电子传递链被传给铁氧还蛋白，铁氧还蛋白则又将电子传给固氮酶；另一部分的电子则在电子传递链中传递，通过光合磷酸化途径并生成 ATP。在光照条件下，固氮酶利用 ATP、质子和电子生产氢气，氢酶主要起吸氢作用，以回收部分能量。光合细菌产氢的机理和途径见图 4.5（郑先君等，2006）。

$$C_3H_4O_3 + 3H_2O \longrightarrow 5H_2 + 3CO_2 \quad \Delta G_0 = 51kJ/mol$$
$$C_2H_4O_2 + 2H_2O \longrightarrow 4H_2 + 2CO_2 \quad \Delta G_0 = 75kJ/mol$$
$$C_2H_8O_2 + 6H_2O \longrightarrow 10H_2 + 4CO_2 \quad \Delta G_0 = 223kJ/mol$$

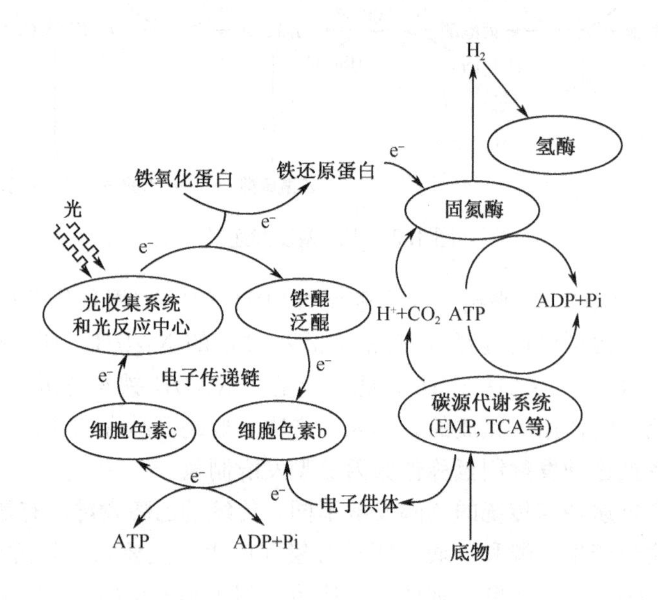

图 4.5　光合细菌产氢的机理和途径

光合细菌产氢和蓝细菌、绿藻一样都是太阳能驱动下光合作用的结果，但是光合细菌只有一个光合作用中心（相当于蓝细菌、绿藻的光合系统Ⅰ）。由于缺少藻类中起光解水作用的光合系统Ⅱ，所以只能利用有机物作为电子供体，并且不产生氧气。光合细菌的光合作用及电子传递的主要过程如图 4.5 所示。光合细菌所固有的只有一个光合作用中心的特殊简单结构，决定了它所固有的相对较高的光转化效率，以及提高光转化效率的巨大潜力。

由于固氮酶的表达及活性受铵抑制调控，因此，光发酵产氢也同样受铵离子浓度的影响。在光发酵产氢的过程中同时伴随着吸氢现象，在发酵过程中，吸氢活性增加，固氮酶活性减弱，产氢量减少。

对各类微生物的产氢机理的解析，将对优化生物产氢工艺条件，包括光强、温度、pH、气相组成和培养基营养组成等具有很好的指导作用，也将为通过代谢工程提高微生物的产氢效率奠定基础。

4.3　生物制氢原料

蓝细菌和微藻的光解水产氢以水作为唯一的质子与电子的供体。尽管与其他生物产氢途径相比，目前生物裂解水制氢技术在效率上仍处于劣势，但其以水为制氢底物，在原料成本上具有优势，因此，光解水产氢技术一直是人类希望实现的目标。

厌氧发酵产氢与光合细菌发酵产氢都需要有机物作为产氢原料。许多暗发酵产氢微生物都能利用葡萄糖、蔗糖、果糖、淀粉产氢，有的暗发酵微生物还能利用五碳糖、木聚糖产氢，还有些微生物能利用纤维素产氢。Chen 利用 CSTR（完全混合式反应器）在水力停留时间 8h 的条件下得到一个 4.53mol H_2/mol 蔗糖的产率，这个产率高于在相同的水力停留时间下其他研究报道的 3.47mol H_2/mol 蔗糖（在 CSTR 反应器）和 1.5mol H_2/mol 蔗糖（在 UASB 中）。然而，在相同的操作条件下利用葡萄糖的产率只有 0.91mol H_2/mol 葡萄糖，当最适的 C/N 为 47 时葡萄糖的转化率最大，达到 4.8mol H_2/mol 葡萄糖；利用蔗糖的累计氢气产量为 300mL；而利用淀粉时为 140mL。在所有以蔗糖为原料的产氢研究中，阴沟肠杆菌 ITT-BY08 的最大氢气产率为 6mol H_2/mol 蔗糖。巴氏梭菌利用 24g/L 的可食性淀粉时最大的氢气产生速度为 237mL H_2/(g VSS · d)。在 37℃，利用混合污泥为种子，在 4.6g/L 淀粉浓度下，Zhang 得到的最大氢气产率为 480mL H_2/(g VSS · d)。这些研究表明不同微生物利用同一种原料，或者同一种微生物利用不同的原料，其产氢效率或产氢速度也会有差异。

一些厌氧发酵微生物也可以利用纤维素类物质产氢。Lay 研究了高温消化污泥利用微晶纤维素在嗜热条件下的产氢能力，发现增加纤维素的浓度导致低的产率（2.18mol H_2/mol 纤维素），但 25g/L 纤维素浓度时得到最大氢气产生速度，为 11.16 mmol H_2/（g VVS · d）。Liu 报道在 37℃纤维素转化为氢气的速率最大，而在嗜热条件下产生的氢气更多，最大氢气产生量为 102mL/g 纤维素。但是，这仅是理论产率的 18%，低产率的原因可能为纤维素的部分降解。Taguchi 利用酶先水解纤维素再利用水解液来进行梭菌发酵，在 81h 静置培养过程中，微生物每小时消耗 0.92mmol 葡萄糖，产生 4.1mmol H_2。

虽然许多光合细菌也能利用单糖产氢进行光发酵产氢，有的还可以利用蔗糖、果糖产氢，但利用糖类的产氢效率一般低于以有机酸为底物的产氢效率。所以，各种有机酸，特别是三羧酸循环中的各种有机酸，是大多数光合细菌进行光发酵产氢的最佳原料。但许多微生物只能利用上面所描述底物中的一部分进行产氢，所以，通过驯化或选育来增加产氢微生物的底物范围，也是目前生物产氢技术研究中的方向之一。

为了降低制氢成本，也为了生物制氢技术同时能治理环境，近年来许多研究者都在尝试利用各种废弃生物质，包括农业废弃物、生活垃圾或者有机废水进行生物产氢。已经尝试过用于厌氧暗发酵生物制氢的废弃原料有：各种作物秸秆（纤维素）、食品加工废水、橄榄油加工厂废水、牛奶加工废水、酿酒废水、柠檬酸生产废水、糖蜜废水、厨余垃圾以及城市固体废弃物或者污泥处理厂的污泥等。Yokoi 利用甘薯淀粉加工废水作为产氢的底物，以丁酸梭菌和产气肠杆菌作为产氢菌种，在长期的重复批次试验中，当利用含 2%的淀粉残渣的废水时氢气产率为 2.4mol/mol 葡萄糖。Han 研究了稀释率对利用食品废弃物产氢的影响，在最适的稀释率（$4.5d^{-1}$）或水力停留时间 5.3h 时，58%的 COD 被还原，氢气的转化率为 70%，积累到氢气 100L。Ginkel 对利用糖果加工厂、苹果和马铃薯加工厂的工业废水以及生活废水进行了研究，得到的最高产率为 0.21L H_2/g COD（利用马铃薯处理厂的废水为底物）。糖蜜是另一种富含糖类的底物，利用产气肠杆菌 E．82005 最大和可得到的产氢速率分别为 36mmol H_2/（L·h）和 20mmol H_2/（L·h），得到的底物转化率是 1.2mol H_2/mol 蔗糖。而将产气肠杆菌 E. 82005 细胞固定化于聚氨酯泡沫塑料上后，可以将转化率提高到 2.2mol H_2/mol 蔗糖。

光合细菌的光发酵产氢底物也可以来源于各种废水。ElaEro 等将橄榄油工厂废弃物光发酵产氢，获得 13.9L H_2/L 废水，COD 的去除效率为 35%。Zhu 等将 COD 为 27.44g/L 的豆腐废水，直接光发酵产氢，获得 1.9LH_2/L 废水，COD 去除效率为 41%。如果将光发酵产氢与暗发酵产氢进行偶联，那么可以更有效地利用各种组成复杂的有机废水产氢。本课题组利用暗-光发酵偶联的技术，以燃料乙醇生产废水及厨余垃圾为底物，都可以获得非常高的产氢量，而且最终发酵液中的各种有机酸浓度降到最低，达到排放标准。由此可见，光合细菌既可以将工业有机酸废水和工业发酵废水直接转化为清洁能源，同时又可以降低废水中的 COD，具有减少环境污染和产生氢能的双重作用，这将是很有前景的研究方向。

4.4 生物制氢工艺

各种微生物采用不同的代谢途径产氢，而且不同的微生物具有不一样的产氢能力，只有在最佳工艺条件下，这些微生物才能最大限度地表现其产氢能力。许多学者在优化各种微生物的产氢条件、反应器设计等方面进行了探索。我们将分别介绍目前光解水制氢、暗发酵制氢及光发酵制氢工艺的最新研究进展。

4.4.1 光裂解水生物制氢技术

绿藻和蓝细菌分别依靠［FeFe］氢酶和固氮酶催化，将光解水产生的质子与电子转化为氢气，将太阳能转化为氢能。光解水制氢在底物成本上具有绝对优势。但由于蓝细菌或绿藻都具有 PSⅡ，在分解水产生质子和电子的同时，也产生氧气，而蓝细菌的固氮酶和绿藻的氢酶对氧都非常敏感，氧气的存在会使固氮酶或氢酶的活性急剧下降，因此，在自然界中光解水产氢难以持续进行，蓝细菌或绿藻的产氢效率非常低，甚至不能产氢。对光裂解水生物制氢技术而言，需要解决的关键问题之一是如何维持产氢系统的厌氧条件。

Melis 和 Happe 发现了在缺硫条件下培养的淡水莱茵衣藻可以以 0.02mL H_2/(h · g) 湿重藻的速率持续产氢 70h，因此，认为可以利用硫作为 PSⅡ的代谢开关，并于 2001 年提出了“二步产氢法工艺”。此工艺的核心在于可以实现产氧与产氢在时间上和空间上的分离，避免了氧对可逆产氢酶产氢的抑制。微藻在正常的光合作用下固定 CO_2，积累富氢的底物，然后在无硫、无氧的条件下培养，诱导氢酶的产生并且提高其活性，启动产氢，并在保证维持光合作用效率低于呼吸作用的条件下维持产氢。因为硫是半胱氨酸与甲硫氨酸中的必需成分，硫缺乏会使得 PSⅡ复合物中的 32kDa D1 反应中心蛋白的更换受阻，PSⅡ修复循环中断，使得绿藻在一段时间内的光合速率远低于呼吸速率，残留的氧大多数消耗在线粒体呼吸链中，以至氧浓度下降，从而在密封状态下形成了厌氧状态，从而保持氢酶的活性。

“二步产氢法”光解水产氢工艺同样也适用于蓝细菌形成厌氧状态，维持固氮酶的活性。此工艺大大提高了光解水产氢的效率，使绿藻和蓝细菌光解水制氢技术有了新的突破，成为研究的热点。管英富等利用绿藻实现了二步法产氢，通过优化培养条件，获得了高出对照组 14 倍的产氢量。有人在二步产氢法结束后，向培养基中补充无机硫酸盐，恢复放氧光合作用，重新进行生物量的生长，培养一段时间后，重复上述产氢过程，可实现生物量生长和产氢的可逆循环。Hornera 研究了绿藻在二步法产氢过程中 H_2产生量与光合作用效率的模型，进一步优化了产氢的工艺路线。Tsygankova 等进行了无硫条件下细胞生长与产氢量关系的研究，表明在光照 4h 后，细胞生长与产氢的同步进行是可能的。Laurinavichenea 等通过稀释有硫的培养基成为无硫的培养基，并用离心技术改进了培养基去硫的方法，使二步法产氢更便宜，更省时，不易被污染。近两年来，采用去硫诱导培养或在此基础上进一步加入解偶联剂-羰基氰化物间氯苯腙（CCCP），以降低 PSⅡ的光化学活性，使其产生氧气的速度等于或低于菌体呼吸作用的耗氧速度，维持微环境的厌氧条件，以保证氢气的产生也是相关方面的研究之一。

随着光解水生物制氢技术的进一步研究，在光裂解水制氢的反应器设计方面也取得了一定的进展（图 4.6）（Rupprecht et al., 2006）。目前绿藻和蓝细菌产氢的光生物反应器主要采用管式光生物反应器，另有采用柱式等光生物反应器的报道。作为生物光水解制氢规模化的示范工程，德国 Technische Hochschule Karlsruhe 生物产氢研究所建立了 2000m^3 的绿藻光合产氢户外中试反应器。

尽管目前水裂解生物制氢技术因为产氢速度非常低，而且离规模化推广应用

图 4.6　藻类生物光解水产氢示意图

A. 10L 全自动板式反应器；B. 1000L Biocoil 系统；C. 2000m^3 光反应器

还有一段距离，绿藻或蓝细菌的光能转化效率也需要进一步提高，但由于其以水为产氢底物，因此对此技术的研究突破将是未来能源开发的重要方向。

4.4.2　发酵法生物制氢

在几种生物产氢途径中，暗发酵产氢工艺虽然条件要求简单、产氢速度最快，但底物转化效率低（1.25～2.4mol H_2/mol 己糖），产氢稳定性差，而且容易积累有机酸，所以，如何解决发酵废水中的有机酸问题及如何优化发酵条件提高底物转化效率，是暗发酵产氢工艺设计时需要考虑的重要问题。

针对暗发酵产氢发酵液中有机酸的处理常有两种工艺流程（图 4.7，图 4.8）（Kapdan and Kargi，2006）。

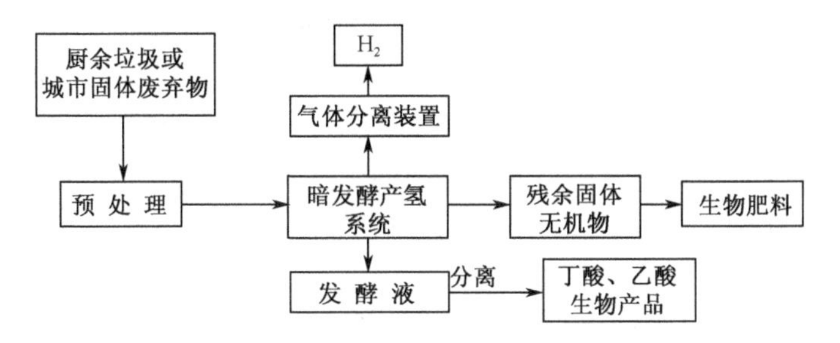

图 4.7 暗发酵产氢偶联产有机酸工艺途径

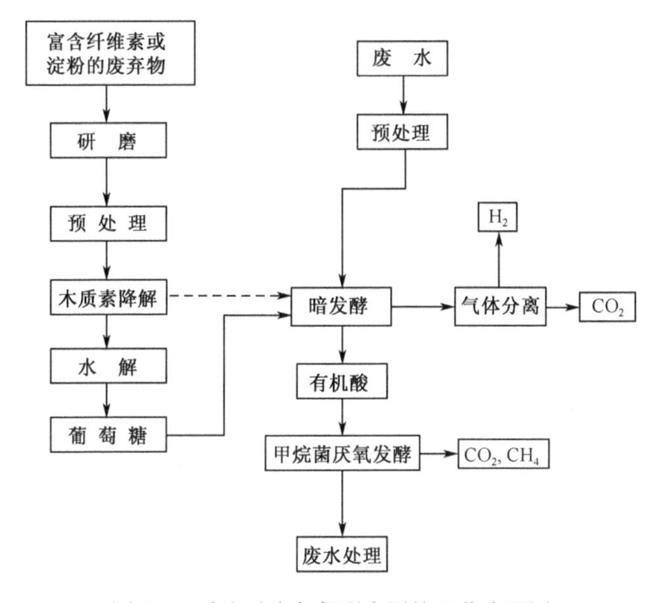

图 4.8 暗发酵产氢偶联产甲烷工艺流程图

第一类，原料是固体类。如厨余垃圾或城市固体废弃物，通常要经过预处理后，再进行暗发酵产氢，但是因其残余固形物较多，所以采用图 4.7 所示的工艺路线，利用废弃物转化成氢气的同时，分离获得有机酸生物产品，剩余的固性物作有机肥料。第二类，利用废弃物如农作物秸秆纤维素、木薯淀粉和富含糖类的工业废水作底物。采用如图 4.8 所示的工艺，可以产生氢气和甲烷，以供照明或发电使用，这是目前大多数老工厂处理工业废水等废弃物常用的手段。近年来新出现了暗-光发酵偶联发酵工艺，在后面将有专门介绍。

许多实验室的产氢试验都是通过批次反应进行控制和研究的，但大规模生产往往需要连续进行。目前最常见的连续产氢装置是连续搅动水箱式反应器(CSTR)，均匀地混合保证了细菌与底物之间的充分接触，并能有效地进行 pH 和温度调节。但传统 CSTR 难以维持高的菌体浓度，因此限制了产氢的效率。

经研究发现产氢细菌在 CSTR 中可以发生自凝集，这样也就可以解除水力停留时间（HRT）对生物量停留时间的限制，使反应器中可以保持高的生物量。另一种用于产氢的常见反应器是固定床式反应器，该反应器通过把细菌固定于颗粒、生物膜或者固定培养基中，来维持高的生物量。此外，也有研究者尝试用膜生物反应器（MBR）进行产氢实验，该反应器通过膜分离技术来维持高的生物量，但结果并不理想。

无论是批式发酵，还是连续发酵，系统的产氢效率受各种发酵条件的影响，如起始 pH、水力停留时间（连续发酵）、C/N、底物浓度等。由于不同微生物或不同底物，其最佳产氢条件也不同，因此，大量的研究工作涉及暗发酵产氢条件的优化。已报道的暗发酵产氢的最佳 pH 差异较大，Lee 等报道蔗糖间歇发酵的最佳起始 pH 为 9.0，而任南琪等用蔗糖、Lay 用淀粉进行连续发酵的最佳 pH 分别为 4.0～4.5 和 4.7～5.7。Hwang 等用葡萄糖间歇发酵 pH 为 5.0 时达到最大产气量。Khanal 等用蔗糖和淀粉进行间歇发酵，产气量均在 pH5.5～5.7 时最大，分别为 214.0mL H_2/g COD 和 125.0mL H_2/g COD。总的来说，pH 必须在酸性范围内以抑制产甲烷菌等氢营养菌的生长，但不能低于 4。已有的研究均表明 pH 低于 4 时产氢菌的生长及产氢过程都受到明显的抑制，故 pH 为 4 是生物制氢工艺 pH 控制的一个下限。由于需要厌氧微生物体内的氢酶氧化还原态的铁氧还蛋白来产生氢气，因此需要外源添加铁离子。对于巴氏梭菌利用淀粉批次产氢而言，最适的铁离子浓度为 10mg/L。

对连续产氢系统而言，氢分压也是一个极为重要的影响因素，产氢代谢途径对氢分压敏感且易受末端产物抑制。当氢分压升高时，产氢量减少，代谢途径向还原态产物的生产转化。CO_2的浓度也会影响产氢速率和产氢量：细胞可通过磷酸戊糖途径（PP 途径）将 CO_2、丙酮酸、NADH 合成琥珀酸和甲酸，该途径与 NADH 氢化酶（通过氧化 NADH 为 NAD^+ 来产氢）产氢反应相竞争。因此，在暗发酵产氢工艺设计时有必要考虑如何从发酵体系中有效地去除 CO_2，可以减少对 NADH 的竞争，以提高产氢量。Mizumo 等研究了向反应器中喷射氮气的工艺来解除氢分压的影响，结果表明可使氢气产率提高 68%。Tanisho 等向反应器中吹入氩气以去除二氧化碳和降低氢分压，使剩余 NADH 增加，氢气产率从 0.52mol H_2/mol 葡萄糖提高到 1.58mol H_2/mol 葡萄糖。

目前大多数暗发酵产氢都是在中温下进行的。近年来有文献报道，嗜热细菌的产氢能力为 450～540mL H_2/g 己糖，最大产氢速率为 1.6～5.9L H_2/（L·d）。最近的一项研究表明利用热处理和 pH 调节对厌氧污泥接种物进行富集，通过对发酵条件进行优化，以合成的工厂废水为底物在高温发酵的工艺条件下的产氢效率高于中温发酵，而且许多发酵废水在排放时往往具有较高的温度，因此高温发酵产氢工艺可能更适合于这些工业废水的利用与处理。

混合菌群暗发酵产氢在产氢稳定性方面优于纯菌，任南琪等于1994年提出了以厌氧活性污泥为接种物利用有机废水的暗发酵法制氢技术，突破了生物制氢技术必须采用纯菌种和固定技术的局限，开创了利用非固定化混合菌群生产氢气的新工艺，并首次实现了中试规模连续流长期生产持续产氢。利用混合菌群进行发酵的工艺不断地得到改进，如通过选择性富集产氢的芽孢细菌预处理方式来提高产氢能力，其中以高氯酸（$HClO_4$）对接种物进行化学酸化处理可以得到具有最高产氢能力的菌群。除发酵工艺的改进外，利用微生物分子生态学来监测微生物群落结构的变化，为稳定暗发酵产氢工艺提供指导。

4.4.3 光合细菌产氢

光合细菌利用有机酸或者工业发酵废水进行光厌氧发酵，产生氢气和二氧化碳。这种产氢技术的特点是能把底物高效率转化成氢气（通常底物转化效率65%～85%），并且还可以综合利用产氢后的光合细菌，制成饲料蛋白，或者提取价值昂贵的辅酶Q和类胡萝卜素，光发酵废水中的各种有机酸浓度可以达标排放，不会带来环境污染。

光发酵需要光源，因此光发酵反应器的设计以及如何直接利用太阳光，是光发酵产氢工艺设计的瓶颈问题。光反应器的形状、材质好坏直接影响到光的转化效率和光在反应器中分布的均匀性，从而影响到光合生物的产氢量和产氢速率。目前常用的光发酵反应器如图4.9所示（Kapdan and Kargi，2006），主要有：①循环气流平板式；②气流上流平板式；③多道排管式；④户外的螺旋管道式、圆柱式以及多层反射的光反应器（IDPBR）等。Janssenc对前三类光生物产氢反应器的特性进行了比较（表4.1）。

管道式光生物反应器的系统密封性好，容易与其他加工设备配套，整个过程可以实现自动化，但反应器的管径过于狭窄，存在许多技术障碍及限制因素；平板式光生物反应器调光能力很强，可以保证有效液层充分受光；能控制恒定气流速度，增强光能吸收转换，易于实现高密度培养，但缺点是反应器通气、搅拌时所耗费的能量偏高；圆柱状光反应器是在传统微生物发酵罐的基础上，增加光照用于光合细菌培养，其优点是在有限的占地面积内有较高的培养体积，缺点是光化学转换效率低。从理论上讲，平板式光生物反应器的光化学转换效率最高，其次是管道式光生物反应器，圆柱状光生物反应器转换效率最低。Toshihiko Kondo等在平板反应器基础上进行修改，采用多层平板组合反应器（MLPR），用*R. sphaeroides* RV突变体MTP4发酵产氢，结果最大产氢速率达到2.0L/(m^2·h)，比采用单层平板的最大速率提高了38%，总产氢量提高了2倍多。Rupprecht等设计了一种管道式光生物产氢反应器，可提高光化学转换效率。

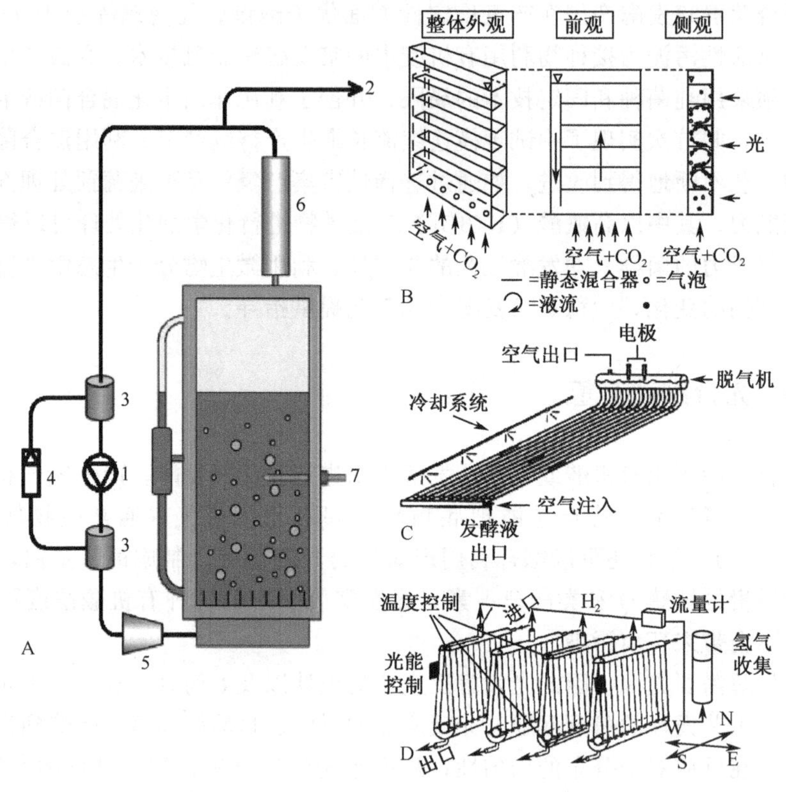

图 4.9 光合发酵产氢的反应器示意图

表 4.1 不同类型光生物反应器特性比较

反应器类型	优点	缺点	转换效率
管道式光生物反应器	系统密封性好；容易与其他加工设备配套；整个过程可以实现自动化	反应器的管径过于狭窄，存在许多技术障碍及限制因素	一般
平板式光生物反应器	调光能力很强，可以保证有效液层充分受光；能控制恒定气流速度，增强光能吸收转换，易于实现高密度培养	反应器通气、搅拌时所耗费的能量偏高	最高
圆柱状光反应器	在有限的占地面积内有较高的培养体积	光化学转换效率低	低

光发酵产氢技术研究的目标，是能充分利用自然光提供光能，只有这样才能解决产氢中的能耗问题及成本问题。国内外许多学者都在探索适用于户外的光发酵反应器或者采用光导纤维利用太阳光导入反应器中提供光能。Chen 等报道了采用圆柱状光反应器与采用光导纤维相结合的手段，利用户外太阳能和人工光源

相结合，把沼泽红假单胞菌 *R. palustris* WP3-5 固定在琼脂上，最大产氢速率达 43.8mL H_2/（L·h），最大底物转化效率达 3.63mol H_2/mol 乙酸盐（图 4.10）（Chen and Chang，2006）。

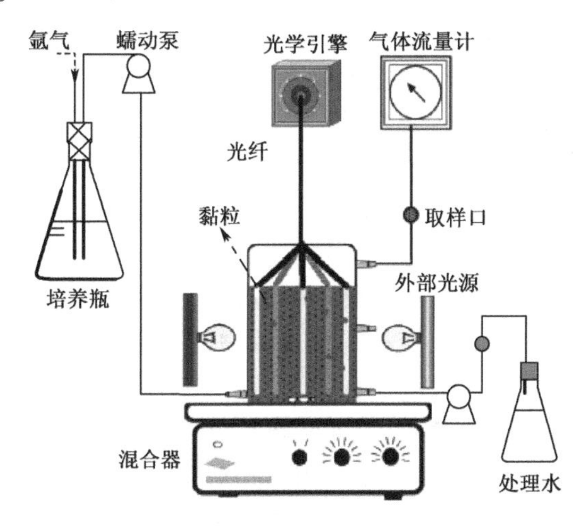

图 4.10 光导纤维导入太阳能的光发酵制氢

许多研究也涉及优化光发酵产氢的各种条件：如光照强度，起始 pH，不同底物浓度，发酵液中金属离子（Mo 和 Fe）的浓度等。Shi 等以荚膜红细菌为研究对象，研究不同 pH 和不同光照强度对光发酵产氢的影响，得出该类菌株光发酵产氢的最适 pH 为 7.0，最佳光强为 4000～5000lx。Ooshima 等研究不同碳源和不同氮源对野生菌株和突变株光发酵产氢的影响。Fang 等分别报道了在不同乙酸（800～4100mg/L）和丁酸（1000～5100mg/L）浓度下，以荚膜红细菌为主的混合光合细菌光发酵产氢的情况，得出了该菌群在 pH 8.0 时，乙酸浓度为 800mg/L 时，最大底物转化效率为 62.5%，而丁酸在 pH 9.0 时，浓度为 1000 mg/L 时，最大底物转化效率为 37%。Kars 等也报道了钼离子和铁离子对光合细菌 *R. sphaeroides* O.U.001 产氢的影响，最佳的钼离子浓度为 16.5μmol/L，铁离子 0.1mmol/L 时产氢最为理想。

4.4.4 暗-光发酵偶联产氢

暗发酵产氢可以利用各种复杂的生物质，并且具有产氢速度快和工艺条件简单的优势。但是暗发酵产氢存在底物不能彻底氧化的问题，伴随着氢气的产生，常有各种有机酸（以乙酸、丁酸和丙酸为主）作为副产物形成，所以底物向氢气的转化效率低，理论转化值为 2mol（有机酸为丁酸）H_2/mol 葡萄糖或 4mol（有机酸为乙酸）H_2/mol 葡萄糖（目前最佳实际转化效率为 2.8mol H_2/mol 葡萄糖)。不过,暗发酵过程产生的这些有机酸却是光发酵产氢最好的底物,所以光发酵产氢是暗发酵产氢的最佳补充。暗-光发酵偶联产氢,在暗发酵产氢的基础上,利用暗发酵产氢过程中积累的有机酸,既能进一步提高底物向氢气的转化效率,又能消除由于高浓度有机酸累积而造成环境污染的隐患。因此,暗-光发酵偶联制氢技术有望成为由废弃物或废水制氢的清洁生产工艺。目前,暗-光发酵偶联产氢常采用以下两种工艺技术:

(1) 暗-光混合发酵技术。暗发酵微生物与光发酵微生物接种于同一光合反应器中发酵,暗发酵产氢时产生的有机酸作为光发酵产氢的底物。Odom 和 Wall 报道用纤维单胞菌 *Cellulomonas* sp. ATCC 21399 和荚膜红细菌混合培养可利用纤维素产氢,他们比较了纤维单胞菌和光合菌的野生型混合培养物与纤维单胞菌和光合菌吸氢酶缺失突变株混合培养物的产 H_2 效率。在光照厌氧条件下持续观察 200h,结果表明,*Cellulomonas* sp. 与突变株的混合培养物的产氢效率为 4.6~6.2mol H_2/mol 单糖,而同等条件下与野生型的混合培养物只产生 1.2~4.6mol H_2/mol 单糖,都高于仅用 *Cellulomonas* sp. 进行暗发酵产氢。

(2) 暗-光发酵二步偶联法。在许多情况下,暗发酵产氢微生物与光发酵产氢微生物的最佳产氢条件相差较大,例如,两种微生物的 pH 和温度会有较大差异,很难在同一反应器中进行发酵。在这种情况下,常采用暗-光发酵二步偶联法,即先通过暗发酵产氢产酸,再将暗发酵后的发酵液经过适当稀释,进行光发酵(图 4.11)(Kapdan and Kargi, 2006)。

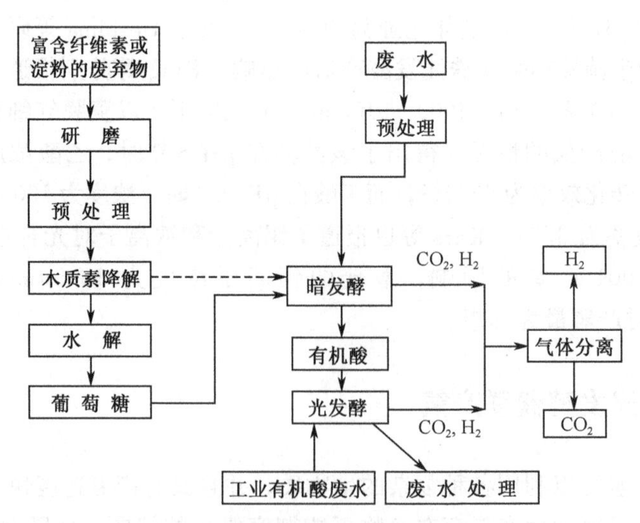

图 4.11 暗-光发酵二步偶联产氢工艺流程
不同箭头代表不同反应路线

Classen 等先利用高温纯菌将食品马铃薯皮等废弃物降解为有机酸,再将光合细菌直接利用有机酸光发酵产氢，产氢成本 3.1 欧元/kg H_2。Ela Eroglu 等先由预处理过的污泥混合菌群将橄榄油废水中高分子物质降解成低分子有机酸，然后经光合细菌直接光发酵产氢。中国科学院上海生命科学研究院植物生理生态研究所也报道了二步法生物制氢，以乙醇发酵废水或厨余垃圾为底物时，比仅采用暗发酵制氢的氢气总量提高 2 倍以上，COD 的去除率达到 80%以上。日本的国际专利以及中国俞汉青等的国际专利等，也都分别报道了利用厨房废水和工业废水为原料，采用暗-光发酵二步法生物制氢。

暗-光发酵二步偶联法生物制氢，既发挥暗发酵工艺条件简单、产氢速度快、又能充分利用废弃物（纤维素、糖类、蛋白质等大分子）发酵产氢产酸的特点，还可以充分发挥光合细菌利用暗发酵液中有机酸高效产氢的特点，起到既将废弃物高效率转化成氢能，同时又解决了废弃物带来环境污染的问题。这个暗-光发酵二步法生物制氢被目前公认为最有前途的生物制氢途径。在 2006 年，有 15 篇文章都直接和间接指出了利用暗-光发酵二步偶联法生物制氢是将来生物制氢最有前景的方向。它不仅可以利用宽广范围的固体废弃和多种工业废水，最大限度地转化成氢气，而且也减少了各种废弃物对环境带来的污染。这种双重作用的生物制氢方向是符合社会可持续性发展的战略需求的。

4.4.5 酶法制氢

微生物发酵产氢理论产率的限制激发研究者对新产氢途径的不断探索。微藻理论上可以通过磷酸戊糖途径（PP 途径）将 1mol 葡萄糖转化成 12mol 氢气，然而实际上没有一种微生物能有如此高的产率，因为这样的反应不利用于细胞生长从而会被自然选择所淘汰，而且，这样接近理论值的产率在生命体中只有在极低的反应速率和极低的氢分压下才能达到。微生物通过磷酸戊糖循环途径可以将 1mol 葡萄糖完全分解为 6mol CO_2、6mol H_2 和 12mol NADPH，如果可以直接利用 NADPH 作为电子供体来制备氢气，则可以达到理论产率。Woodward 等 2000 年报道了在上述条件下利用从强烈火球菌中提纯的氢酶，以 NADP 为电子载体，通过磷酸戊糖循环将 1mol 6-磷酸葡萄糖转化成 11.6mol H_2，非常接近理论值，比一般微生物的产率高出许多倍。2007 年 Percival Zhang 等报道以淀粉底物利用磷酸戊糖循环所需要的 13 种酶，建立了体外酶法产氢体系（图 4.12），其氢气产率达到 5.19mol H_2/mol 葡萄糖，虽然只有理论产率 43%左右，但远大于厌氧发酵的理论产率 4mol H_2/mol 葡萄糖。酶法产氢目前仍处于探索阶段，但随着分子生物学技术和酶工程技术的不断突破，酶法产氢有可能成为生物制氢产业应用的最有潜力途径之一。

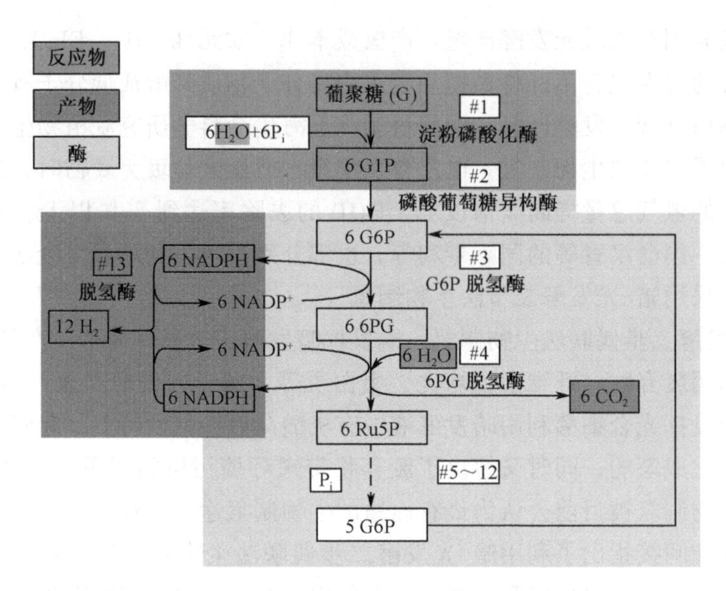

图 4.12　利用淀粉为底物的酶法产氢

4.5　生物制氢实践

目前有关生物制氢技术的研究多处于实验室研究阶段，而且，目前生物制氢的产氢成本尚无法与工业废气回收制氢竞争。利用暗发酵产氢速度较快，产量较多，能广泛利用废弃生物质和工业有机废水发酵产氢。我国哈尔滨工业大学任南琪教授领导的研究小组率先建立了生物制氢的示范工程，利用糖蜜废水作为原料，实现了日产氢气 1200m^3，如图 4.13 所示。该有机废水发酵法生物制氢技术

图 4.13　高效发酵产氢菌种生产设备（A）和有机废水发酵法生物制氢中试设备（B）

生产性示范工程将发酵生物制氢技术推进到了工业化生产阶段。示范工程采用以“生物制氢-产甲烷发酵-交叉流好氧”为主体的高浓度有机废水生物制氢和废水处理综合工艺系统，氢气年生产能力达到40万 m^3，且生产成本明显低于目前广泛采用的水电解法制氢成本。其主要工业流程如图4.14所示。

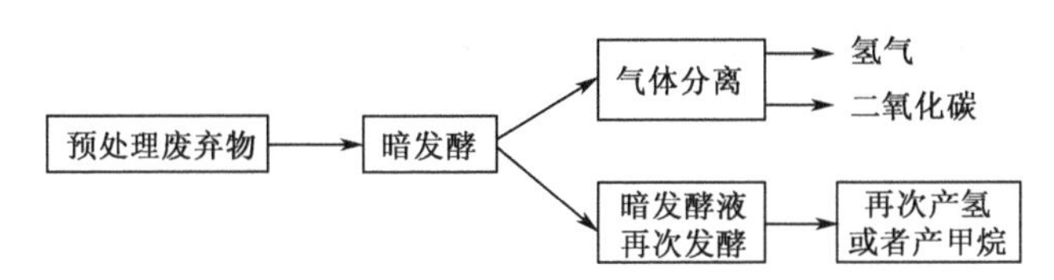

图4.14 生物产氢中试主要工业流程

生物制氢将废弃物资源化、能源化和环保化融为一体，具有缓解国家能源紧张同时减少环境污染的双重作用，是非常有发展前途的生物技术。但是，生物制氢技术从实验室研究走向大规模应用还有许多基础理论问题和工程技术问题需要解决。今后的研究重点应主要集中在：①继续筛选自然界中具有高效发酵产氢活性的微生物；②寻找最佳的产氢条件，提高固氮酶、双向氢酶和其他负责调控产氢效率的重要功能酶的催化活性及抗逆性；③利用定点突变、基因敲除、代谢途径的改变等分子生物学和遗传学技术手段，得到高效率产氢的工程菌株。

参考文献

梁建光，吴永强. 2002. 生物产氢研究进展. 微生物学通报，29 (6)：81～85

刘飞，方柏山. 2007. 微生物产氢机理的研究进展. 工业微生物，37 (3)：58～62

任南琪，林明，马夕平等. 2003. 厌氧高效产氢细菌的筛选及其耐酸性研究. 太阳能学报，24 (1)：80～84

任南琪，秦智，李建政. 2003. 不同产酸发酵菌群产氢能力的对比与分析. 环境科学，24 (1)：70～74

宋志文，郭本华，曹军. 2003. 光合细菌及其在化工有机废水处理方面的应用. 化工环保，23 (4)：209～213

孙琦，徐向阳，焦杨文. 1995. 光合细菌产氢条件的研究. 微生物学报，35 (1)：65～73

吴永强，陈秉俭，仇哲. 1991. 浑球红假单胞菌在暗处发酵生长时的固氮酶、吸氢酶以及放氢机制的研究. 微生物通报，18：71～74

吴永强，宋鸿遇. 1991. 光合细菌固氮分子生物学研究进展. 植物生理学通讯，27：161～166

杨素萍，曲音波. 2003. 光合细菌生物制氢. 现代化工，23 (9)：17～22

杨素萍，赵春贵，曲音波等. 2003. 光合细菌产氢研究进展. 水生生物学报，27 (1)：85～91

张全国，尤希凤，张军合. 2006. 生物制氢技术研究现状及其进展. 生物质化学工程，40 (1)：27～31

郑先君，张占晓，孙永旭等. 2006. 光合细菌产氢及其影响因素. 郑州轻工业学院学报，21 (4)：12～15

朱核光，史家梁. 2002. 生物产氢技术研究进展. 应用与环境生物学报，8 (1)：98～104

Akkerman I，Janssen M，Rocha J et al. 2002. Photobiological hydrogen production：photochemical efficiency and bioreactor design. International Journal of Hydrogen Energy，27 (11～12)：1195～1208

Bullen R A，Arnot T C，Lakeman J B. 2006. Biofuel cells and their development. Biosensors & Bioelectronics, 21 (11): 2015～2045

Chang J J, Chen W E, Shin S Y et al. 2006. Molecular detection of the clostridia in an anaerobic biohydrogen fermentation system by hydrogenase mRNA-targeted reverse transcription-PCR. Appl Microbiol Biotechnol, 70 (5): 598～604

Chen C Y, Chang J S. 2006. Enhancing phototropic hydrogen production by solid-carrier assisted fermentation and internal optical-fiber illumination. Process Biochemistry, 41: 2041～2049

Cheng S, Liu H, Logan B E et al. 2006. Increased performance of single-chamber microbial fuel cells using an improved cathode structure. Electrochemistry Communications, 8 (3): 489～494

Claassen P A M, Budde M A W, Noorden G E et al. 2004. Biological hydrogen production from agro-food by-products. Biological hydrogen product proceedings. 173～189

Dilworth M J, Fisher K, Kim C H et al. 1998. Effects on substrate reduction of substitution of histidine-195 by glutamine in the alpha-subunit of the MoFe protein of *Azotobacter vinelandii* nitrogenase. Biochemistry, 37 (50): 17495～17505

Eroglu E, Gunduz U, Yücel M et al. 2004. Photobiological hydrogen production by using olive mill wastewater as a sole substrate source. International Journal of Hydrogen Energy, 29 (2): 163～171

Fang H H, Liu H, Zhang T et al. 2002. Characterization of a hydrogen-producing granular sludge. Biotechnol Bioeng, 78 (1): 44～52

Fang H H P, Liu H, Zhang T. 2005. Phototrophic hydrogen production from acetate and butyrate in wastewater. International Journal of Hydrogen Energy, 30 (7): 785～793

Fang H H, Zhang T, Liu H et al. 2002. Microbial diversity of a mesophilic hydrogen-producing sludge. Appl Microbiol Biotechnol, 58 (1): 112～118

Fan Y T, Zhang Y H, Zhang S F et al. 2006. Efficient conversion of wheat straw wastes into biohydrogen gas by cow dung compost. Bioresource Technology, 97 (3): 500～505

Franchi E, Tosi C, Scolla G et al. 2004. Metabolically engineered *Rhodobacter sphaeroides* RV strains for improved biohydrogen photoproduction combined with disposal of food wastes. Marine Biotechnology, 6 (6): 552～565

Holmes D E, Nicoll J S, Bond D R et al. 2004. Potential role of a novel psychrotolerant member of the family *Geobacteraceae*, *Geopsychrobacter electrodiphilus* gen. nov., sp nov., in electricity production by a marine sediment fuel cell. Applied and Environmental Microbiology, 70 (10): 6023～6030

Kapdan I K, Kargi F. 2006. Bio-hydrogen production from waste materials. Enzyme and Microbial Technology, 38 (5): 569～582

Kars G, Gunduz U et al. 2006. Hydrogen production and transcriptional analysis of nifD, nifK and hupS genes in *Rhodobacter sphaeroides* OU001 grown in media with different concentrations of molybdenum and iron. International Journal of Hydrogen Energy, 31 (11): 1536～1544

Katsuda T, Ooshima H et al. 2006. New detection method for hydrogen gas for screening hydrogen-producing microorganisms using water-soluble wilkinson's catalyst derivative. J Biosci Bioeng, 102 (3): 220～226

Kern M, Klipp W, Klemme J H et al. 1994. Increased nitrogenase-dependent H-2 photoproduction by hup mutants of *Rhodospirillum-Rubrum*. Applied and Environmental Microbiology, 60 (6): 1768～1774

Kim E J, Kim J S, Kim M S et al. 2006. Effect of changes in the level of light harvesting complexes of *Rhodobacter sphaeroides* on the photoheterotrophic production of hydrogen. International Journal of Hydrogen Energy, 31 (4): 531～538

Kim E J, Yoo S B, Kim M S et al. 2005. Improvement of photoheterotrophic hydrogen production of *Rhodobacter sphaeroides* by removal of B800-850 light-harvesting complex. Journal of Microbiology and Biotechnology, 15 (5): 1115～1119

Kim M S, Baek J S, Lee J K et al. 2006. Comparison of H-2 accumulation by *Rhodobacter sphaeroides* KD131 and its uptake hydrogenase and PHB synthase deficient mutant. International Journal of Hydrogen Energy, 31 (1): 121～127

Kim M S, Baek J S, Yun Y S et al. 2006. Hydrogen production from *Chlamydomonas reinhardtii* biomass using a two-step conversion process: anaerobic conversion and photosynthetic fermentation. International Journal of Hydrogen Energy, 31 (6): 812～816

Klemme J H. 1993. Photoproduction of hydrogen by purple bacteria - a critical-evaluation of the rate-limiting enzymatic steps. Zeitschrift Fur Naturforschung C-a Journal of Biosciences, 48 (5～6): 482～487

Kondo T, Arakawa M, Hirai T et al. 2002. Enhancement of hydrogen production by a photosynthetic bacterium mutant with reduced pigment. Journal of Bioscience and Bioengineering, 93 (2): 145～150

Kondo T, Arakawa M, Wakayama T et al. 2002. Hydrogen production by combining two types of photosynthetic bacteria with different characteristics. International Journal of Hydrogen Energy, 27 (11～12): 1303～1308

Kondo T. 2006. Efficient hydrogen production using a multi-layered photobioreactor and a photosynthetic bacterium mutant with reduced pigment. International Journal of Hydrogen Energy, 31 (11): 1522～1526

Kosourov S, Ghirardi M L, Seibert M et al. Multi-stage microbial system for continllous hydrogen produetion. WO/2005/042694, 2005-12-05

Kovacs K L, Fodor B, Kovacs A T et al. 2002. Hydrogenases, accessory genes and the regulation of [NiFe] hydrogenase biosynthesis in *Thiocapsa roseopersicina*. International Journal of Hydrogen Energy, 27 (11～12): 1463～1469

Kruse O, Rupprecht J, Bader K P et al. 2005. Improved photobiological H-2 production in engineered green algal cells. Journal of Biological Chemistry, 280 (40): 34170～34177

Li C L, Fang H H P. 2007. Fermentative hydrogen production from wastewater and solid wastes by mixed cultures. Critical Reviews in Environmental Science and Technology, 37 (1): 1～39

Lindberg P, Lindblad F, Cournac L et al. 2004. Gas exchange in the filamentous cyanobacterium *Nostoc punctiforme* strain ATCC 29133 and its hydrogenase-deficient mutant strain NHM5. Applied and Environmental Microbiology, 70 (4): 2137～2145

Lindblad P, Christensson K, Lindberg P et al. 2002. Photoproduction of H-2 by wildtype *Anabaena* PCC 7120 and a hydrogen uptake deficient mutant: from laboratory experiments to outdoor culture. International Journal of Hydrogen Energy, 27 (11～12): 1271～1281

Liu H, Grot S, Logan B E et al. 2005. Electrochemically assisted microbial production of hydrogen from acetate. Environmental Science & Technology, 39 (11): 4317～4320

Liu H, Logan B E. 2004. Electricity generation using an air-cathode single chamber microbial fuel cell in the presence and absence of a proton exchange membrane. Environmental Science & Technology, 38 (14): 4040～4046

Liu H, Ramnarayanan R, Logan B E. 2004. Production of electricity during wastewater treatment using a single chamber microbial fuel cell. Environmental Science & Technology, 38 (7): 2281～2285

Liu J G, Bukatin V E, Anatoly A et al. 2006. Light energy conversion into H_2 by *Anabaena variabilis* mutant PK84 dense cultures exposed to nitrogen limitations. International Journal of Hydrogen Energy, 31 (11): 1591～1596

Liu X G, Zhu Y, Yang S T et al. 2006. Butyric acid and hydrogen production by *Clostridium tyrobutyricum* ATCC 25755 and mutants. Enzyme and Microbial Technology, 38 (3～4): 521～528

Liu X, Zhu Y, Yang S T. 2006. Construction and characterization of ack deleted mutant of *Clostridium tyrobutyricum* for enhanced butyric acid and hydrogen production. Biotechnology Progress, 22 (5): 1265～1275

Li Y F, Ren N Q, Yang C P et al. 2005. Molecular characterization and hydrogen production of a new species of anaerobe. Journal of Environmental Science and Health Part a-Toxic/Hazardous Substances & Environmental Engineering, 40 (10): 1929～1938

Logan B E, Regan J M. 2006. Electricity-producing bacterial communities in microbial fuel cells. Trends in Microbiology, 14 (12): 512～518

Lowy D A, Tender L M, Zeikus J G et al. 2006. Harvesting energy from the marine sediment-water interface II-Kinetic activity of anode materials. Biosensors & Bioelectronics, 21 (11): 2058～2063

Madamwar D, Garg N, Shah V et al. 2000. Cyanobacterial hydrogen production. World Journal of Microbiology & Biotechnology, 16 (8-9): 757～767

Manes P C, Weaver P F. 2001. Evidence for three distinct hydrogenase activities in *Rhodospirillum rubrum*. Applied Microbiology and Biotechnology, 57 (5-6): 751～756

Masukawa H, Mochimaru M, Sakurai H et al. 2002. Hydrogenases and photobiological hydrogen production utilizing nitrogenase system in cyanobacteria. International Journal of Hydrogen Energy, 27 (11-12): 1471～1474

Melis A, Melnicki M R. 2006. Integrated biological hydrogen production. International Journal of Hydrogen Energy, 31 (11): 1563～1573

Minnan L, Jinli H, Xiaobin H et al. 2005. Isolation and characterization of a high H_2-producing strain *Klebsiella oxytoca* HP1 from a hot spring. Res Microbiol, 156 (1): 76～81

Mnatsakanyan N, Bagramyan K, Trchounian A et al. 2002. F-0 cysteine, bCys21, in the *Escherichia coli* ATP synthase is involved in regulation of potassium uptake and molecular hydrogen production in anaerobic conditions. Bioscience Reports, 22 (3-4): 421～430

Morimoto K, Kimura T, Sakka K et al. 2005. Overexpression of a hydrogenase gene in *Clostridium paraputrificum* to enhance hydrogen gas production. Fems Microbiology Letters, 246 (2): 229～234

Nishio N, Nakashimada Y. 2004. High rate production of hydrogen/methane from various substrates and wastes. Adv Biochem Eng Biotechnol, 90: 63～87

Oh S E, Logan B E. 2005. Hydrogen and electricity production from a food processing wastewater using fermentation and microbial fuel cell technologies. Water Research, 39 (19): 4673～4682

Oh S E, Lyer P, Bruns M A et al. 2004. Biological hydrogen production using a membrane bioreactor. Biotechnology and Bioengineering, 87 (1): 119～127

Ooshima H, Takakuwa S, Katsuda T. 1998. Production of hydrogen by a hydrogenase-deficient mutant of *Rhodobacter capsulatus*. Journal of Fermentation and Bioengineering, 85 (5): 470～475

Ozturk Y, Yucel M, Daldal F et al. 2006. Hydrogen production by using *Rhodobacter capsulatus* mutants with genetically modified electron transfer chains. International Journal of Hydrogen Energy, 31 (11):

1545～1552

Rupprecht J, Hankamer B, Mussgnug J H et al. 2006. Perspectives and advances of biological H_2 production in microorganisms. Appl Microbiol Biotechnol, 72: 442～449

Seibert M, Ghirardi M L. 1999. Process for selection of oxygen-tolerant mutants that produce hydrogen. 美国专利: US5871952

Sveshnikov D A, Sveshnikova N V, Rao K K et al. 1997. Hydrogen metabolism of mutant forms of *Anabaena variabilis* in continuous cultures and under nutritional stress. Fems Microbiology Letters, 147 (2): 297～301

Tanisho S, Ishiwata Y. 1995. Continuous hydrogen productionfrom molasses by fermentation using urethane form as a support of flocks. Int J Hydrogen Energy, 20 (7): 541～545

Valdez-Vazquez I, Sparling R, Derek R et al. 2005. Hydrogen generation via anaerobic fermentation of paper mill wastes. Bioresour Technol, 96 (17): 1907～1913

Willison J C, Madern D, Vignais P M. 1984. Increased photoproduction of hydrogen by non-autotrophic mutants of *Rhodopseudomonas capsulata*. biochemical journal, 219: 593～600

Xing D F, Ren N Q, Li Q B. 2004. Isolation and characterization of new species hydrogen producing bacterium *Ethanologenbacterium* sp. strain X-1 and its capability of hydrogen production. Acta Microbiologica Sinica, 44 (6): 724～728

Yoon J H, Shin J H, Kim J S et al. 2006. Evaluation of conversion efficiency of light to hydrogen energy by *Anabaena variabilis*. International Journal of Hydrogen Energy, 31 (6): 721～727

Yoshino F, Ikeda H, Masukawa H et al. 2006. Photobiological production and accumulation of hydrogen by an uptake hydrogenase mutant of *Nostoc* sp. PCC 7422. Plant and Cell Physiology, 47: 10

Yu H, Mu Y. 2007. Two-step biological hydrogen preparing process with raised hydrogen generating efficiency of organic waste water. ZL200410044923

Zabut B, El-Kahlout K, Yücel M et al. 2006. Hydrogen gas production by combined systems of *Rhodobacter sphaeroides* OU001 and *Halobacterium salinarum* in a photobioreactor. International Journal of Hydrogen Energy, 31 (11): 1553～1562

Zhan Z L, Barnett S A. 2005. An octane-fueled olid oxide fuel cell. Science 308 (5723): 844～847

Zhu H G, Beland M. 2006. Evaluation of alternative methods of preparing hydrogen producing seeds from digested wastewater sludge. International Journal of Hydrogen Energy, 31 (14): 1980～1988

Zhu H G, Suzuki T, Tsygankou A A et al. 1999. Hydrogen production from tofu wastewater by *Rhodobacter sphaeroides* immobilized in agar gels. International Journal of Hydrogen Energy, 24 (4): 305～310

Zhu H G, Wakayama T, Suzuki T et al. 1999. Entrapment of *Rhodobacter sphaeroides* RV in cationic polymer/agar gels for hydrogen production in the presence of NH_4^+. Journal of Bioscience and Bioengineering, 88 (5): 507～512

5　生物燃料乙醇

乙醇俗称酒精，是一种传统的基础有机化工原料，广泛应用于有机化工、日用化工、食品饮料、医药卫生等领域。随着人类对能源需求的增加，乙醇作为汽车替代燃料越来越受到重视，全球生物燃料乙醇的发展已经超过任何一种替代燃料。变性燃料乙醇就是燃料乙醇与变性剂的体积混合比为（100∶2）～(100∶5)，即变性剂在变性燃料乙醇中的体积分数为1.96%～4.76%时的乙醇产品。生物燃料乙醇主要由玉米、小麦、薯类等植物淀粉或糖蜜通过微生物发酵而来。近年来，用农林废弃物等植物纤维进行乙醇生产的研究成为全球生物质能研究的热点。燃料乙醇作为内燃机代用燃料具有独特的优势。

5.1　生物乙醇的燃料特性

5.1.1　物理性质

乙醇是一种无色透明、易挥发、易燃液体。它的物理性质见表5.1（何学良等，1999）。

表5.1　乙醇的基本物理性质

项目	数值	项目	数值	项目	数值
分子式	C_2H_5OH	密度(20℃)	0.7893kg/L	表面张力(20℃)	22.8mN/m
汽化热	854kJ/kg	气态比热容	1.923kJ/(kg·K)	饱和蒸气压(20℃)	5.85kPa
液态比热容	2.342kJ/(kg·K)	凝点	−117.3℃	闪点(闭口)	12.5℃
引燃温度	434℃	电导率	1.35×10^{-7}S/m	爆炸极限	3.3%～19%
沸点	78.3℃	临界温度	234.1℃	液态黏度(20℃)	1.200MPa·s
低热值	26.778MJ/kg	液态热导率	166.30mW/(m·K)	气态黏度(300℃)	0.166MPa·s
临界压力	6.38MPa	气态热导率	12.9mW/(m·K)	折光指数(20℃)	1.3610nD

乙醇具有较高的沸点和汽化热，与比它多一个碳原子的烷烃丙烷相比沸点高出120.7℃（丙烷沸点为−42.24℃）。乙醇的汽化潜热大（429.66kJ/kg），汽化潜热比丙烷高（丙烷的汽化潜热为426.34kJ/kg）。理论空燃比下的蒸发温度将大于常规汽油，汽化潜热大会导致汽车动力性及经济性下降，在低温条件下，乙

醇汽油不易起动；另外汽化潜热大使化油器中形成的燃气混合比低（乙醇空燃比仅为9），比汽油正常燃烧所需的理论空燃比15低得多，影响混合气的形成及燃烧速度，使汽车驱动性能下降，影响最大功率的发挥，不利于汽车的加速性。可以通过增加发动机进气加热系统或废气预热空气系统，提高进气温度，改善混合气形成及燃烧，改善乙醇汽油的低温启动性。

这主要是由于乙醇分子和水分子一样，分子间能通过氢键缔合。有试验表明，氢键的断裂需20.9～29.76kJ/mol的能量。所以，要使乙醇汽化，不但要破坏分子间的范德华引力，同时还要有一定的能量破坏氢键，这样就使乙醇比相对分子质量相近的烷烃沸点高得多。在常温下，乙醇的饱和蒸气压较高，具有良好的挥发性。

乙醇在40℃时的饱和蒸气压为18kPa。但研究表明，乙醇调入汽油后，会产生明显的蒸气压调和效应，调和后的车用乙醇汽油蒸气压显著增加，直到乙醇在混合燃料中的比例达到22%时饱和蒸气压才降低到和调和组分汽油相等的值。

变性燃料乙醇的理化要求如表5.2所示。

表5.2 变性燃料乙醇的理化要求（GB18350—2001）

项目		指标
外观		清澈透明，无肉眼可见悬浮物和沉淀物
乙醇(*V*/*V*)/%	≥	92.1
甲醇(*V*/*V*)/%	≤	0.5
实际胶质，mg/100mL	≤	5.0
水分(*V*/*V*)/%	≤	0.8
无机氯(以Cl计)/(mg/mL)	≤	32
酸度(以乙酸计)/(mg/mL)	≤	56
铜/(mg/mL)	≤	0.08
pH_e*		6.5～9.0

*2002年4月1日前pH_e暂按6.5～9.0执行。

5.1.2 化学性质

醇可以看作是烃分子中的氢原子被羟基取代后生成的化合物，它的主要化学特性是由羟基引起的，故羟基是醇类化合物的官能团。乙醇属于饱和一元醇。

乙醇能够燃烧，能够和多种物质如强氧化剂、酸类、酸酐、碱金属、胺类发生化学反应。在乙醇分子中，由于氧原子的电负性比较大，使C—O键和O—H键具有较强的极性而容易断裂，这是乙醇易发生反应的两个部位。

5.1.3 乙醇燃烧反应机理

燃烧反应是一种特殊类型的化学反应，反应速率快，并且在反应过程中有发热发光现象。乙醇燃烧反应机理和烃的燃烧反应机理有很多相似的地方，都是先裂解成为碳和氢气，然后燃烧，所以从燃烧机理上来讲乙醇也适合用作内燃机燃料。

乙醇在较高的温度下可以发生分子内脱水生成烯烃，因而可以认为乙醇燃烧反应机理（高志崇和王子瑛，2003）首先是分子内脱水形成烯烃，烃再裂解形成碳和氢气，然后碳和氢气在空气中燃烧，生成二氧化碳和水，乙醇燃烧反应的总反应式为

$$CH_3CH_2OH + 3O_2 \longrightarrow 2CO_2 + 3H_2O(g) + 2h\nu$$

5.1.4 乙醇的着火和燃烧特性

乙醇的引燃温度为434℃，在空气中燃烧表观活化能为176.7kJ/mol，火焰呈蓝色，最高火焰温度可以达到1000℃以上。

乙醇闪点较低，闭口只有12.5℃。最小点火能量也仅为0.63mJ，所以非常易于引燃。另外乙醇的爆炸极限上下限范围也较宽，有爆炸的危险性。

乙醇的含氧量高达34.7%，乙醇可以较MTBE（甲基叔丁基醚）更少的添加量加入汽油中（美国含氧汽油中通常需添加7.7%乙醇，新配方汽油通常乙醇添加量为5.7%，MTBE添加量通常为12%～15%）。

通过添加乙醇或其他含氧化合物，并改变汽油组成，美国新配方汽油可以有效降低汽车尾气排放，美国汽车/油料（AQIRP，汽车/油料改善空气质量研究计划）的研究报告表明：使用含6%乙醇的加利福尼亚州新配方汽油，与常规汽油相比，HC（碳氢化合物）排放降低10%～27%，CO排放减少21%～28%，NO_x排放减少7%～16%，有毒气体排放降低9%～32%；AQIRP的研究结果还表明，使用E85（85%乙醇+15%汽油的混合燃料），不改变其他任何条件，与常规汽油相比，HC排放可以降低5%，NO_x排放减少40%，CO增加约7%。

国内研究结果表明，燃用E15和E25时，HC含量比燃用汽油分别下降16.2%和30%，CO排放分别减少30%和47%。

5.1.5 乙醇和汽油、柴油等内燃机燃料比较

5.1.5.1 化学组成及相关参数的比较

汽油和柴油的成分较为复杂，分别是由碳数为5～12的10～16烃类物质组

成的混合物。

由于汽油是混合物，加之各国制定标准不同，不同批次、不同原料产地以及不同国家之间生产的汽油物性也存在一定的差异。表 5.3 是乙醇与汽油、柴油物化性质的比较（何学良，1999）。

表 5.3 乙醇与汽油、柴油物化性质比较

性质		乙醇	汽油	柴油
分子式		C_2H_5OH	C4～C12 烃类	C10～C16 烃类
相对分子质量		46	100～105	190～200
碳含量(质量分数)/%		52.2	85～88	86～88
氢含量(质量分数)/%		13.0	12～15	12～13.5
氧含量(质量分数)/%		34.7	0	0～0.4
相对密度(25℃)/(kg/L)		0.7893	0.70～0.78	0.82～0.86
理论空燃比		9.0	14.2～15.1	14.2～15.1
雷德蒸气压/kPa		18	45～100	～0.27
馏程(或沸点)/℃		78.3	30～220	170～365
闪点/℃		12.5	－40	45～88
低热值/(MJ/kg)		26.77	43.9～44.4	42.5～42.8
理论混合气热值/(MJ/kg)		2.67	2.78～2.79	2.72～2.79
蒸发潜热/(kJ/kg)		904	310	—
自燃点/℃		420	415～530	340
辛烷值/十六烷值	RON	106	84～98	45～56(十六烷值)
	MON	91	72～86	
动力黏度(20℃)/(mPa·s)		1.20	0.28～0.59	3.0～8.0
爆炸极限(体积分数)/%		3.1～19.0	1.0～6.0	1.6～6.5
最小点火能量/mJ		0.63	0.25～0.27	—

5.1.5.2 乙醇和汽油混合后的物性

乙醇作为添加剂在汽油中添加或者作为替代物和汽油混合后形成新的乙醇汽油混合燃料，在物化特性上也发生了一些相应的变化，其中最为显著的是蒸馏特性、抗爆性、分水性、腐蚀性等指标的变化。

(1) 蒸馏特性。乙醇加入汽油后会对燃料特性形成一定影响。乙醇汽油 E10 和汽油蒸馏曲线见图 5.1（张以祥等，2004）。E10 蒸馏曲线在 78.4℃附近的区段明显偏离汽油的蒸馏曲线而靠近乙醇的沸点线，在低温区和中后段都贴近汽油的蒸馏曲线。

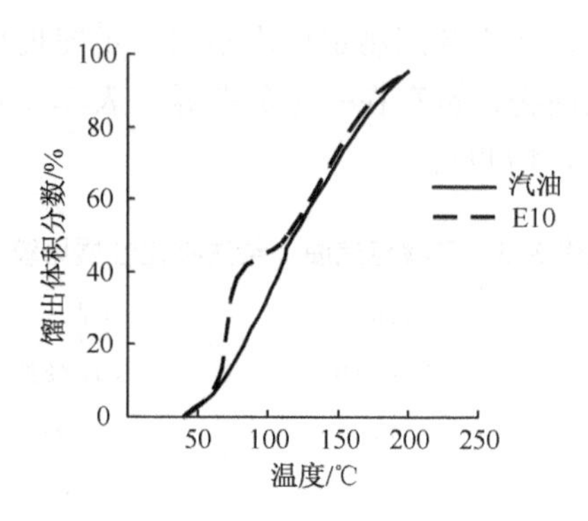

图 5.1　乙醇汽油 E10 和汽油蒸馏曲线

(2) 抗爆性。一般来说，汽油中加入 10%(V/V) 的乙醇后，混合物燃料的抗爆指数 [(RON+MON)/2] 可提高 2～3 个单位。辛烷值的实际增加量取决于调和组分油的辛烷值和组成。乙醇对烷烃类汽油组分的辛烷值调和效应要好于烯烃类汽油组分和芳烃类汽油组分。2000 年 8 月，中国石油化工集团公司石油化工科学研究院对车用乙醇汽油的性质进行了一系列考察测试，结果表明：加入一定量的燃料乙醇后，不同汽油组分的抗爆性有不同程度的提高（加入 10%乙醇使汽油的研究法辛烷值提高 2～3 个单位，马达法辛烷值提高 1 个单位左右）。

(3) 腐蚀性。乙醇含有微量的酸性物质，pH 一般呈酸性，可能会对金属物质形成一定的腐蚀作用。乙醇的吸水性使之在储存过程中含有少量水分，空气的氧化或细菌发酵也会产生少量的有机酸，都会对发动机产生腐蚀和磨损影响。

国外研究发现，使用乙醇汽油后，将增加发动机的磨损，发动机的磨损主要表现为活塞环和气缸壁的磨损和腐蚀，其主要原因是乙醇中酸性物质（如乙酸）对金属表面的侵蚀。另外，乙醇的蒸发潜热大，气化不良而流入气缸壁，致使润滑油膜被冲洗而造成润滑油稀释或严重乳化，导致发动机部件的摩擦和磨损。另外，乙醇汽油对汽车油箱、化油器等处的钢板及焊接钢管等有色金属材料也有腐蚀作用。

表征乙醇腐蚀性的指标有两个，一个是 pH_e，一个是金属腐蚀试验等级。同样这两个指标也适用于变性燃料乙醇和乙醇汽油。美国 Octel 公司曾对美国国内以及中国产的燃料乙醇进行 pH_e 测定和锈蚀试验。pH_e 测定采用通用汽车公司 pH_e 的测定方法（GM pH_e），锈蚀试验采用 NACE(National Association of Corrosion Engineers) TM01-72 方法。从试验结果看，在美国国内所取的 11 个乙醇样品中，有 7 个 pH_e 低于 7，在存储期间，10 个乙醇样品 pH_e 逐步降低，1 个样品 pH_e 增加，存放 8 周以后，锈蚀试验结果都未达标。所以建议在燃料乙醇或乙醇汽油中添加金属腐蚀抑制剂。

同时另有试验表明，乙醇浓度增加，对紫铜试件腐蚀增加，乙醇含量达到15%时，铜片腐蚀达3a级；铸铁试件出现0.02%～0.04%的增重；对其他金属的腐蚀影响不明显。汽油中添加15%(*V*/*V*)乙醇后，乙醇浓度对金属腐蚀率基本没有影响。

国外在使用E85或E100等高比例乙醇时，通常需要适合燃用乙醇的特制发动机，其供油系统、进气系统材料需经防腐处理。

使用低比例乙醇燃料时，应添加适量的金属腐蚀抑制剂，减缓或防止乙醇对发动机供油系统及进气系统的腐蚀。

5.1.5.3 乙醇和柴油混合后物化性质的变化

乙醇与柴油不易混合，大比例（体积比达到30%～60%）掺混相当困难，而且，混合燃料不稳定，混合燃料中少量的水分就会引起混合燃料的分层。这些均使高比例乙醇混合柴油燃料的应用变得困难。

尽管乙醇和柴油物理性质差别较大，可是乙醇以较小比例在柴油中添加时，大多数理化指标的变化并不是很显著。乙醇柴油E5和E10与柴油理化性质比较见表5.4（史济春和曹湘洪，2007）。最值得关注的项目有闪点、十六烷值、馏程、运动黏度及润滑性等。

表5.4 乙醇柴油E5和E10与柴油理化性质比较

项目		0#轻柴油	混合燃料	
			E5	E10
密度(20℃)/(kg/L)		0.8355	0.8345	0.8340
运动黏度(20℃)/(mm^2/s)		4.038	3.826	3.637
凝点/℃		−1	−2	−3
冷滤点/℃		4	3	3
闪点/℃		56	<19	<19
色度/号		1.5	1.0	1.0
硫含量(*m*/*m*)/%		0.15	0.14	0.13
铜片腐蚀(50℃,3h)/级		1a	1a	1a
10%蒸余物残炭/%(*m*/*m*)		0.07	0.05	0.04
水分/%(*m*/*m*)		0.01	0.04	0.06
馏程/℃	50%	272	269	266
	90%	341	339	337
	95%	358	355	354

根据ISO12156−1:1999（E）方法对乙醇柴油E5、E7.7、E10和基础柴油进行了检测，结果见表5.5（史济春和曹湘洪，2007）。

表 5.5 乙醇柴油混合燃料润滑性

油品	0#柴油	E5	E7.7	E10	GB/T19147—2003
润滑性,磨痕直径(60℃)/μm	308	344	337	353	≤460

从检测结果来看，①随着乙醇在柴油中量的增加，增大了磨损的可能性；②含乙醇 10%(*V*/*V*) 以下的乙醇柴油润滑性指标还在车用柴油（GB/T19147—2003）控制范围之内，磨痕直径（60℃）小于 460μm；③乙醇柴油 E15 测点和纯柴油测点之间磨损有差别，但差别甚微，就均值来看分别为 0.562μm 和 0.550μm。所以，在柴油中添加 15%(*V*/*V*) 以下的乙醇在压燃式内燃机上使用时，可能使其对供油系统有可能造成的影响较小，并有待进一步试验验证。但是，基于油品性质的差异，为了延长内燃机的使用寿命，建议采用专用的乙醇柴油润滑剂。

5.2 乙醇生产原理

18 世纪末，首次报道了乙醇的生产方法。但乙醇真正的工业化生产始于 19 世纪末，至今已有百余年历史。乙醇的工业化生产方法有两种，即化学合成法和生物发酵法。

化学合成是以乙烯加水合成乙醇，该方法产生的杂质较多，且乙烯是石油的工业副产品，在石油日益短缺的情况下，该方法应用受到限制。

生物发酵法是以淀粉质原料、糖蜜原料或纤维素等原料，通过微生物代谢产生乙醇，该方法生产出的乙醇杂质含量较低，广泛应用于饮料、食品、香精、调味品、化妆品和医药等工业。生物发酵法生产乙醇的基本过程可总结为：

$$\text{原料}\xrightarrow{\text{转化}}\text{糖}\xrightarrow{\text{微生物发酵}}\text{乙醇醪液}\xrightarrow{\text{提取}}\text{乙醇}$$

我国乙醇年产量为 300 多万吨，近年有逐渐增加的趋势，仅次于巴西、美国，列世界第三位。其中，发酵法占绝对优势，80%左右的乙醇用淀粉质原料生产，约 10%的乙醇用废糖蜜生产，以亚硫酸盐纸浆废液等纤维原料生产的乙醇占 2%左右，化学合成法生产的乙醇仅占 3.5%左右。随着生物技术的发展及现实需求，以纤维素为原料的大规模乙醇发酵生产已经提上议事日程，目前国内已达到中试生产阶段（马赞华，2003）。

5.2.1 乙醇发酵微生物学

乙醇发酵过程中最关键的因素是产乙醇的微生物，生产中能够发酵生产乙醇的微生物主要有酵母菌和细菌。目前工业上生产乙醇应用的菌株主要是酿酒酵母

(*Saccharomyces cerevisiae*)，这是因为它发酵条件要求粗放，发酵过程 pH 低，对无菌要求低，以及其乙醇产物浓度高（实验室可达 23%，*V*/*V*）。这些特点是细菌所不具备的。细菌由于其生长条件温和，pH 高于 5.0，易染菌，而且除运动发酵单胞菌外，还存在安全方面的疑虑，其菌体能否作为饲料尚存疑问，细菌还易感染噬菌体，一旦感染了噬菌体将带来重大经济损失。所以迄今为止，生产中大规模使用的仍是酵母。

5.2.1.1　酵母的一般性质

酵母是典型的真核生物，一般具有以下五个特点：①个体一般以单细胞状态存在；②多数为出芽繁殖，也有裂殖；③能发酵糖类；④细胞壁常含有甘露聚糖；⑤喜在含糖量较高、酸度较大的水生环境中生长。

酵母的形状和大小随菌株的不同而异。

5.2.1.2　酵母的菌落

酵母一般都是单细胞微生物，且细胞都是粗短的形状，在细胞间充满着毛细管水，故它们在固体培养基表面形成的菌落，一般有湿润、较光滑、有一定的透明度、容易挑起、菌落质地均匀以及正反面和边缘、中央部位颜色都很均一等特点，且菌落较大、较厚、外观较稠和较不透明。酵母菌落的颜色比较单调，多数都呈乳白色或矿烛色，少数为红色，个别为黑色。另外，凡不产生假菌丝的酵母，其菌落更为隆起，边缘十分圆整，而会产大量假菌丝的酵母，则菌落较平坦，表面和边缘较粗糙，酵母的菌落一般会散发一股悦人的酒香味。

5.2.1.3　酵母的生长条件

（1）温度。酵母生存和繁殖的温度范围很宽，但是，其正常的生活和繁殖温度是 29～30℃。在很高或很低的温度下，酵母的生命活动削弱或停止。酵母发育的最高温度是 38℃，最低为－5℃；在 50℃时酵母死亡。

在较高的温度下，野生酵母和细菌的繁殖速度要比酵母高得多。如果在 32℃时，野生酵母的繁殖系数是酵母的 1～2 倍，那么，在 38℃时，已经是 5～7 倍了。在高温下细菌的迅速繁殖会导致发酵醪酸度的增加，这种情况会使出酒率降低。

（2）pH。酵母的生长 pH 范围较广，为 3～8，但最适生长 pH 为 3.8～5.0。当 pH 降到 4.0 以下时，酵母仍能继续繁殖，而此时乳酸菌已停止生长，酵母的这种耐酸性能被用来压制和消除污染基质中细菌的生长，即将该培养料加酸调至 pH3.8～4.0，并保持一段时间，在此期间酵母生长占绝对优势，细菌污染即可消除。

(3) 溶氧。酿酒酵母是兼性厌氧菌，在有氧无氧条件下均能生长，但有氧情况下生长的更好。在有氧时靠呼吸产能，无氧时借发酵或无氧呼吸产能。所以乙醇酵母在菌种生长起始时通风培养，使种子快速生长，等长至对数期快结束时停止通风，进行厌氧培养，从而使细胞进行发酵产乙醇（章克昌，1995）。

5.2.1.4 酵母的营养条件

(1) 碳源。酿酒酵母可利用的碳源包括各种有机化合物中的碳，如葡萄糖、甘露糖、半乳糖和D-型果糖，但不能直接发酵木糖等五碳糖，然而，如果木糖转化为木酮糖以后，就可被酿酒酵母利用生成乙醇。在缺乏六碳糖时，也能利用甘油、甘露醇、乙醇或其他醇类，有些有机酸（乳酸、乙酸、苹果酸、柠檬酸）也可作为后备碳源。

酵母在发酵麦芽糖和蔗糖为乙醇前，这两种双糖要事先被酵母的相应的酶水解成单糖。当培养条件从厌氧转换到有氧时，酵母发酵葡萄糖的能力减弱，但发酵蔗糖的能力提高1.5倍。酵母只有在培养基中没有葡萄糖和果糖时，才发酵麦芽糖。

三羧酸循环的任何中间产物（丙酮酸、柠檬酸、琥珀酸、富马酸、苹果酸）都能被酵母利用并作为唯一碳源。

(2) 氮源。酿酒酵母能利用的氮有两种形式：氨类和有机氮。酵母能有效地利用硫酸铵和磷酸铵、尿素和有机酸铵盐（乙酸铵、乳酸铵、苹果酸铵和琥珀酸铵）。在培养基中有可发酵性糖类存在时，这些铵盐只作为酵母的氮源，但是氨基用完后，酸游离出来，这会引起pH改变。氨基酸既可以是酵母的氮源，同时又能成为它的碳源。当氨基被利用后，剩下的酮酸就可被酵母同化，作为碳源。

为了消化有机氮，许多酵母需要维生素（生物素、泛酸、硫胺素等）。酵母不能同化蛋白质、甜菜碱、嘌呤和乙胺型胺类等有机氮。肽是氨基酸链，介于氨基酸和蛋白质间，随着肽链的增长及复杂性的增加，其利用率降低。

5.2.1.5 乙醇生产对酵母要求

酵母的种类很多，能发酵产乙醇的菌株也很多，但是能应用于生产的酵母菌株必须基本符合以下要求，即能快速并完全将糖分转化为乙醇，有高的比生长速度，有高的耐乙醇能力，抵抗杂菌能力强，对培养基适应性强，不易变异。对于糖蜜发酵用酵母，除了以上特性外，还要具备以下性能，即要耐渗透压能力强，耐酸耐温能力强，对金属特别是Cu^{2+}的耐受性强，并且产生泡沫要少（章克昌，1995）。

5.2.1.6　传统乙醇生产中常用菌株

(1) 南阳五号酵母 (1300)。是河南天冠企业集团选育的菌株。菌落呈白色，表面光滑，边缘整齐，质地湿润。细胞呈椭圆形，少数腊肠形。能发酵麦芽糖、葡萄糖、蔗糖、1/3 棉籽糖，不发酵乳糖、菊糖、蜜二糖。

(2) 南阳混合酵母 (1308)。菌落特征和利用糖的情况和南阳五号酵母相同。细胞呈圆形，少数卵圆形。该酵母在含单宁原料中乙醇发酵能力较强，变形少，产乙醇能力也强。

(3) 拉斯 2 号 (Rasse Ⅱ) 酵母。又名德国 2 号酵母，细胞呈长卵形，较难形成子囊孢子。能发酵葡萄糖、蔗糖、麦芽糖，不发酵乳糖。在玉米醪中发酵特别旺盛，适用于淀粉质原料。

(4) 拉斯 12 号 (Rasse Ⅻ) 酵母。又名德国 12 号酵母，细胞呈圆形或近卵圆形，较易形成孢子。细胞富含肝糖，在培养条件良好时无明显的空泡。在麦芽汁培养基上形成灰白色菌落，中心凹陷，边缘呈锯齿状。能发酵葡萄糖、果糖、蔗糖、麦芽糖、半乳糖和 1/3 棉籽糖，不发酵乳糖。

(5) K 字酵母。从日本引进的菌种，细胞卵圆形，个体较小，但生长迅速。适用于高粱、大米、薯类原料生产乙醇 (章克昌，1995)。

5.2.1.7　其他乙醇发酵菌

随着生物技术的发展，目前各国的很多科研机构都在研究基因工程酵母、基因工程细菌等，目前也取得了一定成绩。

1) 细菌的乙醇发酵

少数假单胞菌 (*Pscudomonas*)，如林氏假单胞菌 (*P. lindneri*) 能利用葡萄糖经 ED 途径进行乙醇发酵，总反应式为

$$C_6H_{12}O_6 + ADP + H_3PO_4 \longrightarrow 2CH_3CH_2OH + 2CO_2 + ATP$$

在 ED 途径中生成的 2 分子丙酮酸也是脱羧生成乙醛，乙醛还原生成乙醇。ED 途径是由部分 EMP、部分 HMP 和两个特有的酶促反应组成的，其中，两个特征性酶分别为 6-磷酸葡萄糖酸脱水酶和 2-酮-3-脱氧-6-磷酸葡萄糖酸醛缩酶。在末端假单胞菌中能使 2 分子丙酮酸脱羧，然后还原乙醛生成 2 分子乙醇和 2 分子 CO_2；而在其他假单胞菌中氢载体氧化后，生成 1 分子的乙醇、1 分子乳酸和 1 分子 CO_2。

细菌乙醇发酵是 20 世纪 70 年代出现的，目前尚处于实验阶段。其特点是代谢速率快，发酵周期短，比酵母菌的乙醇产率高。该类细菌具有厌氧和耐高温的特点，能利用各种糖类。工业上用于乙醇发酵的细菌有芽孢杆菌 (*Clostridium sphenoides*)、运动发酵单胞菌（*Zymomonas mobilis*)、螺旋体菌（*Spirochaeta aurantia*)、解淀粉杆菌（*Erwinia amylovora*)、明串珠菌（*Leuconostoc mesenteroides*)、耐热厌氧菌（*Thermoanaerobacter ethanolicus*）和嗜热芽孢杆菌（*Clostridium furicum*）等。

2）工程酵母

酿酒酵母是第一个完成基因组测序的真核生物，其80%的基因功能都已经获知，遗传操作性强。因此，许多科学工作者致力于应用生物技术手段来改造酿酒酵母。

酿酒酵母最大的局限是不能直接利用生淀粉和寡糖，不能利用戊糖。自1990年以来，有许多文献报道在酵母中表达不同来源的α-淀粉酶和糖化酶。2004年Shigechi等报道利用细胞表面工程构建表达α-淀粉酶和糖化酶的酵母，利用生淀粉发酵产生乙醇。该酵母能在72h内产生61.8g/L乙醇，是生玉米淀粉理论收率的86.5%。1996年，Ho等通过将木糖还原酶（催化木糖生成木糖醇)、木糖醇脱氢酶（催化木糖醇生成木酮糖）和木酮糖激酶（催化木酮糖生成5-磷酸木酮糖）的基因通过载体转入酿酒酵母，首次成功构建可以同时利用葡萄糖和木糖生产乙醇的工程酵母。随后又将上述3个基因的多拷贝整合到酵母染色体上，得到了稳定的工程酵母，可以在36h发酵每升含53g葡萄糖和56g木糖的混合发酵液产生50g/L乙醇。

3）工程细菌

如前所述，细菌作为乙醇生产菌有着一定的缺陷，但是细菌广谱的底物利用能力使得它们在发酵木质纤维素水解液方面存在优势，而且它们利用戊糖的速度有时甚至同利用已糖一样快，其菌体生成量少，使得它们有较高的乙醇转化率。

运动发酵单胞菌与酵母相比产生菌体量少，其乙醇转化率高5%～10%，乙醇生产率是酵母的2.5倍，其乙醇耐受力可达120g/L，运动发酵单胞菌被认定为安全菌株。但是运动发酵单胞菌仅能利用葡萄糖、果糖和蔗糖。将木糖异构酶、木酮糖激酶、转酮酶和转醛酶引入运动发酵单胞菌，工程菌可以利用木糖产生乙醇，其乙醇转化率据报道可达86%。Mogagheghi等（2002）将木糖和阿拉伯糖代谢所需的7个酶基因整合到运动发酵单胞菌的染色体上，产生的工程菌可发酵每升40g葡萄糖、40g木糖和20g阿拉伯糖的混合发酵液，在50h内消耗完葡萄糖和木糖以及75%的阿拉伯糖，乙醇得率为0.43～0.46g/g糖。

*E. coli*生长迅速，底物范围广，可发酵戊糖和己糖，但是产乙醇的能力不强。Ingrlml等将运动发酵单胞菌的丙酮酸脱羧酶和乙醇脱氢酶基因在乳糖启动子控制下构建乙醇生产操纵子，又将操纵子整合到*E. coli*染色体的丙酮酸甲酸

裂解酶基因上，以消除丙酮酸的分解途径，获得的工程菌可以转化葡萄糖和木糖为乙醇，转化率可达理论值的 103%～106%，过量乙醇的产生是培养基中其他成分所含碳水化合物所致。

总之，基因工程技术是极具发展潜力的生物技术，在研究中也已获得产乙醇的高效菌种，但这些高效菌种也面临一系列的问题：由于代谢网络的刚性导致优良性能片段丢失；由于环境等因素导致代谢流的改变而使得乙醇产量下降；底物利用的局限如自然界中大量的纤维二糖等仍然不能利用，等等。虽然这些高效菌种还有待于更进一步驯化成熟，有待于在工业化生产中接受更严峻的挑战，但是基因工程技术确实为燃料乙醇的生产提供了前所未有的发展机遇，将为人类实现清洁能源生产、环境保护等方面作出重大贡献。

5.2.1.8 戊糖乙醇发酵菌

20 世纪 70 年代以来，木糖的发酵和利用方面取得了一系列进展。先后发现嗜水单胞菌（*Aeromonas hydrophila*）、热解糖梭菌（*Clostridium thermosaccharolyticum*）等细菌及链孢霉属（*Fusarium*）、毛霉和根霉等真菌都能将木糖发酵生成乙醇，但发酵的速度较慢，乙醇产率也很低。

1980 年，美国普度大学再生资源工程实验室（LORRE）研究成功地采用了木糖异构酶，将木糖异构成木糖醇，再用酵母发酵生成乙醇的新途径，为大规模利用木糖生产乙醇开辟了新途径。1981 年以来，利用管囊酵母（*Pachysolen tannophilus*）和假丝酵母（*Candida* sp.）等直接发酵木糖为乙醇的报道愈来愈多。1984 年开始报道将大肠杆菌的异构酶基因克隆到粟酒裂殖酵母中，得到直接发酵木糖的基因工程菌。这些研究充分表明了国际学术界对木糖乙醇发酵的重视。能将降解的木糖转化为乙醇及其他产物的微生物实例见表 5.6，这些微生物还能降解木聚糖（Poulos et al.，1993）。

表 5.6 发酵木糖为乙醇微生物

	微生物种类	产物
细菌	热纤梭菌(*Clostridium thermocellum*)	乙醇,乙酸,乳酸
	热硫化氢梭菌(*C. thermohydrosulfuricum*)	乙醇
	热解糖梭菌(*C. thermosaccharolyticum*)	乙醇
	产乙醇热厌氧杆菌(*Thermoanaerobacter ethanolicus*)	乙醇,乙酸,乳酸
	布氏热厌氧杆菌(*Thermoanaerobium brockii*)	乙醇,乙酸,乳酸
	乙酰乙基热厌氧杆菌(*Themobacteroides acetoethylicus*)	乙醇,乙酸,乳酸
真菌	粗糙脉孢霉(*Neurospora crassa*)	乙醇
	具柄毕赤氏酵母(*Pichia stipitis*)	乙醇

5.2.2 乙醇代谢途径

5.2.2.1 乙醇酵母发酵时细胞内酶系

乙醇酵母之所以能将葡萄糖发酵生成乙醇和二氧化碳，主要是酵母体内含有水解酶和酒化酶两大酶类。

1）水解酶类

水解酶类是一类能将较简单的糖类、蛋白质类物质加水分解，生成更为简单的物质的酶。乙醇酵母中主要含有的水解酶为蔗糖酶、麦芽糖酶和肝糖酶等（马赞华，2003）。

蔗糖酶是能把蔗糖转化为葡萄糖和果糖的酶，是胞外酶。所以酵母可以在蔗糖溶液中生长繁殖发酵。

麦芽糖酶是能把麦芽糖分解成葡萄糖的酶，所以在麦芽汁中酵母的繁殖速度很快。麦芽糖酶的最适 pH 为 6.75～7.25，最适温度为 40℃，该酶对温度较为敏感，55℃即被破坏。

肝糖酶可将酵母体内储存的肝糖分解为葡萄糖。肝糖酶是胞内酶，所以不能参与细胞外介质中淀粉的水解作用。

部分乙醇酵母中含有少量的淀粉酶，可把可溶性淀粉转化为葡萄糖。

2）酒化酶

酒化酶是参与乙醇发酵的各种酶和辅酶的总称，主要包括已糖磷酸化酶、氧化还原酶、烯醇化酶、脱羧酶及磷酸酶等，这些酶均为胞内酶。进入细胞内的葡萄糖则在这些酶的作用下，被转化为乙醇。有了大量的乙醇酵母，就有大量的酒化酶，醪液中的糖分就能顺利地被转化为乙醇。

5.2.2.2 乙醇产生途径

在微生物体内，葡萄糖转化的途径主要是酵解途径。酵解途径是将葡萄糖降解成丙酮酸并伴随生成能量形式 ATP 的过程。在好氧有机体中，酵解生成的丙酮酸进入线粒体，经三羧酸循环被彻底氧化成 CO_2 和 H_2O。在厌氧有机体中，则把酵解产生的丙酮酸脱羧生成乙醛，乙醛得到由酵解生成的 NADH 中的氢，就转化成乙醇。这个过程就叫做乙醇发酵。这个过程中涉及的酶被统称为酒化酶。在此也可看出乙醇发酵是在厌氧条件下进行的（章克昌，1995）。

由葡萄糖到乙醇的过程主要分成两个阶段，即糖酵解阶段和丙酮酸转化为乙醇的阶段。在糖酵解阶段葡萄糖经过转化形成丙酮酸。

酵母菌在无氧条件下，丙酮酸继续降解，生成乙醇，其反应过程为，丙酮酸在 Mg^{2+} 存在情况下，经脱羧酶的催化，脱羧生成乙醛。乙醛在乙醇脱氢酶及 NADH 的催化下，还原成乙醇（王立群，2007）。

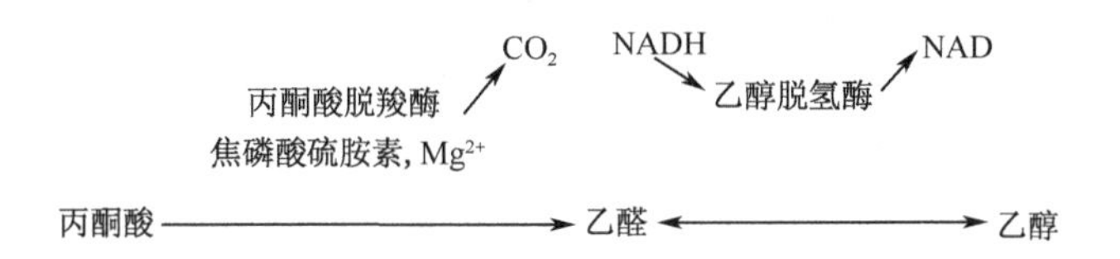

由葡萄糖发酵生成乙醇的总反应式为

$$C_6H_{12}O_6 + 2ADP + 2H_3PO_4 \longrightarrow 2C_2H_5OH + 2CO_2 + 2ATP$$

则 1mol 葡萄糖生成 2mol 乙醇，理论转化率为

$$(2 \times 46.05/180.1) \times 100\% = 51.1\%$$

但在实际生产实践中有约 5%的葡萄糖用于合成酵母细胞和副产物，实际上乙醇生成量约为理论值的 95%，即乙醇对糖的转化率约为 48.5%。

5.2.2.3　乙醇发酵的副产物

乙醇发酵是个复杂的生物化学过程，在糖发酵产生乙醇和 CO_2 的同时，也伴随着生产 40 多种发酵副产物，主要是醇、醛、酸和酯四类化学物质。这些副产物中，有部分是由糖分转化而来，有些则不是。乙醇发酵目的是将更多的糖分转化为乙醇，流向非乙醇物质的糖分越少越好。乙醇发酵过程中部分副产物是由酵母生命活动而产生的，如甘油、杂醇油等；有些副产物是由杂菌产生的，如乳酸等有机酸，醪液酸度每增加 1 度，1t 淀粉就要少出 9L 乙醇（章克昌，1995）。

甘油的生成。正常发酵条件下，发酵醪中只有少量的甘油生成，其含量为发酵醪量的 0.3%～0.5%。但在一些条件下，酵母可以转化糖分为甘油，例如，向发酵液中添加亚硫酸钠，或发酵醪液的 pH 偏向碱性，则部分糖分则会流向甘油产生方向。如果发酵醪液为碱性条件 pH7.6，2 分子乙醛会起歧化反应，相互氧化还原，生成乙醇和乙酸。当乙醛被用完后，同样是磷酸二羟丙酮作为受体，进而生成甘油，所以正常的乙醇发酵应在酸性条件下进行，以免糖分过多产生甘油，降低乙醇转化率。

杂醇油的生成。杂醇油是一类高沸点化合物的混合物，主要是高级醇，不易溶于水。在正常情况下，乙醇醪液中杂醇油的含量为 0.3%～0.7%。在乙醇发酵过程中，由于原料中蛋白质分解产生了氨基酸，氨基酸的氨基被酵母菌同化，用作氮源，余下的部分脱羧生成相应的醇类，这些醇类就是杂醇油。除此途径外，其他途径也会生成杂醇油。如丙酮酸与胱氨酸作用，生成丙氨酸和 α-酮基异己酸，后者再脱羧，生成异戊醛，异戊醛被还原则可生成杂醇油的主要成分异戊醇。总之，杂醇油的生成与酵母的生命活动有关，间接地也与原料的品种和营养组成有关。

有机酸的生成。除琥珀酸之外，其他有机酸均是由于杂菌污染的结果。常见的杂菌有乳酸菌、乙酸菌和丁酸菌，这些杂菌会产生有机酸乳酸、乙酸和丁酸等。乙酸菌可以利用乙醇生成乙酸，乙酸的生成往往会增加挥发酸的含量。

总之，副产物的生成直接影响了乙醇的产量。所以根据这些副产物产生的机理，尽量避免产生副产物的条件，建立合理的发酵工艺及工艺参数，严格控制杂菌对生产的污染，使得糖分损失降低到最低水平。

5.3　燃料乙醇发酵技术

5.3.1　发酵原料

从乙醇生产工艺的角度来看，乙醇生产所用原料可以这样定义：凡是含有可发酵性糖或可变为发酵性糖的物料都可以作为乙醇生产的原料（章克昌，1995）。

由于乙醇生产工艺和应用的发酵微生物范围不断扩大，技术不断改进，乙醇发酵的原料范围也不断在扩大。例如，半纤维素水解液中主要的糖分——木糖，是一种原认为不可发酵的糖，但是现在木糖是可以发酵的了，半纤维素也就变成了一种乙醇生产的原料。

生产燃料乙醇的生物质原料资源可以分为三类：糖类，包括甘蔗、甜菜、糖蜜、甜高粱等；淀粉类，包括玉米、小麦、高粱、甘薯、木薯等；纤维类，包括秸秆、麻类、农作物壳皮、树枝、落叶、林业边脚余料等。

5.3.1.1　糖类生物质原料

1）甘蔗

甘蔗（*Saccharum officinarum* L.）属于禾本科，甘蔗属，是多年生的热带和亚热带作物，南、北纬35°以内都可种植生长，以南、北纬10°～23°为最适宜生长区，在南北纬23°以上或10°以下，甘蔗产量或糖分较低。甘蔗是C_4植物，光饱和点高，二氧化碳补偿点低，光呼吸率低，光合强度大。因此，甘蔗产量很高，一般可达75～100t/hm^2。目前，甘蔗按用途不同形成了两大种类：一类用于制糖，其纤维较为发达，利于压榨，糖分较高，一般为12%～18%，出糖率高，这一类称为糖料蔗或原料蔗；另一类主要作为水果食用，其纤维较少，水分充足，糖分较低，一般为8%～10%，称为果蔗或肉蔗。用于生物乙醇生产的甘蔗属于糖料蔗。

2007～2008年榨季，我国甘蔗种植面积达2430万亩，国内食糖产量达到1484万吨，已基本实现自给有余。我国已成为继巴西和印度之后的世界第三大蔗糖生产国。

目前，巴西利用能源甘蔗生产无水乙醇作为汽车燃料最为成功。2005年春，河南天冠集团在广西博庆食品有限公司石别糖厂进行了甘蔗燃料乙醇生产性试验。试验结果表明：每13.5t左右的甘蔗可生产1t燃料乙醇，且利用甘蔗进行燃料乙醇生产具有发酵快、周期短、原料成本（与粮食类相比较）低廉的特点。甘蔗制糖-联产乙醇这一路线巴西实施得最为成功，在我国能否实施、能实施多大规模要看国内糖和乙醇的价格比和国内白糖市场的供需情况，在保证白糖市场供应的情况下，可以适当生产乙醇。

2）甜菜

甜菜（*Beta vulgaris* L.）古称忝菜，属藜科、甜菜属。甜菜分为野生种和栽培种，甜菜的栽培种有4个变种：叶用甜菜、火焰菜、饲料甜菜、糖用甜菜。糖用甜菜，俗称糖萝卜，通称甜菜，块根的含糖率较高，一般达15%～20%，是制糖工业和乙醇工业的主要原料，其茎叶、青头和尾根是良好的多汁饲料，因此也是甜菜属种开发利用最为充分的栽培种。

甜菜是我国及其世界的主要糖料作物之一，在我国已有百年的种植历史。甜菜具有喜温凉气候，有耐寒、耐旱、耐碱等特性，主要分布在北纬30°～63°。

3）甜高粱

甜高粱又称糖高粱、甜秆、甜秫秸等，是普通粒用高粱［*Sorghum bicolor* (L.) Moench］的一个变种，以茎秆含有糖分汁液为特点。甜高粱为C_4植物，光合速率极高，且具有多重抗逆性，如抗旱、抗涝、耐盐碱、耐瘠薄等，非常适合在我国水资源缺乏的干旱和半干旱地区种植。甜高粱生长速度快、茎秆汁液丰富、含糖量高（茎秆汁液和含糖量分别高达60%和15%以上），除每公顷能收获3～6t的籽粒外，还可同时获得高达60～80t的茎叶，是良好的饲料和乙醇原料。甜高粱茎汁可发酵成乙醇，是一种取之不尽的生物能源库，有“高能作物”之美称。国外的试验结果表明，每公顷甜高粱最多可产乙醇6160L。因此，用甜高粱加工转化乙醇受到许多国际组织和国家（如欧盟、巴西、中国等）的重视，发展势头非常强劲。

甜高粱为一年生植物，分布在世界五大洲（亚洲、非洲、美洲、大洋洲、欧洲）89个国家的热带干旱和半干旱地区，温带和寒带地区也有种植，具有大约5000年的栽培历史。中国是甜高粱主产国之一，甜高粱在中国栽培历史悠久，研究和利用甜高粱最先进的美国，其最早的品种‘中国琥珀’是1853年通过法国从上海崇明岛引进的。甜高粱在我国种植区域广泛，几乎全国各地均有种植，但主产区却很集中。秦岭、黄河以北，特别是长江以北是当前中国甜高粱的主产区。由于甜高粱栽培区的气候、土壤、栽培制度的不同，栽培品种的多样性特点也不一样，故甜高粱的分布与生产带有明显的区域性。

与淀粉质类物质燃料乙醇生产相比，用甜菜、甜高粱和甘蔗以及这些原料制糖中产生的废糖蜜生产燃料乙醇的技术不同，都不需进行原料的蒸煮、液化和糖化，极大地降低了燃料乙醇生产的能耗，但由于这三种糖类作物的季节性较强，因此目前在我国还不能进行全年生产，这也是糖类作物目前尚未大规模用于生产燃料乙醇的原因之一。

5.3.1.2 淀粉类生物质原料

1）薯类原料

(1) 甘薯。甘薯学名 *Ipomoea batatae* Lam.，在我国，北方俗称地瓜、红薯，南方称山芋、番薯。新鲜甘薯可以直接作乙醇生产的原料。但是，为了便于储存，供工厂全年生产，一般都将甘薯干切成片、条或丝，晒成薯干。约3kg鲜薯晒制1kg薯干。

甘薯的主要成分是淀粉，此外，还含有3%的糊精、葡萄糖、蔗糖、果糖或微量的戊糖。蛋白质含量不多，其中，2/3为纯蛋白，1/3为酰胺类化合物。尚有少量脂肪、纤维素、灰分和树胶等。甘薯的平均化学成分见表5.7。

从表5.7可见，不同原料中可发酵物质的含量有较大的差别。为此，改良农作物品种对发酵工业来说有很大的经济价值（章克昌，1995）。

表5.7 甘薯的化学成分（%）

种类	水分	粗蛋白	粗脂肪	糖类	粗纤维	无机盐
甘薯干	12.9	6.1	0.5	76.7	1.4	2.4
华东甘薯	75.3	1.1	0.2	21.5	—	0.6
华南甘薯	74.9	0.6	0.5	20.2	0.2	0.6
华北甘薯	81.6	1.3	0.1	16.2	0.3	0.5
日本农林一号	63.7	1.6	0.4	30.6	1.0	0.8

目前，国家非常支持甘薯燃料乙醇的产业发展，拟核准多个甘薯燃料乙醇工厂，并在原料基地建设方面出台政策予以扶持。在这方面，河南南阳天冠种业公司进行了基地建设的探索，相继培育出了多个脱毒红薯新品种，不仅亩产高，而且淀粉含量高，适宜在山地、丘陵等肥力贫瘠的土地上种植。

(2) 木薯。木薯（*Manihot esculenta* Crantz），是一种多年生植物，属大戟科。植株高 2～3cm，茎秆直径 5cm，多髓心。叶片呈掌状。该作物生长的适应性强，耐寒、耐瘠，在各种颜色的土壤里都能生长。乙醇生产用的是木薯的块茎，呈纺锤形或柱形，直径 5～15cm，长 30～80cm，每株 4～6 个。木薯是世界三大薯类之一，广泛栽培于热带和亚热带地区。目前全世界木薯种植面积已达 2.5 亿亩，是世界上 5 亿人口的基本粮食。如今，木薯已成为世界公认的综合利用价值较高的经济作物，也是一种不与粮食作物争地的有发展前途的乙醇生产原料。中国木薯产量有限，不能全面供应乙醇生产的需要，需要从东南亚等地进口，近年来由于木薯需求旺盛，引起价格飞涨，对我国以木薯为原料生产乙醇造成不小的影响。

木薯块根的化学成分（表 5.8）主要是糖类，还有少量的蛋白质、脂肪、果胶质等成分。鲜木薯淀粉含量达 25%～30%（木薯干可达 70%左右），此外，还含有 4%左右的蔗糖（章克昌，1995）。

表 5.8 木薯的化学组成（%）

种类	水分	粗蛋白	粗脂肪	糖类	粗纤维	粗灰分
鲜木薯	70.25	1.12	0.41	26.58	1.11	0.54
木薯干	13.12			73.36		1.69
广东木薯干	14.71	2.64	0.86	72.10	3.55	2.85
台湾木薯干	15.48		0.63	68.55		2.58

木薯具备甘薯所具有的一切优点，而且果胶质含量少，醪液黏度小，可实现浓醪发酵。木薯作为原料的缺点主要是含氢氰酸；种植面积分布在山区，收集运输较困难；生产周期较长，在一年以上。

2）谷类原料

国际上最常用的谷类原料为玉米和小麦。我国在 20 世纪 80 年代以前，只有当薯干等原料不足，或谷类受潮发热、霉烂变质不能食用的情况下才采用谷类原料。80 年代以后，随着粮食产量逐年增加，用于乙醇生产的谷物数量也大幅增加。当前，河南天冠燃料乙醇公司的 30 万吨/a 燃料乙醇项目是以小麦为原料进行乙醇生产的；吉林燃料乙醇公司 60 万吨/a，黑龙江肇东 10 万吨/a 和安徽丰原 30 万吨/a 燃料乙醇项目都是以玉米为原料进行乙醇生产的。

(1) 玉米。我国北方称之为苞米或包谷，南方称之为珍珠米。玉米有黄色玉米和白色玉米两大类。

就淀粉含量而言，黄色玉米较高。玉米淀粉主要集中在胚乳内，呈粉质状态。玉米淀粉颗粒呈不规则形状，堆积非常紧密。淀粉颗粒的直径约为0.02mm。淀粉中10%～15%是直链淀粉，85%～90%是支链淀粉，而蜡质玉米的淀粉全部是支链淀粉。玉米还含有1%～6%的糊精。玉米的含氮物几乎全是真蛋白，而且以玉米醇溶蛋白为主。玉米中没有水溶性蛋白，而球蛋白占玉米重量的0.4%。醇溶蛋白因为不含色氨酸和赖氨酸，所以是不完全蛋白质。玉米中含有5%～7%的脂肪。脂肪主要集中在胚芽中。胚芽的干物质中含有30%～40%脂肪，它属于半干性植物油，大约由72%不饱和脂肪酸和28%饱和脂肪酸组成。在乙醇生产时，应事先将胚芽除去，既能得到玉米油，又减少乙醇发酵、蒸馏过程的无用功。玉米的化学组成和维生素及无机盐含量见表5.9和表5.10（章克昌，1995）。

表5.9　玉米的化学组成（%）

水分	蛋白质	脂肪	糖类	粗纤维	灰分
6～15	8.2	5～7	65～73	1.3	1.7

表5.10　玉米的维生素和无机盐含量（mg/100g）

玉米品种	胡萝卜素	核黄素	硫胺素	尼克酸	抗坏血酸	钙	磷	铁
黄玉米	0.06～0.1	0.10	0.34	2.3	0.04	22	210	1.6
白玉米	0.05	0.09	0.35	2.1	0.04	22	210	1.6

高油玉米是近年研制的新品种，含油率9%～10%，较普通玉米高1倍左右；淀粉含量与亩产均与普通玉米相当。因此乙醇厂采用高油玉米为原料可较大地提高企业的经济效益。高油玉米与普通玉米化学组成比较见表5.11。

高淀粉玉米是长春市农业科学院“七五”期间培育的玉米杂交新品种。其籽粒淀粉含量高达75%，较普通玉米高出6个百分点，亩产也高于普通玉米，如用于乙醇生产原料，将大大提高乙醇生产的得率。

表5.11　高油玉米与普通玉米化学组成（%）比较（干基）

品种	淀粉	蛋白质	脂肪	来源
高油玉米	67	9.96	8.3	内蒙古赤峰地区
高油玉米	65	9.84	9.95	长春市农业科学院
普通玉米	70.12	10.97	4.97	淀粉厂样品

我国发酵乙醇的原料构成近年来发生了明显的变化：甘薯类乙醇的比例逐年下降，而玉米乙醇则呈不断增长的趋势。

玉米乙醇糟液经脱水后，加工成DDGS(dried distillers grain with soluble,

全干燥酒糟），有较高经济效益。而甘薯乙醇糟液营养差，脱水后产品价值低，一般只能用于沼气发酵。

（2）小麦。小麦是我国粮食系统中的重中之重；是营养比较丰富、经济价值较高的商品粮。小麦籽粒含有丰富的淀粉、较多的蛋白质、少量的脂肪，还有多种矿质元素和维生素 B（表 5.12）。

表 5.12　小麦的化学组成（%）

水分	粗蛋白	粗脂肪	糖类	粗纤维	灰分
12.8	10.3	2.1	71.8	1.2	1.3

小麦按播种季节分，可分为冬小麦和春小麦。小麦品质的好坏，取决于蛋白质的含量与质量。一般，春小麦蛋白质含量高于冬小麦，但春小麦的容重和出粉率低于冬小麦。

我国是全球小麦生产第一大国。2006～2007 年度全球小麦产量约为 6 亿吨，其中，我国约 1 亿吨，占 1/6，在我国几大粮食品种中占有重要地位。小麦在我国大面积种植，其中，河南、山东、河北和江苏是小麦的主产区。河南省作为小麦种植的主产区，近年播种面积与产量一直位居全国首位。2007 年产量 2943 万吨，约占全国小麦产量的 30%。1996～2000 年河南省的小麦已出现区域过剩现象，也正是在这样的情况下，陈化粮小麦作为原料开始进入乙醇生产领域。

3）野生植物原料

利用野生植物来代替粮食原料制造乙醇是发展我国乙醇加工业的一个途径。我国山地面积比例很大，野生植物资源丰富，分布广泛，特别是在山区和林区，遍地都有可以用来制造乙醇的野生植物。利用野生植物为原料生产乙醇不仅可以节约工业用粮，而且大多数不需要进行栽培和管理，只要利用农闲时采集，可以增加副业收入；另外许多野生植物是医药工业和化工的原料，有利于原料的综合利用。可用于生产乙醇的野生植物有橡子、土茯苓、菊芋等（宋安东等，2008）。

（1）橡子。橡子是橡树生产的果实，在每年 9、10 月成熟，为黄色或棕色的坚果，形似卵形或球形，含有 50%左右的淀粉，1956 年开始，在我国就有乙醇厂利用橡子来制造乙醇。橡子随着产地、气候、品种的不同，其化学组成有很大的差异，除含有淀粉 50%～60%外，还含有粗蛋白 4%～7.5%，脂肪 1.5%～5%，单宁 2%～4%。橡子是乙醇工业的一种良好的代用原料。

（2）土茯苓。土茯苓又名金刚根，在我国广东、台湾和西南部地区山野之间均有生长，淀粉含量在 60%左右。从色泽来看，土茯苓可以分为红、白两种，红色土茯苓内含单宁和色素的量较多，白色土茯苓内含淀粉较多。土茯苓除用来制造乙醇外，还可以作为药材之用。

(3) 石蒜。石蒜又名毒蒜，生长于堤塘、坟地等树荫间，我国各地均有。它有地下球形鳞茎，好似水仙，外皮为灰黑色。淀粉含量40%左右。石蒜的组织松脆，纤维含量少，易于粉碎和蒸煮，是一种良好的代用原料。

(4) 菊芋。菊芋俗称洋姜，别名鬼子姜，是多年生草本植物。菊芋是在地下生长的块茎，容易栽培，一年种植后可以连收4～5年。菊芋对风害、冷冻、病毒的抵抗力都很强，不论酸性地、碱性地、山地、水洼地都可以种植，适应性非常强。在我国西南地区一带，野生的菊芋较多。在菊芋的块茎中含有大量的菊芋粉（占鲜重的12%～15%）和少量的果糖，产量相当于马铃薯，但其所施加的肥料只需要马铃薯的1/4，生产费用低廉。菊芋作为一种可再生资源，它含有一种储存性糖——菊粉，可以通过生物技术将菊粉转化为果糖、乙醇和蛋白质饲料等，可一举数得，变废为宝，为山区资源的开发利用开辟一条很好的途径，对它研究成功将带来巨大的经济效益和广泛的社会效益。

(5) 葛根。据世界粮农组织等权威机构专家预测，葛根有望成为世界第六大粮食作物，5年内全球需求量每年达到500万吨。目前国内已多处推广淀粉含量较高的粉葛，粉葛的优势在于产量大（亩产可在3000～5000kg）、耐旱、耐涝、耐贫瘠，多年生植物，对气候条件要求低，淀粉含量高（鲜葛根可达25%），储存期长，综合利用的潜力大（可以提取异黄酮等高价值产品，叶、花都可入药）。葛根生产乙醇的关键在于其价格和综合利用，目前主要加工成保健食品销售，售价过高，综合利用后还存在副产品如异黄酮的市场容量问题。其使用加工和木薯比较接近，若大面积推广后略高于木薯价格的话，是一种值得关注的原料。

5.3.1.3 纤维素类生物质原料

纤维素是世界上最丰富的天然有机高分子化合物，它不仅是植物界，也是所有生物分子（植物或动物）最丰富的胞外结构多糖。纤维素占植物界碳含量的50%以上。纤维素是植物中最广泛存在的骨架多糖，是构成植物细胞壁的主要成分，常与半纤维素、木质素、树脂等伴生在一起。农作物秸秆、木材、竹子等均含有丰富的纤维素。尽管植物细胞壁的结构和组成差异很大，但纤维素的含量一般都占其干重的30%～50%。

世界上来源最为广泛的生产燃料乙醇的生物质原料是纤维素类，包括秸秆、麻类、农作物壳皮、树枝、落叶、林业边脚余料等。纤维素类原料具有数量大、可再生、价格低廉等特点。中国是农业大国，每年有大量生物质废弃物产生，每年仅农作物秸秆就可达7亿多吨（其中，玉米秸秆占35%，小麦秸秆占21%，稻草占19%，大麦秸秆占10%、高粱秸秆占5%、谷草占5%、燕麦秸秆占3%、黑麦秸秆占2%），相当于标准煤2.15亿吨（陈洪章，2005）。此外城市垃圾和林木加工残余物中也有相当量生物质存在。

利用数量最大、成本最低的木质纤维素为原料生产乙醇是利用可再生资源解决生物能源和生物化工的一个国际性大课题，不少国家早在1970年以前就已开展工作。植物秸秆主要成分是半纤维素、纤维素和木质素。半纤维素、纤维素可以降解为糖（五碳糖、六碳糖）进一步发酵制燃料乙醇或他产品，乙醇进一步可以加工得乙烯及乙烯系列石化产品。根据美国国家可再生能源实验室报道1t干基玉米秸秆可产75加仑[①]乙醇相当于4.44t干基玉米秸秆生产1t乙醇。

纤维素可作为乙醇的原料。由于利用纤维原料生产燃料乙醇仍然存在原料预处理难度大、纤维素酶酶活低、酶解速度慢、戊碳糖不能有效利用三大技术障碍，因此目前纤维类物质只能作为生产燃料乙醇的潜在原料（曲音波，2005）。但从发展的眼光看，最终解决燃料乙醇大量使用时的原料问题的方法将转向纤维素类，依靠现代生物技术、基因工程技术等高新技术，通过筛选种植高能、高产纤维素资源，利用我国大量的农业废弃资源和工业废弃物资源，开发和实现利用纤维质生产乙醇技术的产业化，可以为燃料乙醇提供取之不尽、用之不竭的可再生植物原料。

5.3.2 发酵工艺

5.3.2.1 糖类原料燃料乙醇生产工艺

使用糖类生物质原料生产乙醇，和淀粉质原料相比，可以省去蒸煮、液化、糖化等工序，其工艺过程和设备均比较简单，生产周期较短。但是由于糖类生物质原料的干物质浓度大，糖分高，产酸细菌多，灰分和胶体物质很多。因此对糖类生物质原料发酵前必须进行预处理。糖类生物质原料的预处理程序主要包括，糖汁的制取、稀释、酸化（最适pH4.0～4.5）、灭菌（加热灭菌或药物灭菌）、澄清和添加营养盐（主要包括氮源、磷源、镁源、生长素等）。糖类生物质原料所采用的发酵工艺和蒸馏工艺与常规的淀粉糖化醪的乙醇发酵基本上相同。利用糖蜜生产乙醇的工艺技术在此不再赘述，下面主要介绍几种新型的糖质原料生产乙醇的工艺。

1）糖蜜发酵生产乙醇的工艺

（1）原料特性及前处理。糖厂的副产物糖蜜中含有大量的糖分，不论是甘蔗糖蜜，还是甜菜糖蜜，其中的糖类大多数为可发酵性糖，由于糖蜜的干物质浓度很大，糖分高，产酸细菌多，灰分与胶体物质多，因此在发酵前需对糖蜜进行稀释、酸化、灭菌、澄清和添加营养盐等预处理，然后接入酵母进行发酵生产乙

---

① 1加仑＝3.785 01L，后同。

醇。我国常用于甘蔗糖蜜乙醇发酵的酵母菌种为台湾酵母 396 号、As2.1189、As2.1190、甘化Ⅰ号、川 345 及川 102 等，常用于甜菜糖蜜乙醇发酵的酵母菌种为 Rasse 酵母（王立群，2007）。

(2) 乙醇发酵。糖蜜的乙醇发酵从外观现象上可以分为前发酵期、主发酵期和后发酵期三个时期。前发酵期指糖液和酵母加入发酵罐后 10h 左右的时间，本阶段主要进行酵母菌的增殖，而发酵作用不强，乙醇和二氧化碳产生量很少，前发酵期温度一般不超过 30℃。在主发酵期，主要进行乙醇发酵作用，主发酵期的温度一般控制在 30～34℃，时间持续 12h 左右。在后发酵期，乙醇发酵作用显著减慢，此时发酵液温度控制在 30～32℃，大约需要 40h 才能完成该阶段。发酵之后的醪液进行蒸馏获得乙醇，方法与淀粉质原料相同。

采用甘蔗糖蜜、甜菜糖蜜来生产乙醇的技术在我国、巴西等地得到了广泛的应用。此外利用甜高粱糖蜜来生产乙醇在我国也已取得了成功。图 5.2 是巴西甘蔗糖蜜或蔗汁乙醇生产流程（章克昌，1995）。

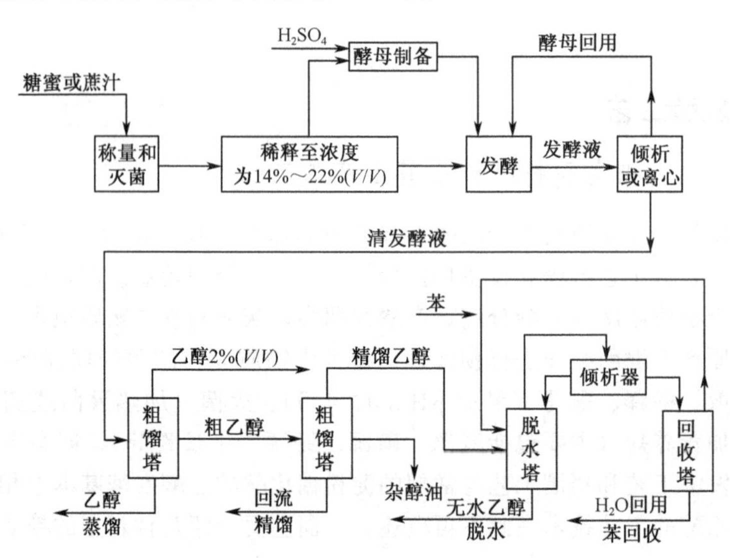

图 5.2 甘蔗糖蜜燃料乙醇生产工艺流程图

2）甘蔗直接生产乙醇的工艺

近年来，随着燃料乙醇生产的迅速发展，一些热带和亚热带的国家用甘蔗直接生产乙醇。其中，巴西是最成功的用甘蔗直接生产乙醇的国家。我国广西等省、自治区也开始对直接用甘蔗生产乙醇的研究。图 5.3 为甘蔗榨汁生产燃料乙醇的一般工艺流程。

如图 5.3 所示，甘蔗经过喷水初洗去除泥砂，用切蔗机切断后经过撕裂机撕

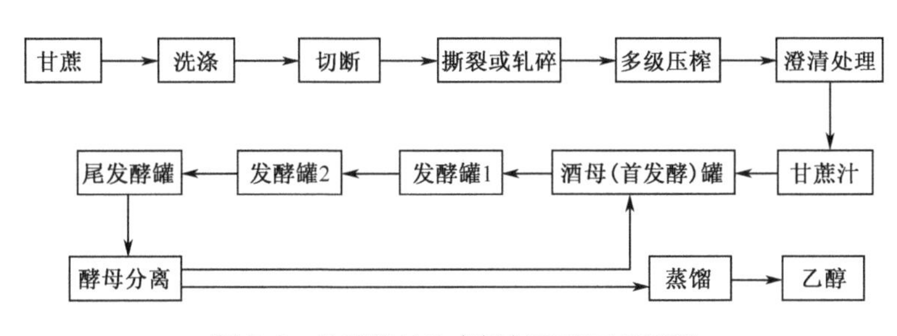

图 5.3 甘蔗榨汁生产燃料乙醇工艺流程

裂，用多级轴辊式压榨，即得粗蔗汁。撕裂破碎后的蔗料在压榨过程中，可以用喷淋热水的方法来提高糖汁得率。喷淋用水量一般控制在甘蔗量的25%～28%，糖的挤出率可达85%～90%。制得的粗蔗汁中含有12%～16%的可发酵糖。通常100kg甘蔗可得糖12.5～14kg（刘荣厚等，2008）。

粗蔗汁经过调酸、澄清处理，以除去其中的杂质。澄清汁液添加必要的营养盐和灭菌剂后，进行乙醇发酵。蔗汁乙醇发酵采用单浓度乙醇连续发酵工艺即酵母生产与发酵采用同一浓度的蔗汁。在酵母扩增培养过程中，必须补充氮源 $(NH_4)_2SO_4$ 或 $CO(NH_2)_2$，同时加强对蔗汁中杂菌的杀灭和控制，生产中使用的方法是在蔗汁中加入灭菌灵或青霉素。蔗汁乙醇发酵时间一般为8～12h，发酵醪乙醇含量6%～8%（体积分数）。发酵成熟醪采用三塔蒸馏，即粗馏塔、精馏塔和分子筛脱水塔。

3）甜菜生产乙醇工艺

用甜菜发酵生产乙醇在欧洲，特别是法国和前苏联比较普遍。20世纪40年代法国许多乙醇工厂都是以甜菜为原料的。现在，俄罗斯仍有不少工厂以制糖剩余甜菜或冻坏的甜菜为原料生产乙醇。使用甜菜生产乙醇的工艺有两种：一种将甜菜先制成甜菜汁，再将甜菜汁发酵生产乙醇；另一种是直接将甜菜制成半固态的浓醪液，经灭菌、添加营养盐、接种发酵生产乙醇。

甜菜汁发酵生产乙醇工艺流程如图5.4所示。甜菜榨汁生产乙醇的工艺过程与甘蔗榨汁生产乙醇的工艺过程相似，只因两者的质地不同，采用的榨汁方法也不相同。甘蔗榨汁是用机械压榨和热水淋洗相结合以提高糖的提取率；而甜菜榨糖要在破碎后用热水浸泡，溶出其组织内的糖分。此外，甜菜中含氮量较大，无需添加氮源，但含磷不足，需要补充。

甜菜直接生产乙醇工艺流程如图5.5所示。甜菜浓醪液直接生产乙醇工艺流程中，切碎的甜菜进入蒸煮锅，用蒸汽加热至90～95℃保持0.5h后升压至 9.8×10^4 Pa保持1h，然后压入糖化锅。为了降低醪液的黏度，避免发酵时的结盖现象，通常在糖化工序加入一定的果胶酶，水解其中的果胶物质。尽管这样，

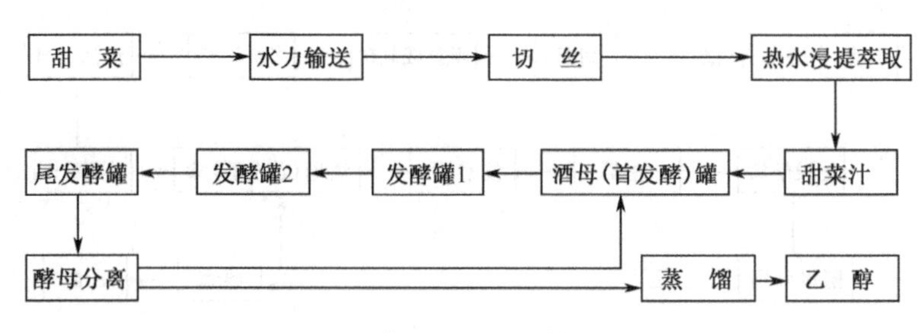

图 5.4　甜菜榨汁生产乙醇工艺流程

主发酵期产生的泡沫还是很多，因此发酵时发酵罐装满系数不应大于 0.7，必要时要加消泡剂，防止溢罐。

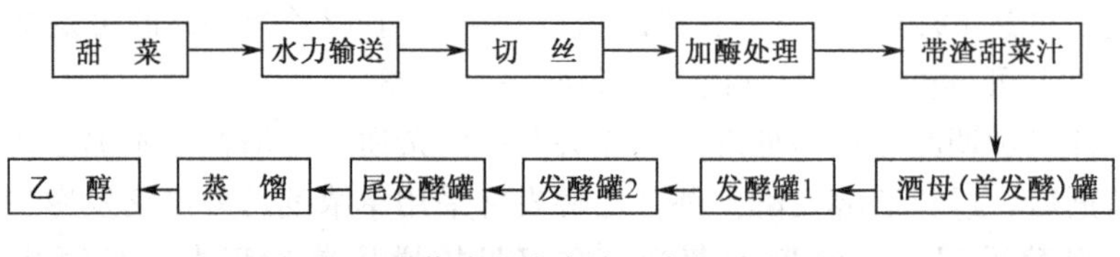

图 5.5　甜菜浓醪液直接生产乙醇工艺流程

4）甜高粱茎秆汁液生产乙醇

甜高粱茎秆汁液制取燃料乙醇的工业流程如图 5.6 所示。甜高粱在其茎秆糖分积累比较高的时候进行采收，采收后，一般情况下需要将高粱的枝叶及其包裹在茎秆上的外鞘去除压榨取汁，这样可以大幅度提高甜高粱茎秆压榨时的汁液得率。有技术条件的还可以对新鲜茎秆或汁液进行储藏或保鲜处理，以延长生产企业的原料供应时间。压榨后的甜高粱茎秆残渣可供造纸、饲料、生物质能原料等综合利用。获取到的新鲜的甜高粱茎秆汁液，在进入乙醇发酵环节前，需要在消毒罐中进行消毒灭菌处理，灭菌处理后的汁液为了满足酵母生长代谢的需要，还需要向汁液中添加适当的营养物质（主要包括氮源、镁、磷以及钾等）。同时适当的调节汁液的 pH。甜高粱乙醇发酵可以根据不同生产需求和规模选择不同的发酵工艺，一般有间歇式发酵法（发酵时间需 70h 左右），单双浓度连续发酵法（发酵时间 24h 左右）。目前，较为先进的发酵工艺是采用固定化酵母流化床技术，该工艺可以缩短发酵时间至 6～8h（间歇发酵），乙醇得率在 90％以上。在发酵成熟后，发酵成熟醪进入乙醇蒸馏系统进行乙醇蒸馏，对于甜高粱茎秆汁液为原料的乙醇发酵，由于汁液中含有较高的果胶、灰分等，发酵也产生了较高数量的酯醛等头级杂质及杂醇油。因此甜高粱茎秆发酵成熟醪液一般采用三塔蒸馏工艺，通过该工艺的蒸馏后一般可以获得 95％(*V*/*V*) 左右的乙醇，通过脱水工艺，去除残余的水分后，可以获得 99.5％以上的无水乙醇。发酵成熟后，还可以从成熟的发酵醪液中分离出大量的残渣，这些残渣的主要成分多为酵母菌体，可对其进行综合利用。蒸馏后的酒糟中，BOD含量非常高，因此，从环境保护和资源利用的角度，需要将其加以处理和利用。

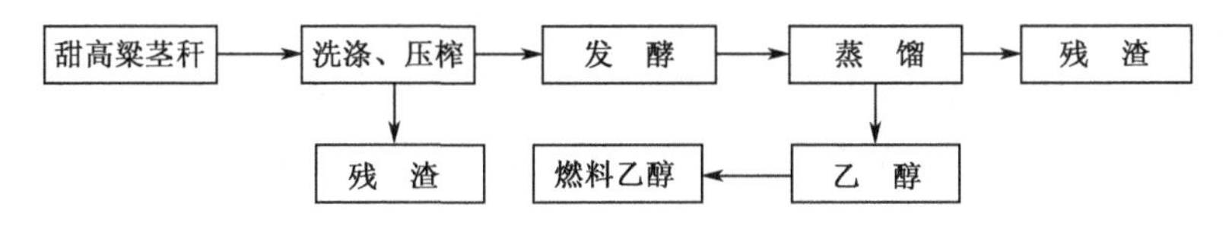

图5.6　甜高粱茎秆汁液发酵生产乙醇工艺流程

5.3.2.2　淀粉质原料燃料乙醇生产工艺

淀粉类生物质原料生产燃料乙醇的主要过程是淀粉糖化和乙醇发酵，工业化乙醇生产工艺就是围绕这两个环节进行的。主要工艺过程为原料粉碎、蒸煮糖化、乙醇发酵、蒸馏脱水等几个环节（图5.7）（王立群，2007）。

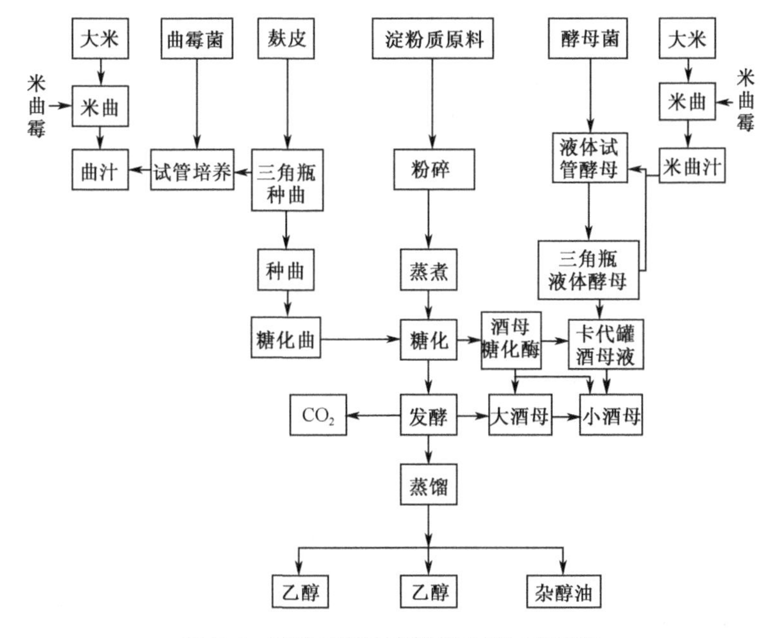

图5.7　淀粉原料生产燃料乙醇工艺流程

1）粉碎

在乙醇发酵生产中，为了加速蒸煮、糖化、发酵的反应速率，对于使用的固体原料常需将其粉碎。在实际生产中，粉碎的效果好坏，不仅直接反映出粉碎操作的合理性和经济性，而且会间接影响到蒸煮、糖化、发酵和后续的板框过滤效果。

在乙醇生产行业，粉碎通常分为干法和湿法两种生产工艺。目前国内大多数乙醇生产企业是采用干法粉碎生产工艺，而且均是采取二次粉碎法。在美国，一部分谷物中性乙醇和燃料乙醇是用湿磨法工艺生产的。

在以玉米为原料的湿法乙醇生产工艺中，玉米油、蛋白质饲料和谷朊粉这些副产品对于该工艺的经济性是至关重要的，售出它们的收入占玉米自身价格的60%或更多。与此相对照，干磨法乙醇生产过程中得到的副产品收入在同等条件下通常占玉米价格的45%。这个差异在美国相当于每加仑乙醇约节约0.15美元(Jacques et al.，1999)。因此，在玉米原料乙醇生产中，湿磨法工艺比干磨法工艺更具竞争力，但湿磨法工艺投资较大。

在粉碎工序中，衡量粉碎质量的主要工艺指标是粉碎度，它是影响乙醇最终产量的一个重要因素。粉碎度主要靠粉碎机的筛孔直径来控制。因蒸煮工艺的差异，对粉碎度的要求也各不相同。从理论上讲，粒度越细，对节约蒸煮蒸汽、减少还原糖损失、提高淀粉利用率等越有利。但粒度过细，也会带来粉碎机生产能力的大幅下降、耗电量急剧上升、预热时黏度增加快造成粉浆输送困难的弊病。因此，粉碎度的确定必须根据具体情况，综合考虑生产规模、设备能力、燃料和电力供应、工艺要求与原料情况等诸方面的因素。

2）蒸煮

蒸煮的目的就是使薯类、谷类、野生植物等淀粉质原料，吸水后在高温高压条件下使植物组织和细胞彻底破裂，从而使其中的淀粉由颗粒状变成溶解状态的糊液，易于为液化酶和糖化酶所作用；同时通过高温高压蒸煮，可对原料进行灭菌。蒸煮通常分为间歇蒸煮和连续蒸煮。间歇蒸煮是一种比较陈旧的蒸煮方法，目前已基本淘汰殆尽。连续蒸煮有低温蒸煮和高温蒸煮两种类型。加热、加压蒸煮的温度为125～143℃。

随着科学技术和生产工艺的进展，无蒸煮工艺正在成为可以取代高温蒸煮的新工艺。无蒸煮工艺是目前世界各国广泛研究的一种新的工艺。该工艺大致分为生料发酵、低温蒸煮、挤压膨化和超细磨四类。

生料发酵则是完全排除对淀粉质原料进行热处理的一种乙醇生产工艺。该工艺节能效果明显，受到人们的普遍关注。但到目前为止，国内外真正在工业生产上采用的还不多。发酵时间长，糖化酶用量大或需要添加其他辅助酶制剂，污染危险性较大等为该工艺的主要缺点。但国内外在这方面的研究正在不断取得进展，特别是不产蛋白酶的生淀粉糖化酶产生菌和其他生淀粉糖化酶产生菌的成功选育将基本上克服上述逐项缺点。因此，不久的将来，生淀粉特别是生玉米粉的乙醇发酵将会在乙醇工业上得到广泛应用。

低温蒸煮是无蒸煮工艺的一种。采用高于淀粉糊化温度，但不高于100℃，另加高温淀粉酶作液化剂是该工艺的显著特点。近年来在我国乙醇行业也逐步得到推广和应用。低温蒸煮虽有降低能耗、减少营养损失的优点，但在实际操作过程中必须严格液化过程，使物料彻底液化。否则会严重降低原料的淀粉出酒率，同时，如物料在管道内长时间滞留则易发生老化现象而堵塞管道。

在乙醇生产行业，传统的加热设备为三套管加热器，近年来从国外引进的喷射加热装置在低温蒸煮工艺中大有取代三套管加热器之势，其优点是：液化效果好、无噪声、无振动、蒸汽压力需求低，尤其适用于小麦、大米、玉米等粗原料的蒸煮加热。

在实际生产中，无论采用何种工艺，原料的加热都会引起其组分的变化。例如，在微酸性条件下加热，戊聚糖分解成木糖和阿拉伯糖，木糖进一步分解为糠醛；果胶在高温高压下会形成甲醇，因此，在蒸煮过程中必须严格控制工艺操作。

3）液化糖化

在乙醇生产中，酵母菌不能直接把淀粉转化成乙醇，而是通过糖化酶把淀粉先转化成葡萄糖，然后才能把葡萄糖转化成为乙醇及其他副产物。为了加快糖化酶的作用机会，提高糖化酶水解反应速率，必须用 α-淀粉酶将大分子的淀粉水解成糊精和低聚糖。但是淀粉颗粒的结晶性结构对酶作用的抵抗力强，例如，α-淀粉酶水解淀粉颗粒和水解糊化淀粉的速度约为 1∶20 000。因此，不能直接将淀粉酶作用于淀粉，需要先加热淀粉乳，使淀粉颗粒吸水膨胀、糊化，破坏其结晶结构。

在液化过程中，料浆一般要经过由稀到稠，又由稠到稀的过程。由稀到稠的过程主要是淀粉的糊化过程。它分为预糊化、糊化和溶解三个阶段。当料浆达到黏稠状以后，若继续升温，当温度升至液化酶作用的最适温度时，料浆则会在瞬间变稀。然后继续升温，料浆将继续变稀，直至物料彻底液化。在实际生产中，为了使液化酶的作用最适温度有广谱效应，往往向料浆中加入一定量的氯化钙（一般为 0.15%），使酶在最适作用温度之外仍具活力。

液化的方法多种多样，以水解动力学可分为酸法、酸酶法、酶法及机械液化法；以生产工艺不同分为间歇法、半连续法和连续法；以加酶方式分为一次加酶、二次加酶、三次加酶液化法；以酶制剂耐温性分为中温酶法、高温酶法、中温酶与高温酶混合法等。在乙醇生产中低温蒸煮一般采用高温淀粉酶二次添加法。第一次在拌料池添加所用酶液总量的 1/3，目的是降低料液黏度，便于管道输送；第二次是在二次液化罐加入所用酶液总量的 2/3，液化 30min，碘试合格，液化结束。二次液化操作，可避免因蒸煮温度过高导致的酶液失活现象。

在乙醇生产过程中，必须严格液化程度的控制，液化程度既不能太低，但也不能太高。液化程度低，黏度大，不利于管道输送；同时，液化程度低，料浆易老化，不利于糖化和发酵。葡萄糖淀粉酶的水解过程是酶分子先与底物分子生成络合结构，而后发生水解催化作用，其液化程度高，不利于糖化酶生成络合结构。

糖化就是把由葡萄糖淀粉酶转化成的糊精和低聚糖进一步水解成葡萄糖等可发酵性糖的过程。糖化工艺通常包括间歇糖化工艺和连续糖化工艺两种。间歇糖化工艺主要为小乙醇厂所采用；在现代化的大乙醇厂，均采用连续糖化工艺。在连续糖化工艺中需要控制的工艺指标为：糖化剂用量、糖化温度和糖化时间。糖化酶的一般用量是 170U/g 干物料。由于一般糖化酶的最适作用温度在 60℃左右，所以糖化的温度通常控制在 58～62℃，糖化时间为 30min。在糖化过程中，影响糖化率的因素有糖化剂的选择与用量、糖化温度、糖化的 pH 和糖化时间。

在我国大多数的乙醇厂中，已基本实现了蒸煮连续化，仅部分产量较小的单位仍保存着传统的间歇蒸煮。采用快速高温、高压蒸煮原料，不仅增加能源消耗，而且造成原料中有效成分的损失，有时还会因为猛烈的升温、升压，对设备、仪表、管道产生不利影响，利用率大大降低，甚至还会造成人身、设备事故。

双酶法是指在乙醇生产过程中，在原料中加入 α-淀粉酶和糖化酶．对原料进行液化、糖化，然后再发酵的方法。由于 α-淀粉酶的最适作用温度为 85～92℃，因此采用 α-淀粉酶及糖化酶双酶法蒸煮糖化工艺，可比传统的高温蒸煮糖化工艺温度降低 40℃左右。

在糖化过程中，判断糖化醪质量的方法大多是以测定外观糖度、酸度及还原糖量为标准。如果需要正确的判断糖化醪的质量，除上述三项外，还要测定糖化醪中的葡萄糖与麦芽糖含量，糖化醪中糖化酶的活力，同时做好碘液试验。

在美国，乙醇生产企业大多采用同步糖化发酵工艺。所谓同步糖化发酵工艺，即取消单独的糖化过程，将糖化和发酵两者结合起来，使糖化和发酵同步进行。在乙醇厂，是否必须有糖化工序，是一个颇具争议的课题，其争议的焦点主要集中于同步糖化工艺中的糖化酶所水解的葡萄糖是否能满足酵母菌生长繁殖及新陈代谢所需。

4）发酵

液化和糖化后的醪液在所接入酵母的作用下，将糖分转化成为二氧化碳和乙醇的过程称为发酵。在乙醇发酵过程中，其主要产物是乙醇和二氧化碳，但同时也伴随着 40 多种发酵副产物。按其化学性质分，主要是醇、醛、酸、酯四大类化学物质。在这些物质中，有些副产物的生产是由糖分转化而来的，有的则是由代谢的中间产物衍生而来的。乙醇发酵的目的是将更多的糖分转化成乙醇。

乙醇发酵工艺基本上分为：间歇式发酵、半连续式发酵和连续式发酵。目前，国内绝大多数乙醇厂采用间歇发酵工艺。全世界3/4以上的发酵法乙醇是使用此法生产的。间歇发酵工艺又分为一次加满法、分次添加法、连续添加法和分割主发酵醪法四种。该方法的优点是操作简单，易于管理；但开始时酵母密度低，同时醪液中可发酵性糖的浓度高，影响酵母的生长和发酵速度。半连续发酵是指主发酵阶段采用连续发酵，后发酵阶段采用间歇发酵的方法。连续发酵分为均相连续发酵和梯级连续发酵两大类。利用连续发酵工艺可以节省酒母的培养，提高发酵设备的利用率。在我国，玉米乙醇生产多采用连续发酵法。

自20世纪70年代中期以来，国际上对发酵乙醇生产技术进行了大量的研究，取得了不少意义重大的进展。在乙醇发酵技术上，主要集中在高强度乙醇发酵和细菌发酵两大课题上来。影响酵母菌实现高强度发酵的应激因素主要有培养基质中的葡萄糖浓度；乙醇对酵母菌的抑制作用；酵母细胞的密度；溶解氧浓度的影响等（贾树彪等，2004）。乙醇的真空连续或半连续发酵工艺正是在此基础上发展起来的一种新工艺。此工艺仍停留在实验室水平，在实际生产中仍存在许多问题。

5）蒸馏

蒸馏是利用液体混合物中各组分挥发性能的不同，将各组分分离的方法。它是当前全世界乙醇工业从发酵醪中回收乙醇所采用的唯一的方法。近年来，各种类型的节能蒸馏流程和非蒸馏法回收乙醇方法不断出现，但是，除少数节能型蒸馏工艺外，其他的方法均尚处于试验室或扩大试验阶段。

在乙醇生产中，蒸馏分为粗馏和精馏两部分。粗馏是将乙醇和其他挥发性杂质从成熟醪中分离出来的过程。该过程在粗馏塔中进行，得到的结果是粗乙醇。除去粗乙醇中的杂质，进一步提高乙醇浓度的过程称为精馏。该过程是在精馏塔中进行，精馏的结果得到精馏乙醇。在粗馏塔中，成熟醪中的不挥发性杂质容易和乙醇分离，在粗塔的底部排出称之为酒糟或废糟。在精馏塔中，主要是将粗乙醇中的醇类、醛类、酯类和酸类挥发性杂质除去。从精馏乙醇除去杂质时的动态看，这些杂质可分为头级杂质、中间杂质和尾级杂质三种。比乙醇更易挥发的杂质称为头级杂质。中间杂质的挥发性与乙醇很接近，所以很难分离净。尾级杂质的挥发性比乙醇低，它们在白酒蒸馏的酒尾中呈漂浮状出现，故称杂醇油。

乙醇蒸馏工艺流程的确定与成品乙醇的要求及发酵成熟醪的组成有关。在保证产品质量的前提下要尽可能地节省设备投资与生产费用，并要求管道布置简单，操作方便。根据蒸馏流程的不同，蒸馏分为单塔式蒸馏、双塔蒸馏、三塔蒸馏、五塔蒸馏、多塔蒸馏等几种流程。

我国传统的乙醇蒸馏由单塔蒸馏、两塔式蒸馏和三塔式蒸馏三种流程。单塔式蒸馏适于成品质量与浓度要求不高的工厂。两塔蒸馏是在单塔蒸馏的基础上演变而来，它是把单塔分作两个塔，分别安装，目的是降低塔身高度并获得高浓度乙醇。两塔流程中有气相进塔的两塔流程和液相进塔的两塔流程。三塔蒸馏是两塔蒸馏的改进型，目的是要获得精馏乙醇。目前常见的三塔流程有：粗馏塔一排醛塔一精馏塔；粗馏塔一精馏塔一脱甲醇塔。随着 GB10343—2002 食用酒精质量标准的推出，我国在乙醇蒸馏方面有所改进，目前应用最为广泛的为两塔、三段的乙醇蒸馏工艺。由于传统的蒸馏工艺很难除去头级杂质、中间杂质和尾级杂质等，多塔蒸馏在这种状况下应运而生。采用多塔蒸馏，乙醇质量提高了，但能耗又成为突出的矛盾，因此，蒸馏的节能技术成为人们研究的重点问题。

近年来，我国从国外引进差压蒸馏节能新技术，通过增设中间再沸器和中间冷凝器、多效蒸馏（差压蒸馏）、热耦合蒸馏和热泵蒸馏等，将传统的吨乙醇 99.5%(V/V) 蒸馏耗汽由 3.4t 降至目前的 2.38t。

6）脱水

无水乙醇又称绝对乙醇，它是含水量较少的一种乙醇。无水乙醇在国民生产中占有很重要的地位。例如，无水乙醇与汽油混合形成稳定的混合物，俗称汽油醇，可作内燃机的燃料；可以作为医药、农药以及油脂方面的溶剂等。

无水乙醇的制作与一般乙醇的制作方法不同，它不能采用普通的精馏方法精馏出来。采用普通的精馏方法所制得的乙醇，其乙醇含量不大于 95.57%（质量分数）。因为在常压条件下，水与乙醇形成共沸混合物。因此，为了提高乙醇浓度，去除多余的水分，则需要特殊的方法才能完成。这种用特殊方法除去乙醇中多余水分的过程称为脱水。乙醇脱水的方法多种多样，目前常用的有以下几种：生石灰法、盐脱水法、萃取蒸馏法、分子筛脱水、真空蒸馏法、淀粉吸附法、蒸馏和膜脱水结合法、离子交换柱脱水法、恒沸精馏法等。其中，燃料乙醇生产常用的由分子筛脱水法和淀粉吸附法两种。

分子筛脱水法是利用可以吸附普通乙醇中水分的沸石为分子筛，将分子筛装入塔中，当 95%～96%(V/V) 乙醇通过该塔时，被吸附的 3/4 是水，1/4 是乙醇，当该分子筛塔被水分饱和后，转入另一个新塔中，同时将饱和塔再生，回收排出液流中的乙醇的一种脱水方法。

淀粉吸附法是目前国内外生产无水乙醇的新方法。它利用淀粉做吸附剂去除乙醇中的水分，此法在常压下进行，能耗较共沸精馏、分子筛吸附要低。作为吸附剂的淀粉可以是玉米粉、马铃薯淀粉、玉米淀粉等，其中，玉米淀粉对乙醇蒸气的吸水、脱水和玉米粉再生过程都十分稳定。河南天冠企业集团有限公司年产 30 万吨无水乙醇装置即采用此方法，效果理想。

总之，生产无水乙醇的方法多种多样，在实际生产中，具体采取哪种方法，要根据生产无水乙醇的用途，原材料的供应，设备投资等具体情况而定。

5.3.2.3　纤维素生物质燃料乙醇生产工艺

图 5.8、图 5.9 和图 5.10 是三种纤维质原料生产燃料乙醇的基本流程，其中的每一步中都可能有不同的选择。下面对此作一些简单的介绍。

美国国家可再生能源实验室（National Renewable Entrgy Laboratory，NREL）开发的稀酸预处理-酶解发酵工艺（图 5.8）。首先，秸秆经研磨后加入预处理反应器，在 190℃和 111%硫酸中，约有 90%的半纤维素转化为木糖，从反应器出来的物质经冷却、分离，液体部分加过量石灰除去有害的发酵抑制物；然后，向预处理后的固体产物中加入纤维素酶，使固体物浓度达 20%，再在糖化反应器中 65℃停留 36h，约 90%的纤维素转化为葡萄糖；糖化醪冷却至 41℃，送入发酵反应器，采用细菌 *Z. mobilis* 的基因工程菌，进行连续厌氧发酵；发酵完成后乙醇浓度达到 5.17%，最后经蒸馏和分子筛吸附从粗发酵液中回收乙醇生成纯度为 99.15%的乙醇。玉米秸秆生产乙醇的总产率是 375L/t。蒸馏塔底排出物中含有水、木质素和其他有机物，经过滤得到的湿木质素和其他有机副产物可以燃烧产生蒸汽或用于发电。但这需要约 2000 万美元或更多的投资。研究显示，虽然纤维素乙醇的原料成本大大低于淀粉制备的乙醇，但由于其加工过程复杂，设备投资大，其低原料成本被高昂的酶成本、劳动力成本、水电成本和设备投资减值等抵消。所以木质纤维素燃料乙醇的成本要明显超过淀粉制备的乙醇。

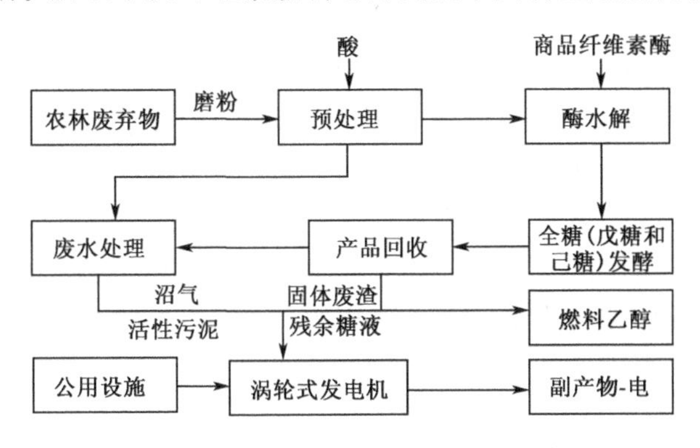

图 5.8　NREL 木质纤维乙醇工艺示意图

1）纤维质原料的预处理

不管采用何种纤维质原料制备乙醇的工艺，预处理总是需要的。生物质预处理是指溶解或分离纤维素 4 种主要成分中的一种或几种如纤维素、半纤维素、木质素和其他可溶性物质，使剩余的固体物质更易用化学或生物方法水解。它主要

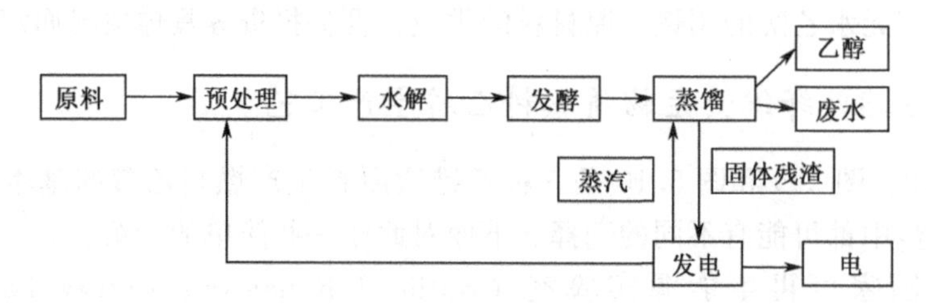

图 5.9　Iogen 公司纤维燃料乙醇生产工艺流程

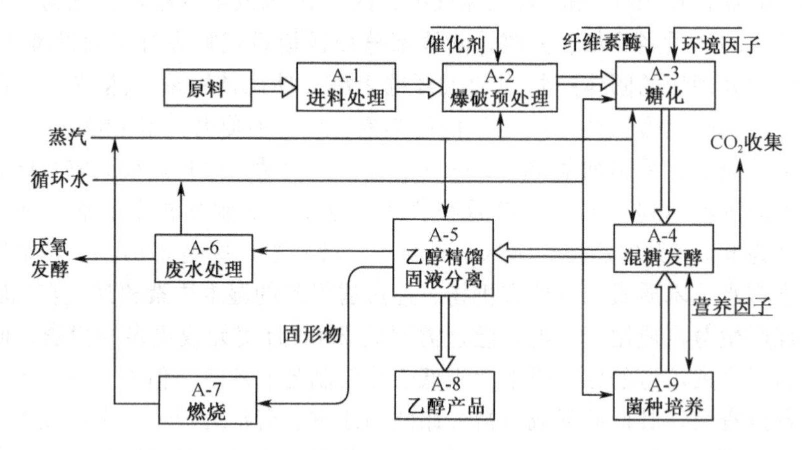

图 5.10　河南农业大学/新乡中科燎原生物能源有限公司纤维燃料乙醇工程路线

包括原料的清洗和机械粉碎。原料的粒度越小，它的比表面积越大，也越有利于催化剂和蒸汽的传递。不同的水解工艺对原料粉碎的要求不同，文献中建议的粒度大小从 1～3mm 到几厘米。通过切碎可使原料粒度降到 10～30mm，而碾磨后更可达到 0.2～2mm。粉碎生物质原料所需能耗较大。据报道，在高的粒度要求下，用于原料粉碎的能耗可占到过程总能耗的 1/3。预处理的方法有很多，包括化学法、物理法和生物法等，但目前常用的有：蒸汽爆破法、湿氧化法、酸处理法等。

2）水解工艺

水解是破坏纤维素和半纤维素的氢键，将其降解成可发酵性糖：戊糖和己糖。木质纤维素的水解工艺主要有浓酸水解、稀酸水解和酶水解，它们有不同的作用机理。浓酸水解在 19 世纪即已提出，它的原理是结晶纤维素在较低温度下可完全溶解在硫酸中，转化成含几个葡萄糖单元的低聚糖。把此溶液加水稀释并加热，经一定时间后就可把低聚糖水解为葡萄糖。浓酸水解的优点是糖的回收率高（可达 90%以上），可以处理不同的原料，相对迅速（总共 10～12h），水解后的糖降解较少。但对设备要求高，且酸必须回收。

稀酸水解的机理是溶液中的氢离子可和纤维素上的氧原子相结合，使其变得不稳定，容易和水反应，纤维素长链即在该处断裂，同时又放出氢离子，从而实现纤维素长链的连续解聚，直到分解成为最小的单元葡萄糖。稀酸水解工艺较简单，原料处理时间短。但糖的产率较低，且会产生对发酵有害的副产品。但近年来的研究表明，在适当的条件下，可能获得高的糖收率。

酶水解是生化反应，加入水解器的是微生物产生的纤维素酶，酶水解有不少优点。它在常温下进行，微生物的培养与维持仅需较少的原料，过程能耗低；酶有很高的选择性，可生成单一产物，故糖产率很高（大于 95%）；由于酶水解中基本上不加化学药品，且仅生成很少的副产物，所以提纯过程相对简单，也避免了污染。酶水解的缺点是所需时间长（一般要几天），相应反应器的体积就很大。尽管如此，酶解法仍然是诸多水解工艺当中比较理想的一种水解工艺。

蔗渣等纤维素和半纤维素的二段水解基本流程如图 5.11 所示。

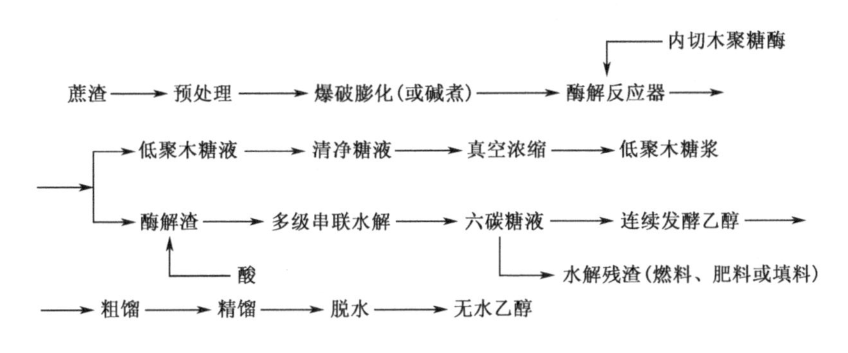

图 5.11　蔗渣二段水解基本流程

两段水解的第一段为半纤维素水解，方法有化学或微生物或物理方法。第一段制低聚木糖方法是：蔗髓（蔗渣糠）等半纤维素降解的方法有采用热水蒸煮、酸水解、微波降解和酶解等。方法是将蔗髓裂解后用热水或稀酸浸泡获木聚糖液，然后加入能分泌内切木聚糖酶的微生物培养液将木聚糖降解为木二糖和木三糖。提取木聚糖阶段称第一段，提取木聚糖后的酶解渣用化学法进行第二段水解，目的是使纤维素降解成葡萄糖等，二段水解获得的葡萄糖液为酸性，用石灰乳中和成硫酸钙，过滤得清净糖液。如果是与糖蜜混合发酵可以提高糖液浓度和节省中和用石灰，水解液含的酸可供糖蜜酸化，一举多得。最好是与糖蜜混配后通入无菌空气以增加溶解氧和除去可挥发的醛类物质。

Hamelinck 等（2005）比较了上面三种水解工艺的特点，所得结果如表 5.13 所示。

表 5.13 三种纤维素水解工艺的比较

水解工艺	药剂	温度/℃	时间	葡萄糖产率	可用时间
稀酸水解	1%硫酸	215	3min	50%～70%	现在
浓酸水解	30%～70%硫酸	40	2～6h	90%	现在
酶水解	纤维素酶	70	1.5 天	75%～95%	现在到 2020 年

3）发酵工艺

葡萄糖的发酵已经是非常成熟的工艺，但木质纤维素类原料制乙醇工艺中的发酵和以淀粉或糖为原料的发酵有很大不同，这主要表现在以下两点。一是纤维质水解糖液中常含有对发酵微生物有害的组分，包括低相对分子质量的有机酸、呋喃衍生物、酚类化合物和无机物。大部分有害组分来自纤维素和半纤维素预处理和水解中产生的副产品；二是水解糖液中含有较多的木糖。为此，出现了一系列的水解液净化工艺，并开发出了能发酵五碳糖的微生物。近年来通过基因改良的酵母或细菌已经能利用水解液中全部五种糖，并出现了把酶水解和发酵结合在一起的工艺。

以纤维生物质为原料的燃料乙醇生产，其蒸馏脱水过程和淀粉质类和糖质原料的蒸馏脱水过程基本相同，只不过以生物质为原料制得的醪液中乙醇浓度较低，一般不超过 5%(*V*/*V*)，所以能耗比较高。在此不再赘述。

5.3.3 发酵装备

5.3.3.1 淀粉质原料的粉碎

加热蒸煮时，如果采用间歇蒸煮，原料可以不经粉碎，直接蒸煮。但是，由于间歇蒸煮设备利用率低，只相当于连续蒸煮的1/2～3/4，且劳动强度较大，生产效率低、占地面积大、蒸汽消耗量大，因此间歇蒸煮已逐渐被连续蒸煮所取代。若用连续蒸煮，原料在蒸煮前必须经过粉碎，将原料粉碎成 0.6～1.5mm 的颗粒后，进行蒸煮，才能使原料实现连续工艺的要求。

1）锤式粉碎机

原料在粉碎前必须通过严格的除杂处理，以防止废铁等杂质进入粉碎机内，减小对机件的磨损，避免烧坏电机、毁坏筛网。常用的除杂方法有磁力除杂、人工除杂和风送、风选等。目前较为广泛采用的粉碎机是锤式粉碎机（图 5.12）（章克昌，1995)，它具有较好的粉碎性能，在乙醇生产中，中等硬度的原料粉碎效果很好。

当采用锤式粉碎机对原料进行一次性粉碎时。筛孔直径不得大于 3mm 和小于

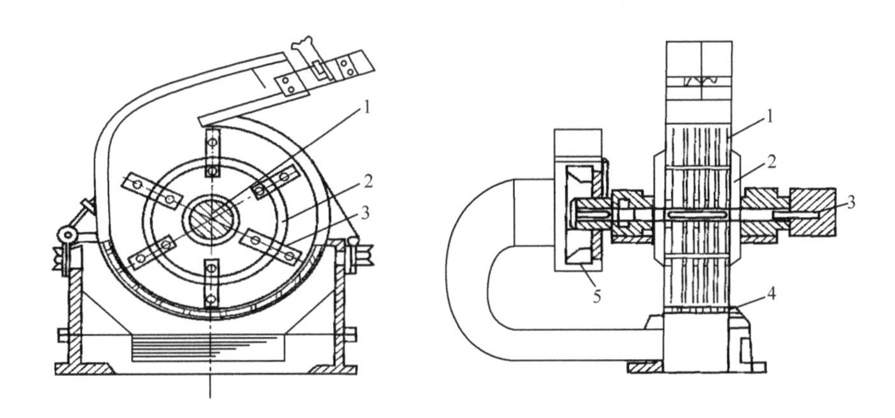

图 5.12 锤式粉碎机的一般形式

1. 轴；2. 转鼓；3. 锤刀；4. 栅栏；5. 抽风机

1mm，过大的直径会引起原料吸水膨胀慢，影响糊化效果；过小则耗电量增大，同时又容易阻塞筛孔造成粉碎效率低等问题，常采用 1.5～2.5mm 筛孔为宜。

2）辊式粉碎机

辊式粉碎机广泛用于破碎黏性和湿物料块，常用的有两辊式（图 5.13）（郑裕国等，2004）、四辊式、五辊式和六辊式等。

5.3.3.2 原料的输送

在目前的乙醇生产中，输送方式主要有两种：一种是机械输送，利用机械运动输送物料；另一种是气流输送，借助风力输送物料。

1）机械输送

连续机械输送设备种类繁多，目前主要有带式输送机、斗式提升机、刮板输送机、螺旋输送机等类型。

带式输送机是连续输送机中效率最高、使用最普遍的一种机型，它可用来输送散粒物品和块状物品。带式输送机的主要构件包括输送带、鼓轮、张紧装置、支架和托辊等，有的还附有加料斗和中途卸载设备。带式输送机的示意如图 5.14 所示（章克昌，1995）。

斗式提升机是将物料连续地由低的地方提升到高的地方的运输机械，其输送的物料为粉末状、颗粒状或块状，如大米、谷物、薯类等。斗式提升机的构造如图 5.15 所示（章克昌，1995）。

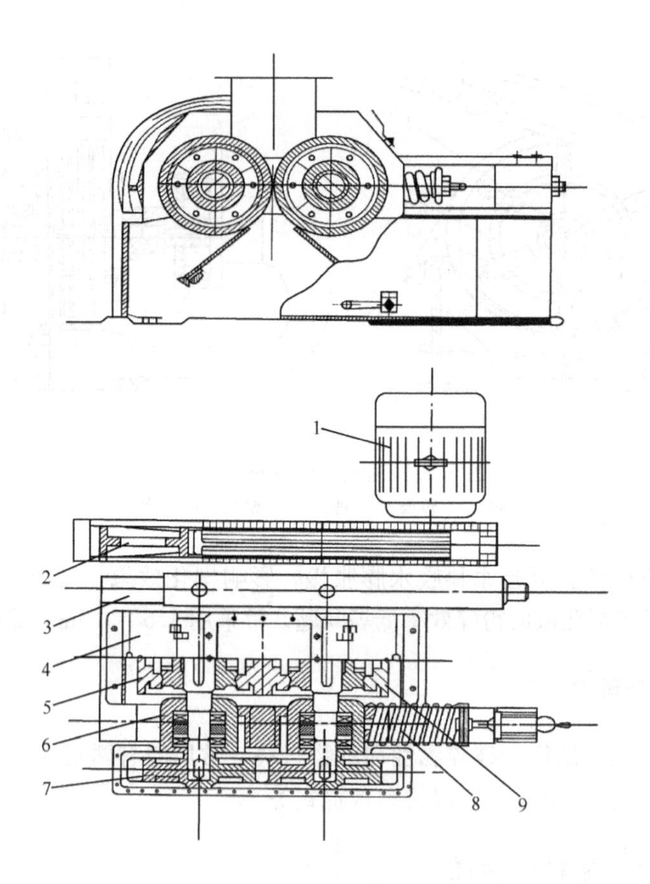

图 5.13 两辊式粉碎机

1. 电动机；2. 三角皮带传动装置；3. 机架；4. 安全罩；5. 固定破碎辊筒；6. 滚动轴承座；7. 加长齿轮；8. 保险弹簧；9. 可移动粉碎辊筒

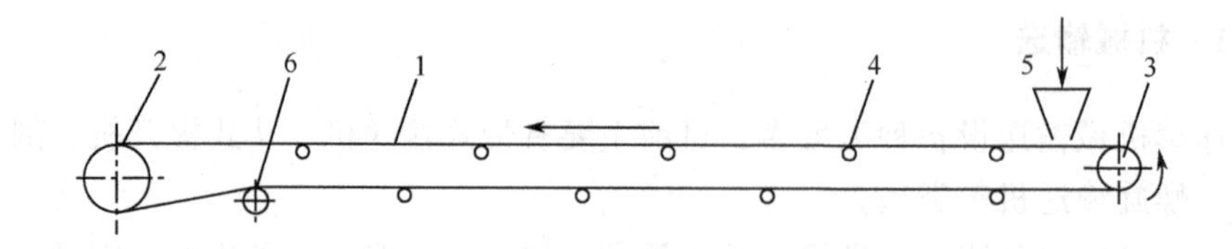

图 5.14 带式输送机

1. 输送带；2. 主动轮；3. 从动轮；4. 托辊；5. 加料斗；6. 张紧装置

螺旋输送机的结构简单，它是由一个旋转的螺旋和料槽以及传动装置构成的，如图 5.16 所示（郑裕国等，2004）。螺旋输送机的优点在于结构简单、紧凑、外形小，便于进行密封，特别适用于输送尘状物料。

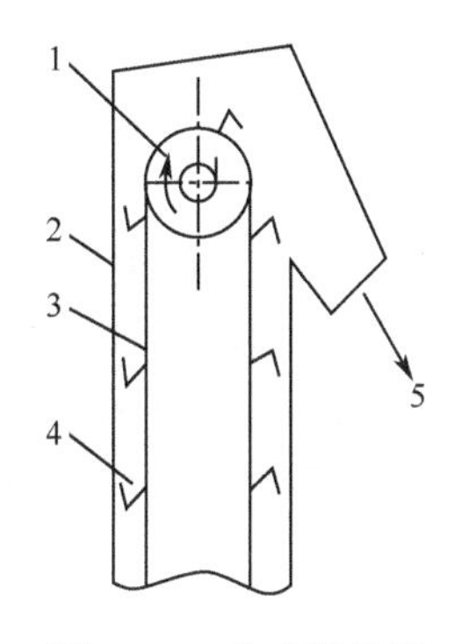

图 5.15 斗式提升机

1. 主动轮；2. 机壳；3. 带；
4. 斗子；5. 卸料

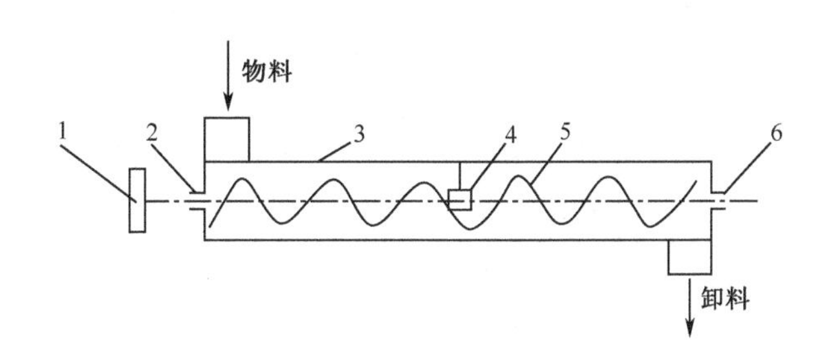

图 5.16 螺旋输送机

1. 皮带轮；2，6. 轴承；3. 机槽；4. 吊架；5. 螺旋

2）气流输送

气流输送就是采用风力输送，它是利用风机产生的气体在管道中高速流动，借助风力将粉碎后的粉末原料送入拌浆桶内。其主要部件包括进料装置、物料分离装置、空气除尘装置、风机等。

进料装置如旋转加料器广泛用于在中、低压的气力装置中，结构如图 5.17 所示，主要由圆柱形的壳体和壳体内的叶轮组成（陈坚等，2004）。

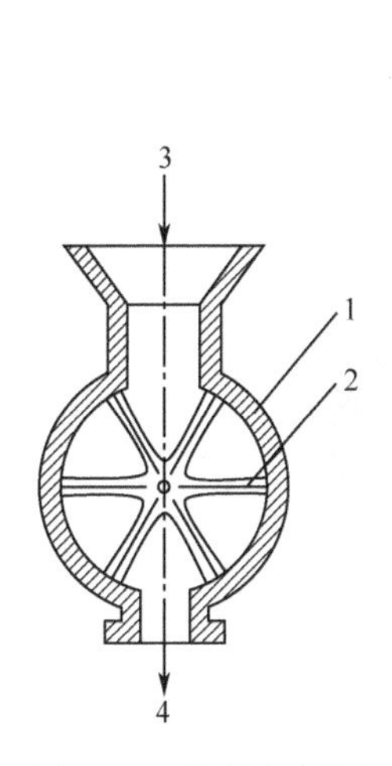

图 5.17 旋转加料器

1. 外壳；2. 叶片；
3. 入料；4. 出料

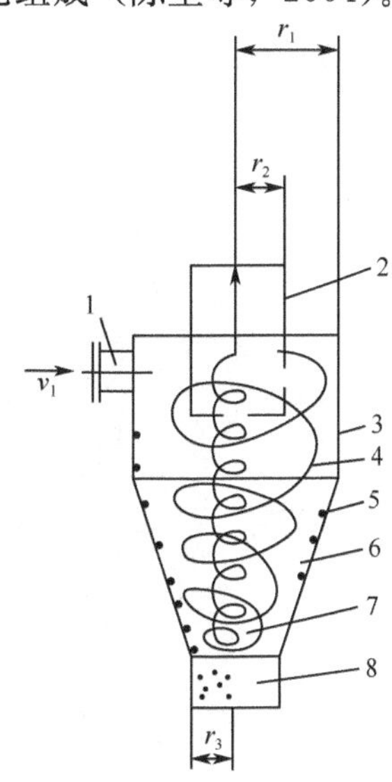

图 5.18 旋风分离器

1. 入口管；2. 排气管；3. 圆筒体；4. 空间螺旋线；
5. 较大粒子；6. 圆锥体；7. 反螺旋线；8. 卸料口

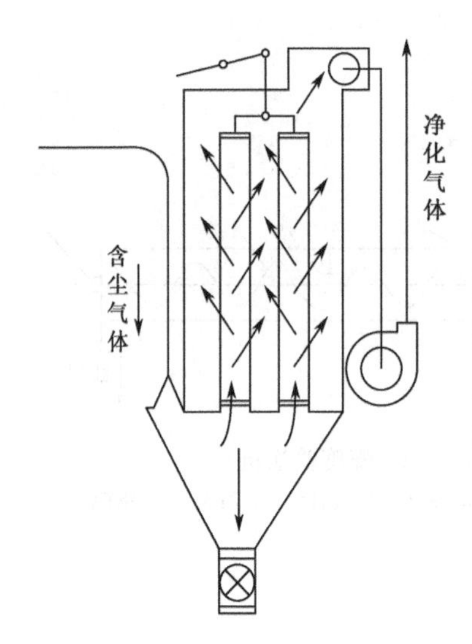

图 5.19　袋式除尘器

物料分离装置如旋风分离器是利用离心力来分离捕集物料的装置，结构简单，制造方便，如图 5.18 所示（陈坚等，2004）。

空气除尘装置如袋式除尘器是利用织物袋子将气体中的粉尘过滤出来的装置，其结构如图 5.19 所示（郑裕国等，2004）。含尘气流由进气口进入，穿过滤袋，粉尘被截留在滤袋内，从滤袋透出的清净空气通过滤袋由排气管排出，袋内粉尘借振动器振落到下部排出。

5.3.3.3　淀粉质原料的蒸煮和糖化

1）低温连续蒸煮液化

利用喷射器的液化方法称为喷射液化法，效果好，应用较多。喷射液化器的构造有不同的设计，要点是蒸汽直接喷射入淀粉乳薄层，使淀粉糊化、液化。图 5.20 为两种不同喷射液化器的构造示意图（郑裕国等，2004）。A 为蒸汽进口，B 为混有液化酶的淀粉乳进口。先通蒸汽入喷射器预热到 80～90℃，再用移位泵将淀粉乳打入，蒸汽喷人淀粉乳的薄层，引起糊化、液化。使用蒸汽压力为 390～588kPa。蒸汽喷射产生的湍流使淀粉受热快而均匀，黏度降低很快。液化的淀

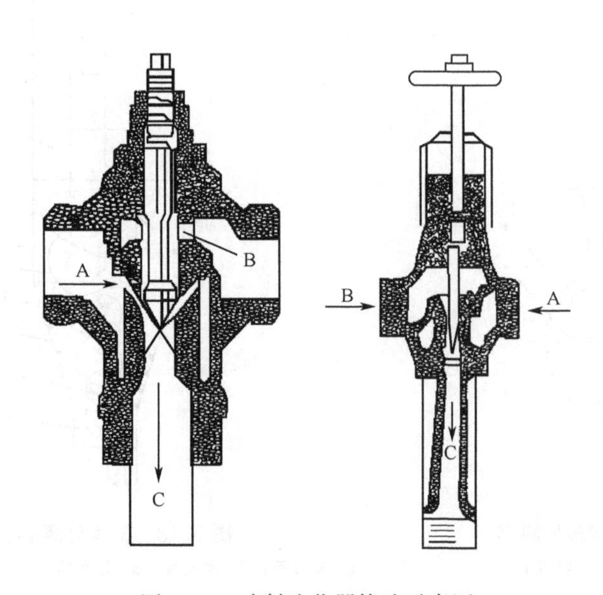

图 5.20　喷射液化器构造示意图

粉乳由喷射器下方卸出，引入保温桶中在85～90℃保温约40min，达到需要的液化程度（图5.21）（郑裕国等，2004）。此法的优点是液化效果好，蛋白质类杂质的凝结好，糖化液的过滤性质好，设备少，适于连续操作（沈永利，1999）。

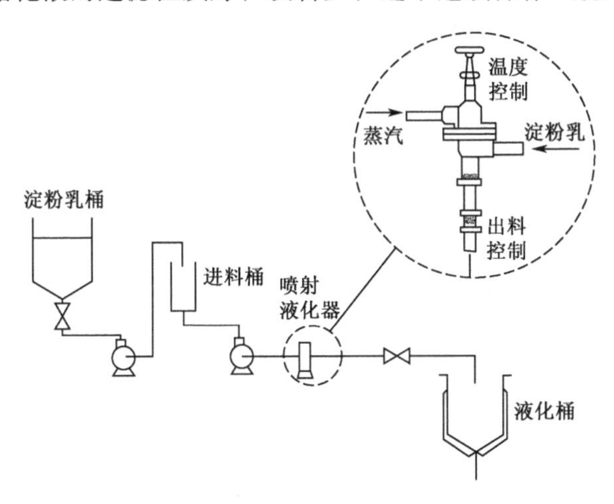

图5.21　喷射液化设备流程

2）连续糖化

连续糖化罐（图5.22）和连续糖化工艺（图5.23）的作用是连续地把糊化醪与液体曲、麸曲、曲乳或糖化酶（酶制剂）混合，在一定温度下维持一定时间，保持流动状态，以利于酶的活动（郑裕国等，2004）。

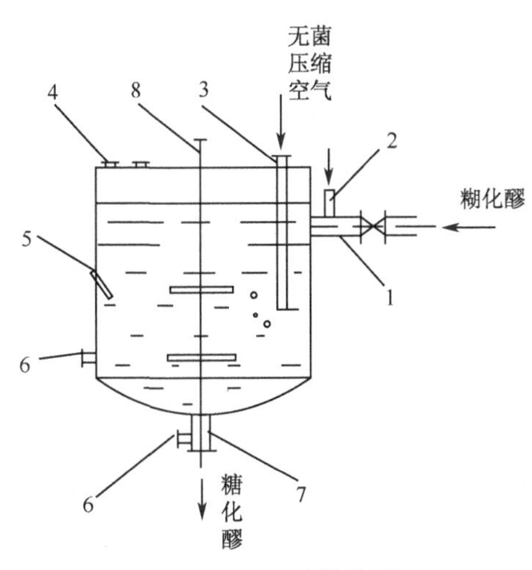

图5.22　连续糖化罐

1. 糊化醪进管；2. 水和液体曲或曲乳或糖化酶入口；3. 无菌压缩空气管；4. 人孔；5. 温度计测温口；6. 杀菌蒸汽进口管；7. 糖化醪出口；8. 搅拌器

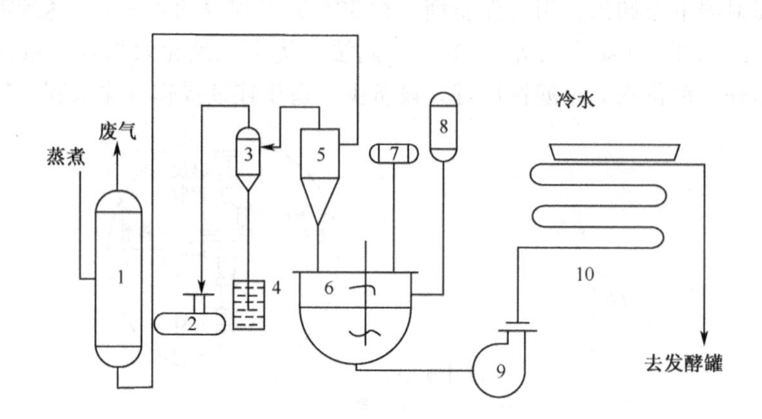

图 5.23 连续糖化工艺流程

1. 后熟罐；2. 真空罐；3. 混合冷凝器；4. 水密封池；5. 真空蒸发罐；6. 糖化锅；7. 硫酸罐；8. 液曲罐；9. 转料泵；10. 喷淋冷却器

液化结束后，迅速将液化醪液用酸调 pH 至 4.2～4.5，同时迅速降温至 60℃，然后加入糖化酶，60℃下保温数小时，用无水乙醇检验无糊精存在后，将料液 pH 调至 4.8～5.0，同时加热到 90℃，保温 30min，然后将料液温度降到 60～70℃，开始过滤，滤液进入储糖罐备用（鲁峰林等，2007）。

图 5.24 为双酶法工艺流程（郑裕国等，2004）。

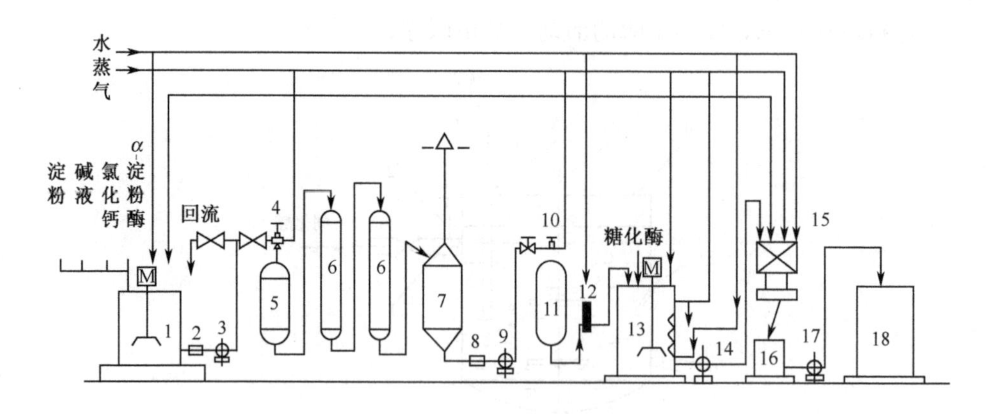

图 5.24 双酶法工艺流程

1. 调浆配料罐；2，8. 过滤器；3，9，14，17. 泵；4，10. 喷射加热器；5. 缓冲器；6. 液化层流罐；7. 液化液储槽；11. 灭酶罐；12. 板式换热器；13. 糖化罐；15. 压滤机；16. 糖化暂储槽；18. 储糖槽

5.3.3.4 纤维素和半纤维素的预处理和水解

1）蒸汽爆破法

采用蒸汽膨胀爆破方法（图 5.25）较用碱煮省化学试剂，不用耗碱和中和用酸，并减少酶解液中无机盐所造成的污染。该法是用蒸汽将原料加热至 200～240℃，维持 30s 至 20min 的高温高压造成木质素的软化，然后快速给原料减压，造成纤维素晶体与纤维束之间的爆裂，使木质素和纤维素二者分开来（辛芬等，2006）。

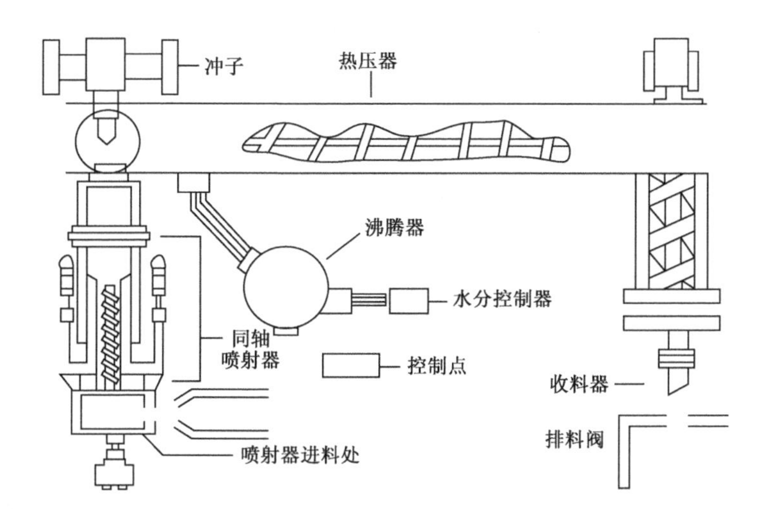

图 5.25 蔗渣蒸汽裂解膨化流程示意图

2）纤维生物质稀酸水解

稀酸水解（图 5.26）（辛芬等，2006）一般采用 0.3%～3%的稀硫酸，先在低温中从半纤维素中获得大量的糖，然后用高温使纤维素水解为六碳糖，但应该注意的是稀酸水解很容易产生大量的副产物。还有一种就是用 70%的浓硫酸对纤维素、半纤维素进行水解。虽然浓硫酸水解时，糖的回收率较高，副产物也较少，但由于要对浓硫酸进行回收处理，故而增加了工艺的复杂程度。

图 5.27 显示的是蔗渣连续水解的基本装置（郑裕国等，2004）。

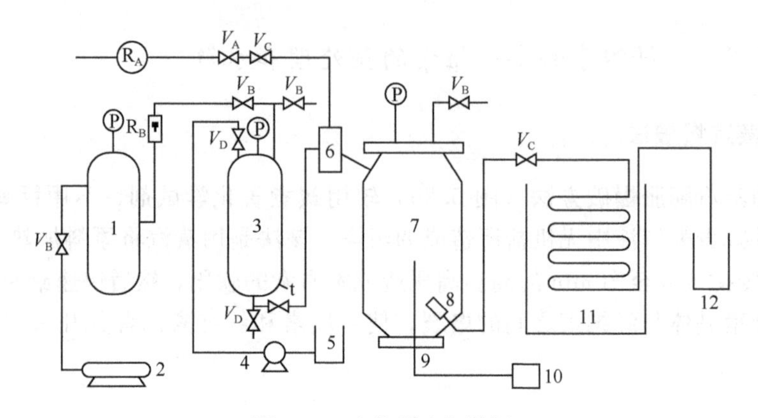

图 5.26　生物质水解装置

1. 气体缓冲器；2. 空气压缩机；3. 酸槽；4. 耐腐蚀泵；5. 储槽；6. 混合器；
7. 水解反应器；8. 过滤器；9. 热电偶；10. 温度显示仪；11. 换热器；12. 产品接收槽
V_A：一次蒸汽余汽体积　V_B：一次蒸汽体积　V_C：水体液体积　V_D：发酵尾气体积

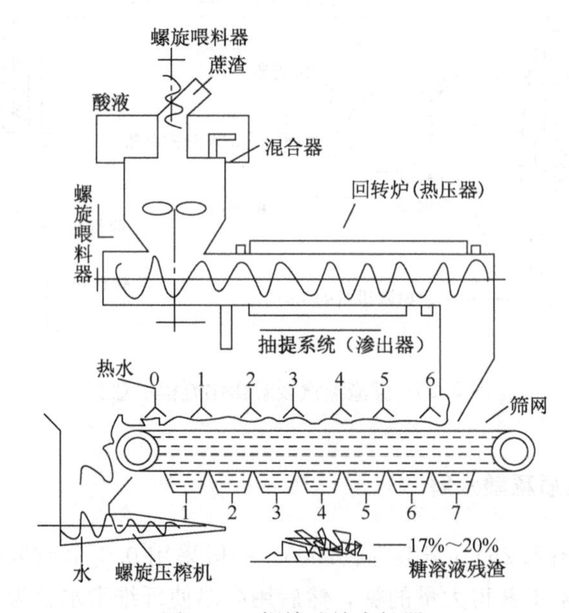

图 5.27　螺旋连续水解器

5.3.3.5　糖蜜原料的稀释与澄清

糖蜜是糖厂的一种副产品，里面含有大量的可发酵性糖，这些糖分在目前制糖工业技术或经济核算上不能或不宜回收。糖蜜是一种非结晶糖分，因其本身含有相当数量的可发酵性糖，无需糖化，因此是发酵乙醇的良好原料。由于原糖蜜的浓度一般都在 80Bé 以上，胶体物质和灰分多，产酸细菌多，所以需要进行稀释、酸化、灭菌、澄清等处理过程。

糖蜜稀释器

图 5.28 为水平式糖蜜连续稀释器，其为圆筒形水平管，沿管长装置若干隔板和筛板，分为若干部分（辛芬等，2006）。为了使糖蜜与水很好地混合，隔板上的孔上下交错配置，改变糖液的流动形式。为使糖蜜容易流出，稀释器安装时，通常出口的一端向下倾斜。这种稀释器的混合效果较好，没有搅拌器，节省动力（章克昌，1995）。

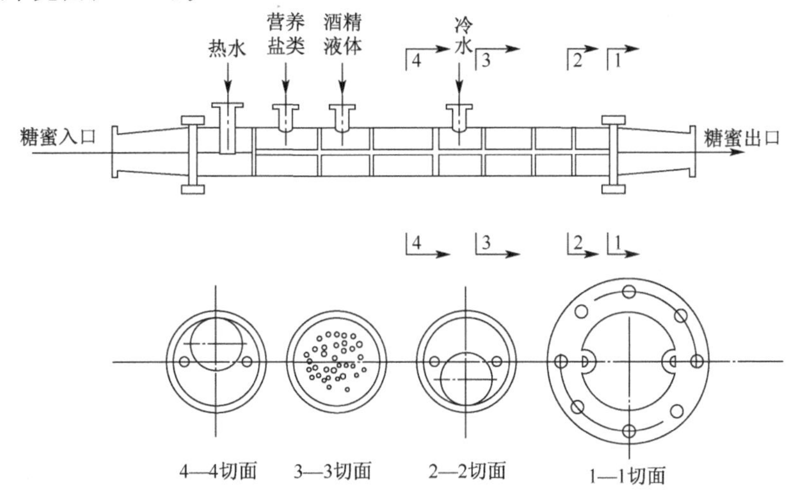

图 5.28 水平式糖蜜连续稀释器

立式糖蜜连续稀释器为圆筒形器身，上、下封头为锥形，如图 5.29 所示（辛芬等，2006）。稀释器总高度为 1.5m，用 4～5mm 钢板制成，酒母醪稀释器最好用铜或不锈钢制成。该器的下部有两个连接管：一个进糖蜜，另一个进热水，流过最下边的一个中心有圆形孔的隔板后又进入冷水与糖液混合。

5.3.3.6 乙醇发酵设备

1）对乙醇发酵罐的要求

（1）及时移走热量。在乙醇发酵过程中，酵母将糖转化为乙醇，欲获得较高的转化率，除满足生长和代谢的必要工艺条件外，还需要一定的生化反应时间。在生化反应过程中将释放出一定数量的生物热。若该热量不及时移走，必将直接影响酵母的生长和代谢产物的转化率。

（2）有利于发酵醪的排出。

（3）便于设备的清洗，维修。

（4）有利于回收二氧化碳。

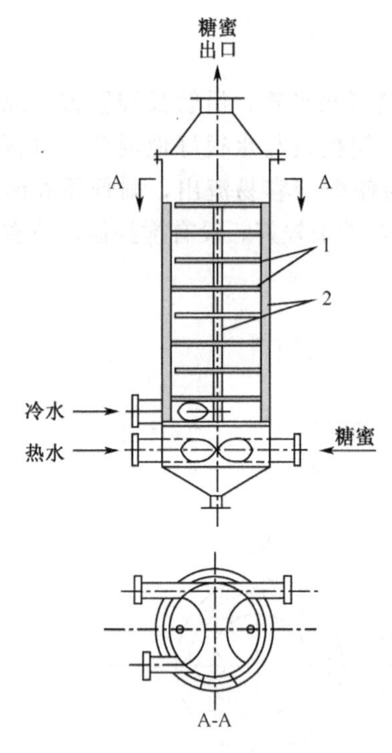

图 5.29　立式糖蜜连续稀释器

1. 隔板；2. 固定杆

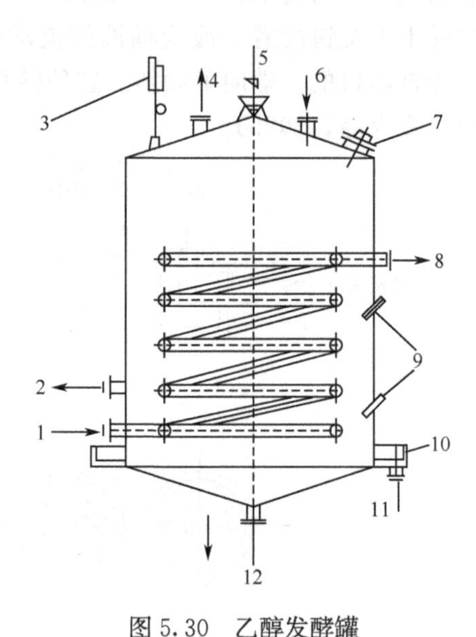

图 5.30　乙醇发酵罐

1. 冷却水入口；2. 取样口；3. 压力表；4. CO_2 气体出口；5. 喷淋水；6. 料液及酒母入口；7. 人孔；8. 冷却水出口；9. 温度计；10. 喷淋水收集槽；11. 喷淋水出口；12. 发酵液及污水排出口

2）乙醇发酵罐的结构

(1) 罐体。罐体为圆柱形，底盖和顶盖为锥形和椭圆形。为了回收二氧化碳气体及其所带出的部分乙醇，发酵罐宜采用密闭式。罐顶装有人孔、视镜、二氧化碳回收管、进料管、接种口、压力表及测量仪表接口管等。罐底装有排料口和排污口，罐身上下部有取样口和温度计接口，对于大型发酵罐，为了便于维修和清洗，往往需在罐底装有人孔，如图 5.30 所示（章克昌，1995）。

(2) 换热装置。换热装置，对于中小型发酵罐，多采用罐顶喷水淋于罐外壁面进行膜状冷却；对于大型发酵罐，罐内装有冷却蛇罐，和罐外壁喷洒联合冷却装置；为避免发酵车间的潮湿和积水，要求在罐体底部沿罐体四周装有集水槽。近年来，由于冷却器技术的进步，特别是宽通道抗堵型板式换热器的推广，冷却装置设置在发酵罐外的越来越多，发酵醪液采用泵送入冷却器中冷却后返回到发酵罐中，这样更便于发酵罐的清洗和灭菌［舒瑞普板式换热器（北京）有限公司，2007]。

（3）洗涤装置。乙醇发酵罐的洗涤，过去均由人工操作，不仅劳动强度大，而且二氧化碳一旦未彻底排除．工人入罐清洗会发生中毒事故。因此，采用水力喷射洗涤装置，可以改善工人的劳动条件和提高操作效率。水力洗涤装置如图 5.31 所示（章克昌，1995）。

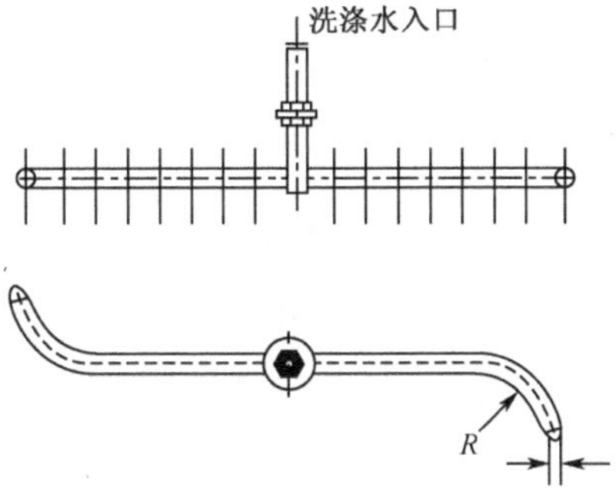

洗涤水入口

R

图 5.31　发酵罐水力洗涤器

R代表导管半径

5.3.3.7　燃料乙醇蒸馏

根据产品的质量要求，又有单塔、两塔、三塔及多塔（三塔以上）的蒸馏。目前用于燃料乙醇生产的蒸馏要求较高，需要达到无水乙醇的要求，一般采用多塔蒸馏。即在三塔式蒸馏流程（粗馏塔、排醛塔、精馏塔）的基础上，增加除杂醇油塔、排甲醇塔、脱水塔。

1）三元恒沸法生产无水乙醇

生产工艺流程如图 5.32 所示（刘宗宽等，2003）。体积分数为 95%的乙醇水溶液从储罐经泵、转子流量计，进入预热器加热至沸点，再进入恒沸精馏塔，在夹带剂苯的作用下，料液在塔中精馏，塔顶为三元恒沸物，经冷凝器冷凝后一部分进入分层器，分层器上层为富苯液，回流到塔内，下层液体作为乙醇回收塔的回流，塔釜得到质量分数 99.9%的无水乙醇。冷凝液的另一部分直接进入主

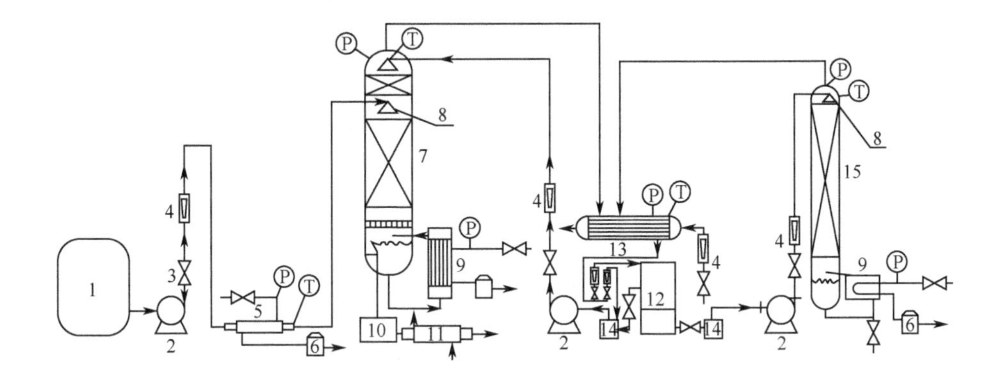

图 5.32　三元恒沸法生产无水乙醇工艺流程

1. 原料乙醇储罐；2. 离心泵；3. 阀门；4. 转子流量计；5. 套管换热器；6. 疏水器；7. 恒沸精馏塔；8. 液体分布器；9. 再沸器；10. 产品罐；11. 套管换热器；12. 分层器；13. 冷却器；14. 储液罐；15. 回收塔

塔顶回流。在分层器下层的液体为富水层进入储罐，用泵将液体送至回收塔顶部，在塔内进行精馏，塔顶蒸汽进入冷凝器，冷凝成液体进入分层器，塔釜用间接蒸汽加热（刘宗宽等，2003）。

2）分子筛法无水乙醇

无水乙醇分子筛吸附脱水装置（图 5.33）要求毗邻乙醇精馏脱水装置，吸附脱水原料来自乙醇精馏脱水装置的精塔顶的乙醇浓度接近共沸组成的高浓度乙醇蒸气，直接进入分子筛气相吸附装置，脱去乙醇中残余的水分，得到无水乙醇产品；吸附剂再生过程产生的富含水的乙醇溶液，俗称淡酒，返回乙醇精馏脱水装置，回收其中的乙醇。该气相进料工艺蒸汽消耗较少，1t 无水乙醇产品的分子筛吸附脱水过程增加蒸汽消耗 0.7t 左右，淡酒产生量约为无水乙醇的 30%。由于不引进第三种溶剂，其生产过程为绿色清洁生产工艺（常秀莲，2001）。是目前燃料乙醇和无水乙醇生产企业采用的主流技术。

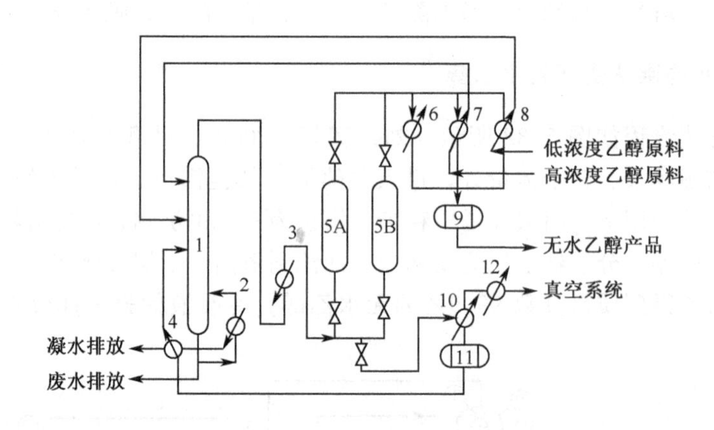

图 5.33　分子筛法无水乙醇流程图

1. 乙醇回收塔；2. 再沸器；3. 加热器；4. 淡酒预热器；5A 或 5B. 吸附器或脱附器；6，7，8. 产品冷凝器；9. 无水乙醇产品罐；10. 淡酒冷凝器；11. 淡酒罐；12. 淡酒后冷凝器

3）生物质吸附无水乙醇

先采用普通精馏法得到 75%～90%(*m*/*m*) 的乙醇溶液后，再采用生物质吸附剂对该溶液进行吸附，结果得到了高浓度的乙醇。淀粉质、纤维素质等生物质对水均有一定的选择吸附性，通过对比又以淀粉类生物质如玉米粉等吸附效果最好。吸附饱和后，采用惰性气体再生吸附剂床层（张久恺和刘大中，1998）。

生物质吸附技术操作条件温和（80～100℃），蒸汽消耗低（如果是蒸馏塔酒气直接过来的话，几乎不消耗蒸汽），淡酒产生量少（为无水乙醇量的 5%～

10%）。目前美国 ADM 公司和我国河南天冠企业集团有限公司主要采用这种技术用于乙醇脱水（马晓建等，2006）。

4）膜分离技术在无水乙醇生产中的应用

用渗透汽化法生产乙醇（图 5.34）在实际应用中研究得比较多（常秀莲，2000）。通常是将发酵液经过普通精馏浓缩至乙醇含量为 80%～92%，然后再通过膜组件，进一步脱水，得到浓度为 99.8%以上的无水乙醇。首先用普通精馏法获得乙醇-水溶液，然后将其作为被分离混合物用泵连续送入加热系统，被加热的料液流入膜组件，料液从膜的一侧通过，另一侧抽成真空或用惰性气体吹扫，在膜的两侧形成分压差。所选用的膜是亲水性膜，在膜两侧组分分压的作用下，乙醇-水溶液中的水从料液侧透过膜进入透过侧。透过蒸汽在冷凝系统中被冷凝，不凝气体被真空泵抽出放空。惰性气体吹扫法能降低膜下游侧透过气体的分压，透过的蒸汽被载体带到冷凝器内（常秀莲，2000）。

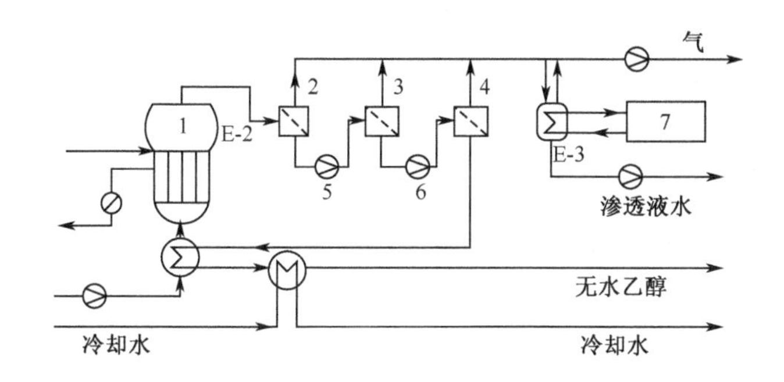

图 5.34　乙醇脱水的装置流程图

1. 膜蒸发器；2，3，4. 膜组件；5，6. 冷却系统；7. 蒸汽压缩机；E. 浓缩液

5.3.3.8　燃料乙醇整合工艺流程图

纤维乙醇

图 5.35 是河南农业大学以农作物秸秆为原料的年产 300t 纤维燃料乙醇的工艺流程图，工程已经在 2007 年 12 月 20 日竣工投产，实现了 6 个月的无间断运行。

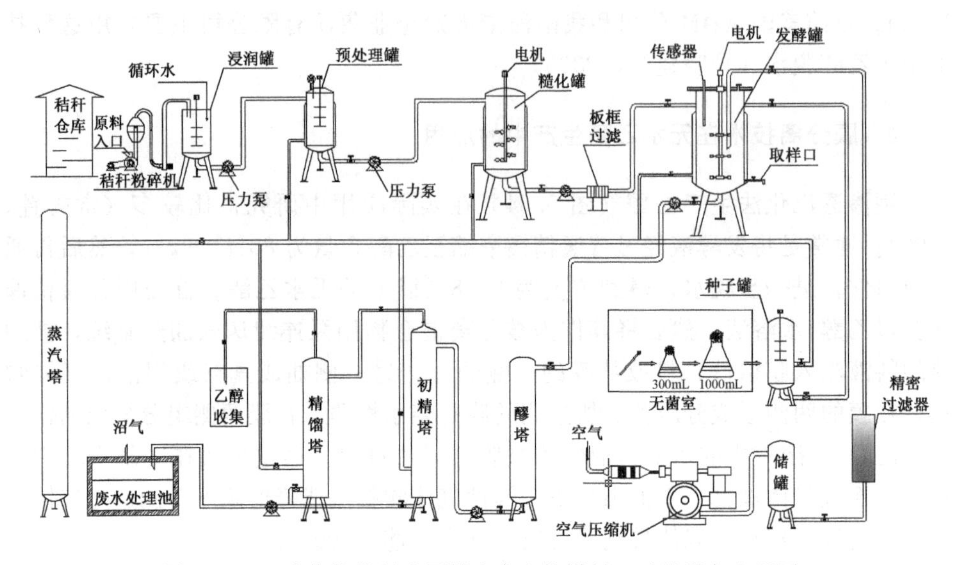

图 5.35　以农作物秸秆为原料生产生物燃料乙醇的设备流程图

5.3.4　综合利用

5.3.4.1　燃料乙醇生产中的原料综合利用技术

1）小麦为原料生产燃料乙醇的产品综合开发

我国是小麦生产大国，从 1995 年起，每年小麦产量稳定在 1.0 亿吨左右。河南省天冠集团从河南省小麦主产区（年小麦产量在 3000 万吨以上）实际出发，2000 年实施燃料乙醇项目，该项目以陈化小麦为原料，实施燃料乙醇转化。小麦的初加工选择了先分离麸皮生产面粉，面粉水洗分离出小麦谷蛋白，淀粉浆进入乙醇发酵的工艺，主要工艺流程参见图 5.36（史劲松等，2007）。

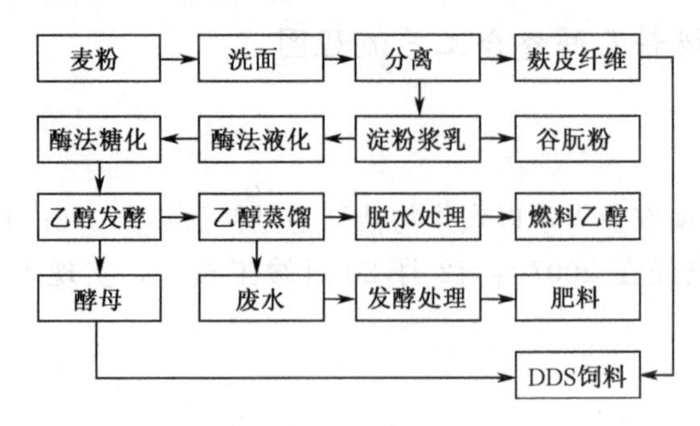

图 5.36　小麦为原料生产燃料乙醇的产品综合开发

(1) 麸皮饲料。麸皮饲料是在原料粉碎（脱皮）过程中伴生的，基本不造成独立生产成本的增加。小麦中含有15%左右的种皮，其主要组成为纤维素、半纤维素，它是很好的饲料和低聚糖生产原料，富含多种动物所需要的氨基酸，对促进家畜、家禽的快速成长具有良好的功用。小麦麸皮市售价与小麦相当，在小麦价格区间波动，一直是饲料行业重要的配合饲料混配组分，而且市场用量很大，一直处于供应偏紧的状况。

(2) 谷朊粉（小麦蛋白）。谷朊粉是小麦的一个主要成分，一般含量在10%～14%，随小麦品种不同而稍有差异，其蛋白质含量为75%～82%，氨基酸组成较齐全，是一种营养丰富、物美价廉的纯天然植物蛋白，因其独有的黏弹性、延伸性、热凝固性及薄膜性、吸脂乳化性，被广泛用做食品工业的基础原料。谷朊粉与淀粉共生镶嵌于小麦籽粒中，在燃料乙醇生产的原料粉碎过程中，淀粉与谷朊粉破碎，利用它们的不同物理性质，经过离心把淀粉与谷朊粉分离开来，经洗涤、干燥等过程获得成品谷朊粉。目前一级谷朊粉（活性谷朊粉，吸水率大于80%）市场价格7000元/t以上。按乙醇生产要求，原料中尚需一定的蛋白质以便于微生物生长繁殖，因此无须把小麦中的谷朊粉全部提出（全部提出成本费用会大大增加）。

(3) 胚芽产品。胚芽的提取率为0.3%～0.5%，胚芽中富含蛋白质、天然维生素E和矿物质，胚芽可以制取胚芽油、维生素E、麦胚食品、蛋白质等。

乙醇行业原本是处于高能耗、高污染、低效率的行业，但近年来燃料乙醇企业大多都依据生态经营和可持续发展的理念，制定并坚持实施以清洁生产为主线的可持续发展战略管理方法，以可持续发展为理念，以清洁生产为主要手段，通过改革落后生产工艺技术和实现科学管理，将生产过程产生的废弃物减量化、资源化、无害化，实现资源综合开发利用与生态环境系统的良性循环，使企业发展目标与社会发展、环境改善协调同步，实现可持续发展，构建了初步成型的“燃料乙醇循环经济模型”（图5.37），支撑了行业的健康发展（杜风光等，2003）。

2）玉米为原料生产燃料乙醇的产品综合开发

我国东北玉米资源十分丰富，仅吉林每年玉米产量就超过1500万吨，2001年，吉林实施了80万吨玉米燃料乙醇工程，旨在利用当地的玉米资源，解决玉米积压、能源不足问题。

玉米湿法粉碎-分离工艺能够实现玉米胚芽的物理分离，生产中除主产品玉米淀粉外，副产品有玉米麸质粉、玉米油、玉米浆、玉米麸质饲料等，总干物质的回收率在95%以上。玉米湿磨法生产技术具有用水节约的优点，整个过程为水循环封闭式，生产过程中90%以上的水可循环再利用，废水排放少。该工艺能够与燃料乙醇的实现较好的偶联，即直接对淀粉乳进行酶法液化、糖化后，用

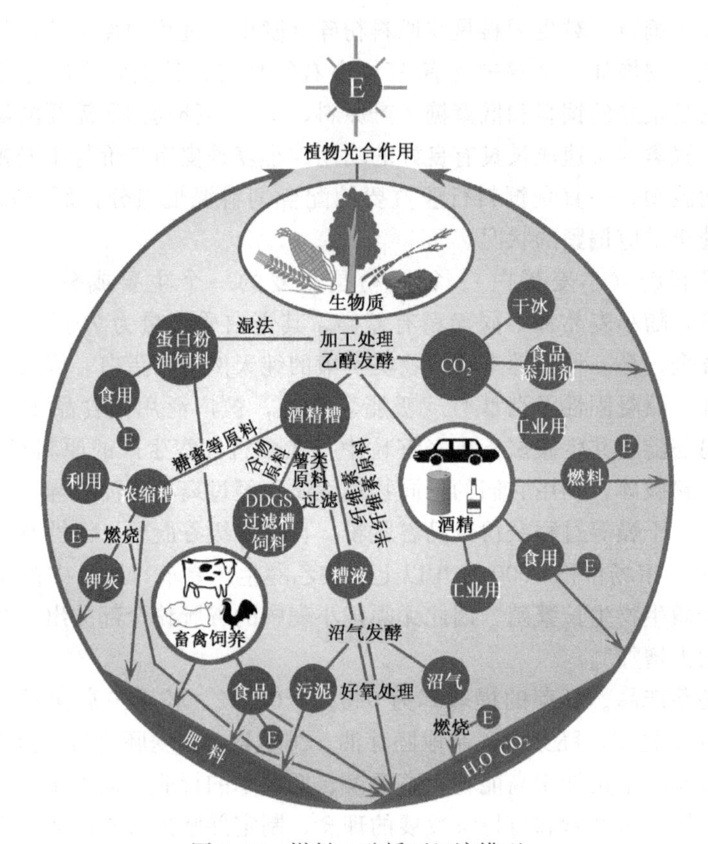

图 5.37　燃料乙醇循环经济模型

于燃料乙醇的生物发酵。工艺技术路线见图 5.38。

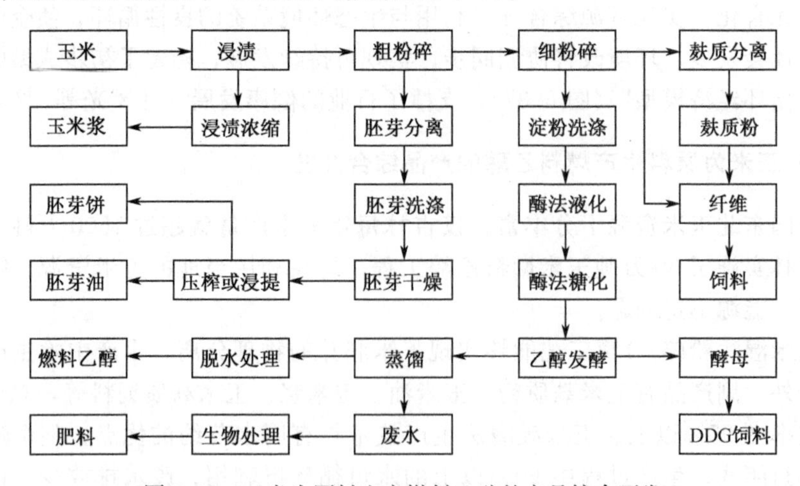

图 5.38　玉米为原料生产燃料乙醇的产品综合开发

在以玉米为原料生产燃料乙醇的过程中，浸渍过程采用逆流增浓的方式，最大限度减少用水，减少蒸发过程的能耗。浸渍水含有蛋白质、生物素和多种维生素以及矿物质，营养丰富，经浓缩后即为玉米浆，可作为微生物培养基添加剂。也可喷雾干燥后作为药物或食品填充剂，市场价格在2200～3600元/t甚至更高。软化后的玉米进行粗磨脱胚，利用水力旋流方式收集胚芽，经数次洗涤去除残留的淀粉颗粒、蛋白质或纤维，经管束干燥至含水量达到2%～6%，冷却后可进行玉米油提取。品质较好的玉米油可以利用超临界工艺获得，常规的玉米油可直接进行压榨。胚芽饼中含有21%的蛋白质，可作为饲料。脱胚后的玉米经细磨，使淀粉和麸质从纤维和皮屑中游离出来，经一系列筛网洗涤，分离出纤维和皮屑。皮屑和纤维脱水后，经气流干燥作为饲料，也可与胚芽饼混合作为复合饲料。麸质和淀粉经高速差压离心机分离，麸质水干燥后获得麸质粉。麸质主要成分为蛋白质，含量达到60%以上，此外，还含有较高的叶黄素油，其营养和保健价值较高。淀粉乳经液化、糖化后进入乙醇发酵工序。

3）稻米为原料生产燃料乙醇的产品综合开发

用稻米为原料生产燃料乙醇时只利用了稻米中的淀粉，而稻米中有许多非淀粉成分并没有得到有效的利用，造成资源的浪费。把这些资源充分利用起来，开发出高附加值的副产品，将有助于进一步降低燃料乙醇的生产成本，提高企业的经济效益（潘敏尧等，2007）。事实上，国内外已经有很多这方面的研究，一些成果已经产业化并收到了良好的经济效益。

（1）米糠油。米糠是碾米工序的副产物，其中含有大量的油脂（约20%），是良好的油料资源，而且米糠油不饱和脂肪酸含量高达70%以上，亚油酸和油酸比例接近1∶1，符合世界卫生组织推荐的最佳比例，是一种优质、健康的食用油。米糠油的营养价值已经被越来越多人认识，利用米糠生产米糠油的工艺也比较成熟。米糠毛油的提取常用的方法包括物理压榨和浸出法。

（2）大米蛋白。大米蛋白是一种优质的植物蛋白，它的氨基酸组成配比合理，与FAO/WHO推荐的蛋白质氨基酸最佳配比模式相近，生物价（BV）和蛋白质效用比（PER）在植物蛋白中几乎是最好的，可以与动物蛋白媲美。根据原料预处理和乙醇生产工艺的不同，大米蛋白可以从米糠、大米、米糟等原料中提取。米糠中蛋白质含量高达15%以上，经过脱脂的米糠蛋白质含量更高，是优良的蛋白质提取原料。大米中蛋白质含量8%～12%，直接从大米中提取蛋白质，碱法是目前较成熟的办法。稀碱溶液可以使大米淀粉结构疏松，同时碱对谷蛋白有降解作用，可以使大米淀粉中的蛋白质分子溶解出来得到纯度为94.03%的大米分离蛋白，蛋白质得率为63.37%。虽然低浓度碱情况下提取蛋白质得率不高，但是没有提取出来的蛋白质正好作为乙醇发酵的氮源，提取蛋白质后剩下纯度较高的淀粉，可以直接进入糊化液化工艺进行乙醇发酵。

4）甘蔗为原料生产燃料乙醇的产品综合开发

参考巴西的经验，以糖厂联产白糖和燃料乙醇（“糖-燃料乙醇联产”）的综合效益为佳。根据广州甘蔗糖业研究所设计的糖-燃料乙醇联产技术路线，甘蔗产糖与甘蔗糖-燃料乙醇联产的经济效益相比，后者吨甘蔗多增加产值 31.7 元（赵振刚等，2007）。

利用蔗渣纤维素可以来生产燃料乙醇。理论上，1t 干蔗渣可以生产 112 加仑的乙醇。蔗渣这种可再生性物质资源主要是由纤维素、半纤维素和木质素三大部分组成，它是甘蔗制糖过程副产品，可大量获得。

蔗渣联产发电是提高甘蔗乙醇厂效益的重要途径。蔗渣作燃料可用来产热和发电以满足业界需求，过剩电力也可外售至电力部门。

5）纤维质原料生产燃料乙醇的产品综合开发

山东大学成功开发了木糖-乙醇联产工艺，该技术将提取了木糖、木糖醇后的玉米芯下脚料进行深度预处理，将处理过的纤维素作为原料生产葡萄糖，再由葡萄糖进一步生产燃料乙醇，余下的木素则充当燃料。初步的技术经济分析表明，木糖-乙醇联产工艺的乙醇生产成本低于由粮食生产乙醇的成本，具有良好的经济效益和社会效益（宋安东，2003）。

秸秆制备燃料乙醇后的发酵残渣多作为燃料焚烧，秸秆中的天然高聚物木质素组分没有得到充分利用。可从酶解生物质制备乙醇的残渣中分离、提取酶解木质素，这种木质素的分离、提取过程没有经过高温高压、强酸强碱等苛刻的化工过程，天然木质素的化学结构保持较好，具有很高的化学反应活性。通过不同的化学反应可以制得附加值较高的酶解木质素衍生物，可以用于合成聚氨酯、酚醛树脂、环氧树脂以及橡胶塑料改性剂等替代石油化工产品，为酶解木质素的产业化应用开拓新局面。对秸秆乙醇残渣采用有机溶剂与无机碱性水溶液联用的工艺，每处理 1t 酶解玉米秆残渣可以得到 400～430kg 的木质素，其中，有机溶剂法木质素 200～230kg，碱性水溶液法木质素 210～200kg，提取木质素总得率为 40%～43%。每吨木质素平均价按 5500 元计算，制造木质素每吨平均成本 3500～4000 元，可以产生利税 1500～2000 元（黎先发和贺新生，2004）。

5.3.4.2 燃料乙醇生产中副产品的综合利用

1）二氧化碳的综合利用

燃料乙醇生产发酵过程中随着乙醇的生成，将有等分子的二氧化碳伴生溢出，其理论产量相当于乙醇产量的 95%。这部分集中排放的高纯度二氧化碳作为碳资源，若不加以综合利用也是一种资源的浪费。众所周知，二氧化碳属于温室气体，随着工业的飞速发展，大气中二氧化碳的含量渐增加，对自然环境的影响日趋严重，因而减少二氧化碳的排放已成为世界环保的一大主题。

(1) 二氧化碳可降解塑料制备技术。1969 年日本京都大学的井上祥平首次报道了 CO_2 可与环氧化物开键开环共聚生成全降解的脂肪族聚碳酸酯塑料，从此拉开了 CO_2 制备可降解塑料研究的序幕。CO_2 合成脂肪族聚碳酸酯的关键在于催化剂的成本和催化效率，即要寻找具有实用价值的催化剂，以提高产率并使反应能在更温和的条件下进行，这是当前研究的主要热点。脂肪族聚碳酸酯还具有良好的物理改性和化学修饰的能力，对其进行物理或化学改性处理，提高共聚物的热稳定性和物理机械强度，可以开发出更多性能优异的聚碳酸酯品种和材料，以满足不同行业和加工需要。二氧化碳降解塑料与其他降解塑料相比，具有优良的降解与使用性能，且价格低于其他降解塑料（表 5.14)，可广泛用于生产可降解的一次性医疗用品、一次性餐具等。

表 5.14 二氧化碳降解塑料与其他降解塑料的比较

名称	代表性商品牌号	资源使用	技术性能	加工性能	应用性能	降解性能	价格(与普通塑料比)
二氧化碳全降解塑料	—	CO_2废气	已通过中试技术鉴定	良好	阻气性好，透明度、断裂伸长率高	可生物降解性好，兼具有光降解性能	高 2～3 倍
聚己内酯(PCL)	Tone Polymer	石油	技术较成熟，已有商品问世	良好	生体适性、力学性能好，熔点低于 60℃	生物降解性能良好	高 4～6 倍
聚乳酸	Eco PLA	淀粉、农副产品	技术较成熟，已有商品问世	良好	透明度高	生物降解性能，安全性能好	高 3～4 倍
淀粉基塑料	Novon	淀粉	技术较成熟，已有商品问世	良好	透明度、耐水性较差	生物降解性能优	高 2～4 倍
聚 3-羟基丁酸和戊酸酯共聚物(PHBV)	Biopol	淀粉、废糖蜜等	技术较成熟，已有商品问世	良好	生体适性、阻气性好，熔点 145℃	生物降解性能，水解性能好	高 8～10 倍
聚乙烯醇(聚己内酯)/淀粉合金	Metar Bi	石油、淀粉	技术较成熟，已有商品问世	良好	生物降解性能优	类似普通塑料	高 2～4 倍

(2) 合成碳酸二甲酯（DMC)。目前，酯交换法和气、液相甲醇氧化羰基化法是 DMC 的主要生产方法，这三种方法均已实现工业化生产。直接合成法不论

是从原料方面，还是从反应条件方面都比酯交换法和气、液相甲醇氧化羰基化法具有优势，预计在不久的将来，该种工艺方法就会实现工业化生产，是将来最有发展前景的DMC生产方法。这一技术为二氧化碳的综合利用开辟了更加广阔的前景。

(3) 甲烷与二氧化碳制取合成气。甲烷与二氧化碳重整制取合成气的研究正在进行之中，在重金属催化剂的作用下，催化剂的反应活性及抗积碳性能都比较好，但是由于催化剂昂贵，生产成本较高（与煤造气相比），因而工业化可能性比较小。近一个阶段，该反应在镍系催化剂上的研究取得了一定的进展，催化剂具有良好的反应活性和选择性，催化剂的抗积碳性能也有了明显的提高，合成气的比例可达1∶1，适用于羰基合成，但是由于反应压力及温度都很高，因而生产成本也很高，进行大规模的工业化生产有相当大的困难。该技术还需进一步攻关，以降低反应的苛刻度，降低成本，才可能实现工业化（王学泠，2002）。

2）DDGS的有效利用

DDGS是用玉米、小麦、高粱等粮食作物为原料，在生产乙醇过程中经过糖化、发酵、蒸馏除去乙醇后干燥而形成的高蛋白饲料。其外观为黄褐色或咖啡色的干粉状，蛋白质含量大于26%（干基），一般在26%～45%，有的经过特殊工艺处理蛋白质含量可达55%。DDGS不仅浓缩了玉米中除淀粉和糖以外的蛋白质、脂肪、维生素、微量元素等营养成分，还包含了玉米发酵过程中使用或产生的糖化曲和酵母成分及其活性因子，完全可作为一种廉价高效的蛋白质饲料原料。我国于20世纪90年代初期引进了DDGS的加工工艺。近几年，我国工业用燃料乙醇产量大幅增加，DDGS饲料量也在扩大。随着新型燃料乙醇工厂采用现代化的低温蒸煮、高浓度发酵、差压精馏、低温干燥、高品质控制等技术措施越来越普遍，生产的DDGS的品质也更佳，因此DDGS饲料营养成分表也应随之调整。DDGS作为饲用原料，要想提高其饲用价值，还需要对现代燃料乙醇工厂生产的DDGS进行研究，以便精确地评定DDGS的营养价值，推动DDGS在畜牧业上的广泛应用。

5.3.4.3　乙醇的深加工

1）乙醇制乙烯

随着全球石油资源的日益枯竭和经济的发展，用生物质原料生产生物能源和生物化工产品替代石化产品已成为当前发展的必然趋势。目前75%的石化产品是以乙烯为原料合成的（如环氧乙烷、乙二醇、乙酸、聚乙烯、聚氯乙烯等），而乙醇脱水就可以制得乙烯。我国在20世纪50年代初，石油工业尚未发展前曾用过该工艺。目前石油涨价，乙烯加工产品涨幅又较大，加上我国石油乙烯的生产严重不足，国产乙烯的市场占有率不足50%，乙烯衍生物进口量折算成乙烯当量约占国内乙烯消费量的50%，因此给乙醇法乙烯带来机遇。虽然乙醇法乙烯的成本目前并不优于石油涨价后的石油乙烯（5.5～6t玉米生产1t乙烯）。但由于乙烯下游产品的附加值都较高，如环氧乙烷1.7万元/t，乙二醇8400元/t，聚乙烯1万元/t，乙酸7900元/t，所以无论石油乙烯和乙醇法乙烯都是有利润的。乙烯产品具有的巨大市场缺口和需求及较高的利润。目前国内正加快石油乙烯的新建和扩建工程，国外公司也都看好中国的市场纷纷来华投资。所有这些都将形成对乙醇法乙烯的强劲支持，所以乙醇法乙烯也必须不断提高生产技术水平，提高质量降低成本。

2）乙酸乙酯

中国石油吉林燃料乙醇有限公司年产5万吨乙酸乙酯装置一次试车成功，并生产出合格产品，成为我国第一家成功采用乙醇脱氢工艺生产乙酸乙酯的企业。该装置采用英国DAVY工程公司的乙醇脱氢一步法生产乙酸乙酯工艺技术，在生产成本和产品质量方面具有显著优势。目前，世界上生产乙酸乙酯的工业方法主要有四种：乙醇乙酸酯化法、乙醛缩合法、乙烯加成法和乙醇一步法，乙醇脱氢法是目前世界上最先进的生产技术，可以将乙醇经一步脱氢转化为乙酸乙酯，其优点是适合大规模生产、流程短、操作稳定、对原料乙醇的要求范围较宽、产品质量高。该项目的建成投产，标志着燃料乙醇企业在发展生物化工、进一步延伸产业链、打造国际一流生物质能源基地上迈出了重要一步，对于调整企业产品结构、增强抵御风险能力和培育效益增长点具有重要意义。

5.4 燃料乙醇的推广和应用

由于化石燃料的使用对生态环境负荷日益加大，生物乙醇燃料因其技术的可实现性、资源的可持续性以及环境的友好性已经成为替代能源的重要发展方向。美国和巴西通过几十年的探索和实践已经在燃料乙醇的推广和应用方面取得了显著的成效。相关数据表明，2000～2007年，全球生物燃料的产量增长了近2倍，从46亿加仑增加到126亿加仑。当前生物乙醇生产和应用主要集中在美国、巴西、中国和欧盟，2007年全球生物乙醇产量中美国为64.85亿加仑，占51.5%，巴西为50亿加仑，占39.7%，欧盟为6.1亿加仑，占4.8%，中国为4.4亿加仑，占3.5%，余下部分为印度、泰国等亚洲国家。

在燃料乙醇的规模化生产方面，美国、巴西、德国和中国处于世界领先位置。燃料乙醇需求量以每年5%～10%的速度增长，2010年世界燃料乙醇产量可能达到 4700 万吨，其产量增长将减缓汽油供应的压力，改善环境效果并对汽油市场产生重要影响。

5.4.1 世界燃料乙醇的推广和应用现状

5.4.1.1 美国

1）美国燃料乙醇发展历程

燃料乙醇在美国的发展也经历了数十年的历史。早在 20 世纪 30 年代，美国就开始了燃料乙醇的应用研究和商业化尝试。1930 年，乙醇汽油混合燃料在美国内布拉斯加州首次面市。但是在随后的 30 多年里，燃料乙醇产业并未得到实质性的发展。直到 70 年代发生的第一次石油危机，由于油价上涨引起经济成本增加，美国工业生产下降了 14%，道琼斯工业指数从 1973 年的顶部是 1067 下降到 1974 年的最低点 572，降幅 45%，对美国经济形成很大的冲击，美国才认识到了发展替代能源的必要性。1978 年，联邦政府提出了《能源税收法案》，政府鼓励乙醇汽油的使用，免除乙醇汽油 4 美分/加仑的消费税。同年，含 10%乙醇的乙醇汽油混合燃料在内布拉斯加州开始大规模使用。

1979 年，美国国会为减少对进口原油的依赖，从寻找替代能源的角度出发，提出了联邦政府的乙醇发展计划，开始大力推广使用含 10%乙醇的乙醇汽油混合燃料。美国的燃料乙醇产业因此得到迅速发展，燃料乙醇年产量从 1979 年的 3 万多吨迅速增加到 1990 年的 260 多万吨。

从 20 世纪 70～90 年代，美国发展燃料乙醇的主要目的是为了应对石油危机对国家经济造成不利的影响，保障国家能源安全。而从 20 世纪 90 年代开始，美国发展燃料乙醇的目的主要是保护环境。1990 年，美国国会通过《清洁空气法修正案》。要求从 1992 年冬季开始，美国 39 个一氧化碳排放超标地区必须使用含氧量达到 2.7%的汽油，即在汽油中添加燃料乙醇 7.7%以上，在实际操作中，燃料乙醇的加入量通常为 10%。同时对采用清洁燃油的车辆采取清洁燃油税减免的措施：①20 座以上的公共汽车，最大免税额度为 50 000 美元；②毛载重量 26 000lb(1lb=0.4536kg) 以上的货车，最大免税额度为 50 000 美元；③毛载重量 10 000～26 000lb 的货车，最大免税额度为 5000 美元；④非道路用车除外的其他车辆最大免税额度为 2000 美元。另外，由于修正案中建议添加的增氧剂 MTBE 后来被证明对地下水会造成污染，MTBE 逐渐被一些州禁用。1999 年，加利福尼亚州发布政府公告，要求于 2003 年 1 月 1 日起停止 MTBE 的使用。这些 MTBE 的禁用措施推动了美国燃料乙醇应用的进程。2005 年，伴随着国际油价的不断飙升，布什总统签署《能源政策法案》，提出到 2012 年美国乙醇等生物燃料要达到75亿加仑，美国乙醇生产和消费进入快速增长时期。2007年底，美国参议院通过的《能源独立与安全法案》，提出到2022年生物燃料的产量要达到360亿加仑。

美国总统布什在2007年初的《国情咨文》中要求，到2017年，替代燃料和可再生燃料的使用量增加到每年350亿加仑，提出了用10年的时间使汽油消费量下降20%。要达到这个目标，其生物燃料的产量在现有的基础上将增加7倍，达到350亿加仑。到2022年，乙醇年使用量将增至360亿加仑。另外，美国联邦政府为发展可再生能源提供了16亿美元的发展基金。白宫在2007年农业议案中提议，为纤维素乙醇开发提供12亿美元的拨款和21亿美元的发展专项担保的贷款，5亿美元生物能源和生物产品研究补贴，5亿美元发展可再生能源体系和提高能源效率的补助资金。目前，美国在生物能源的研发投入已超过10亿美元。

2）美国燃料乙醇发展现状

2000年美国燃料乙醇产量约为16亿加仑，到2007年达到64.85亿加仑，增长了3倍多。但是，美国燃料乙醇的消费增长快于产量的增长，2004～2006年，美国燃料乙醇消费量年均增长24.7%，2006年的消费量达到206.3亿升，同比增长34.3%。供需缺口由进口补充，主要从巴西和中美洲国家进口，2006年美国从巴西进口17.6亿升，占其进口总额的77.9%。目前，美国年消费汽油1400亿加仑，其中约1/3混合乙醇，大部分为E10，少部分为E85。

截至2008年1月，美国已运作有139座生物乙醇厂，拥有生产能力79亿加仑/a。另外，还有62套装置在建设中，7套正在扩建，这些将再增加55.7亿加仑/a。这将使美国乙醇预计的总能力超过135亿加仑/a。但是，根据美国于2007年12月19日通过的能源法案，要求到2022年在美国燃料供应中调入360亿加仑/a替代燃料，这将仍然有225亿加仑/a的缺口。

3）美国燃料乙醇发展方向

从现有的技术基础判断，纤维乙醇最有可能成为车用替代燃料，纤维乙醇的产业化技术研究已经成为美国可再生能源研究的重点。在美国，纤维乙醇的研究和推广已经纳入到国家战略的范畴。美国能源法案要求到2012年纤维素来源的生产乙醇达总量的3%，到2022年达到44%。据此估算，这意味着美国到2012年需生产4.05亿加仑纤维素乙醇（乙醇燃料需求总量估计135亿加仑），2022年达到158.4亿加仑纤维素乙醇（乙醇燃料需求总量估计360亿加仑）。

为了推动目标的实现，美国政府投入大量资金支持纤维乙醇的研究和应用。能源部宣布为6个公司投资3.85亿美元用于建造生产纤维素乙醇的工厂，2007年6月，能源部又进一步为3个生物能源中心投资1.25亿美元，专门用于研究纤维素生物能源。为支持纤维乙醇的产业化，美国政府免除了纤维乙醇 1.01 美元/加仑的税，是谷物乙醇免税额度 0.45 美元/加仑的 2.24 倍。

为占领未来生物能源的制高点，同时加上政府的支持，越来越多的公司参与到纤维乙醇的产业化开发中去。目前已经吸引了 ADM 公司（Archer-Daniels-Midland Co.）、荷兰皇家壳牌有限公司（Royal Dutch Shell Group）和高盛集团（Goldman Sachs Group Inc.）、美国 BP 公司等重量级企业参与，它们纷纷投入了资金和精力。

2007 年 6 月美国 BP 公司宣布将在 10 年内投入 5 亿美元，与加州大学伯克利分校伊利诺伊大学合作，建设世界上第一个能源生物科学研究院，重点研究纤维素燃料乙醇。

Verenium 纤维乙醇工厂是美国第一个示范性的纤维乙醇厂，年产 140 万加仑的纤维乙醇，于 2008 年 5 月投入运行，Verenium 期望把它的生产成本控制在每加仑 2 美元，这将对谷物原料乙醇和汽油产生一定的竞争力。该公司计划到 2009 年开始商业化规模的建设，将达到 2000 万～3000 万加仑的年生产能力。

目前，美国农业部和能源部共同支持了三个纤维素乙醇产业化示范项目。即 Abengoa 公司在内布拉斯加州建设的以玉米秸秆作原料的乙醇生产厂、Broin 公司在艾奥瓦州建设的以整个玉米（包括秸秆）作原料的乙醇生产厂和 Iogen 公司在爱达荷州建设的以麦秸为原料的乙醇生产厂。其中，Iogen 的项目最大，生产规模将达到 5000 万加仑/a，总投资高达 4 亿美元，美国农业部和能源部共投资 8 千万美元。截至目前，美国能源部目前已经投资了 12 家即将建立示范和商业规模工厂的公司。

5.4.1.2　巴西

巴西率先发展燃料乙醇基于多方面的因素，一方面，在 20 世纪二三十年代，受资本主义国家经济大萧条的冲击，糖业处于崩溃边缘，巴西为了给甘蔗的生产找到出路，就考虑用甘蔗来生产乙醇；另一方面，巴西是贫油的国家，为了摆脱对进口石油的过度依赖造成对经济发展的不利影响，巴西开始尝试以乙醇作为车用燃料。

1931 年巴西政府颁布法令，规定政府公务车用汽油必须添加 10%乙醇，社会公众车用汽油必须添加不低于 5%的乙醇。巴西是世界上第一个提出推广乙醇燃料的首部法规（Regulation Federal Decree No. 197.717）及首部乙醇燃料生产技术标准（RFD NO. 20356）国家。其后，随着第二次世界大战的爆发，巴西进口原油受到限制，为了解决燃油供应问题，乙醇在汽油中的添加比例一度达到 62%。第二次世界大战后，随着石油供应的缓和，巴西乙醇汽油的生产和供应停滞不前。

由于蔗糖价格的波动以及技术、管理等各方面的原因，乙醇作为汽油必需的添加剂并未得到持续贯彻的落实。为了推动甘蔗种植业为蔗糖和乙醇生产提供充足的原料，巴西政府于 1971 年制定了“国家甘蔗糖业改良计划”（National Program of Sugar Cane Improvement）。政府加强对糖业的集中统一管理，采取了全面控制生产计划、产品价格、贷款贴息和出口补贴及配额等措施，糖业得到迅速发展。

巴西政府发展燃料乙醇计划始于 1975 年。为了满足经济快速增长对能源的需求，实现能源自给，巴西政府于 1975 年 11 月颁布了“国家乙醇计划”(Proalcohol)，大幅增加政府投资，鼓励研发乙醇利用技术，加快研发乙醇燃料汽车，改进汽车发动机以提高乙醇汽油中的乙醇比例。这是当时世界上最大的用生物质生产乙醇的计划。

1975～1978 年，国际糖价从 972 美元/t 下降到 225 美元/t，制糖企业开始将大量的甘蔗用来生产乙醇，乙醇库存增加，政府鼓励包括德国大众、美国福特、通用、意大利的菲亚特等汽车厂商开发适合于高比例乙醇的混合燃料汽车，以增大燃料乙醇的用量。

1977 年，在圣保罗推行 20%乙醇的乙醇燃料。在 1979 年第二次石油危机爆发后，巴西政府加速实施以乙醇为重点的替代能源战略，将国家投资研发的技术无偿转让给汽车厂制造乙醇汽车，并将乙醇汽油中的乙醇比例提高到 15%。1980 年将乙醇在汽油中的添加比例提高到 26%，并在全国推广。

20 世纪 80 年代后半期，巴西经济出现严重衰退和通货膨胀。1988～1989 年巴西政府颁布了新法规，对种植甘蔗、农业、糖业、生产乙醇等进行干预，从而乙醇产量大幅度下降，同时影响汽车等行业使用乙醇的需要及积极性。1992 年停止执行该法规及干预，种植甘蔗、制糖及生产乙醇的企业纷纷联合起来，组成种植园及生产乙醇的联合体，促进了乙醇的生产及应用。

1995 年进行经济改革，宣布市场开放；减少政府对经济活动的干预，加强竞争机制。1998～1999 年榨季开始，政府取消了对糖业的干预和扶持，且当时正值国际市场糖价下跌，由此导致巴西国内甘蔗价格下降，大量的甘蔗被用来生产乙醇，乙醇库存剧增。基于对这一特殊行业的保护，政府对这一行业又进行了必要的干预和扶持，政府继续通过法令强制在汽油中混入乙醇，并且在糖价下跌情况下，提高汽油中的乙醇渗混量比例，多耗用乙醇，从而保证蔗农和加工企业的利益。

在促进消费增加乙醇产量的同时，巴西很注意研究先进技术及综合利用，提高单位土地面积的乙醇产量，降低乙醇的价格。据报道每公顷土地乙醇产量已由 2024L 提高到 5519L，甚至个别土壤及气候条件好的地区产量还要高些。另据巴西能源委员会的资料报道，无水乙醇的价格由 1986 年的 41 美元/桶下降到 1999

年的24.5～29美元/桶，一般出厂价为26美元/桶，而巴西汽油进口价在不计入税时为31美元/桶。

巴西政府在1996年实施了“国家乙醇计划Ⅱ”，对乙醇市场进行管理和规范，并规定1997年5月起，无水乙醇价格必须低于266美元/t。

1999年，巴西生产乙醇燃料汽车的技术获得重大突破，由于采用了电子打火、增强动力系统，乙醇汽车更加经济耐用。乙醇汽车市场份额逐渐扩大，1999年乙醇汽车销售量仅占全年汽车销售总量的0.69%，到2003年乙醇汽车市场份额提高到6.9%，约达8万辆。为了适应乙醇燃料汽车发展的需要，福特和大众的巴西汽车公司于2003年都推出了既可使用纯乙醇或汽油也可使用两者任意比形成的混合燃料的灵活燃料汽车，并且都取得了不错的销售业绩。据悉，现在巴西灵活燃料汽车的销量已经超过了传统汽车的销售量。

目前巴西乙醇生产厂数量为336家，未来7年内巴西的甘蔗产量将从目前的4.27亿吨增加到6.27亿吨，同时巴西政府计划新建89家乙醇燃料生产厂。同时巴西也是世界上最大的乙醇出口国。目前巴西乙醇燃料年出口量为30亿升，主要出口市场为美国。到2013年，巴西乙醇燃料的年产量将从目前的175亿升增加到350亿升，其中约100亿升用于出口。

已有不少国家表示愿与巴西开展乙醇项目合作，巴西与瑞士、日本和印度的合作已取得实质性进展。巴西每年向瑞士出口1亿升乙醇，每年向日本出口乙醇金额高达30亿美元，印度与巴西已达成乙醇生产技术合作协议采购10～15套乙醇生产成套设备；日本三井银行日前与巴西石油公司签署协议，决定投资80亿美元在巴西参与建设40家乙醇生产厂。巴西已在委内瑞拉等10个拉丁美洲和非洲国家承建了16个乙醇加工厂，并提供了全套设备。巴西很可能在今后30年内保持其全球最大乙醇出口国的地位。

5.4.1.3 欧盟

法国、西班牙和瑞典是欧盟成员国中最早开始生产和使用燃料乙醇的国家，此后德国、荷兰等国也相继开始发展燃料乙醇工业。法国计划到2010年实现生物燃料占总燃料的7%，到2015年达到10%。德国首次强制使用生物燃料，要求从2007年起，生物柴油使用量占总燃料的4.4%，燃料乙醇占2%。2010年生物燃料使用量达到5.75%。英国确定到2010年生物燃料占运输燃料的5%。2007年3月，欧盟出台了新的共同能源政策，计划到2020年实现生物燃料乙醇使用量占车用燃料的10%。

2004～2006年，欧盟燃料乙醇的产量大幅增长，年均增长率达到44.5%。2006年德国、西班牙和法国三国的产量分别为4.31亿升、3.96亿升、2.93亿升，占欧盟总产量的70.4%。产量增长最快的是意大利和波兰，2006年分别增长近10倍和1.5倍。尽管产量大幅增长，欧盟生物乙醇燃料消费量依然高于产量，欧盟2006年燃料乙醇的消费量达到17亿升，供需缺口由进口来补充，主要从巴西进口，进口量为2.3亿升，瑞典、英国和芬兰为主要进口国。截至2007年9月，欧盟生物乙醇产能达到32.76亿升，其中，法国、德国和西班牙的产能分别为11.2亿升、7.06亿升和5.21亿升，三国乙醇产能占欧盟燃料乙醇总产能的71.6%。欧盟在建产能40.16亿升，主要集中在德国、法国、荷兰和英国，分别为5.6亿升、5.5亿升、4.8亿升和4亿升，四国在建产能占总在建产能的49.6%。

5.4.2 中国燃料乙醇的推广和应用现状

在国家发展和改革委员会等有关部门积极推动下，我国以生物燃料乙醇为代表的生物能源发展迅速。按照《燃料乙醇及车用乙醇汽油“十五”发展专项规划》，国家批准建设吉林、黑龙江、河南和安徽等4家定点厂生产燃料乙醇，截至2006年底，我国已形成燃料乙醇102万吨/a生产能力、年混配1020万吨生物乙醇汽油的能力；2006年实际生产燃料乙醇133万吨，按照国家制定的10%的调配标准，车用乙醇汽油产量已达到1330万吨，乙醇汽油消费量已占全国汽油消费量的30%，成为继巴西、美国之后第三大燃料乙醇生产和消费国。

5.4.2.1 中国车用乙醇汽油国家标准

在可行性试验研究的基础上，对车用乙醇汽油及变性燃料乙醇的主要理化指标及试验方法进行了实验室研究，分别制定出了车用乙醇汽油国家标准（GB 18351—2001，后经修订，于2004年5月1日发布新标准GB 18351—2004）、变性燃料乙醇国家标准（GB 18350—2001）、车用乙醇汽油调和组分油企业标准。表5.15为车用乙醇汽油国家标准。

表5.15 车用乙醇汽油国家标准（GB 18351—2001）

项目		质量指标			试验方法
		90号	93号	95号	
抗爆性					GB/T 5487
研究法辛烷值(RON)	不小于	90	93	95	GB/T 503
抗爆指数(RON+MON)/2	不小于	85	88	90	GB/T 5487
铅含量[a]/(g/L)	不大于	0.005			GB/T 8020

续表

项目		质量指标 90 号　93 号　95 号	试验方法
馏程			
10%蒸发温度/℃	不高于	70	GB/T 6536
50%蒸发温度/℃	不高于	120	
90%蒸发温度/℃	不高于	190	
终馏点/℃	不高于	205	
残留量(体积)/%	不大于	2	
蒸气压/kPa			
从 9 月 16 日至 3 月 15 日	不大于	88	GB/T 8017
从 3 月 16 日至 9 月 15 日	不大于	74	
实际胶质/(mg/100mL)	不大于	5	GB/T 8019
诱导期[b]/min	不小于	480	GB/T 8018
硫含量[c](质量)/%	不大于	0.08	GB/T 380 GB/T 11140 GB/T 17040 SH/T 0689 SH/T 0742
硫醇(需满足下列要求之一)			
博士试验		通过	SH/T 0174
硫醇硫含量(质量)/%	不大于	0.001	GB/T 1792
铜片腐蚀(50℃,3h)/级	不大于	1	GB/T 5096
水溶性酸或碱		无	GB/T 259
机械杂质		无	目测[d]
水分(质量)/%	不大于	0.20	SH/T 0246
乙醇含量(体积)/%		10.0±2.0	SH/T 063
其他含氧化合物(体积)/%	不大于	0.1[e]	SH/T 0663
苯含量[f](体积)/%	不大于	2.5	SH/T 0693
芳烃含量[g](体积)/%	不大于	40	GB/T 11132
烯烃含量[g](体积)/%	不大于	35	GB/T 11132

续表

项目		质量指标			试验方法
		90号	93号	95号	
锰含量[h]/(g/L)	不大于	0.018			SH/T 0711
铁含量[i]/(g/L)	不大于	0.010			SH/T 0712

注：a. 本标准规定了铅含量最大限值，但不允许故意加铅。

b. 诱导期允许用GB/T 256方法测定，仲裁试验以GB/T 8018方法测定结果为准。

c. 硫含量允许用GB/T 11140、GB/T 17040、SH/T 0253、SH/T 0689、SH/T 0742方法测定，仲裁试验以GB/T 380方法测定结果为准。

d. 将试样注入100mL玻璃量筒中观察，应当透明，没有悬浮和沉降的机械杂质及分层。在有异议时，以GB/T 511方法测定结果为准。

e. 不得人为加入甲醇。

f. 苯含量允许用SH/T 0713测定，仲裁试验以SH/T 0693方法测定结果为准。

g. 芳烃含量和烯烃含量允许用SH/T 0741测定，仲裁试验以GB/T 11132方法测定结果为准。

h. 锰含量是指汽油中以甲基环戊二烯三羰基锰（MMT）形式存在的总锰含量。含锰汽油在储存、运输和取样时应避光。

i. 铁不得人为加入。

车用乙醇汽油调和特性及配方研究选取了以大庆、新疆、进口等不同原油为典型代表炼制的汽油组分，考察了变性燃料乙醇与国内典型汽油组分调和后的辛烷值、馏程、蒸气压等调和特性；确定了炼制不同原油炼厂的车用乙醇汽油生产方案。表5.16为研究选取的国产典型汽油组分来源及种类（张以祥等，2004）。

表5.16 组分汽油来源

原油来源	炼油厂	汽油组分种类
大庆原油	燕山石化	催化裂化汽油、连续重整汽油、直馏汽油
新疆原油	洛阳石化	催化裂化汽油、重整汽油、直馏汽油
鲁宁管输原油	武汉石化	催化裂化汽油、烷基化汽油、直馏汽油
进口原油	广州石化	轻催化裂化汽油、重催化裂化汽油、重整汽油、直馏汽油、芳烃抽苯汽油

5.4.2.2 燃料乙醇的生产、推广和应用

在市场应用方面，“十一五”期间，河南、安徽和东北三省率先实现了全境全面封闭推广使用车用乙醇汽油；湖北、山东、河北、江苏等省的27个地市进行乙醇汽油使用试点，已经采用乙醇汽油的9个省份将实现全省封闭；国家还将进一步扩大试点地区和省份，四川、广西等省、自治区都在筹划燃料乙醇项目，乙醇汽油试点省份有望达到12个以上。届时，这12个省份乙醇汽油的需求量将

达到 3000 万吨/a 左右，燃料乙醇需要量将达到 300 万吨/a 以上。在我国进一步推广应用生物燃料已经具备了良好基础。

近几年，我国燃料乙醇的生产总量见图 5.39，企业的分布如图 5.40 所示。

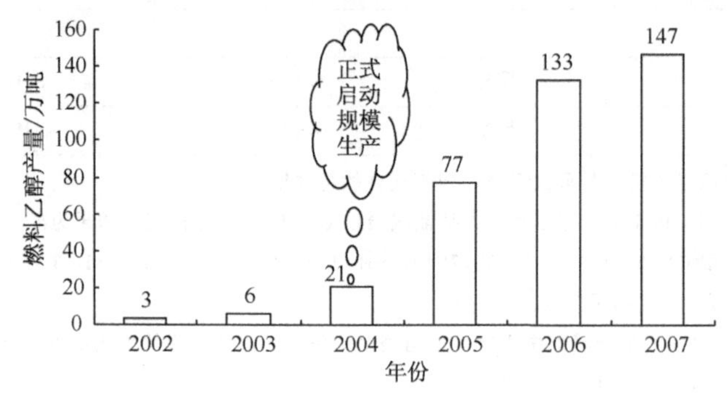

图 5.39　我国生物燃料乙醇生产情况

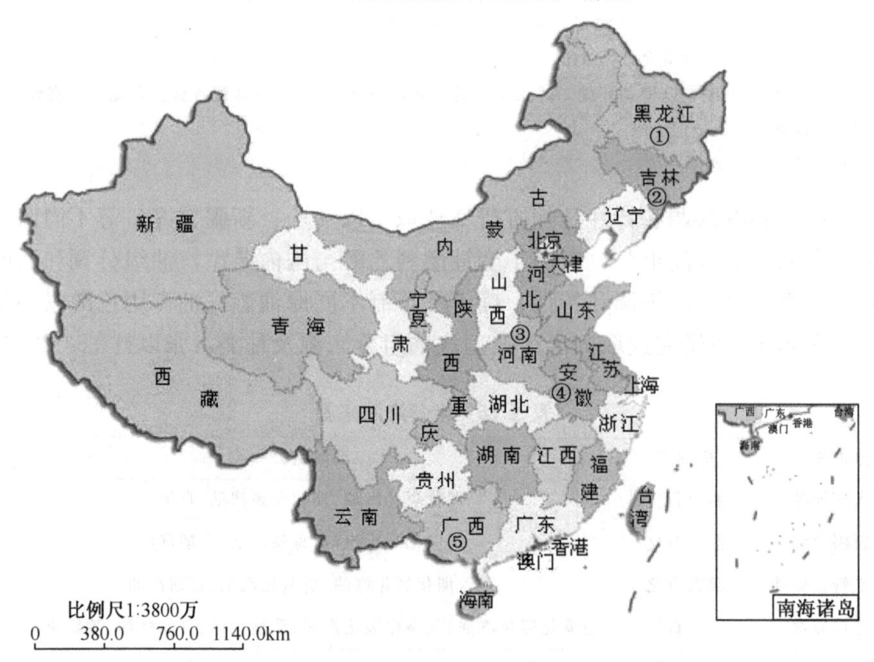

图 5.40　我国生物燃料乙醇生产企业分布示意图

①中粮生化公司（肇东）；②吉林燃料乙醇；③河南天冠集团；④安徽丰原集团；⑤中粮集团（广西）

中国国内 2005 年、2006 年和 2007 年燃料乙醇市场供应量分别达到 77.36 万吨、133 万吨和 133.2 万吨（表 5.17）。2007 年，中国燃料乙醇行业共计消耗玉米约 270 万吨，小麦约 65 万吨，薯类 60 万吨，约占当年粮食产量的 0.8%。

表 5.17 2005～2007 年国内燃料乙醇生产商产销量（万吨）

	河南天冠企业集团有限公司	吉林燃料乙醇有限公司	安徽丰原集团有限公司	中粮生化能源(肇东)有限公司
2005 年	23.15	29.93	10.65	13.63
2006 年	47	38	34	14
2007 年	40.2	41.9	34.9	16.2

注：数据来自中国酿酒协会乙醇分会。

四个燃料乙醇供应商除河南天冠企业集团有限公司采用小麦＋薯类的原料供应结构外，其他的三家都是以玉米为主要原料。根据国家产业政策及规划的要求，国内燃料乙醇的未来发展必将建立在非粮的基础上。所谓的非粮原料，在目前的技术条件下主要指木薯、红薯、甜高粱等原料。而随着技术的进步，秸秆等纤维素将成为未来乙醇原料的重要组成部分，甚至成为原料的主体。在非粮替代及纤维乙醇研究领域，国内很多研究机构和企业都投入了极大的热情和资金。

原料供应多元化是燃料乙醇发展的趋势，也是保障行业健康发展的基础。根据国家可再生能源发展“十一五”规划要求，我国将增加非粮原料燃料乙醇年利用量 200 万吨。

我国未来发展乙醇汽油产业遵循的基本原则是：统一规划，稳步推进；政府引导，严格准入；因地制宜，非粮为主；政策扶持，市场推动；发展循环经济，节能降耗，保护环境；能化并举，鼓励生物能源与发展生物化工相结合，提高资源开发利用水平。发展的主要目标是：把燃料乙醇产业培育成国民经济发展中的一个新兴战略产业。

参考文献

常秀莲．2000．膜法分离无水乙醇研究进展．酿酒科技，2：49，50
常秀莲．2001．节能型乙醇脱水新技术研究进展．酿酒，28 (5)：91～94
陈洪章．2005．纤维素生物技术．北京：化学工业出版社
陈坚，堵国成，李寅等．2004．发酵工程实验技术．北京：化学工业出版社
杜风光，陈伟红，闫德冉等．2003．小麦综合利用生产燃料乙醇概述．酿酒科技，2：49，50
高志崇，王子瑛．2003．醇燃烧反应机理探讨．辽宁大学学报，30 (1)：63～66
何学良，詹永厚，李疏松．1999．内燃机燃料．北京：中国石化出版社
贾树彪，李盛贤，吴国峰．2004．新编酒精工艺学．北京：化学工业出版社．102～105
黎先发，贺新生．2004．木质素的微生物降解．纤维素科学与技术，12 (2)：41～45
刘荣厚，梅晓岩，颜涌捷．2008．燃料乙醇的制取工艺与实例．北京：化学工业出版社．214，215
刘宗宽，顾兆林，贺延龄等．2003．燃料乙醇热泵恒沸精馏新工艺的研究．化工进展，22 (11)：1147～1149
鲁峰林，陈铁，张耀玺．2007．双酶法与高温蒸煮工艺对酒精生产成本的影响．酿酒科技，9：70，71
马晓建，吴勇，赵银峰等．2006．含水乙醇蒸汽脱水的生物质吸附性能研究．酿酒科技，1：39～42

马赞华. 2003. 酒精高效清洁生产新工艺. 北京：化学工业出版社. 53～58

潘敏尧，杜风光，史吉平等. 2007. 稻米生产燃料乙醇及副产品综合利用技术研究进展. 酿酒科技，3：89～91

曲音波. 2005. 开展生物制转化酒精研究实现液体燃料可持续供应. 济南：中国资源生物技术与糖工程学术研讨会论文集

沈永利. 1999. 低温连续蒸煮生产酒精. 江苏食品与发酵，3：27，28

史济春，曹湘洪. 2007. 生物燃料与可持续发展. 北京：中国石化出版社

史劲松，张卫明，顾龚平. 2007. 生物质的综合利用技术在燃料乙醇产业中的应用. 中国野生植物资源，26（3）：14～21

舒瑞普板式换热器（北京）有限公司. 2007. 高效节能的换热设备——板式换热器在燃料乙醇工艺中的应用. 流程工业，6：76，77

宋安东. 2003. 生物质（秸秆）纤维燃料乙醇生产工艺试验研究. 郑州：河南农业大学

宋安东，裴广庆，王风芹等. 2008. 我国燃料乙醇生产用原料的多元化探索. 农业工程学报，24（3）：302～307

王立群. 2007. 微生物工程. 北京：中国农业出版社. 289～292

王学泠. 2002. 大型生物法燃料乙醇副产二氧化碳有效利用途径的探讨. 化工科技，10（4）：40，41

辛芬，陈汉平，王贤华等. 2006. 木质纤维素生物质生产乙醇的预处理技术. 能源工程，3：24～28

张久恺，刘大中. 1998. 玉米淀粉脱水剂制备无水乙醇研究进展. 山东轻工业学院学报，12（3）：1～3

张以祥，曹湘洪，史济春. 2004. 燃料乙醇与车用乙醇汽油. 北京：中国石化出版社. 207

章克昌. 1995. 酒精与蒸馏酒工艺学. 北京：中国轻工业出版社，8～20，112～138，244，268，269

赵振刚，孔凡利，于淑娟等. 2007. 糖能联产的发展. 中国甜菜糖业，2：29～34

郑裕国，薛亚平，金利群等. 2004. 生物加工过程与设备. 北京：化学工业出版社

Hamelinck C N, van Hooijdonk G, Faaij A P C. 2005. Ethanol from lignocelluosic biomass: technoeconomic performance in short, middle and longterm. Biomass and Bioenergy, 28: 384～410

Ho N W, Chen Z, Brainard A P et al. 1999. Successful design and development of genetically engineered *Saccharomyces* yeasts for effective cofermentation of glucose and xylose from cellulosic biomass to fuel ethanol. Adv Biochem Eng Biotechnol, 65: 163～192

Jacques K, Lyons T P, Kelsau D R et al. 1999. The Alcohol Text Book. 3rd ed. Nottingham: Nottingham University Press. 20～22

Mogagheghi A, Evans K, Chou Y C et al. 2002. Cofermentation of glucose, xylose, and arabinose by genomic DNA integrated xylose/arabinose fermenting strain of *Zymomonas mobilis* AX101. Appl Biochem Biotechno, 98: 885～898

Poulos T L, Edwards S L, Wariishi H et al. 1993. Crystallographic refinement of lignin peroxidase at 2 A. J Biol Chem, 268 (6): 4429～4440

Shigechi H, Koh J, Fujita Y et al. 2004. Direct production of ethanol from raw corn starch via fermentation by use of a novel surface-engineered yeast strain codisplaying glucoamylase and alpha-amylase. Appl Environ Microbiol, 70: 5037～5040

6 生物柴油

生物柴油是指植物油（如蓖麻油、菜籽油、大豆油、花生油、玉米油、棉籽油等）、动物油（如鱼油、猪油、牛油、羊油等）、废弃油脂或微生物油脂与甲醇或乙醇经酯转化而形成的脂肪酸甲酯或乙酯。生物柴油是典型的“绿色能源”，具有环保性能好、发动机启动性能好、燃料性能好、原料来源广泛、具有可再生性等特性。

6.1 生物柴油的燃料特性

6.1.1 生物柴油的燃料性能

表 6.1 是目前已开发的生物柴油燃料品种（张红云等，2007）。表中数据和一些研究表明生物柴油的燃料性能与石油基柴油较为接近且具有一般柴油所没有的诸多优点：①点火性能佳。十六烷值是衡量燃料在压燃式发动机中燃烧性能好坏的质量指标，生物柴油十六烷值较高，大于 45（石化柴油为 45），抗爆性能优于石化柴油。②燃烧更充分。生物柴油含氧量高于石化柴油，可达 11%，在燃烧过程中所需的氧气量较石化柴油少，燃烧、点火性能优于石化柴油。③适用性广。除了做公交车、卡车等柴油机的替代燃料外，生物柴油又可以做海洋运输、水域动力设备、地质矿业设备、燃料发电厂等非道路用柴油机之替代燃料。④保护动力设备。生物柴油较柴油的运动黏度稍高，在不影响燃油雾化的情况下，更容易在气缸内壁形成一层油膜，从而提高运动机件的润滑性，降低机件磨损。⑤通用性好。无需改动柴油机，可直接添加使用，同时无需另添设加油设备，储运设备及人员的特殊技术训练（通常其他替代燃料有可能需修改引擎才能使用）。⑥安全可靠。生物柴油的闪点较石化柴油高，有利于安全储运和使用。⑦节能降耗。生物柴油本身即为燃料，以一定比例与石化柴油混合使用可以降低油耗、提高动力性能。⑧气候适应性好，生物柴油由于不含石蜡，低温流动性佳，适用区域广泛。⑨功用多。生物柴油不仅可做燃油又可作为添加剂促进燃烧效果，从而具有双重功能。

表 6.1　生物柴油的品种与燃料性质

植物油脂	运动黏度/(mm^2/s)	密度/(g/L)	低热值/(MJ/L)	闪点/℃	浊点/℃	十六烷值	碘值
2＃柴油	2.6～4.0(40℃)	0.85	43.39	60～72	−15～5	40～52	8.6
米糠油甲酯	4.736(20℃)	0.891	39.426	>105	−4	—	—
花生油甲酯	4.9(37.8℃)	0.883	33.6	176	5	54	—
豆油甲酯	4.08(40℃)	0.883～0.888	37.24	110～120	−3～−2	54～56	133.2
豆油乙酯	4.41(40℃)	0.881	—	160	−1	48.2	—
菜籽油甲酯	4.83(40℃)	0.882～0.885	37.01	150～170	−4	51～52	97.4
菜籽油乙酯	6.17(40℃)	0.876	—	185	−2	65.4	99.7
向日葵油甲酯	—	0.880	38.59	183	—	49.0	125.5
棉籽油甲酯	—	0.880	38.96	110	—	51.2	105.7
棕榈油甲酯	4.5(40℃)	0.870	—	165	—	52.0	—
动物油甲酯	—	—	—	96	12	—	—
废菜籽油甲酯	9.48(30℃)	0.895	36.7	192	—	53	—
废棉籽油甲酯	6.23(30℃)	0.884	42.3	166	—	63.9	—
废食用油甲酯	4.5(40℃)	0.878	35.5	—	—	51	—
巴巴酥油甲酯	3.6(37.8℃)	0879	31.8	164	—	63	—

6.1.2　生物柴油的排放性能

近来许多研究证实，无论是小型、轻型柴油机还是大型、重型柴油机或是拖拉机用柴油机，燃烧生物柴油后 HC 都减少 55%～60%以上，颗粒物减少 20%～50%以上，CO 减少 45%以上，PAH 和 *n*PAH 能降低 75%～85%（张红云等，2007）。

6.2　微生物油脂转化技术

6.2.1　发酵生产生物柴油原料

以植物油为原料生产生物柴油，其原料成本占到总成本的 70%～85%，经济可行性差，且我国人口多，土地资源相对稀缺，不可能像欧美发达国家那样利用大量的耕地来种植油料作物。废弃油脂资源总量有限，原料组成及性能变化大，这将影响生物柴油原料的供应。微生物油脂资源丰富，开发潜力大，但生产成本偏高，菌种含油率及油脂提取率不高。每年需进口几千万吨用于食用的动物油脂更不能满足工业生物柴油原料的供应。我国人多地少的基本国情和各原料的特点决定了我国生物柴油生产必须采用多样化的原料。

为解决生物柴油原料供应的瓶颈问题，在不与人争粮、不与粮争地的原则下，应寻找适合我国生产生物柴油的各种原料。

6.2.1.1 动物油脂

动物油脂包括猪油、牛油、羊油和鱼油等。美国、日本和欧洲已开始利用动物油脂生产生物柴油。

1）猪油

猪油产量随猪养殖量增加而增长，猪油基本不进行国际贸易，中国和欧盟是猪油的主要生产国和消费国。猪油的特征是富含棕榈酸（26%）、油酸（44%）、亚油酸（11%）和棕榈油酸（5%）。美国和日本已将猪油用于生物柴油的生产。

2）牛脂

现在，世界牛脂产量超过 800 万吨，其中，约 1/4 进行国际贸易，其余部分在原产地消费。美国是最大的牛脂生产国，总产量达 390 万吨，其次是欧盟，产量达 100 万吨。美国也是最大的牛脂出口国，主要向中国、墨西哥和欧盟出口。在今后 20 年里，牛脂将一直保持稳定的增长势头。高质量牛脂的脂肪酸分布是肉豆蔻酸（1%～8%）、棕榈酸（17%～37%）、硬脂酸（6%～10%）和油酸（26%～50%），还包括其他不饱和酸。目前全球最大牛油脂生物柴油工厂在巴西投产。

3）其他动物脂肪

位于加拿大新斯科舍省的 Ocean Nutrition Operation 公司利用海洋鱼类脂肪自产自用生物柴油，而畜牧业发达的澳大利亚和新西兰利用牛羊肉食品加工中产生的动物脂肪副料进行生物柴油生产。

我国每年需进口大量动物油脂用于食用，还未见有用于工业化生产生物柴油的报道。

目前，利用动物油脂生产生物柴油的方法主要有微乳化法和酯交换反应法等。

6.2.1.2 植物油脂

用于生产生物柴油的植物有大豆、油菜、棉花、蓖麻等油料作物及油棕、黄连木、麻疯树、乌桕树、文冠果树等油料林木果实。发展植物油脂生产生物柴油，可以走出一条农林产品向工业品转化的富农强农之路，有利于调整农业结构，增加农民收入。

1）大豆

大豆在全国大部分地区都有种植，但主要产地集中在东北三省、内蒙古、河南、安徽和山东等省、自治区。大豆与我国的主要粮食作物如水稻、玉米等争地，因此扩大种植面积的潜力有限。大豆种子含油量为16%～18%，美国应用基因工程技术改良大豆使其含油量提高到20%。利用大豆加工生物柴油后还可联产动物高蛋白质饲料，因而美国等许多国家都选用大豆作原料生产生物柴油。美国是大豆生产世界第一大国，国内55%以上的生物柴油用大豆生产，2003年生产生物柴油实际消耗大豆约占该国大豆总产量的0.3%。巴西和阿根廷是世界第二和第三大豆生产大国，目前，这两国生物柴油基本处于起步发展时期，因此还未见两国利用大豆生产生物柴油的报道。

2）油菜

油菜是我国值得推广的生物柴油作物，种植区域主要集中在中南部地区的安徽、江苏、湖北、湖南等地，西部的四川和贵州也有较多种植。油菜主要有白菜型油菜、芥菜型油菜和甘蓝型油菜三大类，其中，甘蓝型油菜种子含油量较高，一般在40%左右，最高可达50%以上。我国长江流域和黄淮地区的冬油菜，仅利用耕地的冬闲季节生长，基本上不消耗地力，不影响主要粮食作物生产，不与主要粮食作物争地，是非常具有发展潜力的作物之一。我国油菜种植面积及总产量居世界第一，用来开发生物柴油原料充足。但是目前以油菜籽为原料生产生物柴油主要集中在欧洲，2004年欧盟国家以双低油菜籽为原料生产生物柴油约160万吨，占同期生物柴油生产总量的80%。预计到2010年，欧盟国家将以双低油菜籽生产生物柴油340万吨以上。

3）麻疯树

麻疯树是大戟科麻疯树属，落叶灌木或小乔木，在我国主要分布于广东、广西、云南、四川、贵州、台湾、福建和海南等省、自治区，可用于荒山造林，不占耕地，耕作栽培成本低，综合开发利用潜能高。麻疯树种子含油量为35%～40%，种仁的含油量高达50%～60%。由于其种子含油率高，且流动性好，其中含有油酸、亚油酸、棕榈油酸等不饱和脂肪酸，它与柴油、汽油、酒精的掺和性好，可以很好地用于生物柴油的原料供应。四川大学对麻疯树进行了多年研究并得出重要成果，建立了新型麻疯树车用生物柴油生产技术和麻疯树车用生物柴油企业标准。另外，据有关部门测试，麻疯树生物柴油的各项指标接近甚至超过

0#柴油标准。麻疯树生物柴油的专利也已被受理。

此外，可用于生产生物柴油的还有油料作物加工得来的棉籽油、蓖麻油，以及林木种子加工生产的油，如棕榈油、黄连木油、桐油、乌桕树油、文冠果油等。

6.2.1.3 微生物油脂

微生物油脂又称单细胞油脂，由酵母、霉菌、细菌和藻类等微生物在一定的条件下，利用碳水化合物、碳氢化合物和普通油脂作为碳源，在菌体内产生的大量油脂和一些有商品价值的脂质。目前研究较多的是酵母、霉菌和藻类，能够产生油脂的细菌则较少。利用微生物生产油脂有许多优点，微生物细胞增殖快，生长周期短，生长所需的原料丰富、价格便宜，同时不受季节、气候变化的影响，能连续大规模生产，生产成本低。因此，微生物油脂具有巨大的应用潜力和开发价值。

1）酵母菌油脂

常见的产油酵母有：浅白色隐球酵母（*Cryptococcus albidus*）、弯隐球酵母（*Cryplococcus albidus*）、斯达氏油脂酵母（*Lipomyces starkeyi*）、茁芽丝孢酵母（*Trichosporon pullulans*）、产油油脂酵母（*Lipomyces lipofer*）、胶黏红酵母（*Rhodotorula glutimis*）、类酵母红冬孢（*Rhodosporidium toruloides*）等，见表6.2（王风芹等，2008）。含油量可达菌体的30%～70%。罗玉平等分离到一株高产棕榈油酸的酵母，总脂中棕榈油酸质量分数高达50.14%，中国科学院大连化学物理研究所实验室筛选出的4株产油酵母能同时转化葡萄糖、木糖和阿拉伯糖为油脂，菌体含油量超过其干质量的55%。

2003年施安辉和周波通过对黏红酵母 GRL_{513} 生产油脂最佳小型工艺发酵条件的探讨发现，最终油脂产量可达菌体干重的67.2%。国内还研究出一株称为*Candida lipolytica*的酵母菌，能够在普通的植物油上生长并将其转化为特种油脂。芬兰研究人员也获得了一种具有良好产油脂能力的产油假丝酵母。

表6.2 部分酵母含油脂质量分数及组分

酵母菌种	油脂质量分数/%	主要脂肪酸质量分数/%						
		16:0	16:1	18:0	18:1	18:2	18:3	其他
斯达氏油脂酵母	64	37	4	7	48	3	—	
弯假丝酵母	58	42	44	5	8	31	9	1
胶黏红酵母	72	37	1	3	47	8	—	
迪丹假丝酵母	37	19	3	5	47	17	5	1(18:4)

2）霉菌油脂

富含油脂的丝状真菌有：土曲霉（*Aspergillus terreus*）、褐黄曲霉（*A. ochraceus*）、暗黄枝孢霉（*Cladosporium fulvum*）、腊叶芽枝霉（*C. herbarum*）、葫芦笄霉（*Choanephora cucurbitarum*）、花冠虫霉（*Entomophthora coronata*）、梨形卷旋枝霉（*Helicostylum piriforme*）、葡酒色被孢霉（*Mortierella vinacea*）、爪哇毛霉（*Mucor javanicus*）、布拉氏须霉（*Phycomyces blakesleeanus*）、唐菖蒲青霉（*Penicillium gladiole*）、德巴利氏腐霉（*Pythium debaryanum*）、葡枝根霉（*Rhizopus stolonifer*）、元根根霉（*R. arrhizus*）、水霉（*Saprolegnia litoralis*）等，含油量可达菌体干重的25%～65%。我国20世纪60年代就有用霉菌和酵母生产油脂的报道，但研究较多的是在90年代，其研究重点集中在开发微生物功能性油脂方面。1988年上海工业微生物研究所报道了γ-亚麻酸油脂的发酵生产，其γ-亚麻酸占油脂总量的8.0%。1993年张峻等筛选到一株被孢霉突变株M6，其菌体得率为25%，油脂质量分数为32.8%，γ-亚麻酸质量分数为8.84%。同年，南开大学生物系用深黄被孢霉As3.3410为出发菌株，经紫外诱变得到变异株，菌体得率为29.3%，油脂质量分数达44.7%，其中γ-亚麻酸（GLA）达9.44%。杨革和王玉萍以拉曼被孢霉（*Mortierella ramanniana*）SM541为原始菌株，经过紫外线复合氯化锂诱变处理，得到突变株SM541-9，其生物量由12.6g/L提高到28.8 g/L，油脂质量浓度由5.8g/L提高到15.7g/L，花生四烯酸含量由321mg/L增加到623 mg/L，传代实验表明，SM541-9具有良好的遗传稳定性。文献报道在氮源缺陷型培养基中，深黄被孢霉油脂产量高达18.1g/L。日本在开发微生物油脂方面居领先地位，早在1976年日本铃木修等发现从真菌头孢霉中提取的油脂含γ-亚麻酸较多。与此同时，研究者在微生物产油和微生物细胞中提取油脂的工艺等方面取得了突破性进展。自1985年，日本和英国等国家开始使用微生物发酵法工业化生产含γ-亚麻酸的油脂并推出含γ-亚麻酸的微生物油脂的功能性食品和系列化妆品，微生物油脂已向实用化迈出了第一步。

3）藻类油脂

许多海洋微藻及巨藻类能产生油脂，常见的产油海藻有硅藻属（*Diatom*）和螺旋藻属（*Spirulina*）。微藻的太阳能利用效率高、个体小、营养丰富、生长繁殖迅速、对环境的适应能力强、容易培养。另外，微藻中不但油脂含量可观，而且直接从微藻中提取得到的油脂成分与植物油相似，不仅可以替代石油作为生物柴油直接应用于工业上，还可以作为植物油的替代品。目前国内外对微藻脂肪酸进行了大量研究，但报道较多的是小球藻（*Chlorella* sp.）、球等鞭金藻（*Isochrysis galbana*）、三角褐指藻（*Phaeodactylum tricornutum*）等，见表6.3，其总脂含量高达细胞干重的12.1%（王风芹等，2008）。2000年，林学政等研究了11种微藻在可比较的条件下，其生物量、总脂含量和多不饱和脂肪酸（EPA/DHA）的组成，结果表明：叉鞭金藻（*Dicrateria inornata*）和球等鞭金藻的总脂含量最高，分别占细胞干重的13.1%和12.1%。在绿色巴夫藻（*Pavlova-viridis*）中，EPA（二十碳五烯酸）和DHA（二十二碳六烯酸）分别占总脂肪酸（TFA）的25%和6%；小球藻的EPA含量为28%；南极冰藻的EPA含量为19%。2001年，易翠平和杨明毅用重量法测定了三种绿藻的总脂肪含量、气相色谱法测定了它们的脂肪酸百分含量，结果表明，三种绿藻的总脂肪质量分数为17.69%～21.44%，亚心形扁藻（*Platymonas subcordiformis*）和青岛大扁藻（*Platymonas helgolandica* var. *tsingtaoensis*）的脂肪酸组分中的不饱和脂肪酸以$C_{18:3\omega3}$含量最多；微绿球藻（*Platymonas oculata*）则以$C_{20:5\omega3}$含量最多。2002年，Chiara Bigogno等在日本Mt. Tateyama分离得到一株微藻*Parietochloris incisa*，不但富含有药用价值的长链不饱和脂肪酸（主要是花生四烯酸，20∶4ω6），而且三酰甘油（TAG）的含量也相当可观，在对数生长期占总脂肪酸的43%，在稳定生长期占77%。缪晓玲研究表明，通过异养转化细胞工程技术可以获得脂类含量高达细胞干重55%的异养藻细胞。预计每英亩[①]"工程微藻"每年可生产5×10^3～13×10^3kg生物柴油。发展富含油脂的微藻或者工程微藻是生产生物柴油的一大趋势。

表6.3 部分海洋微藻含油脂含量（干重）(%)

藻种	油脂含量	藻种	油脂含量	藻种	油脂含量
亚心形扁藻	8.59	金藻-16	34.01	海洋原甲藻	17.84
杜氏盐藻	30.00	球等鞭金藻	57	淡色紫球藻	11.3

4）细菌油脂

常见的产油细菌有：分枝杆菌、棒状杆菌、诺卡氏菌等。大多数产油细菌不产三酰甘油，而是积累复杂的类脂如磷脂与糖脂，给提取带来困难。有一种称为*Arthrobacter* AR19的细菌，当生长在葡萄糖含量高的基质中时，能大量积累脂类，主要是不饱和的三酰甘油。但是由于细菌油脂产生于细胞外膜上，提取困难，故产油细菌无工业意义。

6.2.1.4 废弃油脂

废弃油脂是中国生物柴油原料主要来源之一，主要包括餐饮废油、地沟油、

① 1英亩=4046.865m^2，后同。

炒菜和炸食品过程产生的煎炸废油等。以废油脂为原料生产生物柴油，可大大减少废油脂的现存量，减少燃料对化石资源的依赖和环境污染，同时可降低生物柴油原料的成本。动植物油脂经高温烹饪煎炸，饱和脂肪酸越来越多，但 85%以上仍为棕榈酸、硬脂酸、油酸和亚油酸。废油脂作为替代燃料与石化柴油相比尽管存在黏度大、挥发性差、与空气混合效果差、易发生热聚合等问题，但经过酯交换能够完全满足柴油代用理想品所具备的性能。李积华等以“地沟油”为原料、王延耀等以废食用油为原料，用 NaOH 催化制备生物柴油，其产率都在 90%以上。高静等用纺织品吸附法固定化假丝酵母脂肪酶 *Candida* sp. 99－125，然后在石油醚体系中催化废油脂（FFA 达 46.57%）合成生物柴油，转化率在 70%以上。Pedro Felizardo 等以废煎炸油（WFO）和甲醇为原料，用 NaOH 为催化剂制备生物柴油并对其理化指标进行了测定，结果完全符合 EN14214 标准。目前日本利用废弃食用油生产生物柴油的能力已达到 40 万吨/a（王风芹等，2008）。

6.2.1.5　展望

生物柴油是环境友好型燃料，大力发展生物柴油对我国实现可持续发展、保障国家能源安全具有十分重要的意义。我国动植物油脂缺口较大，并且有些油料作物的生物柴油生产已经受到了国家限制，但可以利用地域优势种植油料树木；微生物油脂由于不受环境、气候影响等诸多自身优势，将得到大力推广；每年产生大量的废弃油脂，虽然还存在技术上的问题，但用于生物柴油生产已经进入了工业化阶段，这也必将是未来发展的一大趋势。2007 年中国生物柴油产业发展分析及技术开发研究报告指出预计到 2010 年，中国年产生物柴油将达到约 100 万吨；到 2020 年，年产生物柴油将达到约 900 万吨。预计 2020 年微生物油脂将得到较大发展，油料树木、废弃油脂生物柴油所占比例较大，而动物油脂、油料作物生物柴油所占比例较少，见图 6.1。

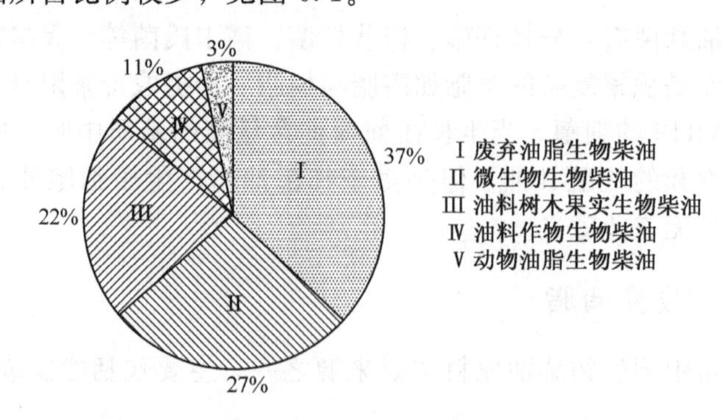

图 6.1　2020 年各类原料生物柴油预测比例图

6.2.2 微生物产油代谢途径

在酵母、霉菌等真核微生物中，某些产油种属能积累占其生物总量70%以上的油脂，其中以TAG为主，占80%以上，磷脂占10%以上。TAG的主要功能普遍被认为是作为碳源和能源的储备化合物，因它具有比糖类和蛋白质高的热值，一经氧化将产生很高的能量。另外还具有维持膜结构完整和正常功能的作用。TAG在能量储存和能量平衡上占有重要的地位，与游离脂肪酸相比，具有低生物毒性，因而为不同种类的脂肪酸提供了合适的储存形式。

6.2.2.1 微生物油脂的生物合成

生物合成TAG是在动、植物和微生物界广泛存在的多酶催化过程，属初级代谢的一部分。目前研究表明，TAG的合成代谢中关键的两个中间产物是磷脂酸（PA）和二酰甘油（DAG）。酿酒酵母（*S. cerevisiae*）细胞中PA的合成与其他真核细胞中PA合成类似，存在两条合成途径，即甘油-3-磷酸（G-3-P）途径和磷酸二羟丙酮（DHAP）途径。磷脂酸在磷脂酸磷酸酶（PAP）作用下去磷酸化形成DAG，这是DAG形成的主要途径。另外，DAG也可由磷脂酶C催化水解磷脂得到。

关于产油酵母TAG合成多酶体系的研究工作直到最近才开始。实验表明黏红酵母（*R. glutinis*）TAG合成多酶体系存在于细胞溶胶中，主要通过蛋白质间相互作用复合在一起。实验中分离出的多酶体系包括酰基载体蛋白（ACP）、酰基-ACP合成酶、AGAT、PAP和DAGAT。该多酶体系不仅能利用LPA和脂肪酰CoA合成TAG，而且还可接受游离脂肪酸，合成TAG及其相关中间体。

6.2.2.2 微生物油脂合成代谢调控

微生物高产油脂的一个关键因素是培养基中碳源充足，其他营养成分，特别是氮源缺乏。在这种情况下，微生物不再进行细胞繁殖，而是将过量的糖类转化为脂类。虽然阐明从脂酰CoA合成TAG的途径在油脂合成中非常重要，但该途径并不是产油微生物所特有的。事实上，产油微生物对油脂积累的重要调控元件是有关脂肪酸合成的一些因素。目前，人们对产油酵母和产油霉菌利用葡萄糖为碳源积累TAG的代谢途径已有比较深入的认识，图6.2简要说明了产油酵母中与TAG合成代谢调控相关的一些重要步骤（刘波等，2005）。产油微生物油脂合成代谢调控中有两个关键酶，即ATP柠檬酸裂合酶（ACL）和苹果酸酶（ME）。ACL的活性与产油微生物的油脂积累的能力具有很强的相关性，还没有发现微生物能积累TAG超过其生物量的20%却没有ACL活性的例子。然而有一小部分的酵母菌具有ACL活性，但油脂的积累仍然不会超过生物量的10%。

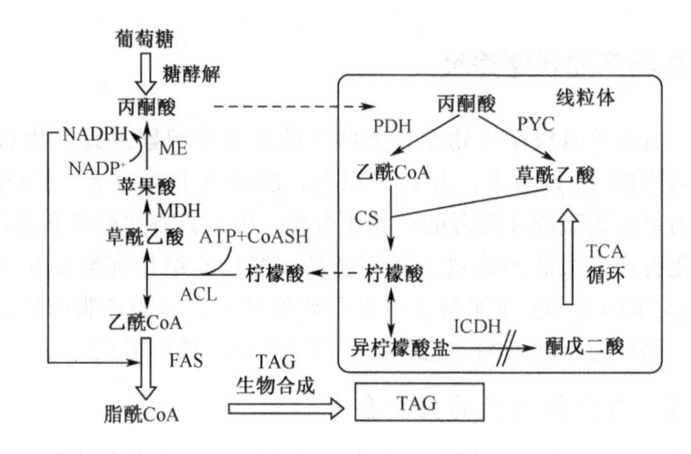

图 6.2 产油酵母油脂积累代谢调控途径简图

ACL：柠檬酸裂解酶；CS：柠檬酸合成酶；FAS：脂肪酸合成酶；ICDH：异柠檬酸脱氢酶；MDH：苹果酸脱氢酶；ME：苹果酸酶；PDH：丙酮酸脱氢酶；PYC：丙酮酸羧化酶

ACL 催化反应的另一产物草酰乙酸首先由苹果酸脱氢酶还原成苹果酸，再在 ME 作用下氧化脱羧得到丙酮酸，并释放 NADPH。其中，丙酮酸可透过线粒体膜进入线粒体，参与新一轮循环，而 NADPH 作为脂肪酸合成酶进行链延伸必不可少的辅助因子留在细胞溶胶中。线粒体中的丙酮酸既可以通过丙酮酸脱氢酶产生乙酰 CoA，又可在丙酮酸羧化酶的作用下产生草酰乙酸。这两个产物在柠檬酸合成酶催化下合成柠檬酸，即 ACL 的底物，完成产油微生物 TAG 合成调控最重要的代谢循环。

研究表明，产油微生物油脂积累的多少与 ME 的代谢调控有关，如果 ME 受到抑制，则油脂积累下降。这是因为虽然微生物代谢途径中有许多生成 NADPH 的过程，但 FAS 几乎只能利用由 ME 产生的 NADPH。因此，有人认为产油微生物中 FAS 和 ME 等可能有机地复合在一起，形成成脂代谢体（lipogenic metabolon）。

当外界条件改变时产油微生物体内的 TAG 也可能被降解。例如，产油霉菌 *M. isabellina* 只要培养基中碳源耗竭后就会大量分解储存的 TAG；对于 *C. echinulata* 则还需要培养环境中有较丰富的铁离子、镁离子或酵母提取物时才会启动降解储存 TAG 的机制。

6.2.3 微生物油脂发酵工艺

6.2.3.1 发酵工艺流程

微生物油脂的发酵工艺流程如下：

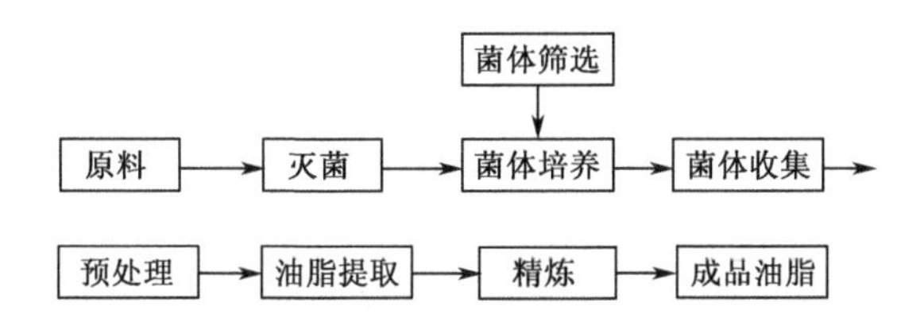

在微生物油脂中，其主要组成为三酰甘油和游离脂肪酸，同时还有一些非极性物质；另外还有部分微量成分没有被分辨出来。

6.2.3.2 发酵工艺要点

1）菌种的筛选

用于工业化生产油脂的菌株必须具备以下条件：①油脂积蓄量大，含油量应达50%左右，油脂生成率高，转化率不低于15%；②能适应工业化深层培养，装置简单；③生长速度快，杂菌污染困难；④风味良好，食用安全无毒，易消化吸收。能够生产油脂的微生物有酵母、霉菌、细菌和藻类等，目前研究较多的是酵母、藻类和霉菌（墨玉欣等，2006）。

2）菌体的培养

生产微生物油脂主要原料为下列几类物质：碳源如葡萄糖、果糖、蔗糖等；氮源如铵盐、尿素、无机盐等；这些原料在食品加工、造纸行业的废料中十分丰富，可加以利用。微生物培养方法可采用液体培养法、固体培养法及深层培养法，但以深层培养法最常用。研究所用的微生物多为藻类、丝状真菌及酵母。

菌种的培养条件直接影响到油脂生成量的高低，影响微生物合成油脂的因素有很多。首先是菌种问题，不同的微生物其产生油脂的含量及油脂脂肪酸组成均不同，如表6.4所示（马艳玲，2006）。

表6.4 不同菌种在同种培养条件下的油脂含量及脂肪酸组成

菌种	最佳培养时间/h	菌丝体干重/g	油脂产量/g	含油量/%	主要脂肪酸质量分数/%				
					16∶0	16∶1	18∶0	18∶1	18∶2
黑曲霉	3	5.5290	0.2181	3.94	19.3	—	6.9	40.7	31.6
米曲霉	7	1.2486	0.1500	12.01	23.3	—	8.3	28.7	30.8
少根曲霉	7	2.6990	0.7152	26.50	18.0	—	6.6	31.6	32.84
红酵母	5	0.5060	0.3060	57.73	10.40	1.68	10.84	52.25	2.94
酿酒酵母	6	1.232	0.3950	32.06	7.60	50.14	3.08	29.84	1.94

（1）碳源和氮源对菌体产油脂的影响。碳源是微生物产油脂的一个关键因

素，当培养基中碳源充足而其他营养成分缺乏时，微生物菌株会将过量的糖类转化为脂类。氮源的主要作用是促进细胞的生长，低C/N有利于菌体生长，高C/N利于油脂的积累，此外氮源的种类也会影响油脂的积累。

(2) 培养时间对菌体产油脂的影响。微生物细胞的油脂含量随微生物生长阶段的不同而有显著差异，如油脂酵母的油脂含量在生长对数期较少，在生长对数期末期开始急剧增加，至稳定期初期达到最多。培养时间的长短也是一个影响因素，培养时间不足菌体总数少而影响油脂产量，培养时间过长细胞变形、自溶，合成的油脂进入培养基中难以收集同样影响油脂产量。

(3) 温度对菌体产油脂的影响。温度的改变之所以能调节脂肪酸成分是由于细胞对外界温度的变化会产生一种适应性反应。通常情况下不饱和脂肪酸的熔点比饱和脂肪酸低，短链脂肪酸的熔点比长链脂肪酸低。因此当菌株从高温转移到低温时，细胞膜中不饱和脂肪酸及短链脂肪酸含量增加主要是棕榈油酸或油酸等含量的增加；当温度升高时平均链长就增长，有利于细胞膜的正常流动和增强其通透性。

(4) pH 对菌体产油脂的影响。不同种类的微生物，产油的最适 pH 也不同，酵母产油的最适 pH 为 3.5～6.0，霉菌的为中性至微碱性。构巢曲霉在 pH 为 2.8～7.4 下培养时，随 pH 的上升油酸含量增加。油脂酵母培养基的初始 pH 越接近中性，稳定期菌体的油脂含量越高。在培养过程中不断调整 pH，使微生物处于其最适 pH 范围内可有效地提高微生物的产油量（冯冲，2007)。

(5) 通气量对菌体产油脂的影响。油脂是由基质的糖类还原而成，当微生物产生油脂时必须供给大量氧气，不饱和脂肪酸的生物合成也需要大量氧气。研究发现产油真菌在供氧不足的条件下三酰甘油的合成会强烈受阻，并引起磷脂和游离脂肪酸大量积累；在通气条件下，游离脂肪酸会部分转化成含有 2 个或 3 个双键的脂肪酸，从而使不饱和脂肪酸大量增加。

(6) 无机盐对菌体产油脂的影响。对真菌而言，适当增加无机盐和微量元素的添加量可提高油脂合成速度和产油量。据 Carrid 等报道，在培养基中适当增加 Na、K、Mg 等元素含量，构巢曲霉的油脂积累量可由 25%～26%提高到 50%～51%。日本长沼等研究证明，在培养基中适当增加 Fe、Zn 离子，可加速产油微生物对油脂的合成，但添加量不宜太大，否则会严重阻碍真菌对油脂的合成（宋安东等，2006)。

3）预处理

在微生物油脂的生产过程中，菌体的预处理是关键工艺。微生物油脂大多存在于由较坚韧的细胞壁所包裹的菌体细胞内，部分与蛋白质或糖类结合以脂蛋白、脂多糖的形式存在较难分离出来，因此在提取油脂前必须对菌体进行预处理。预处理方法主要有掺砂共磨法（将干菌体与砂子一起进行研磨）、与盐酸共煮法（共煮使细胞分解有利于获得油）、菌体自溶法（让菌体在50℃下保温2～3天）和蛋白质溶剂变性法（用乙醇或丙醇使结合蛋白变性）、反复冻融法、超声波破碎等方法（薛飞燕等，2005）。但有资料报道，目前国内常用的掺砂共磨法因易造成菌体细胞物质的损失而使菌体实际产油量降低，故提出采用湿菌体过滤、细纱磨碎后烘干提取油脂的新工艺，其油脂得率比干法提高6.12%。

4）油脂提取

目前，研究者常采用的油脂提取方法有：酸热法、索氏提取法、超临界CO_2萃取法、有机溶剂法。

以雅致枝霉为材料，对4种方法提取油脂的综合情况进行了比较研究，结果如表6.5与表6.6所示（李植峰等，2001）。

表6.5 四种方法提取雅致枝霉油脂的综合情况比较

提取方法	样品	最小样品量/mg	仪器要求	处理样品能力	油脂得率/%
索氏提取法	干粉	2000	较高	1份/6h	9.18
酸热法	干湿均可	50	低	10份/1h	7.76
超临界CO_2萃取法	干粉	50	高	1份/1h	7.23
有机溶剂法	干湿均可	50	低	20份/1h	4.68

表6.6 不同方法提取的雅致枝霉油脂的脂肪酸组分比较

油脂脂肪酸组成	索氏提取法/%	酸热法/%	超临界CO_2萃取法/%
$C_{12:0}$	0.29	0.23	0.35
$C_{14:0}$	1.62	1.40	1.59
$C_{16:0}$	15.09	14.71	14.87
$C_{18:0}$	2.97	3.11	2.94
$C_{18:1}$	42.74	38.11	43.43
$C_{18:2}$	18.35	20.79	18.60
$C_{18:3}(\gamma)$	17.81	20.60	17.28
$C_{18:3}(\alpha)$	0.20	0.59	0.08
$C_{20:0}$	0.20	0.08	0.07
$C_{20:1}$	0.36	0.30	0.20
$C_{20:2}$	0.02	0.09	0.30
$C_{20:3}$	0.11	0.00	0.05
未知组分	0.24	0.00	0.16

结果表明有机溶剂法最为简便易行，但由于其细胞破碎能力差而不能有效提取细胞内油脂，因此油脂提取效果最差；索氏提取法油脂得率最高，但耗时也最长，样品需先烘干处理，样品的需要量也大；超临界 CO_2 萃取法提取真菌油脂的效果虽较索氏提取法略差，但油脂的脂肪酸组成及含量相近且样品需要量小，样品处理能力较索氏提取法大为提高；酸热法操作简单、快速，样品不需任何处理，且提取的真菌油脂中营养必需肪酸含量较索氏提取法及超临界 CO_2 萃取法提取的油脂高，但无法有效提取细胞膜中富含的多不饱和脂肪酸。

用于油脂浸提的溶剂应该使全部油脂物质都能溶解而且要求有足够的极性使其与细胞膜、脂蛋白等连接键破坏而得以提取，常见的溶剂主要有乙醚、异丙醚、氯仿、乙醇、石油醚、甲醇等。磨碎的微生物干菌体由于颗粒较细，浸提时溶剂渗透性极差，混合油不易沥出，因此在浸提前可对干菌体进行造粒处理，这样能提高浸出设备利用率，混合油中粉末少，毛油质量好，浸出系统管道不易堵塞。需要注意的是造粒时须严格控制温度最好不高于 50℃，以防止油脂氧化，浸提后通过减压蒸发回收溶剂。

5）油脂精炼

微生物油脂的精炼工艺与食用植物油基本相同，主要包括水化脱胶、碱炼、脱色、脱臭等工序。精炼后的油脂其分析指标包括：气味和滋味、色泽、水分、相对密度、透明度、酸价、碘价、过氧化值、脂肪酸组成、三酰甘油组成等（梁西爱等，2006）。

6.3 生物柴油酶法转化技术

6.3.1 生物柴油的转化技术

近 20 年来，各国相继兴起了研究生物柴油的热潮。目前，欧洲和北美主要以植物油为原料制备生物柴油，日本则主要用废食用油来制备生物柴油，约旦、土耳其、马来西亚等都对生物柴油进行了研究。我国对生物柴油的研究起步较晚，清华大学、北京化工大学、江苏工业学院、武汉工业学院、江苏石油化工学院、河南农业大学等都对生物柴油进行了研究。

生物柴油的制备有物理方法和化学方法两种。物理法包括直接混合法和微乳液法，化学法包括高温热裂解法和酯交换法，其中以酯交换法工业应用最为广泛。具体分类如图 6.3 所示（聂小安和蒋剑春，2008）。

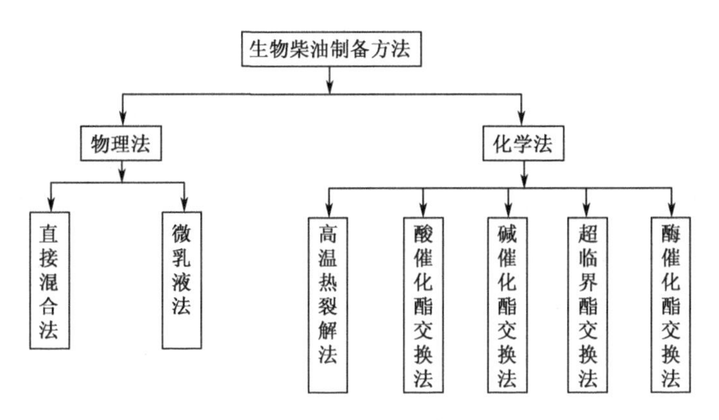

图 6.3 生物柴油制备方法

6.3.1.1 物理法

1）直接混合法

直接混合法是将天然油脂与柴油、溶剂或醇类直接混合制备均匀液体燃料的方法。由于天然油脂存在黏度过高的缺陷，研究人员将天然油脂与柴油混合以降低其黏度，提高挥发度，结果表明，此类混合物燃料可以用作机械的替代燃料，然而仍然存在黏度过高和低温下有凝胶现象等问题。目前该方法基本被微乳液法所取代。

2）微乳液法

微乳液法是将两种不互溶的液体与离子或非离子表面活性剂混合而形成直径为 1～150nm 的胶质平衡体系，是一种透明的、热力学稳定的胶体分散系，可在柴油机上代替柴油使用。这种微乳状液除了十六烷值较低外其他性质均与 2# 柴油相似。1984 年 Ziejewshki 等以 53.3％的冬化葵花籽油、13.3％的甲醇以及 33.4％的丁醇制成微乳液，在 200h 的实验室耐久性测试中没有严重的恶化现象，但仍出现了积碳和润滑油黏度增加等问题。Neuma 等使用表面活性剂（如豆油皂质、十二烷基磺酸钠及脂肪酸乙醇胺）、助表面活性剂（成分为乙基、丙基和异戊基醇）、水、炼成柴油和大豆油为原料，开发了可替代柴油的新的微乳状液体系，具体配方：柴油 3.160g，大豆油 0.90g，水 0.050g，异戊醇 0.338g，十二烷基磺酸钠 0.676g。该微乳液的性质与柴油相近。

微乳液法虽然从一定程度上改善了植物油的燃烧性能，短期使用没有大的不良后果，但乳化后植物油的黏度仍然很高，此方法与环境有很大的关系，因环境的变化易出现破乳的现象（曹晓燕等，2007）。

6.3.1.2　化学法

化学催化酯交换法是目前生产生物柴油的主要方法，即用动物或植物油脂与甲醇、乙醇等低碳醇在催化剂作用下于一定温度下进行酯交换反应，生成相应的脂肪酸甲酯或乙酯，再经洗涤干燥即得生物柴油，如图 6.4 所示（徐桂转，2007）。

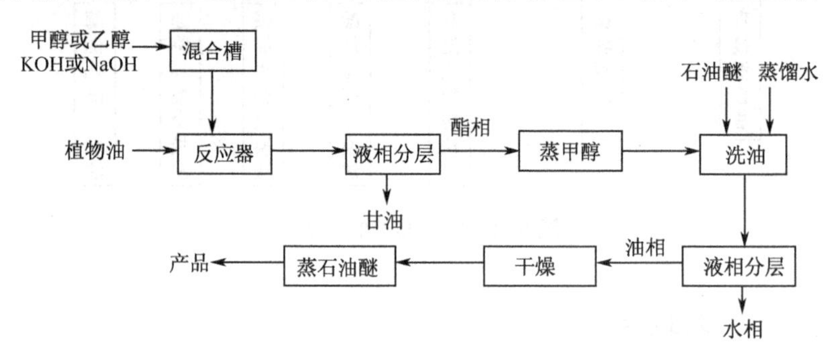

图 6.4　化学催化法生产生物柴油的典型工艺流程图

化学催化酯交换法易于工业化，投资少，见效快。但也存在以下缺点：后处理工序复杂，醇必须过量，能耗高，设备重复多，易产生较多的废水，增加了污水处理的难度。

我国现有生物柴油制造商普遍采用化学法来制备生物柴油。化学法根据过程不同分为：高温热裂解法、酸碱催化酯交换反应、酶催化酯交换法以及无催化剂超临界酯交换反应。高温热裂解法、酸碱催化酯交换反应是生物柴油制造技术的基础，酶催化酯交换法以及无催化剂超临界酯交换反应是生物柴油制造技术的亮点与发展主流，应引起我国制造商的广泛关注。

1）高温热裂解法

高温热裂解法是在空气或氮气流中由热能引起化学键断裂而产生小分子的过程。三酰甘油高温裂解可生成一系列混合物包括烷烃、烯烃、二烯烃、芳烃和羧酸等。不同的植物油热裂解可得到不同组分的混合物。最早对植物油进行热裂解的目的是为了合成石油。1993 年，Pioch 等对植物油经催化裂解生产生物柴油进行了研究，将椰油和棕榈油以 SiO_2/Al_2O_3 为催化剂在 450℃裂解。裂解得到的产物分为气、液、固三相，其中液相的成分为生物汽油和生物柴油。分析表明，该生物柴油与普通柴油的性质非常相近（吴谋成，2008）。

高温热裂解法对原料的要求不高，但是裂解产物中高价值的成分所占比例极低，生产工艺复杂。生产过程需要消耗大量的能量。

2）酸催化酯交换法

酸催化酯交换法一般使用布朗斯特酸作为催化剂，较常用的催化剂有浓硫酸、苯磺酸和磷酸等。由于浓硫酸低廉的价格且资源丰富，成为最普遍的酯交换催化剂。

Crabbe 等研究表明，在 95℃甲醇与棕榈油物质的量比为 40∶1，5% H_2SO_4 条件下，脂肪酸甲酯产率达到 97%需 9h；而在 80℃和相同条件下，要得到同样产率需 24h。Freedmann 等研究发现，在 117℃，丁醇与大豆油物质的量比为 30∶1，1% H_2SO_4 条件下，脂肪酸丁酯产率达到 99%需 3h；而在 65℃，在等量的催化剂和甲醇条件下，脂肪酸甲酯产率达到 99%需 50h。可以看出酸催化酯交换过程产率高但反应速率慢，分离难且易产生“三废”。

与碱催化相比，酸催化转酯反应慢得多，但当甘油酯中游离脂肪酸和水含量较高时酸催化更合适。据 Lotero 等报道，当植物油为低级油（如硫化橄榄油、食用废油等）时，在酸性条件下可使转酯反应更完全。

3）碱催化酯交换法

碱催化酯交换反应，通常可使用无机碱或有机碱（NaOH、KOH、NaOMe、KOMe、有机胺等）作为催化剂。在无水情况下，碱性催化剂催化酯交换活性通常比酸催化剂高。Jose M. Encinar 等研究发现，氢氧化钾的催化效果最好，依次是甲醇钾、氢氧化钠。最佳醇油物质的量比为 6∶1，催化剂用量 1%，反应温度为 60℃，经 3h 反应可以得到 90%以上的转化率。但是碱催化剂不能使用在游离酸较高的情况下，游离酸的过高会使催化剂中毒。主要是游离脂肪酸容易与碱反应生成皂，其结果使反应体系变得更加复杂，皂化反应体系中起到乳化剂的作用，同时也能使催化剂的活性减弱，且产物甘油可能与脂肪酸甲酯发生乳化而分离困难。水也常常使碱催化剂中毒，水的存在会促使油脂水解而与碱生成皂。因而，碱作为催化剂时，常要求原料油酸含量低，水分低于 0.06%。对于含水或含自由脂肪酸的油脂，可以进行两次酯化。由于上述碱性催化剂受到皂化等影响，从而造成反应转化率不高。Tinja 等对有机胺作为催化剂进行研究，结果表明反应的产率达 98%，可以避免皂化和反应中水的影响，反应产物可以快速分离。目前生物柴油工业化生产工艺主要是均相的酸、碱催化酯交换反应，很多都是在常压低温下进行。均相酸碱催化剂的优点是反应转化率高，但是废催化剂会带来环境等问题。例如，反应过程中使用过量的甲醇，后续处理过程较繁琐，油脂原料中的水和游离脂肪酸会严重影响生物柴油产率及品质，废碱、酸液排放容易对环境造成二次污染等。

4）超临界酯交换法

所谓超临界状态就是指当温度超过其临界温度时气态和液态将无法区分，于是物质处于一种施加任何压力都不会凝聚的流动状态。典型的工艺流程如图 6.5 所示（徐桂转，2007）。

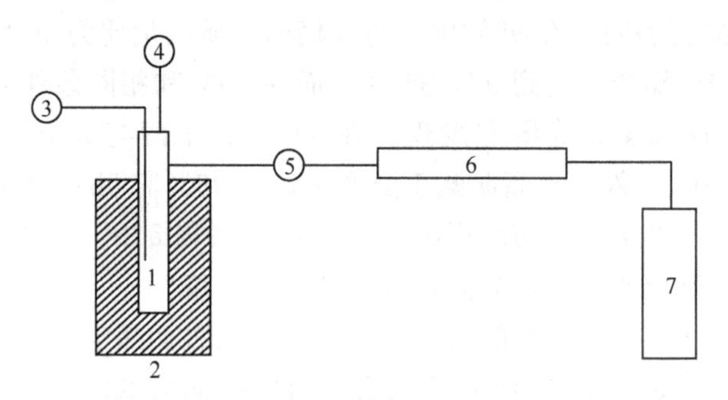

图 6.5 超临界流体法生产生物柴油简图

1. 高压反应器；2. 电加热器；3. 温度控制阀；4. 压力控制阀；5. 产品出口阀；6. 冷凝器；7. 产品储罐

根据其原理，Saka 等提出了超临界一步法（图 6.6）制备生物柴油的工艺，对菜籽油和甲醇在无催化的情况下酯交换反应进行研究（张震宇和方利国，2007）。结果表明，在超临界状态下反应温度在 350℃以上，压力为 45～65MPa，醇油比为 42∶1，油脂与甲醇的反应速率非常快，而在亚临界甲醇状态下，油脂与甲醇的反应速率较慢。而且 Saka 等认为提高温度有利于反应的进行，并能提高反应的转化率。超临界甲醇一步法制备生物柴油条件苛刻，温度压强过高，对设备的腐蚀太大；醇油比高将造成分离甲醇成本增大。

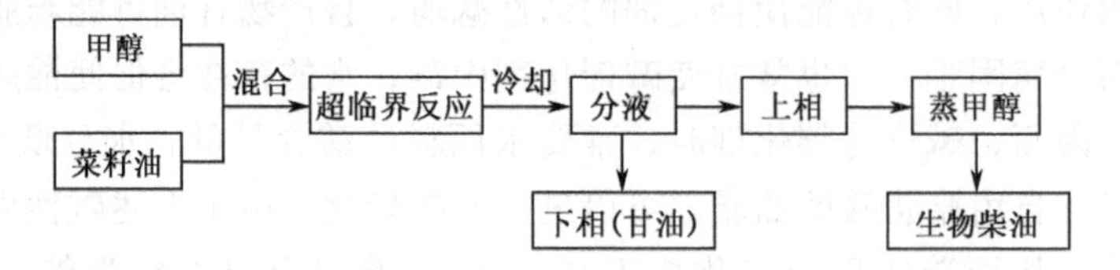

图 6.6 超临界一步法制备生物柴油工艺

Saka 等随后又提出超临界甲醇二步法制备生物柴油，对一步法进行了修正和改进，使得制备生物柴油苛刻的条件（温度、压强等）降低。Minami 等在此基础上，对比了 Saka 等提出的两种方法，着重研究了超临界二步法中油脂的水解和酯化机理。结果发现二步法中水解生成的脂肪酸具有催化作用，开始油脂水解缓慢，随着脂肪酸含量的增多，反应速率加快。脂肪酸在随后的酯化制备生物柴油中也起着重要的作用。

超临界甲醇法与酸、碱催化法及酶法相比，具有如下几个优点：①不需要催化剂，对环境污染小；②对原料要求低，水分和游离酸对反应的不利影响较小，不需要进行原料的预处理；③反应速率大大提高，反应时间大大缩短；④产物下游处理简单；⑤易于实现连续化生产。但是超临界甲醇法制备生物柴油也有其明显的缺点：①反应条件苛刻，高温高压，使反应系统设备投资增加；②反应醇油比太高，甲醇回收循环量大。

5）酶催化酯交换法

酶催化酯交换法是利用脂肪酶为催化剂的酯交换反应，其转化生物柴油的原理即脂肪酶在较为温和的条件下能够催化脂肪酸或三酰甘油分别与甲醇等低碳醇通过酯化或转酯化反应，生成长链脂肪酸单酯（生物柴油）（杨继国等，2004）。该工艺的催化剂脂肪酶是一类能催化酯类水解、合成或转酯反应的酶类，广泛分布于动植物与微生物中，来源较为丰富，目前实验室及工业上所用的脂肪酶多数由微生物发酵而来。部分脂肪酶催化具有一定的酰基位置或脂肪酸类别或链长等特异性，因而可通过合理调配使其充分发挥催化活性。脂肪酶既能催化酯化反应也能催化转酯反应，因此具有丰富的原料来源，既可对粗、精制动植物油脂（主要为三酰甘油）进行醇解，也能对废油脂（含三酰甘油及游离脂肪酸）进行转化，真正起到提供新型清洁能源、环保净化的作用。

这类酯交换法具有以下特征：①专一性强，包括脂肪酸专一性，底物专一性和位置专一性；②反应条件温和，醇用量少；③产物易于分离与富集，无污染排放，对环境友好；④广泛的原料适应性，对原料没有过高的要求；⑤设备要求不高；⑥安全性好。

但利用生物酶法制备生物柴油目前存在着一些亟待解决的问题，如反应物甲醇容易导致酶失活、副产物甘油影响酶反应活性及稳定性、酶的使用寿命过短等，因此酶法生产生物柴油并商业化的主要瓶颈就是酶的成本太高。为了提高脂肪酶的回收率，降低酶法制备生物柴油的成本，固定化脂肪酶及固定化细胞是酶法制备生物柴油最具发展潜力的新技术。

6.3.2 生物柴油酶法转化工艺

酶法催化合成生物柴油对原料品质没有特别要求。酶法不仅可以催化精炼的动植物油，同时也可以催化酸值较高且有一定水分含量的餐饮废油转化成生物柴油。

脂肪酶按催化特异性可以分为三类，第一类脂肪酶对甘油酯上的酰基的位置没有选择性，可以水解三酰甘油中的所有酰基得到脂肪酸和甘油；第二类脂肪酶水解三酰甘油中的1、3位酰基，得到脂肪酸、二酰甘油（1,2-二酰甘油和2,3-二酰甘油）和单酰甘油（2-单酰甘油）；第三类脂肪酶对脂肪酸种类和链长有特异性。

用脂肪酶催化三酰甘油和甲醇酯交换合成生物柴油，一般都是在非水相体系中反应。在非水相体系中，酶的活力高、三酰甘油的转化效率高。最简单的非水相体系是无溶剂体系，即直接把酶加到底物甲醇和三酰甘油中催化酯交换反应。这种反应体系工艺简单，产物容易分离，成本相对较低。但是由于甲醇在三酰甘油中的溶解度有限，当甲醇和三酰甘油物质的量比超过1∶1（甲醇和脂肪酸物质的量比1∶3）时，一部分不能溶解在油中的细小甲醇微滴会造成脂肪酶（绝大多数微生物脂肪酶）不可逆失活。为了防止脂肪酶在甲醇中的不可逆失活，可以分三次添加反应所需要的甲醇，每次添加反应所需要量的1/3。当向体系中添加有机溶剂（如正己烷等）或水时，脂肪酶对甲醇的耐受能力有一定程度的提高，但是并不能提高反应的总转化率。也可以用乙酸甲酯替代甲醇作为酶法催化酯交换的底物，即使乙酸甲酯和油的物质的量比为12∶1也不会造成脂肪酶的失活，三酰甘油的转化率可达92%。

华南理工大学陈新和里伟（2007）采用3或4级固定床反应器进行连续转酯反应，分批（3或4次）流加甲醇，减小甲醇对脂肪酶的毒害，提高生物柴油得率，同时在线分离副产物甘油，减少甘油对反应体系的副作用。高静等（2005）用纺织品吸附法固定化假丝酵母脂肪酶 *Candida* sp. 99-125，然后在石油醚体系中催化废油脂（FFA达46.57%）合成生物柴油，转化率在70%以上。最近，日本Mizusawa化工公司就计划利用黏土负载的脂肪酶作催化剂，以工业废动植物油为原料生产生物柴油，同时可获得维生素B_2。日本久保大学和Kansai化工公司联合研究的 *Rhizopu oryzae* 全细胞生物质负载酶催化剂也有望投入工业应用。

生物柴油的制备工艺如图6.7所示（王艳颖，2008）。

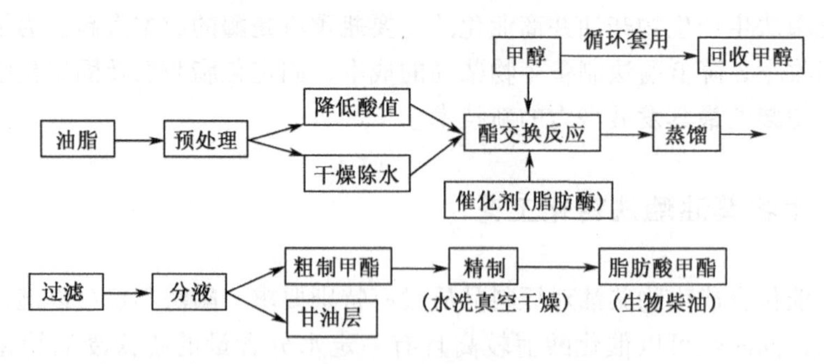

图6.7 生物柴油制备主流程图

原料油或废油脂经预处理除去杂质和游离酸并脱除水分，然后在催化剂的作用下与甲醇发生酯交换反应。反应结束后进行分层，上层为粗制甲酯，下层为甘油。粗甲酯经精制即得脂肪酸甲酯。

在下层的甘油中加入酸以中和残余的催化剂并蒸馏回收甲醇，便得到粗甘油，粗甘油再经蒸馏就能获得纯甘油。从反应过程产生的废水中除去甲醇和催化剂，就可得到未反应的油，该油也可作为燃料油。

生物柴油生产过程中产生的大量副产物甘油，每生产 10t 生物柴油就可以联产 1t 甘油，这导致世界甘油供应量持续过剩，价格下滑，已经严重影响到了生物柴油产业在经济上的生存能力。因此，对副产物甘油进行更加充分地利用，提高其附加值，可以使生物柴油的生产成本降低，这已经成为降低生物柴油成本的一条有效途径。

6.3.3 生物柴油酶法转化实例

目前，酶催化法制备生物柴油工艺实现产业化面临的最大瓶颈就是脂肪酶制品成本较高、稳定性相对较差及反应时间长。这些缺陷造成酶法生产工艺的投入与产出比例较高的问题变成了该工艺实现工业化的最大路障。对如此有竞争优势、前景性极好的工艺路线，众多科研人员纷纷投入研究以期获得改良的经济环保型工艺。

6.3.3.1 多孔玻璃珠固定化脂肪酶及其催化合成生物柴油

罗文等（2007）进行了多孔玻璃珠固定化脂肪酶及其催化合成生物柴油的研究。对于固定化载体，选择多孔玻璃珠等为疏水性载体，可以使得亲脂性的脂肪酶分子以开放构象形式强烈吸附于载体疏水表面，并有利于生物柴油体系中黏度大的疏水性底物油脂分配到载体周围及疏水产物甲酯的扩散。另外，多孔玻璃珠具有比表面积大、化学稳定性好、机械强度高的优点，能使催化剂易于分散。利用多孔玻璃珠为载体，以 3-氨基丙基三乙氧基硅烷对载体表面进行修饰，再以戊二醛为交联剂，对假丝酵母 99-125 脂肪酶进行了固定，比较了固定化脂肪酶与游离脂肪酶的部分性质，并考察了所制备的固定化酶在微水相中催化合成生物柴油的催化性能，研究了固定化酶的操作稳定性。

1）固定化酶的性质

实验发现固定化酶的最适温度为 40～45℃，比游离酶最适反应温度（40℃）范围有所变宽，并且温度在 40℃以上时，固定酶的相对活力大于同一温度下游离酶的相对活力。这说明了游离酶经固定化后热稳定性升高，这可能是因为固定化过程稳定了酶分子的构象，因而使固定化酶的临界变性温度提高。固定化处理对酶反应最适 pH 的影响主要取决于固定化载体的性质以及酶蛋白的电荷状态。

活化后载体上的醛基在作用于固定化脂肪酶时，消耗了脂肪酶上的一些氨基，改变了其微观环境造成局部羧基含量增大且造成酶分子微环境与主体溶液之间 H^+ 的浓度差，使固定化酶偏碱性条件下的稳定性优于游离酶，而酸性条件下比游离酶差。经多孔玻璃珠固定化后，脂肪酶的热稳定性明显提高。可见多孔玻璃珠对脂肪酶的固定，稳定了脂肪酶构象，使其热稳定性提高。

2）固定化酶合成生物柴油的催化性能

以制备的固定化酶为催化剂，在微水体系中利用菜籽油合成生物柴油，研究了溶剂量、体系水含量、甲醇等因素对固定化酶催化性能的影响，并考察了固定化酶的操作稳定性。

实验结果表明，①生物柴油转化率随着溶剂量的增大而升高，但是当体系中溶剂量超过 5mL/g（针对每克菜籽油）时，反应转化率又有所降低。②随着初始水分含量的增加，转化率升高，当初加水量达到油质量的 20%时，转化率达到最大；继续增加水量转化率反而降低。③甲醇等低碳醇因其较强的极性和亲水性对酶有很强的破坏能力，影响其活性和稳定性，因而对酶促反应有着很强的抑制作用。随着醇油比的增加，生物柴油转化率逐渐升高，当醇油比为 3∶2 时达到最大值，随后迅速下降，这是因为醇对酶产生强烈的抑制作用而使生物柴油转化率迅速下降。可以采用分步加入甲醇的方法来减少过量的甲醇对酶催化的抑制作用。若从节省反应时间的角度来考虑，可以选择反应的第一步流加醇油比为 3∶2。④采用三次流加甲醇的方式在石油醚中合成生物柴油，每一批次反应后过滤出固定化酶，用叔丁醇清洗后继续进行下一批次的反应，固定化酶连续反应 13 批（每批 30h）后，生物柴油反应转化率仍维持在 70%以上。而固定化脂肪酶的半衰期在 390h 以上。说明此固定化脂肪酶具有良好的操作稳定性。

6.3.3.2　新型反应介质中脂肪酶催化多种油脂制备生物柴油

目前酶法制备生物柴油的瓶颈主要在于反应物甲醇对酶存在毒性以及副产物甘油吸附在酶表面阻碍了反应物向酶扩散而降低反应速率，从而影响了酶的活性及稳定性。根据 Shimada 等的报道，甲醇在油中的溶解度为 1.4mol/L，过量甲醇与酶接触会引起酶失活，将反应所需甲醇一次性加入反应体系中，固定化脂肪酶会立刻失活，回用第二批转化率急剧降低。Shimada 等采用分步加入甲醇的方法可以大大降低甲醇对酶的毒性，但吸附在酶表面的甘油不断累积，需要定期用溶剂洗涤，操作较繁琐且整个反应过程耗时较长，3 步反应共需 48h。也有不少研究用有机溶剂作为反应介质，Mohamed 等的研究表明，亲水性强的有机介质如丙酮（辛醇/水分配系数 $\lg P=-0.23$）中多种脂肪酶的活性均很低，48h 油脂转化率均未超过 25%，在疏水性的有机介质如正已烷（lg$P$=3.5）中酶保持较高的活性，但是甲醇和甘油不能在疏水性溶剂中充分溶解，对酶催化反应的负面影响仍旧存在，固定化酶回用几批后活性就开始下降。

清华大学化学工程系刘德华等首次提出以叔丁醇作为反应介质进行酶促不同油脂原料甲醇醇解反应制备生物柴油。虽然叔丁醇也是短链醇，但由于其支链化程度高，具有 3 个甲基，形成较大的空间位阻难与油脂进行转酯反应，特别是当甲醇存在时，叔丁醇几乎不与油脂反应，只作为反应介质。叔丁醇本身对脂肪酶没有毒性而作为一种相对亲水的有机溶剂（lg$P$=0.8）又能促进甲醇和副产物甘油在反应体系中溶解，在适当的比例下，整个反应体系呈均相（除固定化酶外），故甲醇及甘油对酶催化活性和稳定性的负面影响可以完全消除，酶的使用寿命显著延长。刘德华等研究表明，以叔丁醇为溶剂，脂肪酶可以有效地催化植物油脂甲醇醇解制备生物柴油，与传统的酶法制备生物柴油相比，采用叔丁醇作为反应介质甲醇的毒性和副产物甘油的抑制作用等问题都得到了很好的解决。在叔丁醇介质中脂肪酶表现出很好的操作稳定性，反应进行 200 批次（100 天）后仍保持很高的甲酯得率，采用精制菜籽油为原料制备的生物柴油产品符合美国和德国生物柴油标准。该新型反应介质体系还具有广泛的油脂原料适用性，多种油脂如菜籽油、大豆油、桐籽油、棉籽油、乌桕油、泔水油、地沟油、酸化油等都能被有效转化成生物柴油（李俐林等，2006）。

6.3.3.3 超声波辅助下脂肪酶催化高酸值废油脂制备生物柴油

超声波是物质介质中一种弹性机械波，在物质介质中形成介质粒子的机械振动，这种含有能量的超声振动在亚微观范围内引起的机械作用有机械传质作用、加热作用和空化作用。超声波辅助技术已应用于化学法生产生物柴油中。见图 6.8。Stavarache 等认为超声波的空化作用和机械传质作用促进了醇油相互混合、增加了反应界面和强化了传质作用，在超声波辅助下，反应时间可以明显缩短，碱催化剂用量降低到原来的 1/4～1/3。朱宁等研究了超声波频率对醇油反应体系温度和空化作用的影响，对比了超声波辅助和传统化学法生产的生物柴油的理化性质和发动机燃烧性能，认为超声波不仅缩短了碱催化生产生物柴油的反应时间，而且还改善了生物柴油的分子结构，减少了生物柴油分子簇的大小，从而提高了生物柴油产品的理化性质和燃烧性能。王建勋等研究了低频超声外场辐射下碱催化酯交换生产生物柴油，结果表明，超声波外场乳化作用和强化反应起到了很好的协同作用，与机械搅拌反应体系相比，极大地缩短了反应时间和提高了生物柴油的转化率（王建勋等，2007）。

杂醇油是工业发酵生产乙醇的蒸馏副产物，主要含有戊醇、异戊醇以及其他短链醇，是一种低价值的工业杂醇混合物。如果应用于酶法催化生产生物柴油的

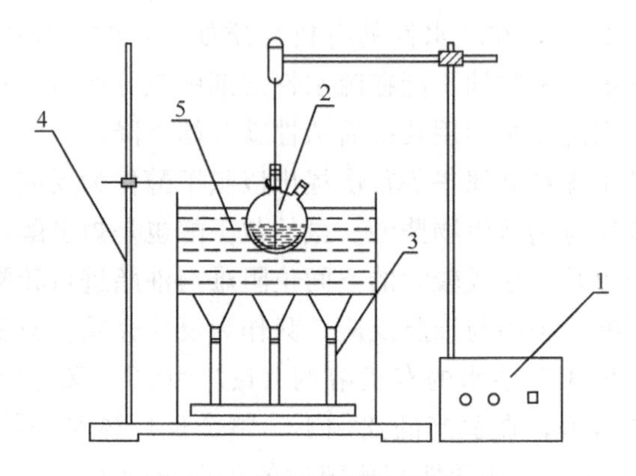

图 6.8　超声波辅助反应装置

1. 搅拌器；2. 反应釜；3. 超声仪器；4. 支架；5. 水浴

生产中，不仅能够降低生物柴油的生产成本，还可以改善生物柴油的低温性能。这就要求酶催化生产生物柴油在短链醇的选择上具有宽广的适应性。

中国农业科学院的王建勋等采用丙醇和酸值高达 157mg KOH/g 的高酸值废油脂为原料，用来源于 *A. oryzae* 的商品化固定化脂肪酶 Lipozyme TL IM 和来源于 *C. antarctica* 的商品化固定化脂肪酶 Novozym435 催化高酸值废油脂为生物柴油，在能量温和的低频率超声波辅助下，Novozym435 可以高效催化高酸值废油脂与丙醇等短链醇发生酯化和转酯化反应转化为生物柴油。与单纯机械搅拌相比，提高了酶促转化反应速率，促进了反应平衡的正向移动。在此条件下，不同碳原子数（C1～C5）的直链和支链醇均能以很高的转化率与高酸值废油脂反应生成生物柴油，此工艺在短链醇的选择上具有宽广的适应性。回收的 Novozym435 较单纯机械搅拌下回收的外观干净，黏性物质和油吸附较少，分散良好且无结块现象，易于洗涤和再次利用，具有良好的操作稳定性。能量温和的低频率超声波在酶催化生产生物柴油中极具应用潜力，而在此基础上如何实现工业杂醇的利用将是一个很有价值的课题。

6.3.3.4　脂肪酶催化菜籽油制取生物柴油的研究

目前，生物柴油的生产均采用间歇工艺，酶法连续制取生物柴油的研究很少，而连续生产可以降低生产成本、降低劳动强度，更容易实现工业化的大生产固定化。脂肪酶连续催化酯交换反应适宜的反应器结构型式有搅拌罐、填充床、流化床等形式。其中，搅拌罐需要在搅拌的作用下加强催化剂与反应物之间的能量、质量和动量传递过程，从而提高催化效果，由于搅拌会产生较大的剪切力，长期作用下会打碎脂肪酶的胶体颗粒，使脂肪酶变成粉尘，一方面会影响脂肪酶的催化效果使脂肪酶很难重复使用，另一方面则会影响产品分离，增加后提取困难。

河南农业大学的徐桂转（2007）等利用 Novozym435 脂肪酶对填充床和流化床这两种反应器进行生物柴油的连续生产，以找到适合的反应器结构形式，并利用其进行酶法连续生产生物柴油的工艺研究。

本试验装置如图 6.9、图 6.10 所示。

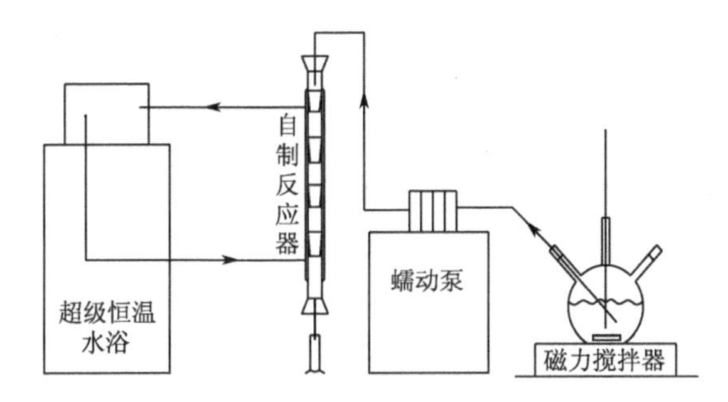

图 6.9　分段填充式反应器试验装置示意图

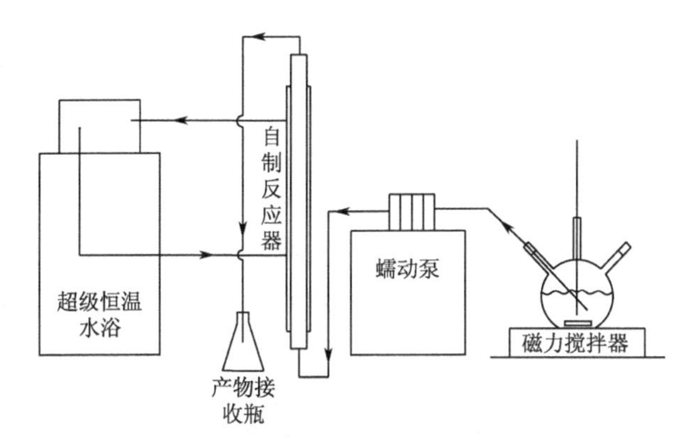

图 6.10　膨胀床反应器试验装置示意图

图 6.9 中反应器为分段填充式反应器，反应器中的脂肪酶分段填充在不锈钢框中，反应液从反应器顶部进料；图 6.10 为膨胀床试验装置示意图，反应器中脂肪酶直接堆积，反应液从反应器下部进料。利用间歇反应研究结果，首先选取 1.5∶1 的醇油物质的量比、在无溶剂体系下进行试验，称取 150g 的菜籽油和 10.034mL 的甲醇混合于三口瓶中，利用恒温磁力搅拌器对反应液预热并搅拌，使原料混合，并利用蠕动泵将原料以一定的体积流量打入反应器中。试验中，每种结构型式的反应器夹套中都充满恒温循环热水，以维持反应温度。

1）分段填充床试验结果

对于细小的催化剂，为了降低床层压降，减小反应器自身的破坏，经常采用分段填充床进行生产。本研究利用 2.6cm×40cm 的反应器，将脂肪酶分装在五个不锈钢网套中，沿反应器高度等距离放下。试验采用上进料方式，考察反应液体积流量、反应器脂肪酶填充量（填充密度为 0.07～0.11g/mL)、反应持续时间、醇油物质的量比、反应温度、反应持续时间等操作参数对酯交换率的影响，以分析分段式填充床用于连续生产生物柴油的可行性。

实验结果表明，①反应液体积流量的影响。随着反应液体积流量的增大，油脂流过反应器的酯交换率下降。当反应液体积流量为 0.25mL/min 时，反应器具有最好的酯交换率，最大达到 43%，相对酯交换率达到 80%以上。但是，此时反应器的生产强度依然很低，在反应初始时，对应最高酯交换率，反应器生产强度仅为 0.049，随着反应的连续进行，生产强度逐渐下降到 0.021。当反应液体积流量高于 0.5mL/min 后，反应器的酯交换率迅速下降，实际酯交换率从 0.5mL/min 的 36%下降到 2.0mL/min 的 20%，相对酯交换率从 70%以上下降到 50%以下。②脂肪酶填充密度的影响。对于分段填充床，脂肪酶填充密度并非越大越好。较高的脂肪酶填充密度造成反应器压降增大，使反应液通过时发生短路现象，壁流现象严重。在高的脂肪酶填充密度下，由于反应液流动的短路，很多脂肪酶没有参与反应，降低了脂肪酶的利用率，同时降低了反应器的传质、传热面积，使反应液通过反应器时反应效果变差，酯交换率降低。③反应持续时间对酯交换率的影响。随着反应持续时间的延长，反应的酯交换率均在下降，有的下降非常迅速。随着脂肪酶填充密度的增大，酯交换率随反应持续时间下降得也更为迅速；而随着体积流量的增大，酯交换率随反应持续时间下降开始缓慢。

在高脂肪酶填充密度下，反应器利用效果不佳，催化剂没有与反应液充分接触，出现了壁流、沟流现象。但在分段式填充床中，反应器中的脂肪酶没有出现结块及粉化现象，在每一个不锈钢网套中，脂肪酶的体积都有不同程度的膨胀，而分段放置的网套，使得脂肪酶的体积膨胀更容易，相对直接填充其压降更小。

2）膨胀床试验结果

利用 0.8cm×20cm、1.2cm×20cm、2.2cm×20cm 三种不同高径比的反应器进行膨胀床的研究，考察脂肪酶填充密度、反应液体积流量、反应持续时间等因素对膨胀床酯交换率的影响。实验结果表明，①反应液体积流量的影响。对于下进料的膨胀床反应器，反应液体积流量的影响则不同。以 0.8cm×20cm 为例，在固定的脂肪酶填充高度下，反应液体积流量较小时，随着体积流量的增大，反应器的酯交换率也在增大，随着反应液体积流量的进一步增大，反应液开始出现短路，与脂肪酶的接触时间变短，同时开始有脂肪酶被冲到反应器外，造成反应器酯交换率下降；对于不同的脂肪酶高度，反应液体积流量对酯交换率的影响趋势相同。只是，脂肪酶高度不同，反应液所需的最佳体积流量不同。②反应器高径比的影响。对于不同高径比的反应器，反应器同样具有一最佳反应液体积流量，只是随着反应器高径比的减小，在相同脂肪酶填充高度下最佳反应液体积流量增大。在相同的脂肪酶高度下，体积越大、高径比越小的反应器所需要的最佳体积流量也越大。③脂肪酶填充密度的影响。当脂肪酶填充量较小时，随着填充量的增大，反应器的酯交换率也在增大；当脂肪酶填充质量为 1.5g 时，反应器具有最高的酯交换率；当脂肪酶填充量进一步增大时，反应器的酯交换率反而下降。当脂肪酶填充量较小时，虽然最佳体积流量较小，反应液的停留时间较长，但脂肪酶颗粒只占据反应器部分体积，脂肪酶颗粒与反应液间的接触面积较小，尤其当反应液运行到反应器上部时，已没有了脂肪酶的作用，因此造成酯交换率较小；随着脂肪酶填充质量的增大，脂肪酶膨胀后占据的空间也越大，脂肪酶已基本悬浮在整个反应器中，此时，反应液与脂肪酶的接触面积增大，反应器的传质效果增强；但当脂肪酶填充密度达到一定值时，再增大填充量，脂肪酶的膨胀程度变化不大，此时反而需要更大的体积流量方能使脂肪酶的体积发生膨胀。因此，在接触面积基本相同的情况下，此时实际接触时间缩短，从而使酯交换率下降。根据以上研究结果，选取脂肪酶填充密度为 0.15g/mL 作为最佳脂肪酶填充量。④反应持续时间的影响。当反应器出口刚开始有产物流出时，此时的反应酯交换率较低，但 1h 后，反应器即开始了正常工作，酯交换率上升到 35%左右，随着持续反应时间的不断延长，反应器的酯交换率基本维持在 35%上下，相对酯交换率在 70%左右。但当反应时间持续到 7h 时，反应器的酯交换率突然开始下降，以后随着反应时间的延长，酯交换率下降速度也在加快。⑤醇油比的影响。为了进一步提高膨胀床的酯交换率，根据动力学研究结果，降低反应液中醇油物质的量比到 1∶1 将能提高酯交换反应的初速度，可以使反应快速完成。因此，将醇油物质的量比降为 1，选取反应液停留时间为 40min，此时反应器的酯交换率增大到 28%以上，最高达 31%，相对酯交换率达到 94%。

3）两种结构型式反应器试验结果比较

通过对两种结构型式的反应器进行研究，发现虽然分段填充床中固定化脂肪酶不会出现挤压破碎和粉化现象，但反应液体积流量较高时，反应器的酯交换率较小。且随着反应的持续时间增长，反应器酯交换率下降较快。在膨胀床反应器中，脂肪酶充满了整个反应器，脂肪酶颗粒间的空隙增大，加大了脂肪酶与反应底物之间的接触面积，具有良好的传质和传热性能；而且由于反应过程产生的甘油可以由反应液直接带出，使甘油的副作用减小，脂肪酶不会结块、更不会粉化，反应物不易堵塞，对于油脂反应很适合。这种情况下的床层压力降较小，即使较高反应液流量也没有造成积液、沟流等现象。

膨胀床用于连续酯交换反应时，可以使用较高的酶填充密度和较大的反应液体积流量，固定化脂肪酶悬浮在床中，使反应物与催化剂之间具有最大的接触面积，具有良好的传热、传质特性。膨胀床在醇油物质的量比为 1∶1 时，反应进行得较为彻底，反应器的相对酯交换率较大。虽然，随着反应持续时间的延长，反应器的酯交换率也在下降，但下降速度低于分段式填充床。

为了比较分段式填充床和膨胀床的试验结果，对两种型式反应器中的相应参数进行计算，结果如表 6.7 所示（徐桂转，2007）。

表 6.7　两种反应器重要性能参数比较

参数	分段填充床	膨胀床
反应液停留时间/min	848	40
反应器相对酯交换率/%	80	94
反应器脂肪酶填充密度/(g/mL)	0.07	0.15
反应器生产强度/[g/(L·h)]	28.92	434

从上表发现，分段填充床具有较小的脂肪酶填充密度、较低的反应器相对酯交换率和反应器生产强度。比较而言，膨胀床中脂肪酶填充密度较大，达到的相对酯交换率也更大，通过反应器的油脂和甲醇反应得较为彻底；同时膨胀床的生产强度远远大于分段式填充床，是其 10 倍以上。因此，选择膨胀床反应器进行酶法连续生产生物柴油。

4）膨胀床连续生产生物柴油的工艺研究

将以上单根研究结果放大 8 倍，在 1.6cm×40cm 的反应器中进行生物柴油连续生产工艺的研究。在脂肪酶填充密度、反应液停留时间不变的情况下，考察反应器体积放大对连续酯交换反应的影响。

（1）反应液体积流量对反应器酯交换率的影响。在上述反应条件下，首先取 2mL/min 的反应液体积流量进行反应器酯交换率的研究，结果见表 6.8，每两个实验点的时间间隔为 40min（徐桂转，2007）。

表 6.8　2mL/min 流量下反应器的酯交换率

实验点	1	2	3	4	5
酯交换率/%	28.7	27.3	25.8	24.0	22.0

从上表可以发现，此时反应器的酯交换率小于 10mL 反应器的反应效果，并且酯交换率随反应持续时间的增加，下降很快。将反应液体积流量降低为 1.5mL/min、1.0mL/min、0.8mL/min。结果发现，反应器酯交换率在体积流量为 1.0mL/min 时达到最大，但酯交换率依然随着反应持续时间的增长而下降。这说

明，随着反应器体积的增大，反应器直径增大，反应器所需要的最佳体积流量也增大。

由于连续反应过程中酯交换率下降较快，为了使反应器保持稳定的高酯交换率，考虑采用有机溶剂正己烷来延长脂肪酶的催化效果。在反应液中加入油脂质量1.5倍的正己烷，同样以1mL/min的流量进料，结果发现，由于使用了有机溶剂造成反应进料不通畅，同时试验操作环境变差。而试验结果发现，反应器的酯交换率并未因为正己烷的存在而有所提高，而随着反应时间的延长，依然存在酯交换率下降的问题。

(2) 反应液醇油比对酯交换反应的影响。有机溶剂的使用降低了产物中脂肪酸甲酯的浓度，实际上减小了反应器的生产强度，但使后提取困难。为了保证反应器具有较高的生产强度，同时具有最简单的操作方式，并减少反应后提取的困难，利用酶催化动力学试验结果，将反应料液中的醇油比调为0.75∶1，减小反应过程中甘油的生成量，从而使反应液在流过反应器时带走反应产生的甘油，使反应器中甘油的副作用降低。而根据酶催化动力学，此时反应初速度值较高，适合于快速的连续反应过程。

将反应液中的醇油比降为0.75∶1，按1.0mL/min的体积流量进行进料。发现反应器的实际酯交换率为21%～23%，相对酯交换率基本保持在85%～95%，说明，此时反应器中加入的甲醇基本能够反应完，随反应时间的持续酯交换率变化减小，结果见表6.9（徐桂转，2007）。

表6.9 醇油比为0.75∶1时反应器酯交换率随时间的变化

反应时间/h	2	6	10	12	13
酯交换率/%	21.5	22.0	23.1	21.0	20.5

因此，选择0.75∶1为单根反应器的最佳醇油物质的量比、1.0mL/min为反应液体积流量，利用一根反应器进行生物柴油连续生产的研究。

(3) 单根反应器连续生产生物柴油的研究。单根反应器中醇油物质的量比为0.75∶1，为了使油脂彻底反应，利用单根反应器重复进料4次，以实现油脂的彻底反应。反应过程如下：称取300g菜籽油放入500mL的三口瓶中，加入反应所需的1/4甲醇，将三口瓶放在磁力搅拌器上对料液进行搅拌，同时利用蠕动泵以1.0mL/min的体积流量对反应器进料；当所有料液流出后，向收集到的一次反应料液中再加入反应所需的1/4甲醇，以相同的体积流量进料，待反应结束后，再向二次反应料液中加入反应所需的1/4甲醇，再通过反应器反应；最后将剩余的甲醇全部加入，通过反应器进行生物柴油的生产。经过四次进料，单根反应器完成了生物柴油的连续生产过程。

由反应结果发现，单根反应器四次重复进料连续反应可以使菜籽油反应得比较彻底，反应器每次反应的酯交换率和总酯交换率随时间变化不大，每次反应的相对酯交换率为 85%～92%，反应器最后总酯交换率维持在 85%～90%的水平，最大达到了 92%。因此，可以利用四根反应器串联使用来实现生物柴油的连续生产。

5）膨胀床串联连续生产生物柴油

利用四根反应器串联连续生产生物柴油的试验装置如图 6.11 所示。试验中将每根反应器流出的产物直接加入甲醇后打入下一根反应器中，研究发现，四根串联的反应器可以很好地连续生产生物柴油，总酯交换率最高达 92%（徐桂转，2007）。利用连续生产试验装置进行生物柴油连续生产试验，共连续反应了 50 天，反应器的总酯交换率保持在 85%～92%。通过对连续反应装置长时间地运转，发现连续工艺条件可以用于生物柴油的连续生产，本套试验装置运行状况良好。如果能够在今后的放大过程中，根据反应液的体积流量自动控制甲醇的添加量将能够实现生物柴油的连续自动化生产。

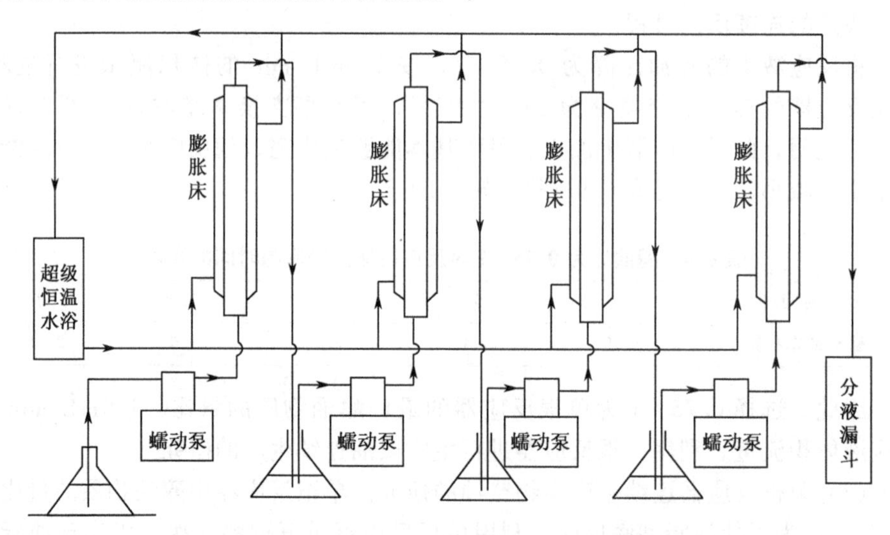

图 6.11 连续生产生物柴油试验装置图

脂肪酶固定化技术的成功与否是酶法合成生物柴油得以工业化应用的关键。传统的固定化方法以及固定化载体材料得到的固定化酶，一定程度上限制了固定化酶的广泛应用。为了得到高活力的固定化酶必须设计和合成性能优异的新型酶固定化材料，研制开发简便实用的固定化方法。另外，低碳醇可对酶产生毒性，而且在反应过程中必须及时除去生成的甘油，否则甘油很容易堵塞颗粒状固定化酶的孔径，缩短固定化酶的寿命。因此，为制备高品质、低成本的生物柴油，应开发新型脂肪酶固定化方法及酯化工艺。

6.4 脂肪酶发酵技术

脂肪酶（lipase，E. C. 3. 1. 1. 3）又称为三酰甘油水解酶，它催化长链酯酰甘油水解为甘油、游离脂肪酸和单、二酰甘油，在脂质代谢中发挥重要的作用。除此之外，脂肪酶还有多种酶活性，如催化多种酯的水解、合成及外消旋混合物的拆分等。脂肪酶的一个重要特征是只作用于异相系统，即在油（或脂）-水界面上作用，对于均匀分散的或水溶性底物无作用即使有作用也极缓慢，因此脂肪酶也可以说是专门在异相系统或水不溶性系统的油（或脂）-水界面上水解酯的酶。

6.4.1 脂肪酶的催化机制与特性

6.4.1.1 脂肪酶活性中心结构

微生物脂肪酶的分子质量一般为19 000～60 000Da，大多数脂肪酶是含糖类2%～15%的糖蛋白，以甘露糖为主。部分糖类对表现催化活性并不需要，R. arrhine脂肪酶自溶去除糖类后具有更高的活性，糖类作用至今尚未十分清楚（贾洪锋等，2006）。脂肪酶属于丝氨酸水解酶，尽管不同来源微生物脂肪酶氨基酸组成不同，但由于生物同源性和进化过程的保守性，其活性中心具有相同或相似的结构。所有脂肪酶一级结构中都包含 Gly—X_1—Ser—X_2—Gly 的保守序列，多数脂肪酶的活性中心是由组氨酸（His）、丝氨酸（Ser）和天冬氨酸（Asp）组成的三联体，只有 *Geotrichum candidum* 和 *Candida cylindracea* 等少数脂肪酶例外，它们的活性中心是由丝氨酸、谷氨酸和组氨酸组成的（贾洪锋等，2006；孙宏丹等，2001）。构成酶活性中心三元组之间，丝氨酸通过氢键与组氨酸相连，天冬氨酸或谷氨酸也通过羟基形成氢键与组氨酸相连。在反应过程中，三者通过与底物形成四面体中间复合物完成催化过程（李燕等，2005）。

6.4.1.2 脂肪酶油-水界面催化机制

脂肪酶空间结构具有高度相似性，所有脂肪酶都属于α/β型水解酶家族。酶分子结构中央是一个疏水β折叠，α螺旋围绕在其周围，活性中心位于β折叠一侧“环”中。

在油-水界面上，脂肪酶可催化酯水解生成脂肪酸和甘油，但在油水条件下却能催化与之相反的合成反应。脂肪酶的催化特性是在油水界面上其催化活力最大。“盖子”中α螺旋双亲性会影响脂肪酶与底物在油-水界面上的结合能力，其双亲性减弱将导致脂肪酶活性下降。“盖子”外表面亲水，但面向内部的内表面相对疏水。由于脂肪酶与油水界面缔合作用，导致“盖子”张开，活性部位暴露使底物与脂肪酶结合能力增强，底物较容易进入疏水性通道与活性部位结合生成酶-底物复合物。界面活化现象可提高催化部位附近的疏水性并导致 α 螺旋再定向，从而暴露出催化部位。界面存在还可使酶形成不完全水化层，这有利于疏水性底物脂肪族侧链折叠到酶分子表面使酶的催化易于进行（贾洪锋等，2006）。

Brockerhoff(1974) 提出脂肪酶油水界面定向假说，假定脂肪酶附着在一种特殊底物上，这种附着是由底物结合部位的疏水头来完成的，此结合部位保证酶在界面上的定位。酶的活性中心与疏水头很靠近这样就使活性中心也与底物连接；此外，亲水尾使酶分子在界面上定向更加稳定。在油-水界面上油脂量决定脂肪酶活性，增加乳化剂量可提高油-水界面饱和度，从而提高脂肪酶活性。此外，增加油-水界面的面积可承载更多脂肪酶分子，也可增加催化反应速率。

6.4.1.3 脂肪酶作用底物的特异性

脂肪酶活性中心结构的差异使它们对不同底物特异性也不同，脂肪酶的底物特异性主要表现在脂肪酸特异性、位置特异性和立体结构特异性。

1）脂肪酸特异性

三酰甘油的 3 个脂肪酸分子有饱和与不饱和、长链与短链之分。脂肪酶的脂肪酸特异性就表现在对脂肪酸的饱和度和长度的选择上。如圆弧青霉（*Penicillium cyclopium*）最适脂肪酸链长为 C8 以下的短链，黑曲霉（*Aspergillus niger*）和根霉属（*Rhizopus*）最适脂肪酸链长为 C8～C12 的中等长链（李香春，2003），*Achromobaterium lipolyticum* 对饱和脂肪酸表现出特异性（Davranov，1994），而来源于 *Staphylococcus aureus* 226 的脂肪酶对不饱和脂肪酸具有特异性（Muraoka et al.，1982）。*Geotrichum candidum*（白地霉）脂肪酶只特异性地水解由油酸、癸酸或亚麻酸形成的酯键，而不管这些脂肪酸在甘油酯中的位置。大多数脂肪酶无脂肪酸特异性。

2）位置特异性

脂肪酶的天然底物是三酰甘油，有 3 个酯键，因此可以发生水解反应的位置有 3 个，根据脂肪酶对底物作用的酯键位置不同可以将其分为位置特异性脂肪酶和无位置特异性脂肪酶。无位置特异性脂肪酶对酯键的位置没有特异性，对 3 个酯键都可以水解，最终产物是脂肪酸和甘油，属于该类的脂肪酶数量比较少，如葡萄球菌、黄曲霉、黑曲霉、圆弧青霉等微生物所产生的脂肪酶属于此类；位置特异性脂肪酶就是对发生水解反应的酯键的位置有特异性，大多是对 Sn1、Sn3 有特异性，其水解位点为 Sn1 或 Sn3 或同时作用于 Sn1 和 Sn3 位的酯键，而对

Sn2 位酯键不起作用。Sn2 位的脂肪酸会异构化转移到 1 或 3 位，这样脂肪酶就可以继续从 1 位或 3 位上将脂肪酸水解下来，从而将脂肪彻底水解成甘油和脂肪酸。因此位置特异性脂肪酶水解产物中最先出现的是二酰甘油、单酰甘油，直至 50%～60%的脂肪酸游离出来才会出现甘油。属于这类酶的酶源微生物主要有：荧光假单胞菌（*Pseudomonas fluorescens*）、脂肪嗜热芽孢杆菌、解酯假丝酵母、娄地青霉、无根根霉、腐乳毛霉等（王海燕等，2007）。

3）立体特异性

当 Sn1 脂肪酸与 Sn3 脂肪酸不同时，甘油骨架的第二位 C 原子就具有手性，三酰甘油成为手性化合。*Rhizopus arrhizus*、*Rhizopus delemar*、*Candida cylindracea* 和 *Pseudomonas aeruginosa* 等脂肪酶具有立体结构特异性，可以选择性水解外消旋的某一对映体，该特点即为脂肪酶的立体结构特异性。Akesson 等发现，来源于荧光假单胞菌的脂肪酶能区分 Sn1 和 Sn3 位二酰甘油，但水解 Sn2 和 Sn3 二酰甘油比水解其他的对映体速度快得多（李燕等，2005）。

6.4.1.4 脂肪酶的酶学性质

1）最适作用温度

微生物脂肪酶的最适作用温度因来源不同也有很大的差异，大多数脂肪酶最适作用温度为 30～60℃。真菌脂肪酶的最适作用温度为 25～35℃，热稳定性在 55℃以下，如扩展青霉（*Penicillium expansum*）脂肪酶最适作用温度为 36℃，烟色红曲霉（*Monacus fuliginosus*）M-101 菌株培养生成脂肪酶最适产酶温度在 30℃。*Aspergillus niger* 脂肪酶的最适作用温度为 25℃，为低温脂肪酶。细菌脂肪酶比较耐热，如荧光假单胞菌脂肪酶最适温度可达 60℃，在 70℃尚稳定，耐热性假单胞菌脂肪酶甚至在 100℃尚稳定。*Candida deformans* 脂肪酶最适作用温度为 80℃；超嗜热矿泉古生菌 *Aeropyrum pernix* K1 脂肪酶 APE1547 以对硝基苯酚辛酸酯为底物确定最适温度为 90℃，为高温脂肪酶。高温脂肪酶均来源于细菌或古细菌，具有独特的高热稳定性的特点，其最适温度在 70℃以上，有的甚至可以达到 110℃（王海燕等，2007）。

2）最适 pH 及 pH 稳定性

脂肪酶最适 pH 受来源、底物种类、浓度、缓冲液种类和浓度等许多因素的影响。不同来源的脂肪酶，在一定条件下都有其特定的最适 pH 以及 pH 稳定范围。大多数细菌脂肪酶最适 pH 在中性或碱性范围内，稳定范围一般在 pH4.0～11.0。真菌脂肪酶 pH 稳定范围也较宽，如红曲霉在 pH4.0～6.0 基本保持酶活力；无根根霉（*Rhizopus arrhizus* BUCT）脂肪酶在 pH6.0～8.0 酶活都较稳定；毛霉（*Mucor* sp.）M2 脂肪酶 pH 稳定范围为 7.0～10.0（李燕等，2005）。

脂肪酶按其最适 pH 可分为酸性、中性和碱性脂肪酶三类。如 *Aspergillus niger* 脂肪酶的最适作用 pH 为 5.6 为酸性脂肪酶；*Penicillium cyclopium* 脂肪酶的最适作用 pH 为 10 为碱性脂肪酶。

3）脂肪酶抑制剂与激活剂

同一种金属离子能激活某种脂肪酶，而对另一种脂肪酶活性则具有抑制作用。一般来说，Co^{2+}、Ni^{2+}、Hg^{2+}、Sn^{2+} 能强烈抑制多数脂肪酶活性，Zn^{2+} 和 Mg^{2+} 在一定程度上也可抑制脂肪酶活性。二价金属阳离子如 Ca^{2+} 可提高大多数脂肪酶活性，可能是形成长链脂肪酸钙盐。但从 *P. aeruginosa* 10145 中分离的脂肪酶在 Ca^{2+} 存在条件下，其活性受到抑制。Fe^{2+}、Fe^{3+}、Hg^{2+} 和 Cu^{2+} 强烈抑制 *Rhizopus oryzae* 脂肪酶的活性，Ca^{2+} 和 Mg^{2+} 对解脂假丝酵母的脂肪酶有活化效果，而 Fe^{2+} 和 Cu^{2+} 对其有抑制作用。加 EDTA 该酶失活说明它是金属酶。

表面活性剂 SDS（十二烷基磺酸钠）、胆汁酸盐、蛋白质抑制剂等都可逆抑制脂肪酶活性。它们不直接作用于酶的活性部位而是通过改变脂肪酶构象和界面表面特征发挥其抑制作用。硼酸可以与脂肪酶活性中心丝氨酸结合，形成半衰期较长过渡态复合物，从而抑制脂肪酶活性。

脂肪酸属于丝氨酸水解酶，苯硼酸、对硝基苯磷酸二乙酯、苯甲基磺酰氟等可以通过与脂肪酶活性中心丝氨酸共价结合，从而不可逆抑制脂肪酶活性。

4）反应介质对脂肪酶影响

不同反应介质对脂肪酶催化反应影响不同。在水相体系中有利于脂肪酶对酯的分解，而在非水相中有利于酯的合成。非水相并不是绝对无水。酶活性的保持有赖于其活性构象维持，而酶活性构象的形成是依赖于各种氢键、疏水键等的相互作用。水参与氢键形成，而疏水相互作用也只在有水参与时才能发生，因此水分子与酶分子活性构象的形成有关。实际上，与酶分子起作用的只是与酶分子紧密接触的一层束缚水，只要保证这些基本必需水分子固定在酶分子表面，而使水溶液中其他大部分自由水则尽可被有机溶剂所取代（李燕等，2005）。

6.4.2 脂肪酶发酵的微生物菌种

脂肪酶是最早被研究的酶类之一，从 1843 年兔胰脂肪酶活性的报道至今已有上百年的历史。脂肪酶广泛存在于动植物和微生物中。植物中含脂肪酶较多的是油料作物的种子，动物体内含脂肪酶较多的是高等动物的胰脏和脂肪组织等，微生物包括细菌、真菌和酵母都可以产生丰富的脂肪酶，由于微生物种类多，繁殖快、易变异，具有比动植物更广的作用 pH、作用温度范围以及底物专一性，且来源于微生物的脂肪酶一般都是分泌性的胞外酶，适合于工业化大规模生产和获得高纯度产品，因此微生物脂肪酶是工业用脂肪酶的重要来源，并且在理论研究方面也具有重要的意义。

张树政（1984）统计发现 65 个属的微生物产脂肪酶，包括细菌有 28 个属、放线菌有 4 个属、酵母菌有 10 个属、其他真菌有 23 个属。但实际上，脂肪酶在微生物界的分布远超过这个数目。目前已报道用于产生脂肪酶的微生物来源有：表皮葡萄球菌（*Staphylococcus epidermidis*）、毛霉（*Mucor miehei*）、华根霉（*Rhizopus chinensis saito*）、米根霉（*Rhizopus oryzae*，*Rhizopus miehei*）、无根根霉（*Rhizopus arrhizus fisher*）、扩展青霉（*Penicillium expansum*）、圆弧青霉（*Penicillium cyclopium varalbum*）、黑曲霉（*Aspergillus niger*）、爪哇曲霉（*Aspergillus javanicus*）、烟色红曲霉（*Monascus fuliginosus*）、假丝酵母（*Candida* sp.）、皱褶假丝酵母（*Candida rugosa*）、解脂假丝酵母（*Candida lipolytica*）、无花果丝孢酵母（*Trichosp figueriae*）、微球菌、假单胞菌（*Pseudomonas* sp. JW1）、铜绿假单胞菌（*Pseudomonas aeruginosa*）、地霉（*Geotrichum* sp.）等。黑曲霉、白地霉、毛霉等微生物来源的酶已经被制成结晶。根霉、圆柱假丝酵母、德氏根霉等来源的酶也被得到高度提纯。早在 20 世纪 60 年代，假丝酵母、曲霉、根霉等菌生产的脂肪酶相继在日本进入商品生产。我国 60 年代也已经开展脂肪酶的研究开发。

从 20 世纪初发现微生物酶以来，微生物脂肪酶已成为工业生产的主要品种。假丝酵母、白地霉、曲霉、根霉、毛霉、青霉、假单胞菌、腐质霉、色杆菌、无色杆菌等属菌的脂肪酶都得到了较深入的研究和开发应用。工业上常用作脂肪酶的生产菌有爪哇毛霉（*Mucor javanicus*）、柱形假丝酵母、解脂假丝酵母、白地霉、德氏根霉、黏质色杆菌等。我国生产用的菌种主要是解脂假丝酵母、阿氏假囊酵母等。

日本解子公司与丹麦 Novozyme 公司合作成功地开发了洗涤用碱性脂肪酶，产自柔毛腐霉（*Humicola lanuginosus*），具有洗涤剂的基本性质，但是工业化生产性还不高，通过遗传因子重组法，将该菌的遗传因子转入另一菌中，获得生产力高的米曲霉，该酶的最适 pH 可达 pH10～11，最适温度为 35～40℃，在 55～60℃的温水中亦较稳定（10～30min 不明显失活）。1988 年加这种新型酶的浓缩洗涤剂已经开始出售。荷兰 Git Brocades 公司申报了去硝假单胞菌的专利，该菌最适 pH10.4，最适温度 40～50℃，适用于洗涤剂中。我国报道了阿氏假囊酵母和解脂假丝酵母生产的中性脂肪酶，亦于 1982 年报道了扩展青霉的碱性脂肪酶中试。

6.4.3 脂肪酶发酵影响因素

虽然人们对微生物脂肪酶在产酶菌株选育、培养条件、酶的性质及工业应用上已经研究了几十年，但由于脂肪酶的结构及性质的多样性、酶的不稳定性、底物的水不溶性、酶的来源不足、提纯困难以及应用范围不广泛等问题，脂肪酶的研究进展及工业应用与蛋白酶、淀粉酶相比要慢得多、窄得多。

微生物脂肪酶主要是用液体深层发酵培养，但是也可采用固体发酵的方法或采用固定化细胞来培养。人们曾对液体深层发酵的最佳培养条件和所需的碳源、氮源做了大量研究，发现碳源和氮源的类型和浓度、培养基 pH、生长温度和溶氧浓度都会影响脂肪酶的产生。一般认为油脂碳源可以提高脂肪酶产量。

6.4.3.1 *碳源*

微生物脂肪酶发酵碳源通常为碳水化合物（如葡萄糖、可溶性淀粉、糊精、糖蜜、麦麸、小麦粉等），某些微生物还可用油脂或脂肪酸做碳源，但当培养基中存在单糖、双糖或甘油时，脂肪酶的形成常受阻遏，脂肪酶仅产生在葡萄糖从培养基中耗尽以后，菌体生长相应停止时（贾洪锋等，2006）。而油脂可作为产脂肪酶的一种良好的诱导物，这些诱导物包括植物油（乳化橄榄油、棕榈油、花生油、玉米油等）和动物油脂（三酰甘油、油酸等）（王小芬等，2006）。

从马来群岛的温泉中分离 *B. thermoleovorans* ID-1 脂肪酶的实验中，用 1.5%(*V*/*V*) 橄榄油作为唯一碳源时，分离出来的 ID-1 可以在各种脂类物质中生长，如合成表面活性剂（Tween-20 和 Tween-40）、油（橄榄油、大豆油、矿物油）和三酰甘油（三油酸甘油酯、三丁酸甘油酯）。王艳茹等（1999）在对一种产脂肪酶的微球菌进行碳源筛选时发现，淀粉、葡萄糖等碳源不利于产酶，而豆油、芝麻油、三丁酸甘油酯及橄榄油均能诱导该菌产酶，其中，1%的橄榄油最有利于该脂肪酶的产生，但油脂过多会抑制菌体产酶。当培养基中含有高浓度的甘油酯时，可引起培养基形成多相混合液，会引起酶回收的困难及三酰甘油水解过程中释放过多的氨基酸引起阻遏作用，导致酶产量减少。这在实验室中影响不大，但工业放大则不利于生产，因此可用山梨醇-玉米浆代替橄榄油培养基。

许多胞外脂肪酶可停留并黏附到细胞壁上，从而阻止酶的进一步释放。Aisaka 等指出卵磷脂是通过引起酶的分泌加快而促进日本根霉脂肪酶量的增加，而不是脂肪酶合成速度的增加。

6.4.3.2 氮源的影响

一般认为无机氮源不利于脂肪酶的形成，通常用作产脂肪酶微生物培养基的氮源有大豆粉、蛋白胨、玉米浆、酵母粉等有机氮源。对于霉菌来说，脂肪酶发酵所需氮源较其他菌种发酵要高（王小芬等，2006）。牛冬云等（2004）在解淀粉芽孢杆菌的培养基中加2%黄豆粉和2%玉米粉为氮源时产酶量最大。

Sztajer和Maliszewska采用5%蛋白胨作为氮源对*Penicillium citrinum*进行培养获得最大脂肪酶产量，同时发现尿素和硫酸铵可抑制脂肪酶合成。Lzumi等在对*Pseudomonas* sp. KW1-56进行培养生产脂肪酶时采用蛋白胨（2%）和酵母提取物（0.1%）作为氮源。一般来说有机氮源有利于微生物产生脂肪酶，但对于*Rhodotorula glutinis*来说，有机氮虽对于其生长有利，然而无机氮源如硫酸铵更有利于酶的产生（贾洪锋等，2006）。

6.4.3.3 金属离子和添加物

金属离子可能是脂肪酶的激活剂，也可能是抑制剂而影响其活性。Kok等发现在培养基中加入Mg^{2+}、Ca^{2+}、Cu^{2+}和Co^{2+}后*Acinetobacter calcoacticus* BD413的胞外脂肪酶的产量增加。Sharon等（1998）报道了*Pseudomonas pseudoalcaligenes* KKA-5在含有0.8mol/L Mg^{2+}的培养基中产酶量最大，如果在培养基中不加Mg^{2+}其产量约减少50%，而加入Ca^{2+}对酶的产量没有影响。Sidhu等（1998）在培养基中加入Ca^{2+}使*Bacillus* RS-12产酶量增加。当在培养基中加入0.5% Tween-80和0.5%酵母粉将得到最大的酶产量。

此外，某些添加物如带酯键的化合物、表面活性剂等能显著促进脂肪酶的形成。当添加0.1%～0.7%的聚氧乙烯壬酚醚时可使柱形假丝酵母、娄地青霉、爪哇根霉、荧光假单胞菌脂肪酶的活力提高50%。

6.4.3.4 氧

微生物脂肪酶发酵生产大多采用液体发酵法，但固态发酵和细胞固定发酵法在某些情况下也被采用。液态发酵时溶氧成为发酵限制因素，提高培养液溶氧状态可有效促进所有单细胞微生物及大部分丝状真菌脂肪酶生产。

6.4.4 主要生产菌种工艺介绍

6.4.4.1 扩展青霉生产工艺

1）培养基

斜面培养基：查氏培养基；

摇瓶种子培养基（%）：大豆粉 1，米粉 1，糊精 1，柠檬酸钠 0.1，$NaNO_3$ 0.5，K_2HPO_4 0.5，$FeSO_4$ 0.006，pH 自然；

种子培养基：同摇瓶培养基；

发酵罐培养基（%）：大豆粉 4，豆饼粉 2，米粉 1，糊精 1，$NaNO_3$ 0.5，$FeSO_4$ 0.01，K_2HPO_4 0.4，$CaCO_3$ 0.5，pH 自然。

2）培养条件

菌种培养：*P. expansum* VN-503，从土壤中分离得到，经多代诱变育种和自然分离，摇瓶产酶比野生菌提高 15～17 倍。斜面菌种使用查氏培养基，26℃培养一周；

种子罐培养：400L 种子罐，转速 300r/min，培养温度 26℃，通气比 1∶1，培养 30h；

发酵罐培养：1000L 发酵罐，培养温度 28℃，通气比 1∶1，发酵 60h。发酵单位高达 825U/mL。

3）提取：采用的提取工艺如下：

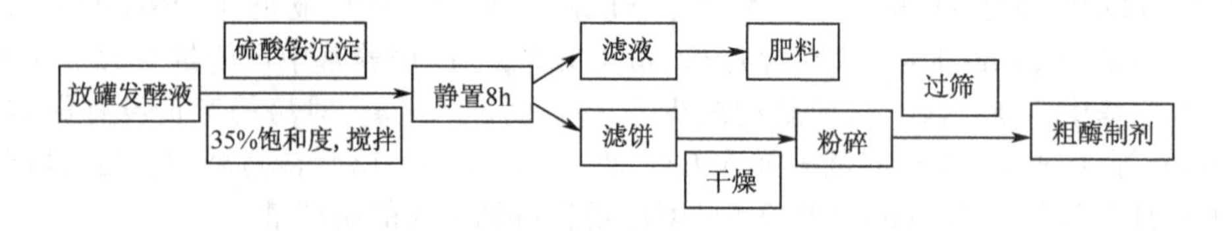

6.4.4.2　解脂假丝酵母 AS. 2.1203 脂肪酶的生产

1）培养基

斜面培养基：麦芽汁（10Bé）斜面培养基；

种子培养基（%）：豆饼粉 4，米糠 2，硫酸铵 0.2，豆油（或猪油）0.5，KH_2PO_4 0.1，$MgSO_4$ 0.05；

发酵培养基：与上述种子培养基相同，豆饼粉和米糠的浓度可分别增至 5% 和 3%。

2）培养条件

菌种培养：菌种斜面保存于 4℃下，每月移种一次。投入生产前应每天移接一次，连续 3～5 次。将斜面上生长 24h 的新鲜菌种移入茄子瓶麦芽汁斜面，28℃培养 24～36h，用无菌水洗下种子，也可将菌种接入摇瓶，28℃振荡培养 18～24h（酶活达 30～50U/mL）作种液。

种子培养：28℃，通风量 1∶0.7，搅拌发酵 18～22h，pH 下降至 4.5 左右，酶活达 60～100U/mL 即可转入发酵罐。

发酵工艺：接种量为 2.5%～5%，28℃，发酵培养 20～28h，当 pH 由最低的 4.5 左右回升至 5.4 左右，发酵酶活达最高值，发酵液变稠，细胞空胞增大时应立即放罐。发酵酶活一般为 1200～1400U/mL。

3）酶的提取

发酵结束后，搅拌后缓慢加入粉末状硫酸铵，添加量为 40%（g/L），静置沉淀 24h 后压滤，湿酶饼中加入硫酸钠（疏松剂），置 40℃通风干燥 18～24h 后粉碎即得成品。

6.4.4.3 圆弧青霉产碱性脂肪酶的中试发酵

1）菌种

圆弧青霉的白色变异株 PG37。

2）培养基

斜面培养基：PDA 培养基

麸皮种子培养基：3L 的三角瓶中装 150g 麦麸和 150mL 水，拌匀后 0.1MPa 灭菌 1h；

液体种子培养基（%）：豆饼粉 3.0，玉米浆 3.0，大豆磷脂 0.5，磷酸氢二钾 0.5，硫酸镁 0.3，豆油 1.0；pH 自然，0.1MPa 灭菌 30min。

发酵培养基（%）：豆饼粉 3.0，玉米浆 3.0，磷酸氢二钾 1.0，硫酸镁 0.1，大豆磷脂 0.5，柠檬酸钠 0.05，花生油 0.2；pH8.0，0.1MPa 灭菌 30min。

3）培养条件

三角瓶麸皮孢子的制备：灭菌后的麸皮中接入一环孢子，摇匀，28～30℃培养 3～5 天，待麸皮上布满白色的孢子即为成熟；

种子罐种子制备：760L 种子罐中装入种子培养基，121℃灭菌 30min，冷至 28℃接入一瓶麸皮孢子，于 29℃±1℃培养 20～24h，搅拌转速 300r/min，通风量为 0.6L/(L·min)；

$3m^3$ 罐的发酵工艺条件：将发酵培养基（按 $1.5m^3$ 配料）装入发酵罐，灭菌后冷至 28℃接种液体种子，培养温度 29℃±1℃，搅拌转速 240r/min，通风量 0.8L/(L·min)，发酵周期 72h，期间于 30h、42h、54h 分别各流加 0.4%花生油。在上述条件下，圆弧青霉 PG37 发酵酶活达 2000μmol/(min·mL)(李江华等，2000）。

6.4.4.4 用豆粕发酵生产卡门柏青霉（*Penicillium camembertii*）脂肪酶工艺

1）培养基

斜面种子培养基：麦芽汁 50mL，水 50mL，琼脂 2.5g；

摇瓶种子培养基（g/L）：脱脂豆粕 40，硫酸铵 1，磷酸氢二钾 5。脱脂豆粕由康明威公司惠赠，产品规格 DP8080，总含氮量 8%，含水量 10%，细度 80 目（180μm）。脱脂豆粕中 3 种脂肪酶保守氨基酸组氨酸、甘氨酸、丝氨酸含量分别为 0.95%、2.08%、2.59%。其他氨基酸含量略；

摇瓶发酵培养基（g/L）：脱脂豆粕 40，磷酸氢二铵 1，磷酸氢二钾 5，Tween-60 1；

发酵罐培养基（g/L）：脱脂豆粕 40，磷酸氢二铵 1，磷酸氢二钾 5，Tween-60 1，消泡剂 1。

2）培养条件

摇瓶种子培养：青霉斜面种子在 28℃恒温培养箱中培养 4 天，长出大量菌丝后，将其放入 4℃的冰箱中保存。每次挑取 1 环菌丝到内装 50mL 种子培养基的 250mL 锥形瓶中，在温度 28℃、转速 220r/min 下振荡培养 48h，作为种子液接入发酵液培养基；

5L 发酵罐发酵：将发酵培养基按 3L 装液量配好并装入发酵罐内，121℃下灭菌 30min，冷却至 28℃后以 8%接种量接种。搅拌转速 300r/min，通风量 1L/(L · min)。

在不外加碳源，以脱脂豆粕为培养基主要成分条件下，采用流加高浓度脱脂豆粕的方式，发酵 99.8h 得到 1,3-专一性脂肪酶，最大活力 392U/mL。由于在培养基中以脱脂豆粕代替了昂贵的霍霍巴油，有可能大幅度降低生产成本（张大皓等，2007）。

6.4.5 固定化脂肪酶研究进展

固定化脂肪酶是指被限定于空间某一区域内的脂肪酶，它有利于提高酶的稳定性并可回收重复利用，便于连续化生产，因此被广泛采用。脂肪酶固定化方法有四大类：共价结合法、离子交换法、吸附法（超滤膜吸附法）、包埋法等。

固定化方法各有利弊。共价结合法有利于延长酶的使用寿命，然而在固定化过程中酶易失活。离子交换法操作简便，酶不易失活，但固定化酶易受机械外力和其他理化因素的破坏。包埋法操作简单，但不适于油脂水解反应及酶促酯合成反应。超滤膜吸附法被认为是较有前途的一种固定化方法。1986年，美国学者Taylor利用系列反应器（BsTR）水解硬脂。1989年，G Haraidsson也是在BsTR中以鱼肝油DHA，EPA为底物吸附法固定脂肪酶进行酯交换。1993年，Ward等以谷物油、橄榄油、花生油中富集的ω-3PUFA为底物，在BsTR中以离子交换法固定脂肪酶催化酯交换。最近有人报道了脂肪酶固定化的一种新方法用温和的氧化剂（高碘酸钠）氧化假丝酵母脂肪酶（candida rugosa lipaser）的糖基部分及使其产生醛基，并结合到含有氨基的尼龙载体上，实现固定化结果使该酶活力提高4倍以上但固定化后稳定性如何未做报道。微胶囊的方法也属固定化的范围，但有许多尚待解决的技术难关。

参考文献

曹晓燕，满瑞林，刘小风等. 2007. 生物柴油制备方法研究进展. 化学工程师，144 (9)：27～31
陈騊声. 1994. 酶制剂生产技术. 北京：化学工业出版社. 429～437
陈新，里伟. 2007. 生物酶法制备生物柴油研究现状及展望. 现代化工，27 (8)：23～25
冯冲. 2007. 高纯度生物柴油原料的微生物转化技术研究. 郑州：河南农业大学硕士学位论文
高静，王芳，谭天伟等. 2005. 固定化脂肪酶催化废油合成生物柴油. 化工学报，56 (9)：1727～1730
贾洪锋，贺稚非，刘丽娜等. 2006. 微生物脂肪酶研究及其在食品中应用. 粮食与油脂，(7)：16～19
李昌珠，蒋丽娟，程树棋. 2007. 生物柴油——绿色能源. 北京：化学工业出版社. 5～7
李建，刘宏娟，张建安等. 2007. 微生物油脂研究进展及展望. 现代化工，27 (增刊) (2)：133～136
李江华，邬敏辰，邬显章. 2000. 圆弧青霉产碱性脂肪酶的中试发酵. 无锡轻工大学学报，19 (3)：213～215
李俐林，杜伟，刘德华等. 2006. 新型反应介质中脂肪酶催化多种油脂制备生物柴油. 过程工程学报，6 (5)：799～803
李香春. 2003. 脂肪酶的研究进展. 肉类工业，246 (4)：45～48
李燕，潘运国，连毅. 2005. 微生物脂肪酶催化及其性质研究进展. 粮食与油脂，(10)：15～17
李植峰，张玲，沈晓京等. 2001. 四种真菌油脂提取方法的比较研究. 微生物学通报，28 (6)：72～75
梁西爱，董文宾，苗晓洁等. 2006. 微生物油脂的生产工艺及其影响因素. 食品研究与开发，27 (3)：46，47
刘波，孙艳，刘永红等. 2005. 产油微生物油脂生物合成与代谢调控研究进展. 微生物学报，45 (1)：153～156
罗文，谭天伟，袁振宏. 2007. 多孔玻璃珠固定化脂肪酶及其催化合成生物柴油. 现代化工，27 (11)：40～42
马艳玲. 2006. 微生物油脂及其生产工艺的研究进展. 生物加工过程，4 (4)：7～11
墨玉欣，刘宏娟，张建安等. 2006. 微生物发酵制备油脂的研究. 可再生能源，130 (6)：24～32
聂小安，蒋剑春. 2008. 物质能源转化技术与应用 (V) ——柴油产业化制备技术. 生物质化学工程，42 (1)：58～62
牛冬云，张义正. 2004. 碱性脂肪酶产生菌的筛选及产酶条件的优化. 食品与发酵工业，29 (5)：82～85

宋安东，冯冲，谢慧等．2006．微生物技术在生物柴油开发和应用中的作用．食品与发酵工业，32（10）：93～97

孙宏丹，孟秀香，贾莉等．2001．微生物脂肪酶及其相关研究进展．大连医科大学学报，23（4）：292～295

万洁，李维，杜镇．2005．脂肪酶产生菌的筛选及其脱墨的初步研究．四川师范大学学报（自然科学版），28（6）：733～736

王风芹，王艳颖，谢慧等．2008．我国生物柴油原料来源的多样性探讨．氨基酸与生物资源，30（1）：4～9

王海燕，李富伟，高秀华．2007．脂肪酶的研究进展及其在饲料中的应用．饲料工业，28（6）：14～17

王建勋，黄庆德，黄凤洪等．2007．波辅助下脂肪酶催化高酸值废油脂制备生物柴油．生物工程学报，23（6）：1121～1128

王美英，徐家立．1989．白地霉一新变种的鉴定及其脂肪酶的研究．微生物学报，29（1）：1～6

王小芬，张艳红，王俊华等．2006．微生物脂肪酶的研究进展．科技导报，24（2）：10～12

王艳茹，高贵，王师玉等．1999．产脂肪酶菌种的筛选及部分酶学性质．吉林大学自然科学学报，10（4）：91～94

王艳颖．2008．纤维质糖化液生产生物油脂发酵体系研究．郑州：河南农业大学硕士学位论文

沃尔夫冈·埃拉．2006．工业酶——制备与应用．林章凛，李爽译．北京：化学工业出版社．88

吴谋成．2008．生物柴油．北京：化学工业出版社．24～27

吴松刚，谢新东，黄建忠．1997．类产碱假单胞菌耐热碱性脂肪酶的研究．微生物学报，37（1）：32～39

徐桂转．2007．脂肪酶催化植物油制取生物柴油的研究．郑州：河南农业大学博士学位论文

徐学兵，郭良玉，杨天奎等．1993．油脂化学．北京：中国商业出版社．78

薛飞燕，张栩，谭天伟．2005．微生物油脂的研究进展及展望．生物加工过程，3（1）：23～27

颜治，陈晶．2003．微生物油脂及其开发利用研究进展．粮食与油脂，（7）：13～15

杨继国，林炜铁，吴军林．2004．酶法合成生物柴油的研究进展．化工环保，24（2）：116～120

杨建斌，汤世华，任佩峰等．2007．微生物柴油的研究．武汉工业学院学报，26（4）：24～28

姚先铭，李昌珠，刘汝宽等．2007．固定化酶催化酯交换反应制备生物柴油研究进展．湖南农业科学，（4）：81～83

殷梦华，江木兰，何东平等．2007．微生物多不饱和脂肪酸的生物合成、调控和利用．中国油脂，32（1）：56～58

余华．2001．微生物油脂开发利用的研究．粮油食品，（3）：44，45

张大皓，李丹，王炳武等．2007．用豆粕发酵生产卡门柏青霉脂肪酶．过程工程学报，7（1）：149～151

张红云，马志卿，李永峰等．2007．生物柴油研究进展．拖拉机与农用运输车，34（6）：8～12

张树政．1984．酶制剂工业（下）．北京：科学出版社．655～669

张震宇，方利国．2007．国内外生物柴油技术的研究进展．广东化工，173（34）：12～17

赵洵，骆念军，曹发海．2007．生物柴油制备方法的研究进展．石油化工技术经济，23（3）：59～62

赵宗保，华艳艳，刘波等．2005．中国如何突破生物柴油产业的原料瓶颈．中国生物工程杂志，25（11）：1～6

Behrens P W，Kyle D J．1996．*Microalgae* as a source of fatty acid．Food Lipid，3：259～272

Brockerhoff B，Brockman H L．1974．Lipolytic Enzymes．New York：Academic Press．1～340

Davranov K．1994．Microbial lipases in biotechnology．Appl Biochem Microbiol，30：527～534

de Castro Dantas T N，da Silva A C，Neto A A D．2001．New microemulsion systems using diesel and vegetable oils. Fuel, 80 (8) : 75～81

Eiji M, Shiro S. 2006. Kinetics of hydrolysis and methyl esterification for biodieselproduction in two-step supercritical methanol process. Fuel, 85: 2479～2483

Kusidiana D, Sake S. 2001. Methyl esterification of free fatty acids of rapeseed oil as treated in supercritical methanol. Fuel, 34: 383～387

Lee D, Kok Y, Kim K et al. 1999. Isolation and characterization of a thermophilic lipase from *Bacillus thermoleovorans* D-1. FEMS Microbiol Lett, 179: 393～400

Lee K T, Akoh C C. 1998. Structured lipids: synthesis and applications. Food Rev Int, 14 (1): 17～34

Muraoka T, Ando T, Okuda H. 1982. Purification and properties of a novel lipase from *Staphylococcus aureus* 226. Biochem, 92: 1933～1939

Papanikolaou S, Komaitis M, Aggelis G. 2004. Single cell oil (SCO) production by *Mortierlla isabellina* grown on high-sugar content media. Bioresource Technology, 95: 287～291

Rattry J B M. 1984. Biotechnology and the fats and oils industry-an overview. J Am Oil chem Aoc, 61: 1701～1712

Sake S, Kusidiana D. 2001. Biodiesel fuel from rapeseed oil in supercritical methanol. Fuel, (80): 225～231

Sake S, Kusidiana D. 2004. Two-step preparation for catalyst-free biodiesel fuel production. Appl Biochem Biotechnol, (115): 789～792

Sharma R, Chisti Y, Banerjee U C. 2001. Production, purification, characterization, and applications of lipases. Biotechnol Advances, 19: 627～662

Sharon C, Furugoh S, Yamakido T et al. 1998. Purification and characterization of a lipase from *Pseudomonas aeruginosa* KKA-5 and its role in cas tor oil hydrolysis. Ind Microbiol Biotechnol, 20: 304～307

Sidhu P, Sharm A R, Sonis K et al. 1998. Effect of cultural conditions one xtracellular lipase production by *Bacillus* sp. RS-12 and its characterization. Indian Microbiol, 38: 9～12

Sztajer H, Maliszewska I. 1989. The effect of culture conditions on lipolytic productivity of *Penicillium citrinum*. Biotechnol Lett, 11: 895～898

Yahya A R M, Anderson W A, Moo-Young M. 1998. Ester synthesis in lipase-catalyzed reactions. Enzyme Microb Techno, 23 (7, 8): 438～450

7 生物采油

在世界范围内，经过两次常规采油后的总采收率一般只能占地下原油的30%～40%。遗留在地层的残余油仍然占60%～70%。因此如何提高采收率，从地下采出更多原油，一直是世界上许多国家不断研究的课题。直到1926年Beekman提出细菌能采油，至今经过80多年的发展，微生物清蜡、降低重油黏度、微生物选择性封堵地层、微生物吞吐、微生物强化水驱等已成为一项成熟的提高采收率技术，并形成了继传统的热驱、化学驱、气驱之后的第四种提高采收率的方法——微生物提高原油采收率技术（microbilial enhanced oil recover, MEOR)。

7.1 微生物与石油勘探

常规石油勘探采取地震法、地球物理法及地球化学法并用。在石油勘探中，地球地层结构的复杂性，常常使勘探结果的可靠性降低，甚至有时会造成一定比例的钻探及开采失误，既耗能又耗财。为了尽可能地减少损失，除了将所获得资料进行综合分析之外，人们一直设法发现新的勘探技术，其最终目的是求得较可靠的结论，并从中确定钻井及开采位置。20世纪20年代以来，在石油勘探技术中有一项生物工程技术一直受到国内外石油公司的重视，即微生物勘探石油。近十几年来，微生物在石油工业上的应用发展迅速，并已经取得了一定的经济效益(宋思扬和楼士林，2007)。

7.1.1 油气微生物勘探技术的发展历史

油气微生物勘探（microbial prospection for oil and gas，MPOG）技术作为一种新的地表油气勘探方法，是由地质微生物学家和地球化学家发展起来的。经过70多年的曲折发展，油气微生物勘探技术终于以其直接、有效、多解性小且经济等优势日益受到全球油气勘探界的重视。

油气微生物勘探技术的早期研究主要是由苏联的微生物学家完成的。1937年，苏联微生物学家莫吉列夫斯基推断出由于细菌的繁殖引起地层中烃气季节性的变化，从而首次提出了石油和天然气的微生物勘探方法。随后，B．C．布特凯维奇、E．B．季阿洛娃、C．N．库兹涅佐夫、E．H．布克娃、T．H．斯拉夫尼娜等微生物学者证实了这种方法原理的正确性，并共同拟定了具体的操作方法。此后，该方法在苏联得到了广泛的应用，实际效果相当好。据统计，1943～1953年，MPOG的成功率达到了65%。但是20世纪50年代以来，在怀疑轻烃垂直运移理论的潮流中，苏联的MPOG技术受到了冷落。

20世纪50年代晚期，美国地质微生物学家Hitzman博士为Phillips石油公司开发了一种油气微生物勘测技术（microbial oil survey technique，MOST）。该技术利用丁烷氧化菌的高抗丁醇的特性来探测烃微渗现象。在美国中部，Hitzman等应用此技术做了实例研究，他们对86个新区块进行了勘探，MOST经常用来预测钻井结果。在MOST法预测的18口生产井中，有13口井为工业油气流。

1956年以来，德国Wagner等（1998）独立地开发了一项新型的地表勘探技术——MPOG，20世纪90年代初，该技术应用开始从西北欧陆地拓展到北海区域内。到90年代末期，MPOG技术的物理、化学和微生物学理论基础、方法技术及应用均进入成熟阶段，形成了现代油气微生物勘探技术（梅博文等，2002）。

我国从1955年开始，中国科学院菌种保藏委员会与石油工业部合作进行了气态烃氧化菌和油气田微生物学勘探法的研究。随后中科院微生物研究所、石油工业部所属的一些单位分别在16个不同地区进行了微生物勘探。勘探结果与地质资料相符合的有11处，部分符合的为2处，完全不符合的1处，待钻井证实的2处。以上统计结果表明，MPOG具有灵敏、准确而经济的特点。然而，由于MPOG的理论基础（轻烃垂直运移理论）在国内尚未为广大地质学家所完全接受，且微生物学家也没有建立起一整套高精度的、有效可行的实验方法，所以微生物勘探方法至今尚未在我国广泛应用。

20世纪90年代以来，德国Wagner的MicroPro实验室和美国Hitzman的GMT公司大大提高了MPOG技术的精度，并迅速扩展其应用范围。欧洲、北美、南美、大洋洲、西亚和北极圈内近50个区块已经进行了或正在进行MPOG作业，有关石油公司获得了显著的经济效应，这充分显示了微生物勘探技术的巨大应用前景（茆震等，2000）。

7.1.2 油气微生物勘探石油原理

地表土壤和沉积物中含有的不同浓度烃类气体来自地下油气藏。在喜氧条件下，烃氧化菌（HCO）可利用非常低浓度的烃。HCO在地表土壤、水或沉积物中普遍存在，但每克样品中的细菌浓度低，可利用的烃含量低限制了它的大量繁殖。因此，在地下有油气的构造上方可以检测到HCO的活性显著增大。

油气微生物勘探的理论基础是：油气藏向地表持续释放出轻烃气，烃氧化菌依赖其唯一能量来源轻烃气繁殖。这种微生物只要是在有持续轻烃气流的地方就可以利用极低的轻烃聚集，而且仅在含烃的构造之上，覆地表下富集。采用MPOG技术可以检测出这种微生物异常并进而预测地下油气藏的存在。

7.1.2.1 MPOG的物理、化学基础

一般地说，形成并圈闭于深层构造的热成烃会逃逸至地表呈现油苗已不再有任何疑问了。烃类在运移过程中其物理状态仍不是很清楚。以溶液或胶束形式的水相、分散的油相，还是气相运移是目前正在讨论的问题，Mantthews指出地下深处和浅处的油气的二次排烃过程是一个复杂的动态平衡，在严格分析了能源动力、运移烃的物理状态以及它们在运移和聚集过程中的化学变化的基础上，建立了一个二次排烃模型。这个模型的基础是假定烃类在运移时呈游离相，同时与非均质岩石骨架相互作用。由上升气泡驱动水的垂直运移机制——“微泡的上浮”——首先是由Macelvain、Klusman和Saunders提出来的。Brouwn则坚持持续气体的气缝流理论，他认为这种方式更快更有利。

根据不同的地质情况，Antonov提出了另一种运移机制，即扩散运移理论。由于很高的毛细管压力，在德国北部深层石炭系及二叠系Rotliegcnd的红色盖层中，气体以扩散运移为主。此外，Schlomar等认为流量起着很小的作用。Kroose等指出与断层有关的高渗透性，因原地次生矿化过程和（或）页岩的轻微变形均可使之迅速减小甚至消失。根据Kroose的研究，在这些情况下，流量在盖层之上起控制作用。与每一百多万年1000m的扩散速度相比，通过微气泡上浮的流体模型，在那些地区运移速度为每年100～1000m，是相当高的，且与实例中在油气藏之上或地下油藏中测得的烃类异常相吻合（易绍金和佘跃惠，2002)。

7.1.2.2 油气微生物勘探的微生物学基础

细菌对不同营养源异常高的适应性及其广泛分布是微生物勘探的基础。与其他类型的细菌一样，烃氧化菌分布于全世界。在北海及巴伦支海的沉淀物样品、北欧的土壤样品、(阿曼）沙漠和盐漠地区的样品、澳大利亚干旱草原的样品以及永冻层土壤样品中，均探测到了这类细菌。只要有生命存在的地方，只要土壤中有痕量烃类的存在，就明显有这类专性细菌繁殖。这种专性有可能使细菌根据其自身的生物化学特性而呈现不同的群体分布。与微生物勘探相关的细菌有两类：烃氧化菌和甲烷氧化菌。

甲烷氧化菌不仅仅是烃氧化菌群体，而且是一个专门利用C1化合物的细菌群体，它们不能消耗糖（葡萄糖）或短链烃。因此，甲烷氧化菌与包括所有利用

甲醇、甲醛和一些其他 C1 化合物的细菌以及酵母菌构成甲基类营养有机体的细菌种。Sohngen 第一个报道甲烷氧化菌的存在（甲基营养菌）。1970 年，Whittenbury 报道了可将 100 多种甲烷氧化菌分离的方法。Hanson 等概括了甲烷氧化菌的生态及其在甲烷物质循环中的作用。

甲烷新陈代谢的过程是由 Leadbetter 和 Forster（1958）提出来的。微生物的甲烷氧化作用首先是通过甲烷加氧化酶的作用活化甲烷，在有氧存在的条件下生成甲醇，进一步氧化可生成甲醛。甲醛可直接被同化产生生物质或被氧化成 CO_2 并产生能量（图 7.1）。

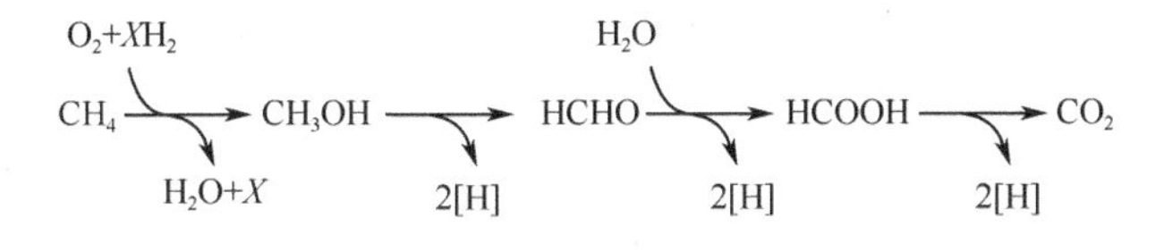

图 7.1 甲烷的氧化作用

由于这种细菌的高度专属性，可以将甲烷氧化菌从其他细菌中分离出来并加以分析。对这些高度专一化细菌的成功鉴别对土样中存在甲烷具有一定指示作用。

另一类微生物群体利用短链烃（C2～C8）作为能量来源。以这些短链烃生长的微生物不能够代谢甲烷。但短链烃乙烷、丙烷、丁烷可以被大量的细菌利用（*Mycobacteria*，*Flavobacteria*，*Nocardia*，*Pseudmonas*）。在该过程中，可利用此类烃的细菌种类的数量随烷烃链长增加而线性增加。烷烃的降解先通过单氧酶对烷烃进行末端氧化，再通过 β 氧化进一步降解为乙酰辅酶 A，它是大量生化反应的前体物质（图 7.2）。

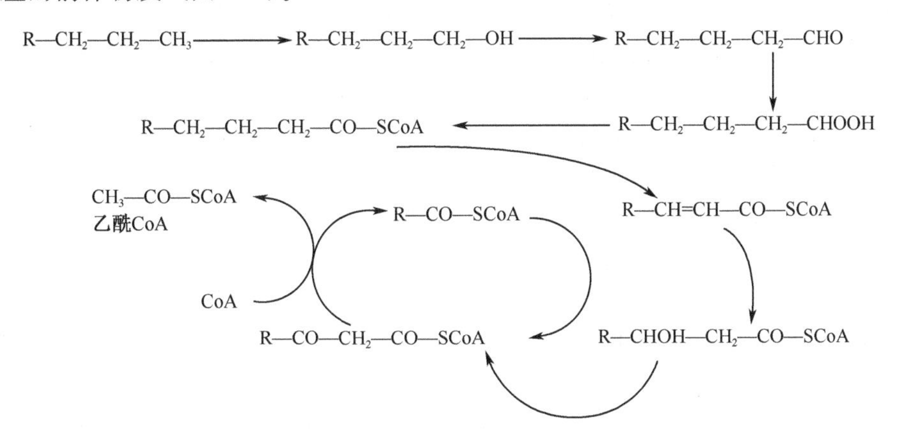

图 7.2 正构烷烃通过 β 氧化降解成乙酰辅酶 A

然而，与甲烷相反，烃类不代表单一的某种物质，这意味着烃氧化菌也可以利用多糖类和单糖类（纤维素、葡萄糖）。即使这类细菌在自然环境中（土样）不存在，在实验室条件下也能靠短链烃生存。当然，在细菌细胞体中基本的蛋白质和酶的产生需要几天的适应期。这些具有非活化状态的烃降解潜能的微生物可描述为“兼性的”；与此相比，另一类微生物群体已适应其生长的自然环境，在实验室条件下不需要适应期，并立即以乙烷、丙烷和丁烷为食料而迅速生长，这类群体被称为“专性的”。

对不需任何适应期即可将长度为2～8个碳原子的正构烷烃氧化的细菌进行检测，可以表明在研究的土样中存在过短链烃，进而指示地下油的聚集。在以这种方式检测短链烃和甲烷的地区，依据信号的强度，可以推断含大量短链烃的热成因气藏或具有气顶的油藏。

在土样和沉积物样品中，烃氧化菌（HCO）的细胞含量和活性相对较低的事实（相对于其他生理机能的细菌群）使运用MPOG方法探测油气藏成为可能。依据生态条件和计数的步骤（使用荧光技术、利用核酸分析检测），其变化范围为每克含10^3～10^6个细胞，在极端地区如沼泽地，甲烷氧化菌每克可达10^6个细胞。

用其他技术也可以确定土样中活体细菌的含量。可应用检测固体培养基上形成的菌落生成单元数（cfu）以及营养溶液中利用最大可能数法（MPN）来确定土壤样品中的活菌数。MPN分析结果具有选择作用且仅探测部分细菌，这些细菌可以用其他方法计数。这种选择性主要引起代谢活性强的细菌数量增加。该方法建立的背景值最大可达每克10^3个细胞。在取自油气藏之上的样品之中，甲烷和烃氧化细菌的细胞数量相当高，达每克10^4～10^6个细胞。这些微生物在细胞数量和（或）活性方面显著增加，在此可定义为“微生物异常A或B”。

当然，在油或气藏之上的HCO不仅在细胞含量上而且在代谢活性方面亦远远高于无油气前景地区的细菌含量及活性。

采用多种生化和微生物测试手段可以确定HCO的代谢活性，并进行全面研究工作，最终开发了一套检测程序，可以评价生态参数（温度、季节变化、湿度、盐度、pH）的影响、其他微生物（特别是沉积物中的硫酸盐还原菌）以及生物成因的甲烷（梅博文等，2002）。

7.1.3 油气微生物勘探石油应用

微生物勘探基于石油烃气的垂直运移和烃氧化菌的专属性，在20世纪60年代的陆上和海上油气勘探实践中被不断完善和发展，精度得到大幅度提高，同时拓宽了其应用范围。下面结合实例研究讨论MPOG在西北欧陆、海上勘探以及在中国的应用实例。

7.1.3.1 MPOG技术在德国应用实例

MPOG技术于1961年首次应用于德国。通过与地质学家密切合作，完成了将微生物异常和已知的油气聚集联系起来的精密研究工作，并以此为基础确定了背景值与显著微生物异常值之间的界限。这项研究不是出于科学研究目的，而是从降低勘探成本出发的。

在以往的40年中，共在17个地区进行了研究，这些地区分布于北欧和远东。1986年在巴尔的干海（Wostrow构造）和1995年在北海开始海上微生物勘探研究。

以下微生物的勘探结果均与地震和地质数据进行了比较和对比。在微生物研究阶段，除现有井外，其余对研究区的地质构造一无所知。以下实例代表了不同地质构造下的情况。

1）MPOG在未断裂油田应用实例（Kietz）

1995年在Kietz地区进行一次微生物测量，以此作为一种初步勘探。在120km^{2}的197个测量点采集了土壤样品并进行微生物研究，该区域的生态特征为低洼地，具有许多沼泽和潮湿的草地。图7.3和图7.4所示为整个研究区的剖面图（易绍金和余跃惠，2002）。

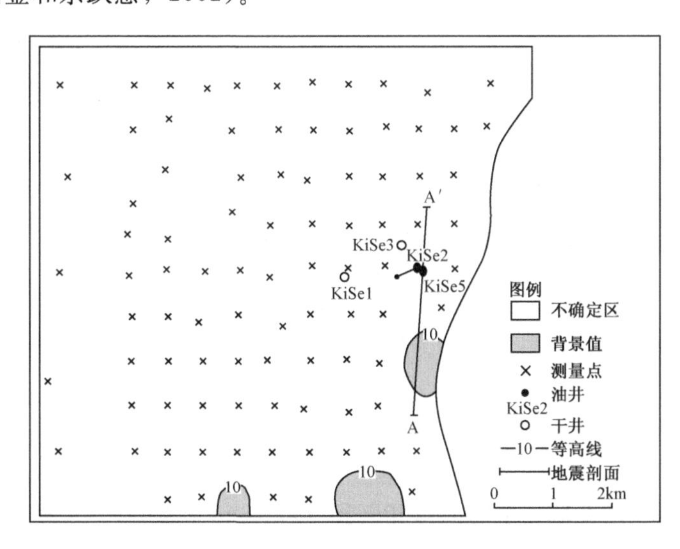

图7.3 Kietz油田MPOG结果（找气）

甲烷氧化菌的测试结果显示了该区内的背景值（0～10MU）和三个无结果

的层，而且不存在明显的甲烷显示（图 7.3）。

与甲烷研究结果相比，原油测量值呈明显的轻烃显示。图 7.4 所示为整个区域的剖面，只存在一种微生物异常。两口生产井（Kise2、Kise5）都位于微生物异常区内，而两口干井（Kise1、Kise3）位于无结果层内。微生物检测后的位置和大小与钻井后由地质学家测定的油-水边界几乎完全一致。

该微生物异常区垂直于该构造和确定的油-水边界上方（图 7.4)。不存在侧向漂移现象。微生物勘探测定轻烃气直接位于该油田上方。该油田上方未发现甲烷痕迹。这与该油藏没有气相吻合。

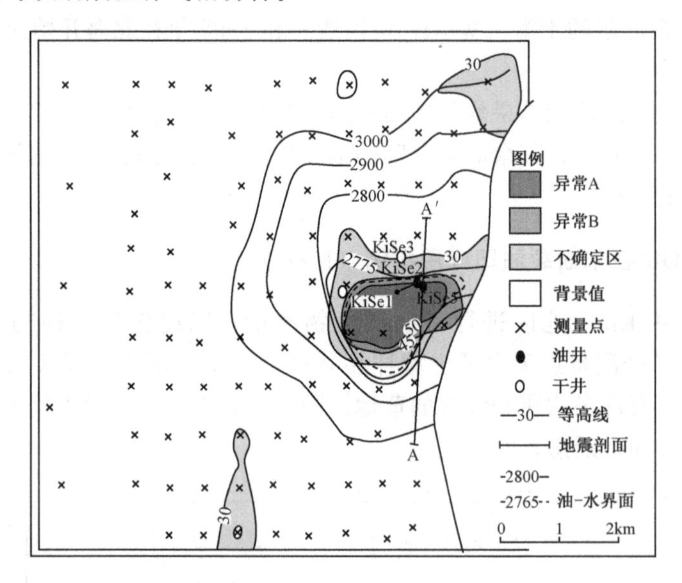

图 7.4 Kietz 油田 MPOG 结果（找油）

2）MPOG 在 Grimmen 油田（基准盐层断裂）**应用实例**

该区域环绕德国东北部的 Girmmen/Reinkenhagen 地区，是采用微生物勘探方法进行试验研究的第一个地区。当时只研究了甲烷氧化菌，该实例不包括单独的石油勘探。

1961 年首批采样共 424 个。研究开始时，在整个区域内只有一口井（Rehg 2E)，1962～1986 年共钻成 93 口井。

该研究区存在着带气顶的油田和气田（Girmmen 油田）。天然气或石油伴生气的主要成分为甲烷，并伴有氮气。对取自 1m 深的土壤气样进行色谱分析表明，烃类化合物之间比例如下：$C_1 : C_2 : C_3 : C_4 : C_5 = 1 : 0.1 : 0.4 : 0.1 : 0.05$。

与上述 Kietz 实例不同，在 Girmmen 气田和带气顶的油田中发现了甲烷氧化菌的异常现象。通过 MPOG 研究，钻井前确定了 Abshagen，Richtenberg，Grimmen 和 Mesekenhagen 的含油构造。

测出的微生物异常几乎位于油气藏正上方，不受复杂地质情况的影响（断层、Zechstein 统盐层）。Reinkenhagen 油田的主要断层未明显影响微生物勘探的结果。

在开展微生物调查的同时，对 23km 长剖面上的 200 个测点进行了土壤气体气相色谱分析。对应的游离气体样品采自地下 1m 深处。研究区域内土壤气体中甲烷的背景浓度低于 40×10^{-6}（V/V）。甲烷浓度在（40～80）$\times10^{-6}$（V/V）范围内对应于每克土壤中甲烷氧化菌的个数为 10^2～10^3 个。甲烷含量高的地方对应甲烷氧化菌数也高，细菌生化活性也高。

3）MPOG 在 Sprotau 油田（全断裂构造）应用实例

Sprotau 研究区域地处德国东部，测点间距为 1000m 和（或）500m，样品取自 133 个测点。在这些测点中，97.7%的测点处于背景值区，仅 2.3%测点的测量值略高，并且整个研究区内无气体聚集的明显标志。Soeu Z1 井钻于 1996 年，结果为干井。

地震资料落实的 Sprotau 构造上 Zechstein 统碳酸盐岩与 Kietz 油田几乎有相同的地质构造及源岩/储集岩分布模式。上覆盐岩层为未断裂圈闭。

7.1.3.2 MPOG 技术在中国的应用实例

1）在华北油田的实例

在我国，中国石油天然气股份公司及华北油田已认识到 MPOG 的发展价值，并将之应用于勘探实践。2001 年，在中国石化的资助下，通过中德国际合作，以国外研究机构-高校-油田三结合的方式首次进行了“华北油田油气微生物勘探先导试验研究”，并取得了良好的效果，与已知的钻井油气情况相比，其成功率为 83%，与国外的 MPOG 成功率接近（91%），其 MPOG 的研究结果有待钻井进一步证实。

在洪特试验区，属已知区块，勘探程度较高，地形比较复杂，主要有草地、水洼地、坡地、沼泽地等。微生物勘探测网为 500m × 500m；取样深度分别为 1.5m 与 2.0m，以考察该区块微生物生长的最适宜深度；共取样 400 个，大部分土壤岩性为沙土、黏土。MPOG 研究结果表明，在该试验区内，可划分出明显的 3 个含气顶的油田，并在此基础上，将该区块的中南部定为最有利的目标区块。对该试验区 4 口探井而言，其中与 MPOG 结果相符的有 3 口井，不相符的有1口井。

在塔南试验区，属未知区块。地形十分复杂，草地、坡土、沼泽地、火山岩分布较多。微生物勘探测网为750m× 750m；取样深度为1.5m，在风化火山灰地区取样深度分别为30cm、50cm、100cm；共取样103个，土壤岩性多为沙土、黏土、含砾沙土。MPOG研究结果表明，在该试验区内可划分出明显的两个含气顶的油田和一个纯油田，并在此基础上将该区块的西北部定为最有利的目标区块。对该试验区仅有的2口探井而言，均与MPOG的结果相符。

在廊东试验区，属验证区块，以检验油气微生物勘探技术先导试验的可靠性。地表类型相对简单，主要为农田。微生物勘探及化探的测网为500m×500m，局部测网为250m×250m；取样深度分别为1.5m与2.0m，化探取样深度为2.0m；微生物样品139个（其中3个校正坐标样，16个副样），化探样品120个，共259个，样品岩性主要为沙土、沙质黏土、黏土。MPOG研究结果表明，在该试验区内，可划分出明显的四个富含气顶的油田。并在此基础上，将该区块的东南及东北部定为最有利的目标区块。对该试验区18口已钻井而言，其中与MPOG结果相符的有14口井，不相符的有4口井。

在西柳试验区，地表类型主要为村庄、农田及壕沟。微生物勘探及化探的测网为750m×750m；取样深度为2.0m；微生物样品及化探样品各226个，共452个；大部分样品岩性为沙土、沙质黏土、黏土。MPOG研究结果表明，在该试验区内，可划分出明显的三个略含气顶的油田，并在此基础上，将该区块的中北部定为最有利的目标区块。对该试验区12口已钻井而言，其中与MPOG结果相符的有9口井，不相符的有3口井（袁志华等，2002）。

2）在湖北松兹的实例

2002年，江汉石油学院地质微生物实验室通过风险勘探，在湖北松兹区块进行了油气微生物勘探。在该区块，地表类型主要为油菜地、麦地及果园。微生物勘探测网为250m×250m；取样深度为1.5m；微生物样品49个；样品岩性主要为含沙黏土，其次为黏土。

微生物勘探综合研究结果表明，在该试验区内，可划分出明显的三个油田(其中两个属已钻井区块)；其MPOG结果不仅与现有的已知钻井情况相符，而且对正钻进探井做出了气多油少的预测，还预测探区南部有连片的油藏分布，应为优先勘探的方向。这一结果与甲方设计不谋而合，增加了勘探的信心。

7.1.4 MPOG的发展趋势

近十年MPOG实践说明，将地表微生物异常与地质和地震资料相结合可以为油气勘探者提供一套更加准确地预测地下油气藏的新技术体系。随着微生物勘探实践经验的积累、分析技术的完善；MPOG可望在以下几个方面取得突破：①可查明与构造圈闭形态不一致的油气分布，对那些宏观受构造控制，但储集空间极不规则的油气藏，可大大提高勘探成功率；②可发现更多的非构造圈闭油气藏，并使老油气区出现新的勘探高潮；③有可能从定性描述发展到定量计算，为估算资源量和储量提供有效的依据和参数。

同时，油气微生物勘探技术正作为油藏表征的新工具从勘探领域延伸到开发领域。1994年J. Tucker和D. Hitzman研究了几个实例后指出：详细的微生物调查有助于改善油气藏表征。在开采成熟区，采用紧密排列的采样网格来检测微生物异常，并将微生物信息与地质和地球物理资料结合起来能对现有油区内布置加密井和进行扩边增储提出合理的预测。这无疑增加了MPOG的生命力和应用范围。

在国外，MPOG已经成为一种独立的勘探技术进入油气勘探技术体系中。在我国，中国石油天然气股份公司及华北油田已认识到MPOG的发展价值，并将之应用到勘探实践中。可以预测，国内进行的MPOG的勘探成果及经验，将对21世纪我国石油勘探技术的进展产生积极影响。

7.2 本源微生物采油技术

微生物提高原油采收率技术（microbial enhananced oil recovery，MEOR）是利用微生物在油藏中的有益活动、微生物代谢作用及代谢产物作用于油藏残余油，并对原油-岩石-水界面性质的作用，改善原油的流动性，增加低渗透带的渗透率，提高采收率的一项高新生物技术。该项技术的关键是注入的微生物菌种能否在地层条件下生长繁殖和代谢产物能否有效地改善原油的流动性质及液固界面性质。与其他提高采收率技术相比，该技术具有适用范围广、操作简便、投资少、见效快、无污染地层和环境等优点，是一项很有发展潜力的提高采收率技术（王霞等，2007）。

7.2.1 本源微生物采油机理

本源微生物是指长期栖息于油层中并以烃为唯一碳源生长的微生物。本源微生物采油技术是通过向油层补气通气的方法和注入适宜的营养液的营养控制技术，使油层中的本源微生物（油层内本源细菌）活性骤增（激活），从而提高油层本源细菌的地球化学活动，增加甲烷和CO_2的产量，有效地改善驱油效率的采油技术。

其研究范围主要包括：①油层内本源细菌菌群群落的分布状况；②油层条件下细菌的生理学（在高温、高压、高盐度和有原油、岩石黏土及已加到驱替水中的化学剂存在的条件下)；③水驱后油层中存在诸多种群的微生物，特别是烃氧化菌、发酵糖蜜产气产酸菌、产甲烷和乙酸菌等，都有益于提高石油采收率(彭裕生，2005)。

本源微生物群落在地下的激活过程可以分为两个阶段。

第一阶段是好氧发酵阶段，注水井近井地带需氧的和兼性厌氧的烃氧化菌被激活，由于烃类的部分氧化，产生醇、脂肪酸、表面活性剂、CO_2、多糖和其他组分。这些物质一方面是原油的释放剂，另一方面用作厌氧微生物的营养源。

第二阶段是厌氧发酵阶段，产甲烷菌和硫酸盐还原菌(SRB)在缺氧层被激活，降解石油产生 CH_4 和 CO_2 等气体，这些物质在溶于油后，就会增加油的流动性，进而提高采收率。该过程中，生物产生的同位素轻甲烷与总甲烷的比例增加。

在第一阶段中，如果井眼周围原油冲洗较干净，还需适当注入原油。油层中缺乏氧和氮源、磷源，所以要注入空气和含氮、磷源的矿物质。在氮源不足的情况下，细菌繁殖缓慢，而且将碳源转化为胞上黏液而不是形成细胞质；如果磷源不足，细胞不能合成足够的三磷酸腺苷(ATP)来维持代谢功能。在这些情况下，细胞只能简单地增殖体积尺寸，但不能进行分裂。喜氧发酵主要导致地层水中碳酸氢盐和乙酸盐含量的增加，厌氧发酵主要导致甲烷含量增加。本源 MEOR 过程可归纳为图 7.5(彭裕生，2005)。

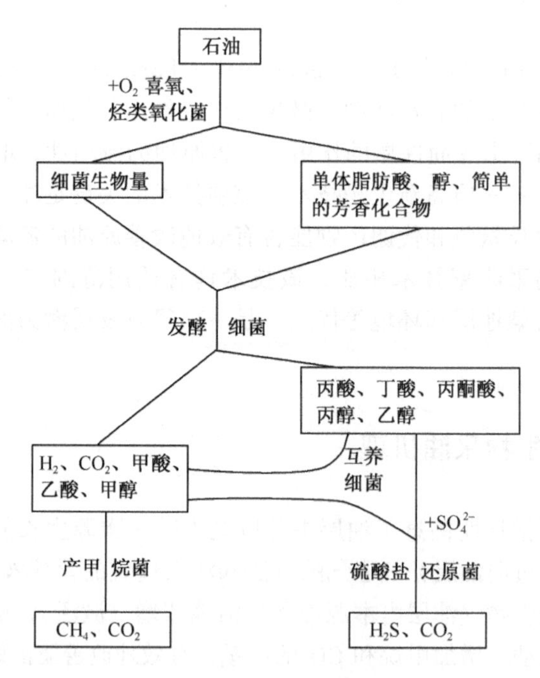

图 7.5 激活后本源微生物的代谢活动

微生物在一定条件下以石油烃或糖蜜等作碳源，降解石油或通过生物化学活动产生的代谢产物如酸、表面活性剂、低相对分子质量溶剂、生物聚合物、气体等增加油层出油量，此即微生物采油的基本原理。这种生物化学过程可在地面或地下（油藏条件下）发生。在油藏条件下发酵或降解石油的生物化学过程分本源微生物采油和异源微生物采油，前者同时向地层注入细菌、孢子和营养液，后者只是注入营养液以激活地层中的本源细菌。现将微生物在油藏条件下增加石油采收率可能的机理总结如下：

(1) 微生物降解高相对分子质量石油烃，主要是正构烷烃和脂环烃及芳烃侧链黏度或凝固点，改善其流动性，增加出油量。

(2) 产生低相对分子质量有机酸，溶蚀孔喉中岩石表面的碳酸盐矿物或无机垢，改善地层的渗透性，提高原油产量。

(3) 产生气体如二氧化碳、甲烷、氮气等，增加地层压力，降低原油黏度，CO_2还能溶解碳酸盐矿物，增加渗透性，这些均可提高出油量。

(4) 产生低相对分子质量有机溶剂，如醇、酮、酯类等溶于原油中，降低原油黏度，或作为助表面活性剂，改善其流动性。

(5) 产生表面活性物质，降低界面能力，改变润湿性，提高注入水的洗油能力，表面活性物质还能使原油分散、重油乳化，从而提高稠油采收率。

(6) 产生生物聚合物，增加注入水的黏度，改善流度比，并能封堵高渗透层，深部调剂，改善水的波及效率，增加剩余油采收率。

(7) 细菌残体还能封堵高渗透层，改变水流方向，改善水驱效果，增加产油量。

这些增加出油量的机理都可通过实验来验证，由此可见，微生物采油关键是在油藏内营造一个特定的环境，使注入的菌种或油藏内有益的本源细菌大量繁殖，产生有利于增油的代谢产物。

7.2.2 本源微生物采油技术设计与方法

根据本源 MEOR 矿场试验经验，选择符合表 7.1 的油田开展本源微生物采油（彭裕生，2005）。

表 7.1 适宜本源 MEOR 的基本条件与最佳条件

参数	适宜范围	最佳范围
储层类型	陆源沉积、砂岩	—
深度/m	100～4000	—
油层厚度/m	≥1	3～10

续表

参数	适宜范围	最佳范围
孔隙度/%	12～25	17～25
绝对渗透率/mD	>50	>150
地层压力/MPa	约 40	—
地层温度/℃	20～80	30～60
地层水矿化度/(g/L)	300	约 100
注入水矿化度/(g/L)	60	约 30
注入水、地层水硫酸盐含量/(g/L)	100	约 5
含水率/%	40～95	60～80
地层水 H_2S 含量/(mg/L)	30	0
原油黏度/(mPa·s)	10～500	30～150
油井日产量/(m^3/d)	>5	—

为激活本源菌，首先需进行油层中本源微生物区系的详细调查。微生物在油层中的存在和分布依赖于油藏的构造特征、水交替程度和水化特点。查明油田中微生物的分布不仅有助于解释油田中存在的一些现象，而且有助于探索控制微生物的活动以利于提高原油采收率。

油层中微生物种类繁多，如腐生菌、烃氧化菌，在厌氧条件下分解石蜡和脂肪的细菌，在厌氧条件下分解石油形成气态产物的细菌、形成甲烷的细菌、硫酸盐还原菌等。其中主要分析测定硫酸盐还原菌、烃氧化细菌、产甲烷菌、好氧菌和腐生菌的数量及厌氧菌的代谢速率等。

(1) 微生物计数。在地层水中不同的生理群组的细菌数目是利用 Mccready 工作台，按照连续稀释技术以两倍最大概率数方法测定的。

(2) 分析方法。利用 600nm 分光光度计测定细菌增长。使用一个带刻度压力传感器测定气体压力。在地层水中，硫酸盐还原菌和产甲烷菌的速度是按照放射性核素方法，使用 Amersham Int 的 Na_2SO_4、$CH_3-COONa$ 和 $NaHCO_3$ 测定。

7.2.3 本源微生物采油油藏工程分析

7.2.3.1 利用微生物提高原油采收率

表 7.2 较全面地列举出微生物反应物与提高原油回收率有关的特性（Bryant and Lockhart，2001）。

表 7.2 微生物反应物及其在提高采收率中的作用

反应物	作用功效
酸	增加岩石孔隙度和渗透率，与无机碳酸盐反应生成 CO_2
生物量	选择性/非选择性的封堵；黏附在原油表面起乳化作用；改变矿物表面润湿性；降低原油黏度及倾点；对原油的脱硫作用
气体	使油层恢复压力；原油膨胀剂；降低黏度；溶解碳酸盐岩石增加渗透率
溶剂	原油溶解剂
表面活性剂	降低油水界面张力；乳化作用
聚合物	流速控制；选择性/非选择性封堵

除了生物量外，所有微生物的反应物都符合现已用于或建议用于提高原油采收率过程中的化学反应规律。目前，虽然对 MEOR 的过程还没有提出基本的采油机理。但是 MEOR 与其他化学 EOR 相比更具有一些特有的优势。本源反应作为一种本地碳源运用在残油回收上有一个潜在的后勤优势，而这种后勤优势是非常重要的，可能是仅有的优于其他开采过程的优势。然而，本源反应也提出了一系列新的技术难题。

除了面临本源化学反应所带来的挑战之外，MEOR 同其他 EOR 方法一样，必须克服类似的技术困难和问题，特别是对提高采收率化学剂的充填和繁殖。以前在化学法提高采收率研究方面记载了通过物质的分散和扩散作用的化学消耗、与岩石和原油的相互作用消耗或滞留的重要性。即使这种同样有化学制剂在油藏内部反应确实能使原油回收，在微生物的处理上也不能使细菌随意繁殖。若注入在油藏的外部发生反应，回收的油就很少或根本没有。由于储层的非均质性可大大降低化学段塞与含油储集岩的接触，进入到油藏集油带的现象必须被抑制，同时在采出的原油中存在含有提高采收率的化学剂，这就又产生了怎样处理化学剂的问题。

一种提高采收率的处理方法是从注入井到生产井运移流体，当这些流体遇到不同的岩石和流体混合物时，引发物理和化学的相互作用。解释这种运动过程的理论是以蒸气、聚合物、表面活性剂、混相气和水驱、碱性聚合物为基础来确定的。这些理论同样说明了 MEOR 的动态变化过程。只要是运用微生物提高采收率操作就意味着微生物反应产生了化学物质。但是，需要扩展的理论来解释这些本源生物种所需要的反应时间和微生物生成反应产物（如聚合物）改变了流场时产生的反馈回路。

7.2.3.2 MEOR 执行过程的基本情形

从本质上看，MEOR 把反应工程引入到储层工程中，并产生许多概念，例如，反应层滞留时间、反应动力学和选择性及限定的试剂反应物等。就我们当前所掌握的微生物反应知识还不足以定量解释这些概念，但是描述一些微生物的特性就可能加大工程上要考虑的因素。其推导方法是采取最可能的 MEOR 的执行过程，将微生物（细菌）从注入井灌输进去进行培养，经过一个适当的关井培养期。然后，用含有适量营养基的注入水开发回收。

培养期间，在油藏建立起了多个生物反应（源）。假设产生的微生物（细菌）数量保持不变，当注水开始恢复时，在每个生物反应源的内部微生物（细菌）把注入的营养物和碳源转化为化学制剂以水相进入到储层中，驱替开采层的原油。

表 7.3 简述了对于 MEOR 执行过程基本情况的设计选择（Bryant and Lockhart，2001）。

表 7.3 MEOR 程序执行过程的关键选择

设计特点	设计选择	注释
反应器类型	固定	微生物(细菌)传播有限，即从井身开始的一个固定距离
	生长	从井筒中微生物(细菌)传播，如产生生物量增大
	流动的	微生物(细菌)悬浮于水相中无限制的繁殖，没有滞留
碳源	油层内	残余油
	外来的	添加到注入水中，如(注入)糖浆
细菌来源	本源	本源细菌和由此生成的用于油层的细菌，适合 MEOR 利用的细菌必须
	外来(异源)	逐一确定用在 MEOR 的外来培养细菌，必须适应油藏条件

对于一个本地的碳源，无论经济利益还是后勤优势都是巨大的。对于利用本源微生物（油藏中天然存在的微生物）也必须设法规避一些限定条件，当然，要使这种本源微生物达到预期的反应是更困难的。一些利用本源微生物的应用表明，只能依靠微生物的生长繁殖而不是依靠其反应产物。

7.2.3.3 反应工程的约束条件

对于外来微生物被放置的位置和其营养物的可溶性所控制的距离限定了有效反应的规模，这种限制条件限制了微生物的性能和段塞体积。这种限制对于储层参数的合理评价很有价值，加之储层内本身所产生的稠化液，暴露出它内在的不可靠性。

7.2.4 微生物提高采收油率的因素

7.2.4.1 激活本源微生物

1）油层条件下细菌的微生物学研究

MEOR 取决于所选用的微生物转化某些基质的特性，微生物是在这些基质上进行新陈代谢的，某些代谢产物将向有利方向影响原油的运移。

这些有益细菌必须能在要采油的地层条件下大量增殖，这些条件包括氧化还原电势、氢离子浓度（pH）、压力、盐度、营养物，以及是否存在阻化剂和毒化因子等。通过调节这些因素来达到有益于增油的微生物快速增殖的目的（唐纳森等，1995）。

（1）氧化还原电势。地下岩层中因缺氧而使其氧化还原势不高，这就限制了生物体的繁殖，使生物活动时不能将电子传递给作为终端电子受体的氧。所以需通入空气以便使其氧化并快速繁殖。

（2）pH。细菌繁殖的最佳pH范围是在7附近的狭窄范围内，油层中pH一般在7左右。

（3）盐度。一般细菌只能在低盐环境中繁殖。盐浓度超过0.5%，就可对油层中繁殖的细菌有不利影响。个别盐类可能使微生物的繁殖受到阻碍，有些二价阳离子有毒化作用。

（4）温度。在MEOR应用中，要求细胞快速地繁殖和合成一些代谢产物，因此一般最佳繁殖温度的上限不超过55℃。此外，要区别残存的和增殖的细菌，有些细菌在100℃还能残存下来，但其生命过程已处于衰退状态。

（5）压力。高压往往改变细胞的形态学，高压产生的影响可被较差的生长条件和高浓度毒性元素加大。静水压力对不同菌种所产生的影响相差极大，在油层中广泛存在的脱硫弧菌（SRB的一种）是最耐压的。此外，应将细胞在高压下的形态变化看作MEOR设计的一个重要因素。因为细菌形态对其在油层中的运移有很大影响。

（6）营养物。选用的营养物必须使生物体能在其上成功地繁殖。其代谢产物对原油的运移有利，而且价格便宜。使利用原油为唯一碳源的细菌快速繁殖，一般只需加入廉价的空气、氮源和磷源（包木太等，2000）。

2）本源微生物的选择性激活

在详细调查油层中微生物区系和油层条件下细菌的生理学研究工作基础上，通过注入空气和含氮源、磷源的矿物及某些活性因子，选择性地激活烃氧化菌和产甲烷菌。

（1）好氧发酵。注水井近井底地层微生物作用的活化，需注入携带空气和富含氮、磷矿物质的油已被不易代谢的多环芳烃化合物、树脂、沥青烯所取代，因而需补充注入一些原油，以激活近井底地带的烃氧化菌群，导致乙酸根离子浓度显著增加。

（2）厌氧发酵。好氧发酵过程产生的代谢产物和注入的氮源、磷源引发油层深部的厌氧发酵过程，导致产甲烷菌的数量明显增加，以及SRB增加。

从甲烷和溶解的碳酸盐的稳定碳同位素的分析中证实了甲烷产生菌的活化作用。富含^{13}C同位素的发酵甲烷的比例增加，而碳酸盐中含轻碳同位素变小，这是由于微生物产生甲烷的过程中优先使用轻碳（$^{13}CO_2 + 4H_2 \longrightarrow ^{13}CH_4 + 2H_2O$），注入原油后，甲烷中的$^{13}C$值达到最低。产生的甲烷溶解在原油中增加了原油的流动性，从而提高采收率。所以厌氧发酵阶段主要考察溶解碳酸氢根（HCO_3^-）离子浓度的变化和甲烷菌的数量。

7.2.4.2　聚合物繁殖细菌在多孔介质中的迁移与稳定性

微生物提高石油采收方法的关键是微生物的迁移。在渗透率调剖过程中重要的是将微生物成功地驱入油藏的高渗层，不在近井底地带形成堵塞，这在渗透率调剖方面是关键的。生物聚合物在油藏内处于长期稳定状态也很重要。进行细菌迁移试验，研究几种细菌在不同多孔介质［包括储层油田岩心（Bakken 砂岩）、贝雷岩心和陶质岩心］中的滞留特性。对产生聚合物的细菌肠膜明串球菌（*Leuconostoc mesenteroides*）的两种菌种和其他细菌进行了评价。结果表明细菌在油田岩心中的存活高于贝雷岩心或陶质岩心。当微生物和营养液一起注入时，通过多孔介质能增加迁移效率。但微生物的迁移效率受岩心类型的影响不大；针对某一种微生物（细菌）提高石油采收率方法，应优化微生物（细菌）注入段塞大小；由肠膜明串球菌 NIPER11 产生的生物聚合物稳定性表明，在改善石油采收率技术中生物聚合物能长期有效地用于储层渗透率调剖。

7.2.4.3　用微生物方法改善孔隙介质内的波及控制

和水处理相比，微生物处理是一种相对便宜、环境安全的方法。它可以在孔隙介质内进行波及体积控制。据石油工业协会/美国能源部（Society of Petroleum Engineers Deportment of energy，SPE/DOE）35337 报道，在不同温度和含盐度条件下进行实验，并且由不同地方分离出的产生聚合物的细菌获得研究结果。岩心驱替实验结果表明，这些细菌可以就地产生聚合物而降低有效渗透率。也进行了多层驱替实验，评价这类方法的有效性，并用核磁共振成像（MRI）和计算机辅助层析方法（CT 扫描）监测，直观观察了实验不同阶段孔隙内的流体分布变化。这些都可以看到，产生的生物聚合物有效地堵塞了高渗透层（可使其有效渗透率降低 90%以上），使注入的盐水转向到低渗透区域，调整了渗透率级差，提高了波及效率。这些实验结果将被引入到美国国家石油和能源研究所（NIPER）开发的微生物提高采收率的油藏数值模拟软件中。

7.2.4.4　利用细菌降低油井水侵

E. P. Robertson 等所做的细菌降低油井水侵的室内试验，其目的是为了说明在多孔介质中可以利用细菌形成深层的稳定段塞，并表明细菌段塞通过优先降低水的相对渗透率，可有效地降低油井中总产水量。在生产井和近井区域二维流动物理模型的测试中，所用的细菌种类是根据线性流填砂模型试验结果选定的。线性填砂试验结果表明：注入 1PV 的营养素后，可以在多孔培养基中形成深层稳定段塞。处理前填砂模型渗透率为 6600mD，一次处理渗透率下降并稳定在 200mD。在二维物理模型中注入井和近井区域二维流动的物理模型的测试中，所用的细菌种类是根据线性流填砂模型试验结果选定的。在二维物理模型中细菌的注入和培育使含水率降低了 45%（从处理前的 95%降低到处理后 50%）。

试验同样也表明，在含油和水的条件下，细菌段塞能优先降低水的相对渗透率，从而有效地减少油井产水。利用油田数据和试验结果进行了初步的经济评价。尽管对试验系统没有进行经济优化，仍可以看出对油田推广应用有着巨大的经济潜力。

7.2.4.5 采用厌氧菌层内繁殖提高采收率

在厌氧菌层内繁殖提高采收率的研究中，选择适合油藏条件用的有效菌质体是非常必要的。这项基础性研究包括对菌质体样品筛选和实验室试验评价。由于以油藏条件为目标引发油藏的菌质体要有很大的调节能力，所以细菌样品通常取自油藏和油藏的地表，下一步通过筛选试验只选择适用于微生物提高原油采收率的菌体。选择有效的菌体是通过它们采收原油的能力来评价的，随后确定油田应用的最终对象。

Hideharu Yoncbayashi 等给出了以下一系列的研究成果：①选择适于微生物提高原油采收率的厌氧菌；②评价在油藏条件下的菌质繁殖及其代谢能力；③在提高原油采收率上测算厌氧能力的定量评价技术。

7.2.4.6 微生物及其副产品和含油层中的物质相互作用

美国能源部矿物能源报告 No. DOE/BC/14665-8 的研究结果表明，油藏本源微生物对提高采收率很有用。在岩心驱替实验中采用的是油藏岩心，这样可使微生物、地层物性及油、水等尽量保持原状。将添加营养成分的模拟产出水注入岩心。为五个油藏各预备一块试验用岩心和一块控制用岩心，将氮和磷加进注入水中，可得到下列结果：试验岩心中有油释放出来，岩心流出物中微生物数量增多，微生物产生酸使碳酸盐物质大量溶解，产生新的通路，多孔区域被封堵。某些情况下有气体产生，向注入水中添加微量的乙醇使得油的释放量大大增加，碳酸盐的溶解度也变大（彭裕生，2005）。

7.2.5 地层微生物活性的保持

在水驱油藏应用 MEOR 技术时，希望能激发远井地带的微生物驱油效应，从而提高横向及纵向波及效率。这就要求注入井内或地层固有的微生物在油藏条件下能长期保持活性（如微生物孢子），一旦有供应的营养物质，就能快速繁殖起来，从而保证 MEOR 较长的有效期，提高其经济效益。实际上，现有的 MEOR技术应用中有效期都不是很长，数月至一年多，这是制约 MEOR 技术推广和应用的关键因素。因此，许多微生物学者致力于研究保证油层内微生物活性的方法，发表了很多专利。

关于微生物本身的活性和稳定性可通过遗传学和现代分子生物学方法进行研究。微生物孢子可在油层内保持相当长时间，并可运移至油藏深部。况且油藏深部存在各种各样的固有微生物，由于缺乏合适的营养物及激活因子，它们的数量较少或处于休眠状态。因此，要使油藏深层内微生物（或孢子）快速繁殖起来，关键是使合适的营养物质能运移至油藏深部。为此，人们研究了营养物控制技术，包括选择合适的营养物载体。

7.2.5.1 MEOR 的营养物控制技术

以往方法是向井眼地层注入复配好的完整的营养介质，这会使井眼附近营养物过度消耗，导致抑制性最终产物的扩散或使下游营养物供应不足，使井眼区域堵塞。另外，油藏行为像一个色谱柱，可将井眼附近所需营养物碳源、氮源、磷源选择性保留下来。因此，营养控制注入技术，就是利用这种油藏行为对营养物的色谱分离作用的有利条件，以减少微生物在井眼附近快速生长的负效应。

微生物生长和新陈代谢所需完整的营养介质中含碳源、氮源、磷源，如果缺乏其中一种，则微生物的代谢活性很低。实际上，许多地层原先卤水或注入水早已含有充足数量的氮，如氨离子。因此只要控制注入碳源和磷源即可达到控制营养物注入的目的。

一种方法是弄清楚供微生物生长需要用的最低限度营养物，这样可通过注入低浓度营养物，从而抑制近井地带微生物快速繁殖。另一种方法是评价油藏对注入营养物的色谱分离效应，考察营养物（碳源或磷源）的排序，被油藏优先保留的营养物（如磷源）先注入，然后注入较少保留的营养物（如碳源），这样在油藏深部混合形成完整的营养介质，从而激发那里的微生物快速生长。

7.2.5.2 控制磷源损失的地下微生物工艺

由于注入的无机磷酸盐磷源遇地层水中二价阳离子易沉淀，高温下易水解，难以输送到地层深部，因此研究了以下一些方法，保证控制磷酸源损耗。

1）在酸性条件下注入磷酸盐营养源的地下微生物工艺

该方法是在酸性条件下把含磷营养源注入地层内，就地产生微生物活性。实际现场应用是把该项技术作为一项生物补救技术在含油层和含水层中推广应用。例如，用MEOR工艺改变地层渗透率，以及在储层内产生有助于提高石油采收率的化学剂。在油层内生成化学剂的实例，包括水溶性聚合物、表面活性剂、溶剂（如乙醇、丙酮）、酸和二氧化碳等。

这里着重介绍在含油地层含有多孔岩石和渗透率非均质层特殊井使用MEOR工艺。在注水过程中利用水移动石油，优先侵入高渗透层，因为，这些层减少了流动阻力。大量的石油滞留在较低的渗透率区，出现死油区。在MEOR工艺中，把营养物供应给高渗透层中的微生物。利用这些营养物来激活微生物，并引起微生物繁殖，增加生物量。因细胞生长和（或）产生生物聚合物导致生物量增加。一旦出现生物量封堵高渗透层，水就转向分流到先前不能侵入的低渗透层，并在低渗透地层驱替滞留油。

当利用生物量生产时，希望营养源能够容易地输送到地层内的深处区域。于是，在酸性条件下把微生物营养物注入地层内时，必须为微生物就地提供含磷营养源，才能顺利地输送含磷营养源渗透到油层深处。按照该方法优先使用的含磷营养源是无机磷酸盐溶液。现场应用可以使用任一无机磷酸盐，因为无机磷酸盐（如正磷酸盐）将使它酸性增加，较少滞留在油藏的岩石基质上。

目前实际使用的“在酸性条件下”注入营养物，涉及酸化含磷营养源溶液，接着把溶液注入有本源或外来微生物的地层内。要完成含磷溶液的酸化作用，必须加入充足数量的酸，使pH达到1.0～5.5时，才能注入油藏内。当使用无机磷酸盐作为含磷营养源注入时，已发现优先实施酸化溶液pH应当达到约4.5。

酸化溶液的添加剂含有磷营养源。人们可以选择预先注入充足数量的强酸到油藏中，可溶解酸化矿物质。上述酸是从由盐酸、磷酸和硫酸组成的组合中选择，优先选择的酸是盐酸。预先注入一种强酸改变注入油层岩石的性质，然后再注入含磷营养源。就酸的当量而言，添加酸直到实现平衡，要求注入酸的数量和同时离开油藏的酸数量相等。预先注入酸是为了溶解矿物质，例如，在缅绿泥石中含有铁。其结果是，减少了含磷源的滞留，能将其顺利输送到油藏深处。

2）注入含磷有机质的地下微生物工艺

使用有机磷酸盐，涉及含有磷酸盐或多磷酸盐的通式结构为$[(HO)_3PO]_n$的任一化合物或化合物的混合物。有机残基并不限制甲基，而是包括乙基、丁基、糖类、蛋白质、缩氨酸、类脂化合物等分子中有1～17碳原子物质。

首先注入有机磷酸盐的含磷溶液，由于它更容易滞留在地层中；然后注入大量的不含磷营养物的碳溶液，允许磷先于碳源注入和渗入到油藏深处。碳营养物溶液是大量的无含磷溶液，它将最终赶上以前注入的含磷溶液，在地层深度内形成一完整的营养合成物，并将出现最大期望的微生物活性。这种方法能使含油地层有效地提高石油采收率。

3）亚磷酸盐营养物在地下微生物处理中的应用

在缺少磷酸盐的地层中使微生物保持活性的方法是注入一种亚磷酸盐作为微生物的营养物。该工艺采用连续地分别注入地层缺少的营养组分，即选择注入磷酸盐来提供磷源。注入方法是先注入亚磷酸盐但不含碳源的一种营养液；然后再注入含有碳源但不含磷源的一种营养液。在 MEOR 工艺中，把营养基送往含微生物的高渗透地层，营养基促使微生物大量繁殖，这是细胞生长和（或）聚合物的繁衍产物。一旦堵塞高渗透层，注入水挤入先前不能流动的低渗透层，并在低渗透层进行驱替。在高硬度盐水中亚磷酸盐比磷酸盐有更高的稳定性，而且当进行微生物封堵高渗透层时，有更高的封堵能力。此方法适用于从含油地层中提高石油采收率。

7.3 微生物系统的特性与选择

7.3.1 油藏本源细菌的生态特性

微生物技术的经济潜力是它的代谢产生溶剂和有机酸、表面活性剂、气体和能降解原油的各种作用；菌体及其代谢物用于选择性封堵。因此，能更好地改善石油的流度、进行渗透率调剖，有效地增加采油量。

原始储油层的厌氧环境因为缺乏必需的养分通常不会导致细菌生长，也永远不会产生石油。然而，油层的穿透深度和石油生产所带来的微小变化能够引起油藏生态系统中微生物和伴生物的迅速生长。其中，有些变化是有害的，例如，由于产生的硫化氢使地层变酸，这个过程开始在一些主要油田，包括阿拉斯加一些油田出现。在阿拉斯加微妙的变化是很可能的，因为注水作业时主要是使用海水，除了在地面生产作业之外还借助于添加化学剂。来自有高含量硫酸盐的海水，对蓬勃发展的硫酸盐还原菌要求必须实现无机相平衡。于是，导致油田变酸、生产的原油品质较低和较高的作业成本。因此，这个微妙变化已经带来了油层生态和油田作业中的巨大变化。

把从不同油田的碳酸盐储层和砂岩储层的采出水中分离的微生物做混合培养。首先，从不同的油田检验采出水样，发现含有大量的矿物和适于各种类型微生物生长的其他营养物。表 7.4 说明用海水注入阿拉斯加油田后采出水的平均成分，该采出水在没有添加其他成分的情况下将保障 SRB 生长，不过加入更多的氮和磷会极大地提高 SRB 的生长（彭裕生，2005）。

表 7.4 从阿拉斯加油田采出水中常见的成分 (单位:mg/L)

成分	浓度	成分	浓度	成分	浓度
氯化物	11 400	碳酸盐	50	丙酸盐	80
钠	7 100	铁	6	丁酸盐、异丁酸盐、C5 酸	10
碳酸氢盐	2 600	氮	0.5	其他溶解有机物	300
硫酸盐	240	磷	0.1	pH	8.1
钙	94	合计溶解固体	2.2%		
镁	56	乙酸盐	1000		

对于油藏本源微生物的实验室研究，按照以下程序进行：①测定从油田采出水中分离的硫酸盐还原菌的性质；②脱氮噬硫杆菌菌株的分离和性质测定，以及它们同石灰岩的反应；③继续注入研究；④混合和释放石油试验；⑤稠化剂和非均质脱氮剂的研究。

7.3.2 油藏本源细菌的应用潜力

7.3.2.1 用本源细菌清除油藏盐水中的硫化物

因为硫酸盐还原菌活性的影响，油藏采出水中时常含有可溶性硫化物(H_2S, HS^- 和 S^{2-})。在采出盐水中，因为硫化物的毒性、臭味和腐蚀作用，产生不溶解的金属硫化物以及低质量的采出气，引起石油工业中的许多问题。在油藏盐水中清除和控制硫化物具有代表性的方法是注入化学物质，例如，硫化物清除剂和杀菌剂。使用这些化学物质也会产生一些问题，包括缺乏选择性、稳定性、可混(溶)性，并且许多化学物质价格昂贵、有毒性和危险性。

补救方法是通过选择本源细菌清除油藏盐水中的硫化物。在 MEOR 现场试验期间，Mclnerney 等在 OK Payne 县东南油田 Vertz Sand 区块注入盐水中加入硝酸铵，3 个相邻生产井的硫化物降低了 40%～60%，这是由本源的反硝化细菌(NRB) 活动引起的。在 Wyoming Salt Creek 油田用实验说明非本源的 NRB，而是脱氮噬硫杆菌菌株 F，当加入采出盐水时，利用氧作为氧化剂成功地清除了硫化物。即使加入浓度为 100mg/L 的硝酸盐到油田盐水中，也可有效地改变生物膜分布和降低硫化铁的浓度，但是加入硝酸盐也导致 SRB 数量增加和腐蚀速度增加 6 倍。最近，利用亚硝酸盐和铝酸盐与二者的混合物来减少硫化物浓度，这涉及如何排斥生物竞争性来控制 SRB 的工艺。

在 Coleville 油田实施了用本源细菌清除油藏盐水中的硫化物能力评价的现场试验。在两口井中继续注入硝酸铵和磷酸钠，注入时间为 50 天，结果两口注入井的硫化物含量下降 42%～100%，并导致两口相邻生产井的硫化物含量同样下降 50%～60%，但是注入井和生产井中氧化硫化物的本源硝酸还原菌密度增加，而硫酸盐还原菌的密度保持不变或稍微下降。

7.3.2.2 油层内地衣芽孢杆菌菌株提高石油采收率的潜力

对于油层的环境参数，需要研究的是油层的温度、压力、矿化度，以及微生物在油层内厌氧条件下产生的代谢物和油层中的哪些位置适于细菌聚集。从油井中分离的梭状芽孢杆菌可以在45℃生长，当含盐浓度超过5% NaCl时，它们能够产生溶剂并且产生气体的量显著减少。嗜热脱硫弧菌能在50℃以上生长，但因硫酸盐还原菌产生 H_2S，引起腐蚀和对地层孔隙空间非选择性封堵，产出水中含有不溶解的硫化物，所以它不适于采油。产甲烷菌也能够在50℃以上温度生长。从注入盐水中分离的一些细菌，在许多油藏条件下都能够生存。这些菌株产生多糖并且不受40MPa压力的影响，但是增加 NaCl 的量却使菌量骤然减少。Pfiffner 等分离并描述了芽孢杆菌菌种的特性，在50℃，SP018 菌株能够生长而且在高达10% NaCl的厌氧条件下产生胞外聚合物，但是并未说明高压和原油对聚合物生产的影响，以及在特殊条件下该菌株的代谢活动。

在德国北部深度为866～1520m的油层中分离了4种菌株，按照分类学和生理学判定为地衣芽孢杆菌菌株。在温度最高可达55℃和含盐量最高可达12% NaCl的情况下，在不同基质上所有菌株都能生长。并且在较宽的温度、压力、含盐量范围内需氧菌和厌氧菌可以产生聚合物，其最佳条件为温度50℃和含盐量5%～10% NaCl。在相似油层条件下培养菌株 BNP 29，试验表明该菌株能够产生一定数量的生物量、聚合物、乙醇和酸。利用该菌株和蔗糖营养液对纯氧化钙和含有石灰的含油砂岩进行采油（岩心驱替）试验，采油效率从9.3%残余油饱和度增加到22.1%，这些数据表明 BNP 29 菌株在改进 EOR 工艺方面存在一定的潜力。

7.3.3 微生物系统特性实例

以石油微生物为基础的微生物提高石油采收率工艺（MEOR），选育出优良的菌种是关键，因此必须有一套完整的结合 MEOR 工艺生产实际的微生物的实验方法。在油层及地面环境下，筛选的优势单菌或混合菌，必须成为新环境（微生物处理区的地层环境）下的优势菌种，或者与本源菌形成共生体系。由于油层环境非常复杂，且原油也是一种由烃和非烃组成的复杂混合物，利用纯培养的微生物往往很难适应油层环境，而且单一菌种降解作用选择性很强，对原油这样的混合物作用效果往往受到限制。利用混合菌培养有较好的共生协同效应，可以降解原油中的多种物质，特别对原油中的胶质、沥青质等具有芳环或杂环结构的物质，更需要混合菌的协同作用进行降解（冯树和张中泽，2000）。

7.3.3.1 筛选 MEOR 菌种的基本条件

筛选 MEOR 菌种的条件需从油藏具体环境和微生物自身的特点两个方面来确定。

试验菌应在油藏环境条件下生长并能产生大量代谢产物，所采用的微生物须耐受无氧条件，适应油层的温度和矿化度，同油层原油性质相匹配。因此可采用的菌种为耐盐性的厌氧菌。厌氧菌可分为两种类型，一种为严格的厌氧，分子氧的存在对细胞的生长有毒害作用；另一种为兼性厌氧，有氧或缺氧条件下细胞都能生长。从菌种保藏和注入操作考虑，兼性厌氧菌更适合微生物采油技术。

细菌生长的温度范围应与油层温度一致。嗜温菌通常最适生长温度范围在20～50℃，要比嗜冷菌（只生长在20℃及以下温度范围内）适合。对于高温环境油藏，选择嗜热菌最好。基于以上综合考虑并结合室内和现场试验中获得的认识，表7.5给出了适用于 MEOR 技术的微生物所应具有的特征（乐建君等，1996）。

表 7.5 筛选 MEOR 菌种的基本条件

序号	条　件
1	微生物在油藏环境条件下能够生长
2	由于油藏岩石孔隙尺寸很小，具有较小体积的微生物才能运移到油层深部
3	油层处于厌氧条件下，菌种最好是严格厌氧的，或至少是兼性厌氧的
4	大多数成功的油田试验所采用的菌都具有产气、产酸以及生成聚合物和表面活性剂的能力，这些代谢产物对提高驱油效率非常有益
5	从经济角度来看，营养物最好是以烃类物质为主，添加其他营养物质，如糖蜜
6	从安全角度来看，所筛选的菌种是非致病菌，对动物和植物不产生毒害作用
7	初步筛选的菌种能否用于现场试验，要通过室内模拟试验，以确定提高采收率的效果

7.3.3.2 MEOR 菌种初步筛选方法

筛选微生物采油菌种应遵循一定的程序，其目的在于：①建立用于 MEOR 的菌种库；②开发用于 MEOR 的新菌种库；③探索应用于特殊油藏环境的新菌分离技术。

目前，国外筛选 MEOR 新菌种的研究工作进展很快。所保藏的菌种，多数在室内研究和现场试验中使用过，对这些菌种的生理特性和作用原理已有了一定的认识。不仅需要满足微生物采油所要求的一般条件，还要经过一系列复杂而又严格的检测评价。根据我们现有的实际条件，一种方法是结合油田提高原油采收率研究而设立的分离出若干株菌种后分别进行单独培养，依次检测并对比各菌株之间的生理活性差别，优选出具有 MEOR 采油特点的新菌种。另一种方法是根据微生物采油菌所要求的特点从现有菌种保藏机构中寻找菌种，直接进行筛选评价。在菌种筛选工作的基础上可采用先进技术方法，对新菌种进行改良，甚至将不同菌种的优点组合起来，将来遗传技术在这一领域中的应用也许会带来更好的效果。今后筛选 MEOR 新菌种的方法将随着生物技术的发展不断更新完善。

7.3.3.3 微生物系统特性实例

西南石油大学张廷山（2007）从青海、大港、胜利、辽河、新疆等油田原油及南充炼油厂含油污水中分离、选育出的菌组合，分析其产气性能、微生物产生的表面活性物的系统表面张力、耐温性及耐盐性，认为：温度对细菌的生长和菌组的代谢具有很大影响，在低温（＜5℃）和高温（＞75℃）两个极端温度条件下，菌组活动性小，产气菌无产气现象；温度的变化还影响菌组的形态、大小与单菌分布；高盐度下，一些菌类也能生长。

所分离筛选的细菌的形态主要为杆状和球状，其中筛选出的中温菌种最佳温度在 25～50℃。通过特殊的培养方法，在实验室培养出能在高温环境（＞75℃）利用原油作为碳源且生长很好的高温菌种两组。由于多数细菌很难在高温环境下生长，而有许多油藏的温度都超过了 75℃，因此对这两组混合菌的进一步研究，将有重大意义。在扫描电镜下可以观察到细菌产物的许多特征形态，这些产物的形态与人工合成驱油用聚合物（PAM）在扫描电镜下的形态相似。总结 MEOR 现场应用中细菌的主要特征为：①细菌利用以烃类为主的原油和石蜡作为碳源，产气量与烃类碳链长短有关；②以原油和少量糖蜜为碳源，细菌能够产生大量气体，气体主要成分为 CO_2 和烃类气体；③细菌能产生表面活性物质并使其营养液表面张力降低 18%～31%，有利于提高原油采收率；④温度对细菌的生长影响很大；同时温度还影响菌组的代谢，在低温和高温这两个极端温度条件下，菌组活动性小，产气菌未能观察到产气现象；温度菌组活动性小，产气菌未能观察到产气现象；温度变化还影响菌组形态、大小和菌组中单菌的分布；⑤所筛选的多组细菌能在高质量分数的 NaCl 溶液中生长。

迄今有关微生物采油的研究很多，但筛选 MEOR 高效新菌种的研究工作则刚刚开始。研究途径有两条，其一是选择筛选方法，继续寻找新菌种；其二是改良已知的采油菌种，提高其产生具有驱油作用的代谢产物的能力。

7.4 异源微生物采油技术

7.4.1 异源微生物采油方法

异源微生物采油即将地面培养的微生物菌种或孢子与营养物一起注入地层，

菌种在油藏内繁殖，产生大量代谢物如酸、低相对分子质量溶剂、表面活性物质、气体、生物聚合物等，增加地层出油量，达到提高采收率的目的。通常包括单井周期性异源微生物采油和微生物强化水驱，前者包括微生物吞吐采油、微生物清防蜡、微生物酸化压裂等，主要是针对油井；后者包括微生物驱油、微生物选择性封堵、微生物深部调剖、微生物循环水驱以及生物工艺法采油（注生物表面活性剂和生物聚合物）等，主要在注水井上进行。

异源微生物采油由于菌种在地面培养和选育，因此经分离驯化、改良可获得性能优异的菌种。在菌液注入油藏之前，需进行以下工作：①菌种最佳营养物的设计；②菌种对试验油藏原油及其他碳源的代谢活性研究；③菌种与油藏流体矿物及油藏条件（温度、压力、矿化度）的适应性研究；④菌种在油藏多孔介质中的运移研究；⑤菌种在油藏环境中遗传稳定性问题及保持油藏条件下微生物活性的研究。

关于微生物采油菌种筛选、性能评价以及与油藏环境条件适应性的研究报道很多，技术也较成熟。但是，关于微生物采油菌种在油藏条件下活性保持和遗传稳定性问题则是 MEOR 技术的关键所在。随着分子生物学和生物技术的发展，人们采用基因工程技术来构建石油降解工程菌，已经取得一些进展。由于油面条件的复杂性，目前，比较可行的办法是如何延续菌种在油层中的生物活性，及时补充一些含氮、磷的生物活性物质，并研究菌种在油藏条件下生理特征和代谢活动的变化规律，从而进行人工调控，关于这方面研究已取得一些进展。

7.4.2 MEOR 技术在油井处理中的应用

7.4.2.1 微生物吞吐采油

微生物吞吐采油技术是通过引入或刺激在油藏中能够存活的微生物来提高原油采收率的技术。微生物采油以其费用低、工序简单、操作方便，流动的油和不流动的油都能采出等特点，成为提高石油采收率的一种新方法。目前这种工艺在我国油田得到广泛应用。

这种处理过程即是将生产井的近井底地带的油藏作为一个大的生物反应器，创造条件使接种的混合菌株快速增长，产生大量易于增加出油量的代谢物质。所用混合菌株可从深海水样、热温泉分离并驯化，也可从地面含油土壤、活性污泥、污水中分离，或从油田油层水中分离培养获得的优秀菌株。油井进行微生物处理后，通常会使油井含水下降，产油量增加，井口压力上升，抽油机电机负荷下降，原油黏度降低，以及累积石油采收率增加。

由于原油黏度测试简单方便，所以无论是室内研究还是矿场试验，均将黏度降低作为评价 MEOR 效果的一个指标，即原油黏度作为微生物感应原油组分的一种指示器使用。细菌使重质原油黏度降低基于以下两点：

(1) 降低重质油的平均相对分子质量，即细菌能把重质油中高分子物质如沥青烯或树脂酸分解成低相对分子质量的化合物，由此导致其黏度的大幅度下降；

(2) 以重质原油中的烃类等为碳源的细菌，在生物化学过程中会产生生物表面活性剂，将重质原油分散或乳化成水包油乳状液，从而降低其黏度。

微生物单井吞吐技术用于开采重油或稠油也有许多成功应用报道，其中单井吞吐技术在双河油田中改善了生产井近井地带原油的流动性，大幅度提高原油的采收率。

菌种是通过高温驯化、代谢产物分析和作用原油分析后筛选出的细菌组合，性能较稳定。2005 年 5 月 1 日至 5 月 4 日开始对 H62308 井、T470 井、H6223 井、K421 井、H1129 井、H82145 井 6 口井进行了微生物吞吐。施工按洗井—配液—施工—关井—开抽的步骤实施。

实验结果表明，①效果最明显的 3 口井（H6223 井、K421 井、T470 井）凝固点为 40～42℃，含蜡量为 36.25％～38.66％。它们都是蜡含量高、凝固点高的井。这说明微生物对原油中蜡质有很好的降解、分散作用。②油层温度、渗透率、矿化度对微生物吞吐起主要作用。渗透率低，制约吞吐工艺的实施。油层温度和矿化度太高对微生物自身的繁衍起决定作用。③能改变油层孔隙的微观环境，选井应以油层温度小于 90℃，矿化度低于 15 000mg/ L，含蜡量高，中等孔隙度，有增油潜力井为主（李红青等，2006）。

7.4.2.2 微生物清防蜡

微生物清防蜡技术是利用微生物的活性、依靠微生物自身的趋向性，将原油中的饱和碳氢化合物、胶质沥青质降解，降低原油中的含蜡量，从而抑制石蜡的沉积。微生物清防蜡技术具有施工工艺简单、有效期长；避免热洗造成的油层损害；微生物在代谢过程中产生的生物表面活性剂和生物乳化剂能改善油层的润湿性，提高油藏渗透率，增加油井产量；用量少、成本低、经济效益广；适用性广，几乎所有的结蜡油井都适用微生物处理。通过试验研究表明：微生物对原油的清防蜡作用原理可以从以下几个方面进行解释。

(1) 清蜡作用。微生物可以通过蜡块的缝隙渗入进去，使蜡块与井壁的黏附力减弱，致使井壁上的蜡块脱落，通过微生物自身的有益活动、微生物代谢作用及其代谢产物使蜡晶粒变细、分散而随采出液流出油井，从而起到清蜡作用。

(2) 防蜡作用。微生物可以代谢产生生物表面活性剂及有机溶剂等具有表面活性的物质，这些表面活性物质可以被吸附在金属表面（如井壁、抽油杆）并润湿金属表面，使其成为极性表面，改变井筒及油管表面性质，使非极性的蜡晶难以在井壁、抽油杆及金属表面吸附与沉积，达到防蜡的目的。

(3) 分解作用。微生物在地下发酵过程中能产生分解酶，它能裂解重质烃类和石蜡组分，可减少石蜡在井眼附近的沉积，降低地层原油的流动阻力（刘长等，2006）。

因此，微生物清防蜡技术被国内外油田广泛采用，并获得明显效果，技术也较成熟。江汉石油学院从辽河油田曙光采油厂和锦州采油厂高蜡油井中采集的40多个油水样中分离到了3种能以固体石蜡为唯一碳源生长的微生物，并将其应用于该区块4口井的清防蜡矿场试验研究。结果表明，①高蜡油生产井产出油水液中可以分离富集到以固体石蜡为唯一碳源生长的微生物；②分离细菌对试验井有很好的清防蜡效果，能使油井热洗周期大大延长、电机负荷下降；③微生物施工后能使产油产液量明显增加，油井含水明显下降；④微生物清防蜡效果明显，能够带来巨大的直接和间接经济效益，有重大推广价值。现场试验期间，共增原油561t，每吨按1000元计算，创产值56万元，节约热洗（16次）加药（44次）费用3182万元，创效益近60万元。由此可知，对结蜡严重井或黏稠原油井采用微生物清蜡技术效果明显（何正国等，2002）。

7.4.2.3 微生物酸化压裂

微生物代谢石油烃或碳水化合物产生有机酸，可使碳氢盐基质溶解，从而提高所接触区域的渗透率。这种技术对碳氢盐油藏具有很大吸引力，因微生物氢化，既能大大增加裂缝的长度，并且采用的是无腐蚀、无危害、不破坏环境的材料。

厌氧产酸菌生长的特征是指数型的，它产生的酸也呈指数增长。在微生物酸化中注入的流体本身很少是酸性的，这与常规酸化注入酸不同。微生物酸的产生过程是逐渐加快的，而开始时是相当缓慢的。注入大量微生物产酸体系到一口井中相应有一段时间，作为轻化或压裂作业的整体部分或作为挤压部分，在没有完全反应之前就已随流体前线被推到远离井筒的区域。这样，大多数酸在油藏深处合成，从而使作用半径相应扩大。

一般将细菌接种物和营养液注入井下，代谢反应持续几小时到数天，然后返排并且重新开始生产。产出水含有细菌和其代谢产物（有机酸的钙盐和镁盐），以及未被使用的营养液。所有这些物质对环境都是安全的，减少了污染处理问题。

微生物酸化压裂的优点是增加造成侵蚀的裂缝面，同时提高了相邻区域的渗透率。裂缝的微生物酸蚀的程度和效果取决于以下三个方面：①在注入压力下裂缝保持张开的时间，该时间内微生物酸得以和岩石保持接触；②注入流体中微生物酸产生的速率和数量；③油藏岩石的组分和非均质程度。

目前用于酸化压裂的细菌主要为发酵糖蜜的产酸菌，同时产气和醇等。其代谢产物为：二氧化碳和氢气、乙酸、乳酸、丙酸、丁酸和戊酸、丙酮、乙醇、丙醇、丁醇、异丙醇等。德国Wagner博士（1992）研究了糖蜜发酵过程中检测到的代谢物。

7.4.3 MEOR在注水井的应用

7.4.3.1 微生物增效水驱

微生物水驱利用的是微生物溶液对油藏的作用。首先确定注采井网，然后注入微生物溶液、营养剂和生物催化剂，当该混合液在油藏中被驱替水推进时，可形成气体和微生物产物，二者均有助于原油的解脱和流动，随后这些原油可通过生产井抽汲产出。

在依据提高水驱效率的 MEOR 矿场工艺中，最常用的微生物种类是芽孢杆菌和梭状芽孢杆菌。这两类微生物比其他种类更适合在油藏条件下存活，因它们产生芽孢，是细胞在恶劣环境下生存耐久的静止形式。梭状芽孢杆菌产生表面活性剂、气体、醇和溶剂，而某些芽孢杆菌则产生表面活性剂、酸和气体。

1998 年，我国的吉林油田、长庆油田、大港油田、胜利油田、大庆油田、克拉玛依油田、青海油田、华北油田等相继开展了微生物驱油试验，取得了良好的效果。其中以胜利油田、吉林油田试验规模最大，取得了许多成功的经验。

长江大学 MEOR 实验室（李向前等，2007）通过对微生物进行富集、筛选、分离得到 3 株芽孢杆菌，利用这三株复合菌可比单纯水驱提高采收率 10%以上，并对该油田 2 口注水井进行了微生物强化水驱的现场试验。从增油效果来看（以施工前 3 个月的相关油井平均产量为基数），进行矿场试验不到一年时间内，与 2 口注水井关联的油井共增产 3200 多吨，如果考虑产量递减因素，则增油量更大。如果每吨原油按 1000 元计算，创造经济价值 300 多万元。

7.4.3.2 利用微生物改善碱驱提高原油采收率

将微生物技术与 ASP 复合驱（碱-表面活性剂-聚合物）相结合为一种新的经济有效的技术，其基础是微生物能改善原油，产生酸性组分（有机酸），在油-水界面上与碱混合物反应，产生表面活性物质，降低界面张力。它的实际效果优于单纯的 ASP 驱或微生物水驱。

大庆油田原油酸值低，仅为 0.01mg KOH/g ，为了进一步降低大庆油田三元复合驱中表面活性剂用量，进一步提高原油采收率，开展了应用微生物技术改善三元复合驱效果的研究。微生物可以作用原油形成羧酸，提高原油酸值，有利于三元体系与原油形成超低界面张力，进一步提高原油采收率（侯兆伟等，2004）。

实验菌种从大庆油田第一采油厂含油污水中分离筛选出的两株微生物菌种。通过中国科学院微生物研究所菌种鉴定，分别为短短芽孢杆菌和蜡状芽孢杆菌。

1）原油族组成变化

微生物作用后，原油中饱和烃、芳烃以及非烃的相对含量都有不同程度的变化见表 7.6（伍晓林等，2006）。

表 7.6 微生物作用前后原油族组成分析结果 （单位:%）

样品名称	饱和烃	饱和烃降低	芳烃	非烃	非烃增加
空白油	72.64	0	15.79	11.57	0
蜡状芽孢杆菌油	71.57	1.47	15.79	12.64	9.25
短短芽孢杆菌油	69.22	4.71	18.09	12.69	9.68

尽管不同微生物对相同原油中各组分的作用有所差异，但都表现出微生物作用后原油中饱和烃相对比例降低，非烃相对比例增加，而芳烃含量的变化规律性不强。从分析数据上看，两种微生物对饱和烃具有不同程度地降解作用，短短芽孢杆菌降解能力强于蜡状芽孢杆菌。

微生物作用原油后，产生的大量有机酸和活性物质，在碱性条件下能与合成表面活性剂产生很好的协同作用，使微生物作用后原油与现有三元复合体系形成更低的界面张力，平均比未作用原油体系界面张力降低一个数量级，达到 10^{-4} mN/m数量级。

2）微生物作用原油前后三元复合体系驱油效率对比

为了验证微生物作用原油后对三元复合体系驱油效率的影响，设计天然岩心（直径 2.5cm，长 10cm）驱油实验方案为：微生物作用原油后三元复合体系驱油实验。模型水驱后，注入浓度为 5%的菌液（蜡状芽孢杆菌与短短芽孢杆菌按 1∶1 复配）0.3PV，45℃恒温条件下关闭岩心放置 3～5 天后，注入现有三元体系段塞 0.3PV，后续聚合物保护段塞 0.2PV。实验结果如表 7.7 所示（伍晓林等，2006）。

表 7.7 天然岩心的驱油实验结果

序号	含油饱和度/%	水驱采收率/%OOIP	化学驱采收率提高幅度/%OOIP	总采收率/%OOIP	岩心气测渗透率/$10^{-3}\mu m^2$
1	68.2	41.4	29.2	70.6	1631
2	74.9	42.2	30.2	72.4	1891
3	69.0	43.7	27.6	71.3	1948

实验结果表明：室内天然岩心驱油效率可比水驱提高 27.6%～30.2%；较单独三元复合体系驱油幅度增加 10%OOIP 左右。从驱油机理上分析，一方面微生物与原油作用因生物氧化产生大量的有机酸，大幅度提高了原油的酸值，这些有机酸在碱性条件下成为羧酸盐类阴离子表面活性剂，并与三元复合体系中的合

成表面活性剂产生较好的协同作用，使复合驱体系与作用后原油间的界面张力进一步降低，进而改善了驱油效率。另一方面注入微生物菌液后，由于微生物的迁移作用，使其可以到达中低渗透剩余油含量较高的孔隙，并以石油烃为碳源生长、繁殖，降解重质原油，降低原油的黏度，改善原油流动性的同时，微生物的在位繁殖效应、在位产生生物表面活性剂及有机酸等界面活性物质、渗流阻力进一步下降，使孔隙中未动用油甚至不可动油启动，并通过局部乳化作用使原油在孔隙中分布趋于均匀。

由此可见，应用微生物技术与化学驱油结合的方法，能够进一步提高原油采收率。

7.4.3.3 微生物选择性封堵及调剖技术

微生物选择性封堵高渗透层能改善波及效率。目前已认识到两种类型的微生物封堵：有生存力的细胞封堵和非生存的微生物封堵（细菌残体）。前者对岩石表面有黏附能力，产生生物膜附着在岩石壁上或占据孔隙空间，导致有效渗透率降低 60%～80%；后者是杆状细胞（死细胞），通过机械堵塞孔喉通道。

微生物调剖（MPM）技术的关键取决于生物膜的形成，生物膜是由细胞生长过程中产生的多层薄膜，它能吸附在固体颗粒的表面，其成分为生物聚合物和生物团物质，因此这项技术不完全取决于微生物代谢产物的化学体系，并且也更容易达到预期的结果（唐纳森等，1995）。

微生物调剖技术更适用于厚油层或高渗透油层的深部处理，它克服了聚合物凝胶、石英砂水泥封堵和选择性封堵等常规做法的不足之处，即当油层中有串流存在时，上述做法将失去它的作用效果（王靖等，2007）。该工艺包括注入生产生物聚合物的细菌孢子和营养物质，通过在油层岩石的孔隙中注入微生物和营养物质来降低厚油层产水部位的渗透率，以及在高渗透层条带形成有弹性的生物膜。

1）适用于调整油藏注水剖面的微生物特性

用于细菌调剖技术的微生物应具备以下一些基本特性，首先它们在油藏环境条件下能够生长并生成生物膜，这意味着所使用的微生物应具备耐厌氧条件，适用油藏的温度和矿化度，以及同油层原油特性相匹配。因此，用于 MPM 的菌种应为耐盐性的厌氧菌。一般来讲，厌氧菌分严格厌氧菌和兼性厌氧菌，分子氧的存在对前者细胞生长有毒害作用，而后者在有氧或缺氧条件下细胞都能生长。遵照菌种在保藏或注入期间易于操作的要求，兼性厌氧菌更适合 MPM 技术。有些厌氧微生物不能直接利用碳氢化合物作为碳源和能源，这就需要提供细胞生长所需要的碳源、氮源和磷源等营养物质。

其次，微生物所承受的温度范围应同油层温度保持一致，为 20～55℃，通常是嗜温菌最适宜的温度范围。在高温环境的油层中，嗜热菌无疑是最佳的候选者。

再次，由于微生物要运移到油层较深的部位，就必须具有较小的体积。而细菌的孢子，则是由一些微生物细胞所产生的，体积小，对外界的恶劣环境适用性很强。孢子在休眠状态下可存活几年。当它遇到营养物的刺激时，孢子会迅速萌发并生长，产生生物聚合物，促进了生物膜的形成并提高其稳定性。因此，筛选能产生大量生物聚合物的菌种正是所期望的。

最后，从安全的角度讲，筛选的菌种应是非致病菌，并且对动物和植物不产生毒害作用。

2）对细菌孢子调剖的影响因素

对细菌孢子调剖的影响因素有孢子悬浮液浓度、营养物成分和浓度、关井/培养时间、注入段塞大小等。此外原油性质对微生物生长亦有影响，最终目的是降低渗透率并提高生物膜稳定性。Bae 等应用微生物孢子进行堵调，选择菌种 Salton-1，在正常情况下，这种细菌以细菌细胞形式存在，并产生胞外多糖，多糖的分子质量为 $2\times10^{6}\sim3\times10^{6}$ Da。用天然岩心进行试验，第一组试验的岩心渗透率为 $100\times10^{-3}\sim1820\times10^{-3}\mu m^{2}$，首先注入 1 倍孔隙体积孢子，接着注入 1 倍孔隙体积营养，检测岩心出口产出液。结果发现，渗透率低于 $380\times10^{-3}\mu m^{2}$ 的岩心，出口无孢子出现；第二组试验的岩心渗透率为 $1150\times10^{-3}\sim1820\times10^{-3}\mu m^{2}$，先注孢子，再注营养，结果渗透率下降了 10%～100%（彻底堵死），注入的孢子和营养的量越少，渗透率下降的幅度越小，当孢子和营养注入量低于 0.6 倍孔隙体积时，渗透率平均下降 20%～30%（汪卫东等，2007）。

3）细菌调剖法的应用实例

Jenncman（1984）报道在俄克拉何马北伯班克油田进行的微生物选择性封堵先导试验，其目的是通过加快地下原有微生物的生长，封堵高渗透层，以使注入水波及到渗透率较低的区域。采用培养基顺序注入和培养基与水合注，在培养基注入前后进行压力降落试井、吸水剖面和注入压力测试。结果表明：①注水井注入麦糊精（碳源）和酸性磷酸乙酯磷源培养基，关井两周，测得地层渗透率下降 33%；②监测代谢产物如气体，微生物细胞、生物酸、乙醇以及近井地带氨和麦糊精的减少说明，地层渗透率降低是原有微生物新陈代谢活动的结果；③测试结果表明，高渗透层已形成深部封堵，但持续注入盐水后，这种生物封堵不很稳定；④75%的生产井检测到生物代谢物和乙酸盐（峰值 61mg/L），表明平面流动特性发生了变化。

大庆油区希望在聚合物驱后应用微生物堵调技术进一步提高采收率，于2004年8月在北二西西块北2-4-P26和北2-丁5-P16井开展了调剖试验，共注入微生物调剖菌液205t。试验结果表明，注入压力和吸水剖面发生了变化，说明微生物能够起到堵调作用，但变化幅度不是太大，注水压力只增加了1MPa。

吉林油区曾筛选到一株能产生生物聚合物的菌种，该菌种为肠杆菌近缘种（*Af*. *Enterobacter* sp.），在30℃左右条件下，以糖蜜为底物，合成生物多糖。物理模拟实验表明，当向岩心中注入菌液和糖蜜时，由于糖蜜有一定黏度，在开始注入时，压力上升，渗透率下降12%，关闭岩心培养5天后，生物聚合物大量生成，渗透率下降98%。该项技术已在吉林油区东24-26和东20-23区块进行了6个井组的现场试验，累积增产油量超过8000t。目前正在东12-28区块扩大应用（王利峰等，2002）。

中国微生物堵调技术研究刚开始，只是将其作为微生物采油技术的一个方面进行研究，还不清楚该项技术对油藏的适应范围，同时，现场试验规模较小，缺少系统的试验参数和结果分析。

参考文献

包木太，牟伯中，王修林等．2000．微生物提高石油采收率技术．应用基础与工程科学学报，8（3）：236～245

冯树，张中泽．2000．混合菌——一类值得重视的微生物资源．世界科技研究与发展，22（3）：44～46

何正国，王文涛，孙家拥．2002．微生物清防蜡技术矿场试验研究．开采工艺，23（6）：26～28

侯兆伟，石梅，伍晓林等．2004．微生物与三元复合驱结合提高原油采收率探索研究．大庆石油地质与开发，23（4）：56～58

乐建君，陈早宏，李茜秋等．1996．提高原油采收率试验菌的筛选和评价方法．油田化学，13（2）：157～161

李红青，包敏，谢红涛等．2006．微生物单井吞吐技术在双河油田的适应性研究．石油天然气学报，28（3）：380～382

李向前，余跃惠，张忠智．2007．微生物强化水驱在高矿化度油藏的应用．化学与生物工程，24（1）：68～70

刘长，赵爱华，郭省学等．2006．采油微生物对原油清防蜡机理及矿场应用．临沂师范学院学报，28（3）：62～66

茆震，梅博文，赵红静．2000．油气微生物勘探法概述．海相油气地质，5（3，4）：107～111

梅博文，袁志华，王修恒．2002．油气微生物勘探法．中国石油勘探，7（3）：42～52

彭裕生．2005．微生物采油基础及进展．北京：石油工业出版社．1～4，44，51，62，136

宋思扬，楼士林．2007．生物技术概论．北京：科学出版社．251

唐纳森E C，奇林加林G V，晏T F等．1995．微生物提高石油采收率．金静芷，王修垣，秦同洛译，北京：石油工业出版社．88

汪卫东，刘茂诚，程海鹰等．2007．微生物堵调研究进展．油气地质与开采率，14（1）：86～90

王靖，阎贵文，徐宏科等．2007．微生物调剖技术及其进展．化学与生物工程，24（7）：12～15

王利峰，邸胜杰，吕振山. 2002. 微生物调剖室内模拟及矿场试验. 油气地质与采收率，9 (4)：10～12

王霞，潘成松，范舟等. 2007. 微生物采油技术的发展现状. 石油地质与工程，21 (5)：65～68

伍晓林，侯兆伟，石梅等. 2006. 利用微生物大幅度改善化学驱效果. 石油学报，27 (增刊)：91～94

易绍金，佘跃惠. 2002. 石油与环境微生物技术. 武汉：中国地质大学出版社. 20，41，42，95，96

袁志华，梅博文，佘跃惠等. 2002. 石油微生物勘探技术在西柳地区的应用. 石油学报，23 (6)：29～32

张廷山，陈晓慧，姜照勇等. 2007. 石油微生物特性的实验研究. 西南石油大学学报，29 (6)：58～62

邹少兰，刘如林. 2002. 内源微生物采油技术的历史与现状. 微生物学通报，29 (5)：70～72

Bryant S L，Lockhart T P. 2001. 孙晓宏，周润才译. 利用微生物提高原油采收率的储层工程分析. 国外油田工程，17 (10)：6，7

Jenneman G E，Knapp R M，Mclnemey M J et al. 1984. Experimental studies of in situ microbial enhanced oil recovery. Soc Pet Eng J，24：33～37

Leadbetter E R，Forster J W. 1958. Stusies on some methane-utilizing bacteria. Archives of Microbiology，30：91～118

Wagner M，Rasch H J，Piske J et al. 1998. Mikrobielle prospecktion auferdgas in ostdeuschland. Geologisches Jahrbuch，149：287～301

8 生物燃料电池

燃料电池（fuel cell）是一种将储存在燃料和氧化剂中的化学能连续不断地转化成电能的电化学装置。燃料电池使用天然气、甲醇、石油、氢气等燃料，不必经过燃烧，仅借助电化学反应即可产生电力和热能。

生物燃料电池（biofuel cell）是利用酶（enzyme）或者微生物（microbe）组织作为催化剂，将燃料的化学能转化为电能的发电装置。生物燃料电池工作原理与传统的燃料电池存在许多相同之处，以以葡萄糖作为底物的燃料电池为例，其阴阳极反应如下式：

阳极反应：$C_6H_{12}O_6 + 6H_2O \xrightarrow{\text{催化剂}} 6CO_2 + 24e^- + 24H^+$

阴极反应：$6O_2 + 24e^- + 24H^+ \xrightarrow{\text{催化剂}} 12H_2O$

生物燃料电池不仅在理论上具有很高的能量转化效率，同时还具有一些自身的特点（贾鸿飞等，2000）：

（1）原料来源广泛。可以利用一般燃料电池不能利用的各种有机物、无机物以及微生物呼吸的代谢产物、发酵产物或通过光合作用，甚至以污水等作为燃料，因此生物燃料电池在产电的同时还可以进行污水处理。

（2）操作条件温和。由于使用酶或微生物作为催化剂，可在常温、常压、中性 pH 条件下工作，使得电池维护成本低、安全性强。

（3）生物相容性好。利用人体内的葡萄糖和氧气为燃料的生物燃料电池可直接植入人体，作为心脏起搏器、微型传感器和未来分子机器人等的电源。

（4）生物燃料电池结构比较简单。特别是最近提出的无隔膜生物燃料电池，不但结构简单，有利于微型化，而且电池内阻小，有利于提高电池的输出功率。

8.1 发展简史

生物燃料电池已有数十年研究历史，早期的目的是从能源开发角度考虑的，后来才发现这类装置也能非常有效地行使传感功能。1911 年英国植物学家 Potter 把酵母和大肠杆菌放入含有葡萄糖的培养基中进行厌氧培养，其产物能在铂电极上显示 0.3～0.5V 的开路电压和 0.2mA 的电流，由此开创了生物燃料电池的研究。剑桥大学的 Cohen 教授利用微生物细胞构建了一个输出电压高于 35V 的电池堆。由于存在众多理论问题和技术难点，生物燃料电池研究进展缓慢。美国空间科学研究促进了生物燃料电池的发展，当时的研究目标是开发一种用于空间飞行器中、以宇航员生物废物为原料的生物燃料电池。在当时，生物燃料电池的研究得以全面展开，出现了多种类型的电池。但占主导地位的是间接微生物电池，即先利用微生物发酵产生氢气或其他能作为燃料的物质，然后再将这些物质通入燃料电池发电。20 世纪 70 年代，生物燃料电池这一概念才被明确下来。

自 20 世纪 60 年代末以来，直接的生物燃料电池开始成为研究热点，主要的研究对象是以葡萄糖为阳极燃料、以氧为氧化剂的酶燃料电池。但此时恰逢锂电池取得了突破性进展，因而这类酶燃料电池又受到冷落。80 年代后，由于氧化还原酶介体（mediator）的广泛应用，生物燃料电池的输出功率有了较大的提高，其作为小功率电源使用的可行性增大，因此推动了它的研究和开发，并于 1991 年实现了以微生物燃料电池处理家庭污水。

2002 年，Bond 等在海底沉积物的研究中发现了一种存在于底泥中的特殊微生物地杆菌（*Geobacter* sp.），它可以在不投加氧化还原介体的厌氧条件下，持续稳定地利用乙酸等基质产生电流。发表在 *Science* 上的 Bond 的研究工作迅速得到关注，使得生物燃料电池迅速成为环境保护领域研究的新热点。在短短的 4 年时间内，生物燃料电池技术便接连取得了突破，研究成果主要来自于三大课题组：美国宾夕法尼亚州大学氢能源中心的 Bruce E. Logana 教授致力于微生物燃料电池（microbial fuel cell，MFC）构型与电极材料方面的改进，旨在研发易于搭建、廉价且高效的微生物燃料电池雏形；韩国科学技术研究院水环境修复中心 Byung Hong Kim 教授和比利时根特大学微生物生态与技术实验室的 Willy Verstraete 教授等则在 MFC 产电菌和微生态方面做了大量的基础研究工作，以探明微生物燃料电池中电子产生与传递机理和微生物种群的关系及演变。这些研究构成了微生物燃料电池技术的基本理论框架与技术方法（孙健和胡勇有，2008）。

8.2　分类

生物燃料电池按工作方式可分为酶生物燃料电池（enzyme biofuel cell，EBC）和微生物燃料电池两类（康峰等，2004）。所谓酶生物燃料电池即先将酶从生物体系中提取出来，然后利用其活性在阳极催化燃料分子氧化，同时加速阴极氧的还原；微生物燃料电池是指利用整个微生物细胞作催化剂，依靠合适的电子传递介体在生物组分和电极之间进行有效的电子传递。

根据电子转移方式的不同，生物燃料电池还可分类为直接生物燃料电池和间接生物燃料电池。直接生物燃料电池的燃料在电极上氧化，电子从燃料分子直接转移到电极上，生物催化剂的作用是催化燃料在电极表面上的反应；而在间接生物燃料电池中，燃料并不在电极上反应，而是在电解液中或其他地方反应，电子则由具有氧化还原活性的介体运载到电极上去。另外，也有人用生物化学方法生产燃料（如发酵法生产氢、乙醇等），再用此燃料供应给普通的燃料电池，这种系统有时也被称为间接生物燃料电池（康峰等，2004）。

8.3 微生物燃料电池

微生物燃料电池是一种利用微生物作为阳极生物催化剂降解有机物，将化学能转变为电能的装置。在微生物燃料电池中，氧化底物的细菌通常在厌氧条件下将电子通过电子传递中间介体（NADH 脱氢酶、辅酶 Q、泛醌、细胞色素等）或者细菌自身的纳米导线传递给阳极，电子通过连接阴阳两极的导线传递给阴极，而质子通过隔开两极的质子交换膜（proton exchange membrane，PEM）到达阴极，在含铂的阴极催化下与电路传回的电子和 O_2 反应生成水，微生物燃料电池的工作原理如图 8.1 所示（关毅和张鑫，2007）。生活和工业废水中含有的丰富有机物就可以作为其原料来源，从中直接获取电能，因此微生物燃料电池的研究已经成为治理和消除环境污染、开发新型能源研究工作者的关注热点。

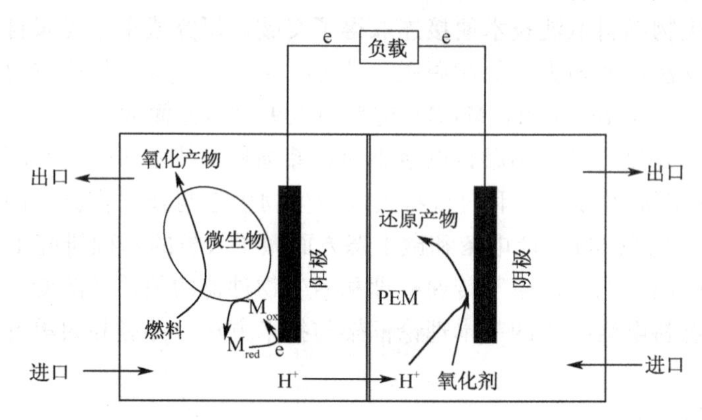

图 8.1　微生物燃料电池工作原理

8.3.1 产电微生物

产电微生物（electricigens）指那些能够在厌氧条件下完全氧化有机物成 CO_2，然后把氧化过程中产生的电子通过电子传递链传递到电极上产生电流的微生物，同时微生物在电子传递过程中获得能量支持生长。

8.3.1.1 产电微生物的种类

理论上讲，各种微生物都有可能作为生物燃料电池的催化剂，经常使用的有大肠杆菌（*Escherichia coli*）、普通变形杆菌（*Proteus vulgaris*）、枯草芽孢杆菌（*Bacillus subtilis*）、梭状芽孢杆菌（*Clostridium* sp.）EG3 和嗜水气单胞菌 PA3 等。表 8.1 和表 8.2 列出了目前微生物燃料电池中不同种类微生物及其所涉及的电子转移途径及电子受体（Du et al.，2007）。

表 8.1　目前微生物燃料电池主要研究的微生物

微生物	底物	应用
琥珀酸放线杆菌(*Actinobacillus succinogenes*)	葡萄糖	中性红或硫堇作为电子介体
嗜水气单胞菌(*Aeromonas hydrophila*)	乙酸	无外加介体
粪产碱杆菌(*Alcaligenes faecalis*) 鹑鸡肠球菌(*Enterococcus gallinarum*) 铜绿假单胞菌(*Pseudomonas aeruginosa*)	葡萄糖	分离自 MFC 的自介导微生物
拜氏梭菌(*Clostridium beijerinckii*) 丁酸梭菌(*Clostridium butyricum*)	淀粉、葡萄糖、 乳酸、糖蜜	发酵微生物
脱硫弧菌(*Desulfovibrio desulfuricans*)	蔗糖	硫酸盐/硫化物作为电子介体
欧文氏菌(*Erwinia dissolven*)	葡萄糖	Fe(Ⅲ)螯合体复合物作电子介体
大肠杆菌(*E. coli*)	葡萄糖、蔗糖	亚甲基蓝作电子介体
异化还原铁地杆菌(*Geobacter metallireducens*)	乙酸	无外加介体
硫还原地杆菌(*Geobacter sulfurreducens*)	乙酸	无外加介体
氧化葡萄糖酸杆菌(*Gluconobacter oxydans*)	葡萄糖	HNQ、刃天青或硫堇作电子介体
肺炎克雷伯氏菌(*Klebsiella pneumoniae*)	葡萄糖	HNQ 为电子介体,锰离子为电子受体
植物乳杆菌(*Lactobacillus plantarum*)	葡萄糖	Fe(Ⅲ)螯合体复合物作电子介体
奇异变形杆菌(*Proteus mirabilis*)	葡萄糖	硫堇为电子介体
铜绿假单胞菌(*Pseudomonas aeruginosa*)	葡萄糖	绿脓菌素和吩嗪-1-甲酰胺作为电子介体
铁还原红螺菌(*Rhodoferax ferrireducens*)	葡萄糖、木糖 蔗糖、麦芽糖	无外加电子介体
奥奈达希瓦氏菌(*Shewanella oneidensis*)	乳酸	蒽醌-2,6-二磺酸盐(AQDS)为电子介体
腐败希瓦氏菌(*Shewanella putrefaciens*)	乳酸、丙酮酸、 乙酸、葡萄糖	可以不外加介体,但加入电子介体 如 Mn^{4+} 或中性红可以提高产电量
乳酸链球菌(*Streptococcus lactis*)	葡萄糖	Fe(Ⅲ)螯合体复合物作电子介体

目前，已用于微生物燃料电池的微生物根据其电子传递途径的差异可以分为两类：第一类微生物，如脱硫弧菌、普通变形杆菌和 *E. coli* 等，需要外源中间体参与代谢，产生的电子才能传递到电极表面；第二类微生物，如地杆菌属（*Geobacter*）、腐败希瓦氏菌和铁还原红螺菌等，代谢产生的电子可通过细胞膜直接传递到电极表面。通常第一类微生物接种的微生物燃料电池称为间接 MFC，第二类微生物接种的微生物燃料电池称为直接 MFC。

表 8.2 目前微生物燃料电池中微生物的电子转移途径及电子受体

转移类型	微生物	细菌最终电子受体	外加介体	I/mA	P/(mW/m²)
细胞膜介导	嗜水气单胞菌	细胞色素 c	—	0.3	—
	硫还原地杆菌	89kDa 细胞色素 c		0.40	13
	铁还原红螺菌	—	—	0.57	17
	丁酸梭菌	细胞色素	—	0.22	—
介体介导	普通变形杆菌	—	硫堇	0.75	85
	腐败希瓦氏菌	醌	—	0.04	3.2×10^{-4}
	屎肠球菌	—	绿脓菌素	—	3.98
	铜绿假单胞菌	绿脓菌素,吩嗪-1-甲酰胺	—	0.1	2.67
	欧文氏菌	—	Fe(Ⅲ)CyDAT	0.70	0.22
	脱硫弧菌	S^{2-}	—	1.98	—
	大肠杆菌	氢酶	中性红	0.33	1.2

8.3.1.2 微生物驯化

MFC 研究中的微生物菌种大多为单一菌种，直接来自于微生物菌种库，而近年来的研究表明，直接用来自天然厌氧环境的混合菌接种电池，可以使电流输出成倍增加，且在阳极表面富集了优势微生物菌属。因此，探讨微生物的驯化过程、底物性质与电池性能关系以及优势微生物鉴定是近年来 MFC 研究的热点。

目前，微生物驯化过程的常规做法是：在厌氧条件下，直接用天然厌氧环境中的污泥、污水或污水处理厂的活性污泥接种 MFC，将外电路连通后观察 MFC 各种性能的变化，定期更换培养液直到 MFC 性能稳定。

8.3.1.3 微生物代谢

为了衡量微生物的发电能力，控制微生物电子和质子流的代谢途径必须要确定下来。除去底物的影响之外，阳极电势高低决定了微生物代谢的途径。而阳极电势的高低可以通过调节外电阻，控制溶液中氧气、硝酸盐、硫酸盐和其他电子受体的浓度来控制。因此，目前报道过的 MFC 中的生物从好氧型、兼性厌氧型到严格厌氧型都有分布。

当阳极电势较高时，微生物利用呼吸链进行代谢，电子和质子通过 NADH 脱氢酶、辅酶 Q 和细胞色素进行传递。MFC 中产生的电流能够被多种电子呼吸链的抑制剂所阻断。常见的实例包括铜绿假单胞菌、微肠球菌以及铁还原红螺菌。

当阳极电势下降，且溶液中没有硝酸盐、硫酸盐和其他的电子受体时，溶液中发生的主要是发酵过程。而像乙酸、丁酸这样的发酵产物则可以在更低的阳极电势下，由地杆菌属微生物代谢，将电子传递到电极。一些已知的主要厌氧或兼性厌氧微生物如梭菌属、产碱杆菌（*Alcaligenes*）、肠球菌（*Enterococcus*）等都已经从 MFC 中分离出来。

8.3.1.4　电子传递

电子从微生物到电极的传递，主要有三种方式：由细胞膜直接传递；通过中间体传递；以上两种传递方式同时存在。

1）细胞膜直接传递电子

对于无需外源中间体的直接 MFC，电子直接从微生物细胞膜传递到电极。在电子传递过程中，作为呼吸链的重要组成部分、位于细胞膜上的细胞色素是实际的电子载体。因此，对于此类 MFC，要提高电池输出功率，关键在于提高细胞膜与电极材料的接触效率。目前被认为直接由细胞膜传递电子的微生物有异化还原铁地杆菌、嗜水气单胞菌、铁还原红螺菌和腐败希瓦氏菌等。

2）由中间体传递电子

中间体传递电子的过程为：处于氧化态的中间体进入细胞内，与呼吸链上的还原产物 NADH 耦合后，转变成还原态的中间体；还原态的中间体被微生物排泄出体外；还原态中间体在电极表面失去电子被氧化。

8.3.2　微生物燃料电池结构及改进

8.3.2.1　主要组成部分

微生物燃料电池主要组成部分包括阳极、阳极池、阴极、阴极池和质子透过材料。表 8.3 列举了各组成部分及其原料组成（Du et al.，2007）。

表 8.3　微生物燃料电池组成

组成成分	原料	标注
阳极	石墨、石墨毡、碳纸、碳布、铂、铂黑、网状玻碳	必需
阴极	石墨、石墨毡、碳纸、碳布、铂、铂黑、网状玻碳	必需
阳极室	玻璃、聚碳酸脂、有机玻璃	必需
阴极室	玻璃、聚碳酸脂、有机玻璃	非必需
质子交换膜	质子交换膜、盐桥、玻璃珠、玻璃纤维和碳纸	必需
电极催化剂	铂、铂黑、MnO_2、Fe^{3+}、聚苯胺、固定在阳极上的电子介体	非必需

目前微生物燃料电池的阳极材料主要是碳，包括石墨和碳纸以及在碳电极表面的修饰金属氧化物（以强化金属还原菌在阳极的富集）三类。从阳极的具体形式上可以将阳极分为平板式和填料型两种。前者的缺点是增大阳极面积必须增加反应器体积，其材质多为碳纸或碳布，也有采用较厚的碳毡作为阳极材料；后者多为石墨颗粒，在相同阳极室体积下可以增加微生物附着的表面积，

从而增大带电密度。阳极应尽可能地为产电微生物提供较大的附着空间，为微生物提供充足的营养，同时还要将微生物产生的电子和质子迅速传输出去。

阴极的主要功能是在催化剂的作用下将电子传递给电子受体完成还原半反应。阴极通常采用碳布或碳纸为基材，将催化剂喷涂或采用丝网印刷技术附着在阴极上，催化剂可以降低阴极反应的活化能，加快反应速率。目前采用的阴极催化剂主要为碳载铂，此外四甲基苯卟啉钴和酞菁亚铁也能起到很好的催化效果。电子受体的种类也是影响阴极反应的重要因素之一，目前最常用的电子受体为 O_2。此外，高价金属氧化物如 Fe^{3+} 和 MnO_2 也可以作为电子受体，并能显著提高生物燃料电池的性能。赵庆良等（2006）研究发现高锰酸钾作为生物燃料电池阴极电子受体时电池的开路电压和输出功率均优于铁氰化钾、过氧化氢和重铬酸钾。将高锰酸钾用于生物燃料电池从有机废水中发电不但可以极大提高系统的功率输出，还具有十分显著的经济和环境效益。直接用空气作为氧化剂的 MFC 由于简化了电池的结构，在近几年得到了较大发展。

阳极室和阴极室需要进行物理分隔，否则阴极室的溶解氧会直接进入阳极室，使阳极上微生物的产电效率大大降低，同时阳极室中的微生物可能在阴极上大量生长，对阴极催化剂的性能造成较大影响。目前采用的分隔材料有质子膜、盐桥、玻璃珠、玻璃纤维和碳纸等，其中，盐桥、玻璃珠和玻璃纤维等分隔方式因大幅提高电池内阻，降低了 MFC 的产电特性，逐渐不被采用。直接采用疏水型碳纸虽然不会提高电池内阻，但氧气向阳极的渗透问题不容忽视。质子膜是一种选择透过性膜，具有良好的质子传导性，同时能够阻止阴极室中的氧气向阳极室传递，保证阳极室维持缺氧状态，故其使用较为广泛。工业成品质子交换膜主要是杜邦的 Nation 系列和 Ultrex 品牌，Nation 膜易受 NH_4^+ 等离子的污染，目前使用效果较好的是 Ultrex 的阳离子交换膜。但是 Logan 和 Liu 等认为没有质子交换膜的 MFC 反应器反而运行效果更好。他们认为质子交换膜会增加系统的内阻而降低反应器的产电效率。当然，无膜 MFC 反应器也有其自身的问题：氧气向阳极的扩散加剧，影响到阳极室内厌氧菌的正常生长；阴极催化剂直接与污水接触，中毒加快，影响 MFC 的稳定运行（黄霞等，2007）。

8.3.2.2 传统两室 MFC 系统

传统的 MFC 为两室系统，即阳极室和阴极室，中间被质子透过材料分隔（图 8.2，图 8.3）（Du et al.，2007）。阳极室含有细菌，必须密封以防氧气进入，并不断通 N_2 以确保厌氧环境。阴极室内阴极浸没在电解质中，供氧的形式有两种：直接曝气或通入饱和溶解氧电解质。用铁氰化物代替溶解氧作为电子受体，最大输出功率可以提高 50%～80%。但必须不断补充该电解质，成本负担高。工作时，向阴极通入氧化剂，阳极通入底物（如葡萄糖）。底物在阳极池内被微生物催化，形成的富电子物质经介体作用，电子被转移到电极上并形成电子流。在阴极池中，氧化剂从阴极上得到电子而被还原，通过一个已知阻抗的负载可以测出电池的放电强度。该系统操作方便，阴阳两室可以通入独立的电解液，但产电量不高，而且要向其中通气，能量消耗大，体积大，操作复杂。寻找操作简单、成本低的电池是微生物燃料电池的发展方向。

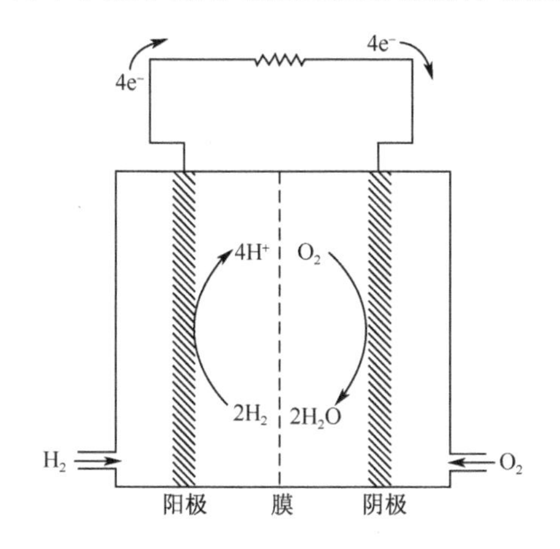

图 8.2 传统两室 MFC 结构示意图

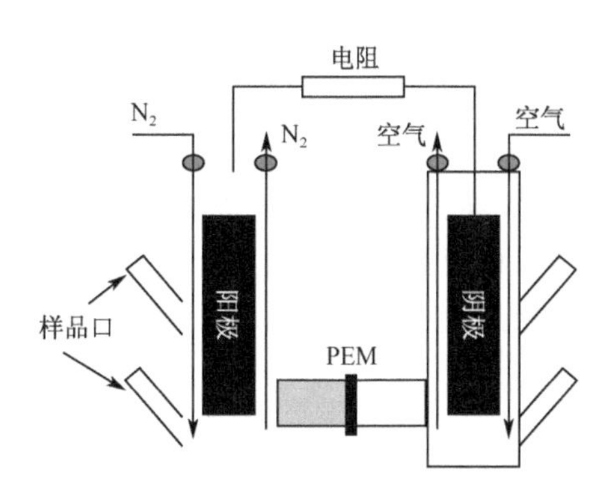

图 8.3 基本的氢-氧燃料电池简图

根据两室 MFC 的原理，科学家们实践了以大肠杆菌为催化剂的燃料电池，如图 8.4 和图 8.5 所示，采用氢氧型大肠杆菌的燃料电池可连续 10 天以上提供 0.6～1A 电流，端电压 2.2V。采用固定化大肠杆菌的燃料电池两周可提供 1～1.2mA 电流。

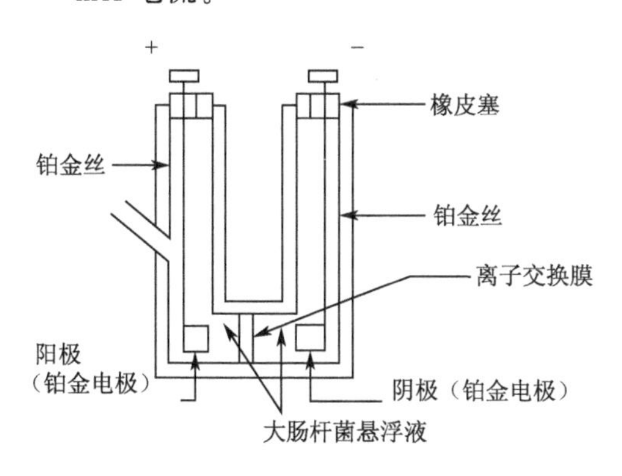

图 8.4 氢氧型大肠杆菌电池装置

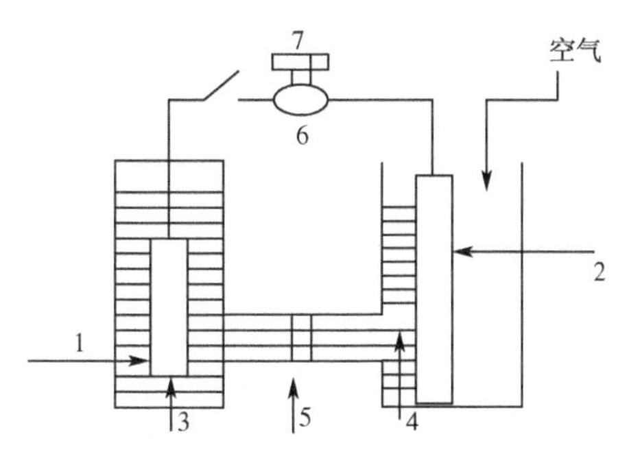

图 8.5 固定化大肠杆菌电池

1. 固定化大肠杆菌电极（阳极）；2. 碳电极（阴极）；3. 葡萄糖液；4. 磷酸缓冲液；5. 隔膜；6. 电流计；7. 记录仪

8.3.2.3　改进的两室 MFC 系统

改进的两室 MFC 系统包括上流式 MFC、平板式 MFC 和微型 MFC 三种。

上流式 MFC（upflow microbial fuel cell，UMFC）由两个直径为 6cm 的圆柱形有机玻璃管连接而成，上端为阴极室，高 9cm，阳极室高 20cm，两室之间由质子交换膜（PEM）隔开（水平 15°安装）。阴极和阳极均采用网状玻璃碳电极，阳极孔比阴极孔大一些以防堵塞（图 8.6A）。利用该系统可得到最大输出功率密度为 170mW/m^2，电流密度为 516mA/m^2。将 UMFC 进行改造可形成内置阴极 UMFC（图 8.6B）。“U”形阴极室由两条 PEM 管胶黏而成，置于阳极室内。阳极为石墨棒电极，阴极为碳纸纤维电极。阴极室和阳极室都充满颗粒活性炭。Cu 导线将石墨棒电极和碳纸纤维电极连成一个外电路。上流式 MFC 的优点是可以使缓冲液与菌充分混合，从而可以提高产电量，因其可以适用于工业化大规模生产，因此，更适合于进行污水处理发电（Min and Logan，2004）。

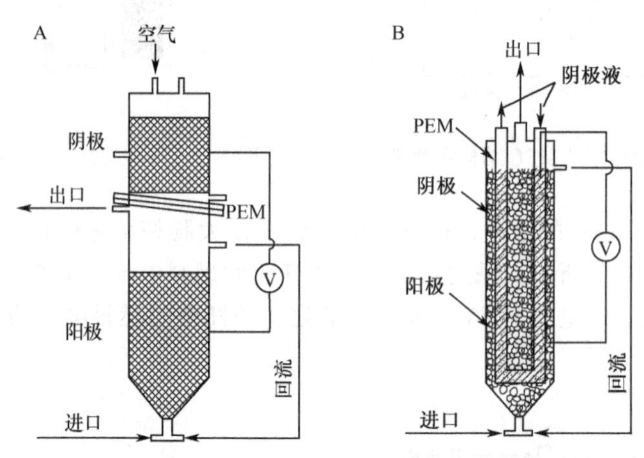

图 8.6　上流式 MFC 结构示意图

Min 和 Logan 设计了一个平板式 MFC（flat plate microbial fuel cell，FPM-FC），结构如图 8.7 所示（Du et al.，2007；Min and Logan，2004）。该 MFC 系统包含两个用旋钮拧紧在一起的聚碳酸酯绝缘板，其含有一个将阴极室和阳极室平分的渠道。每块板钻削成 0.7cm 宽、0.4cm 深的长方形渠道，两板用一个橡胶垫密封，并由一些塑料旋钮拧紧。阳极为 10cm × 10cm 的多孔碳纸电极，阴极为含 0.5mg/cm^2 Pt 的碳纸电极。PEM 与阴极黏合后置于阳极上，形成 PEM/电极的三文治形式置于两板中间。用该系统处理生活污水可产生的功率密度为 (72±1)mW/m^2。平板式 MFC 的优点在于：与污水处理工艺相匹配，连续进、出水以进行发电，无需搅拌，降低了运行成本。

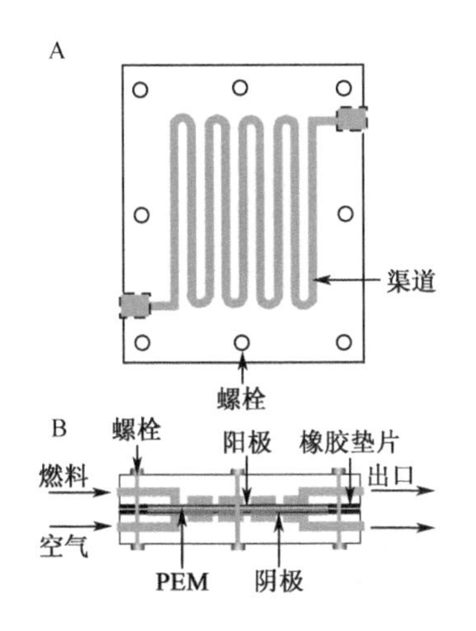

图 8.7 平板式 MFC 结构示意图
A. 截面图；B. 侧面图

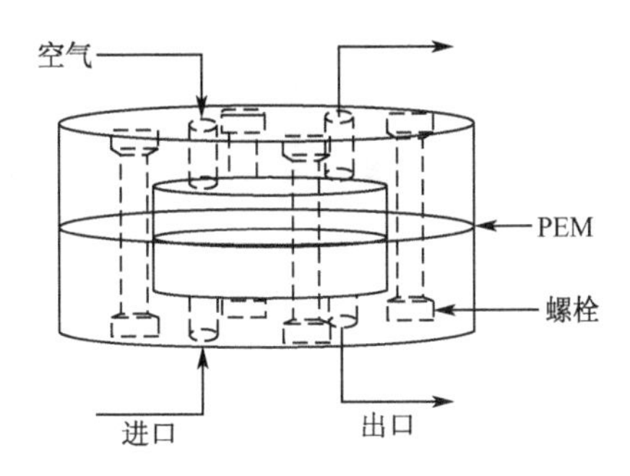

图 8.8 微型 MFC 结构示意图

Ringeisen 设计的微型 MFC（miniature microbial fuel cell，mini-MFC）直径只有 2cm，采用折叠的三维电极，可以增大电极表面积（36～610cm^2），阴阳极反应室体积均为 1.2cm^3，从而使其具有一个很高的比表面积（30～510cm^2/cm^3）。其电极用网状玻璃碳（reticulated vitreous calbon，RVC）电极或石墨编织带（graphite felt，GF）连接，175μm 厚的 PEM 用于阴阳极之间。由于该系统阴阳极室几乎黏在一起，可以减小两者之间的距离从而使质子可以最大限度地通过 PEM，比传统的两室 MFC 具有更高的电子传递效率。该装置由于其体积小而产电量高，有望作为传感器用于军事、国土安全及医学领域，如图 8.8 所示（Ringeisen et al.，2006）。

8.3.2.4 单室 MFC

单室 MFC（single chamber microbial fuel cell，SCMFC）可以省略阴极室而将阴极直接与 PEM 黏合后面向空气放入阳极室构成阳极室的一壁，而且不需要曝气，空气中的 O_2 直接传递给阴极，不仅增大了反应器容积、提高产电量，而且可以节省专门通气的能耗。目前报道的几种单室 MFC 结构示意图如图 8.9 所示（Du et al.，2007；Park and Zeikus，2003；Liu and Logan，2004；Rabaey et al.，2005；Liu et al.，2004）。

祝学远等（2007）研制了新型微生物燃料电池的阴极透气极板（普通石墨电极中掺入硫酸铁作为电极催化剂），并将双室无介体微生物燃料电池改造成单室，将阴极室去除，只留阴极电极暴露在空气中，阴极与质子交换膜之间用真空垫保持密封，该单室无介体微生物燃料电池系统中阴极板中添加铁离子，通过铁离子

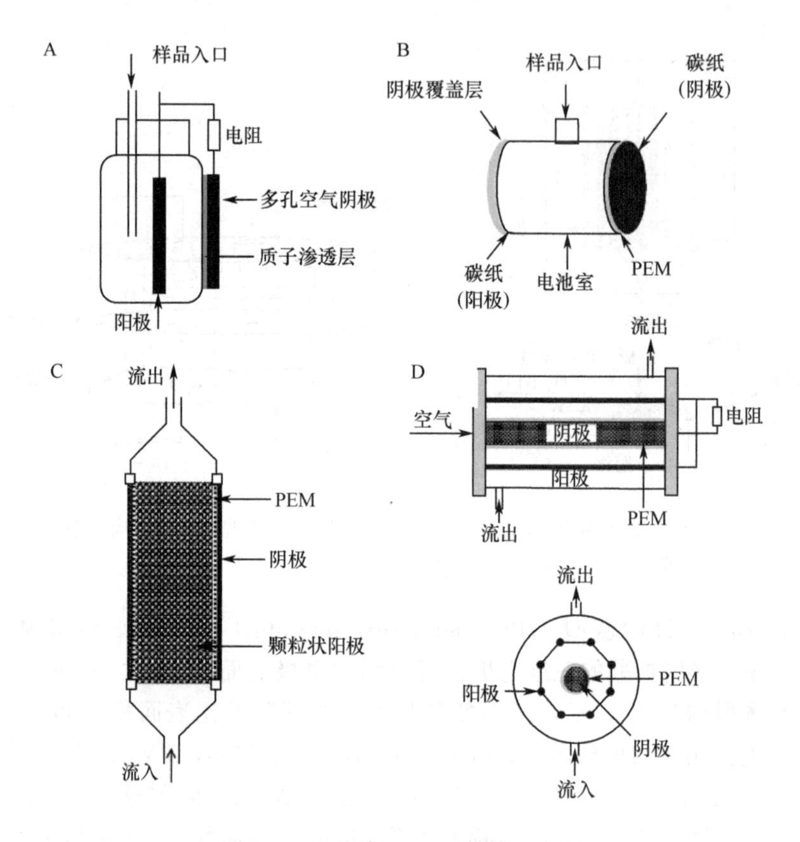

图 8.9 几种单室 MFC 结构示意图

在二价和三价之间的循环转化，提高了电子的传递速率，加快了质子和氧气的反应，电池的输出功率达到 14.58mW/m^2。

8.3.2.5 “三合一”MFC

影响微生物燃料电池产电量的一个重要的因素是两电极间的内电阻。针对这个问题，“三合一”微生物燃料电池便应运而生（曹效鑫等，2006)。“三合一”MFC 中将阴极、阳极、PEM 三者热压在一起，这样缩短了电极之间的距离，从而降低电阻而提高输出功率。其结构就是将热压在一起的阴极、阳极和膜置于阳极室中。曹效鑫等（2006）设计了一种将阳极、质子交换膜和阴极热压在一起的“三合一”膜电极形式的微生物燃料电池（图 8.10)，该电池在稳定运行条件下的电池内阻为 10～30Ω，远低于现有报道的其他形式的微生物燃料电池的内阻，最大输出功率为 300mW/m^2，库仑效率约为 50%。

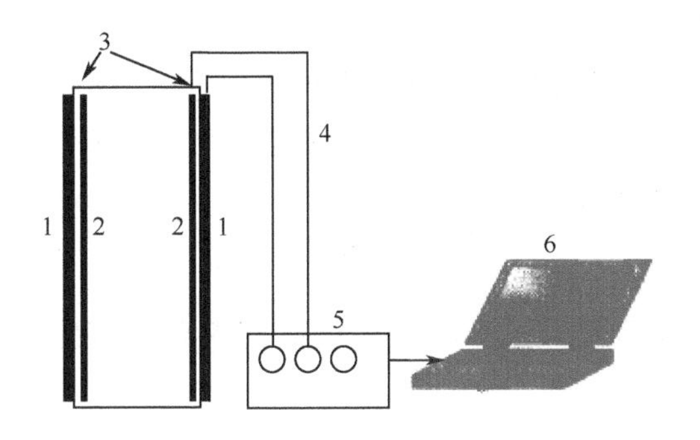

图 8.10　“三合一” MFC 系统结构示意图

1. 阴极；2. 阳极和阳极室；3. 质子交换膜；4. 导线；5. 电阻箱；6. 数据采集系统

8.3.2.6　多级串联 MFC

单个燃料电池产生的电量非常小，所以有些研究人员尝试将多个独立的燃料电池串联起来提高产电量。Aelterman 等用 6 个 MFC 单元连接起来用铁酸盐作为阴极，可输出的最大平均功率为 258W/m^3。该系统由 12 个相同的塑胶架组成，每个 MFC 单元的阳极和阴极之间都有一个坚固的质子交换膜。阴极和阳极都采用的是石墨颗粒电极，并由石墨棒连成外电路（图 8.11）（Aelterman et al.，2006）。

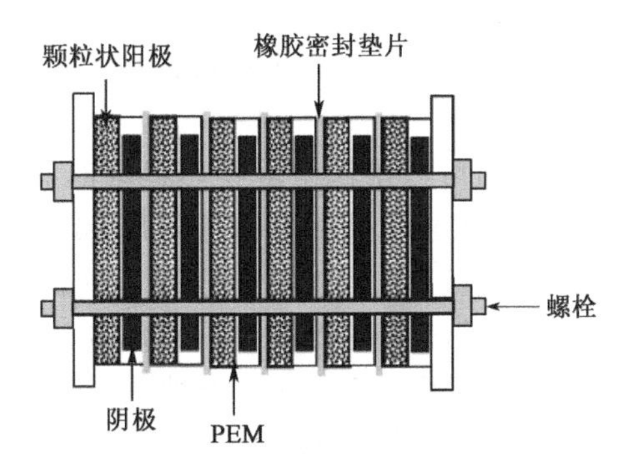

图 8.11　多级串联 MFC 结构示意图

8.3.3　有介体的微生物燃料电池

在微生物燃料电池利用有机物产生电能的整个过程中，起决定作用的是电子在阳极区的传递。在微生物细胞内，有机物氧化后脱下的电子经 NADH 脱氢酶、辅酶 Q、泛醌、细胞色素等呼吸链组成成分进行传递。由于该过程中产生的还原性物质被微生物的膜与外界隔离，从而导致微生物与电极之间的电子传递通道受阻，因此需要采用合适的中间介体有效地促进电子传递。图 8.12 为有介体微生物燃料电池的工作原理示意图，底物在微生物的作用下被氧化，电子通过介体的氧化还原态的转变从而将电子转移到电极上（Chen and Su，2007）。

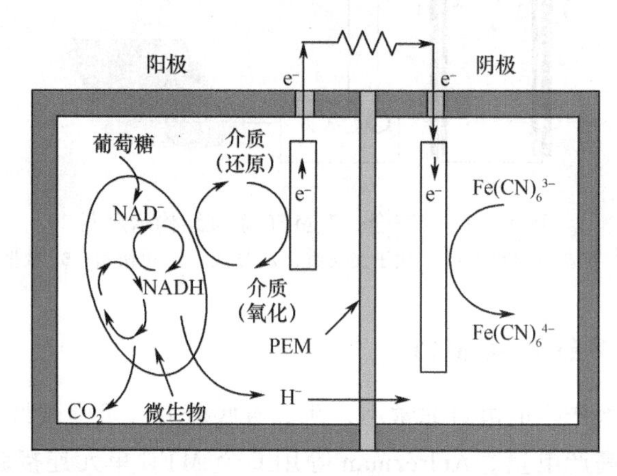

图 8.12 有介体微生物燃料电池工作原理

合适的电子传递中间介体应具备如下条件：①容易与生物催化剂及电极发生可逆的氧化还原反应；②氧化态和还原态都较稳定，不会因长时间氧化还原循环而被分解；③介体的氧化还原电对有较大的负电势，使电池两极有较大电压；④有适当极性以保证能溶于水且易通过微生物膜或被酶吸附；⑤对微生物无毒，且不能被微生物利用。

一些有机物和金属有机物可以用作微生物燃料电池的电子传递中间体，其中，较为典型的有亚甲基蓝（MB）、麦尔多拉蓝（MelB）、中性红（NR）、硫堇类（TH＋）、2-羟基-1,4-萘醌（HNQ）、吩嗪类和 Fe（Ⅲ）EDTA 等。

介体的还原速率直接影响信号传输效率，同种介体对不同的微生物表现出还原速率上的差异，说明介体对微生物有一定选择性，尽管还弄不清原因，但可以想象介体与微生物的适配机理比介体与酶分子之间的适配要复杂得多。例如，用四氰基对醌基二甲烷（TCNQ）或聚甲基紫精（polyviologen）作介体，基于脱硫弧菌制作的微生物电池效果较佳。Delaney 等用亚甲基蓝等 14 种介体及大肠杆菌等 7 种微生物，以葡萄糖或蔗糖为原料测量了介体被细胞还原的速率与细胞的呼吸速率，结果发现介体的使用明显改善了电池的电流输出曲线，其中硫堇-普通变形杆菌-葡萄糖组合的性能最佳，库仑产率（实际电流量与燃料消耗所算得的理论电流量之比）最高达到了 62%。Lithgow 等经比较后发现，在用大肠杆菌构建的微生物燃料电池中，TH＋、DST-1、DST-2 促进电子传递作用比环己烷-1,2-二胺-*N*，*N*，*N*，*N*，四乙酸铁（FeCyDTA）好。通过比较发现介体分子亲水性基团越多，生物电池的输出功率越大。其原因可能是在介体分子中引入亲水性基团，能够增加介体的水溶性，从而减小介体分子穿过细胞膜时的阻力。

为了提高介体的氧化还原反应的速率，可以将两种介体适当混合使用，以期达到更佳的效果。例如，对从阳极液由 *E. coli* 氧化葡萄糖至阴极之间的电子传递，当以硫堇和 Fe(Ⅲ)EDTA 混合用做介体时，其效果明显地要比单独使用其中的任何一种好得多。尽管两种介体都能够被 *E. coli* 还原，且硫堇还原的速率大约是 Fe(Ⅲ)EDTA 的 100 倍，但还原态硫堇的电化学氧化却比 Fe(Ⅱ)EDTA 的氧化慢得多。所以，在含有 *E. coli* 的电池操作系统中，利用硫堇氧化葡萄糖（接受电子），而还原态的硫堇又被 Fe(Ⅲ)EDTA 迅速氧化，最后，还原态的螯合物 Fe(Ⅱ)EDTA 通过 Fe(Ⅲ)EDTA/Fe(Ⅱ)EDTA 电极反应将电子传递给阳极。类似的还有用芽孢杆菌（*Bacillus*）氧化葡萄糖，以甲基紫精（methyl viologen，MV^{2+}）和 2-羟基-1,4 萘醌（2-hydroxy-1,4-naphthoquinone）或 Fe(Ⅲ)EDTA 做介体的生物燃料电池。

腐败希瓦氏菌和铜绿假单胞菌等许多微生物生成的易获得电子的介体物质（次级代谢物）影响着电池的性能，尤其是影响电子的细胞外传递。若这些菌种中负责介体生成的基因失活或钝化，就会造成这类电池电流下降。另一些微生物则是通过产生的可氧化代谢物（初级代谢物，如 H_2、H_2S 等）作为氧化还原介体。Harbermann 和 Pommer 就设计了利用普通变形杆菌、*E. coli*、铜绿假单胞菌和脱硫弧菌所生成硫化物作为介体的燃料电池。该系统未经任何维护连续运行 5 年，其电池的生化反应（$\langle CH_2O \rangle$代表有机燃料）如下：

阳极：

$$2\langle CH_2O \rangle + 2H_2O \longrightarrow 2CO_2 + 8H^+ + 8e^-$$

$$SO_4^{2-} + 8H^+ + 8e^- \longrightarrow S^{2-} + 4H_2O$$

$$S^{2-} + 4H_2O \longrightarrow SO_4^{2-} + 8H^+ + 8e^-$$

$$\text{或 } 8/3S^{2-} + 4H_2O \longrightarrow 4/3S_2O_3^{2-} + 8H^+ + 8e^-$$

阴极：

$$2O_2 + 8H^+ + 8e^- \longrightarrow 4H_2O$$

Verstraete 教授等在 MFC 特有的环境条件下通过批式运行，成功富集和筛选出能自身分泌电子介体的细菌，以葡萄糖为基质获得了至今单个 MFC 瞬时最大电流输出功率 $4310mW/m^2$。此后，从 MFC 中分离出铜绿假单胞菌菌株 KRP1，该菌是通过绿脓菌素（pyocyanin）和吩嗪化合物实现电子传递的，阳极促进了绿脓菌素的产生。绿脓菌素不但可以被铜绿假单胞菌利用进行电子传递，也可以被其他菌利用来强化电子传递。

此外，还原速率还与细胞浓度有关，对于特定的介体的微生物，随微生物细胞生长速率的变化，还原速率在20%以内波动。

微生物细胞在多种营养底物存在下可以更好地繁殖、生长。研究结果证明，通过几种营养物质的混合使用能够提供更高的电流输出，故有人指出，改变碳的来源使微生物产生不同的代谢有可能使微生物燃料电池达到更大的功率。

利用光能微生物产生电能也是微生物燃料电池发展的一个方向。Tanaka 等将能够进行光合作用的蓝绿藻用于生物燃料电池，介体为 HNQ。Karube 和 Suzuki 用深红红螺菌（*Rhodospirillum rubrum*）发酵产生氢，再提供给燃料电池。除光能的利用外，更引人注目的是他们用的培养液是含有己酸、丁酸等有机酸的污水。发酵产生氢气的速率为 19～31mL/min，燃料电池输出电压为 0.2～0.35V，并可以在 0.5～0.6A 的电流强度下连续工作 6h。通过比较进出料液中有机酸含量的变化，他们认为氢气的来源可能是这些有机酸。

8.3.4 无介体的微生物燃料电池

常用介体价格昂贵，需定期更换，且对微生物有毒害作用，这在很大程度上阻碍了微生物燃料电池的商业化进程。近年来，人们陆续发现几种特殊的细菌可以在无电子传递中间体存在的条件下，直接将电子传递给电极，在闭合回路下产生电流，该类电池称为无介体微生物燃料电池或直接微生物燃料电池。另外，从废水或海底沉积物中富集的微生物群落也可用于构建直接微生物燃料电池。图 8.13 比较了有无介体微生物燃料电池的异同。无介体微生物燃料电池的出现大大推动了燃料电池的商业化进展。

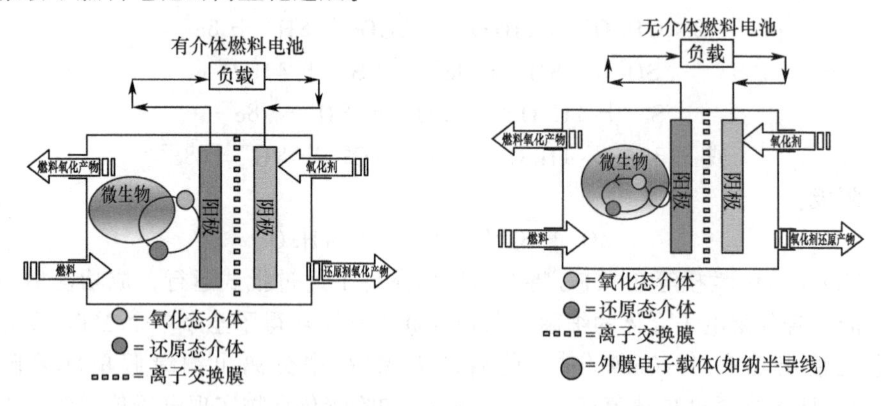

图 8.13 无介体微生物燃料电池与有介体微生物燃料电池比较

8.3.4.1 微生物类群

表 8.4 总结了文献报道的可以在无介体情况下将电子传递给电极的产电微生物种类（黄霞等，2007）。

表 8.4 无介体微生物燃料电池研究中的主要微生物举例

微生物	底物	电流密度/(mA/m^2)	功率密度/(W/m^2)	电子回收率/%
乙酸氧化脱硫单胞菌(*Desulfuromonas acetoxidans*)	乙酸	—	14	82
拜氏梭菌(*Clostridium beijerincki*)	葡萄糖	44	—	0.04
腐败希瓦氏菌(*Shewanella putrefaciens*)	乳酸盐、丙酮酸盐、甲酸盐	8	0.32	9
异化还原铁地杆菌(*Geobacter metallireducens*)	安息香酸盐	—	—	84
铁还原红螺菌(*Rhodoferax ferrireducens*)	葡萄糖	31	17	83
硫还原地杆菌(*Geobacter sulfurreducens*)	乙酸盐	65	13	95
菌群 1	葡萄糖	—	3600	—
活性污泥	废水	—	26	—
菌群 2	乙酸	73	305	—

产电微生物来源较为广泛，有海底底泥、河流底泥以及厌氧颗粒污泥、土壤等。产电微生物的种类也相当分散，其种类大致来自于细菌域的三个分支：变形菌门、酸杆菌门和厚壁菌门。目前比较高效的产电微生物主要集中于固体金属氧化物还原菌，它们属于变形菌，革兰氏阴性，这部分细菌的自然生长条件与微生物燃料电池的条件类似，电子传递方式也有共通之处，可以推断有更多的微生物可以利用电极作为电子受体，是潜在的产电微生物。

泥细菌属（*Geobacter*）是非常重要的一类产电微生物。将石墨电极或铂电极插入厌氧海水沉积物中，与之相连的电极插入溶解有氧气的水中，就有持续的电流产生，在上述电池反应中电极作为地杆菌科（Geobacteraceae）细菌的最终电子受体。目前发现，能够以电极作为唯一电子受体的泥细菌包括：硫还原地杆菌，异化还原铁地杆菌和嗜冷地杆菌（*G. psychrophilus*）等。由于硫还原地杆菌的全基因组序列的测序已经完成，有很好的遗传背景，所以基本都是以硫还原地杆菌为模式菌进行 MFC 的研究。

腐败希瓦氏菌由于其呼吸类型的多样性而得到广泛研究。韩国科学家 Kim 的研究首次发现了腐败希瓦氏菌在无需氧化还原介质条件下，能够氧化乳酸盐产生电，从而可以设计出无介质的高性能微生物燃料电池。2002 年，他们采用循环伏安法来研究 *S. putrefaciens* MR-1、IR-1 和 SR-21 的电化学活性，并分别以这几种细菌为催化剂，乳酸盐为燃料组装微生物燃料电池，发现不用氧化还原介体，直接加入燃料后，几个电池的电势都有明显提高。其中 *S. putrefaciem* IR-1 的电势最大，可达 0.5V。当负载 1kΩ 的电阻时，它有最大电流，约为 0.04mA。

马萨诸塞州大学的研究人员发现铁还原红螺菌能够代谢糖类转化为电能，且转化效率高达 80%以上，第一次实现了利用纯培养单一微生物转化糖类为电能。该菌无需催化剂就可将电子直接转移到电极上，相比其他微生物燃料电池，铁还原红螺菌电池最重要的优势就是它将糖类物质转化为电能，它可以完全氧化葡萄糖，这样就大大推动了微生物燃料电池的实际应用进程。进一步研究表明，这种电池作为蓄电池具有很多优点：①放电后补充底物可恢复至原来水平；②充放电循环中几乎无能量损失；③充电迅速；④电池性能长时间稳定。

除此之外，脱硫球茎菌科（Desulfobulbulbaceae）菌种也是一类重要的产电微生物，其中研究最多的是丙酸脱硫葱球菌（*Desulfobulbus propionicus*）。脱硫球茎菌科细菌能够利用电极作为唯一电子受体氧化 S^0 成为 SO_4^{2-} 获得能量。嗜水气单胞菌能够利用酵母抽提物作为燃料产生电流，但不能氧化乙酸盐产电。丁酸梭菌、粪产杆菌、鹑鸡肠球菌、铜绿假单胞菌、乙酸氧化脱硫单胞菌、*Geopsychrobacter electrodiphilus* 等都是重要的可用于无介体微生物燃料电池的菌种。

混合菌是目前无介体微生物燃料电池研究中最常用的接种形式，这种接种方法对于初级产电微生物的筛选十分重要。相对于纯菌，混合菌抗环境冲击能力强、可利用基质范围广，对微生物燃料电池的工程实用化有较大的优势。研究者们利用生活污水、厌氧颗粒污泥、消化污泥以及牛胃液接种微生物燃料电池都出现了产电现象，说明接种源中存在直接产电的微生物，但究竟何种微生物起关键产电作用并不清楚。此外，接种源不同，富集得到的微生物往往有较大差别。

8.3.4.2 电子传递机理

目前无介体微生物燃料电池电子的传递机理有以下两种类型（黄霞等，2007）：

第一种是细胞通过其细胞膜外侧的细胞色素 c 将呼吸链中的电子直接传递到阳极，如异化还原铁地杆菌、嗜水气单胞菌、铁还原红螺菌和腐败希瓦氏菌等。

第二种是细菌通过其纳米级的纤毛或菌毛实现电子传递，如硫还原地杆菌就是通过其纤毛将电子传递到固体的三价铁氧化物，固体铁氧化物的存在是细菌生长纤毛并向之移动的诱导因子，该菌毛或纤毛称为纳米电线（nanowire）。微生物纳米电线可以在电子产业的纳米技术领域得到新的应用，电子设备的进一步微化就需要这种纳米线路。

8.3.5 微生物燃料电池的影响因素

目前，主要以输出功率作为衡量微生物燃料电池性能优劣的重要标准。输出功率的大小主要取决于电子在微生物和电极之间的转移效率、电极表面积、电解液（阳极液和阴极液以及PEM）的电阻和阴极区的反应动力学等因素。这可归为三类：①动力学因素，阳极和阴极反应活化能的因素；②内阻的因素，主要来自电解液的离子阻力，电极与接触物质产生的电阻，以及PEM所产生的内电阻；③传递因素，反应物到微生物活性位的传质阻力和阴极区电子最终受体的扩散（关毅和张鑫，2007）。

8.3.5.1 动力学因素

微生物燃料电池来自动力学制约的主要表现是活化电势较高，致使在阳极或者阴极上的表面反应速率较低，难以获得较高的输出功率。因此，这是研究的关注点之一。

在电池阳极区，解决动力学制约的途径包括：①选择产电效率高的菌种；②选择适合的不同菌种进行复合培养，使之在电池中建立这种所谓的共生互利关系，以获得较高的输出功率；③增大阳极的表面积。

在电池阴极区，电子最终受体在电极上的还原速率也是决定电池输出功率的重要因素。研究表明，采用镀铂或者经铂修饰后的石墨电极具有较高的催化活性，能明显降低活化电势。另外，不锈钢电极负载海水生物膜，利用改性Nation膜在电极上固定胆红素氧化酶和介体，均能够促进阴极反应。

8.3.5.2 内阻因素

内电阻的微降会显著地提高输出功率，这说明内电阻在提高电池的输出功率方面具有重要作用。电阻主要表现为具有较高的欧姆超电势。欧姆超电势来源于电子流和质子流的直接传质阻力，该阻力主要是由于电极与接触物质间存在着接触电阻，电解液与PEM膜对质子构成的阻力。因此，对电极和膜合理设计，或者选用性能更好的交换膜是减少传质阻力的有效方法。

(1) PEM对内阻的影响。若PEM面积小于电极面积，会增加电池的内阻，从而限制电池的输出功率；如果PEM表面积足够大，PEM对功率的影响可以忽略不计，即PEM对内阻的影响接近为零。Liu等设计的膜固定于阴极的微生物燃料电池，在连续处理污水的过程中得到了26mW/m^{2}的输出功率；而他们设计的无PEM系统，内电阻被降低后，也得到了146mW/m^{2}的最大输出功率。

(2) PEM和电极的空间距离对内阻的影响。阳极和阴极越接近对内阻降低越有利。Min等研制了一种平板系统，将阳极和阴极分别固定在PEM的两侧，在处理连续流污水的过程中，能获得76mW/m^{2}的输出功率。虽没有达到无PEM电池的输出功率，但证明电极的空间位置和有无PEM都是影响输出功率的重要因素。

(3) 电极间距离和电极表面积对系统内电阻的影响。电极间的距离越大，系统内电阻也越大。Zhen设计了上流式微生物燃料电池，使用了与Rabaeyt相同的PEM和电极材料，但其电池的内电阻却是后者的27倍，主要是因为两个电极间距离较远，使质子在电解液中传递时遇到的阻力变大。另外，阴极表面积和电极溶液的离子强度也是影响电池内阻的重要因素。Logan等通过向培养基中添加KCl，来增加培养基的离子强度以增强溶液的导电性，从而提高输出功率。

由于阳极直接参与微生物催化的燃料氧化反应，而且吸附在电极上的微生物对产电的多少起主要作用，所以阳极电极材料的改进以及表面积的增大有利于更多的微生物吸附到电极上，通过把电极材料换成多孔性的物质，如石墨毡、泡沫状物质、活性炭等，或者在阳极上加入聚阴离子或铁、锰元素，都能使电池更高效地进行工作。

8.3.5.3 传递因素

反应物到微生物活性位间的传质阻力和阴极区电子最终受体的扩散速率是电子传递过程中的主要制约因素。虽然氧作为阴极反应的电子受体时，具有易于获得、反应的最终产物为水和不存在后处理的优势，但其最大的问题就是在水中的溶解度较低，传质速率较小，影响着阴极反应速率。所以研究中通常采用铁氰酸盐来作为最终电子受体，以获得更大的输出功率和电流。另外，设计空气阴极微生物燃料电池是解决传递问题的有效途径，也是今后的重要发展方向。

此外，反应器搅拌情况、微生物的最大生长率、微生物对底物的亲和力、生物量负荷、操作温度和pH均对微生物燃料电池内的物质传递有影响。

8.4 酶生物燃料电池

由于微生物燃料电池中使用的生物催化剂不是微生物细胞而是其中的酶，而且微生物细胞与介体的共同固定较之氧化还原酶与介体的共同固定更加困难，因此，相对而言，直接使用酶修饰电极的生物燃料电池发展较快。能够在酶燃料电池中作为催化剂的酶主要是脱氢酶和氧化酶。甲醇和葡萄糖是最常见的两种原料。酶生物燃料电池的优点在于酶催化剂浓度较高并且没有传质壁垒，可产生更高的电流和输出功率；其体积小；生物相容性好；在常温常压和中性溶液环境中工作，可以用多种天然有机物作为燃料，是一种可再生的绿色能源，可用于为植入人体的器官供电。

8.4.1 酶电极固定方法

游离态酶容易失活，一般将酶通过一定的修饰方式固定在碳电极、铂电极或金电极等常规电极上，这可提高酶的有效寿命，增加热稳定性和 pH 稳定性，并提高电极与酶催化反应活性中心之间的电子转移速率。酶电极的固定方法包括共价键连接、分子自组装、聚合物膜固定和包埋法等。

由于葡萄糖氧化酶（EC1.1.3.4，GOx）的辅基 FAD（黄素腺嘌呤二核苷酸）被蛋白质外壳包围，阻碍了电子在酶活性中心和电极导电材料之间的转移，Katz 等先用 FAD 与电极共价键连接，然后将 Apo-GOx（不含辅基的葡萄糖氧化酶）与已经连接在电极上的 FAD 结合，从而实现酶的催化反应活性中心与电极的直接连接，制备过程和结构见图 8.14（Willner et al.，1998）。这种电极通过共价键将 FAD 固定在电极上，再用 Apo-GOx 与 FAD 合成全酶，从而实现了酶与电极导电体之间的连接。

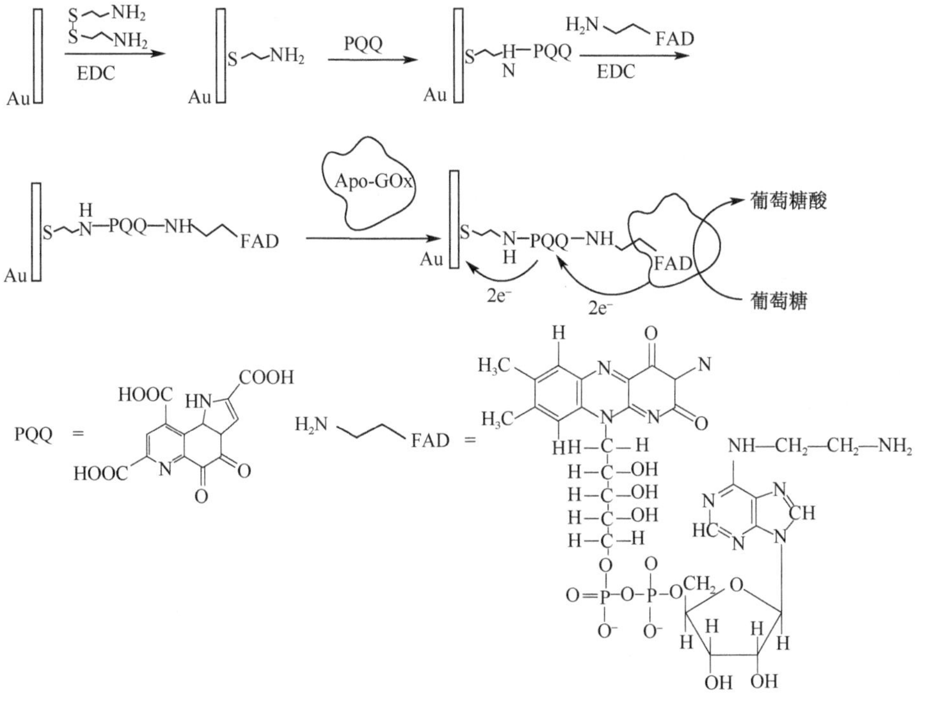

图 8.14 GOx 酶修饰电极构建过程

Bartlett 等采用聚苯胺-聚丙烯酸（Pan-PAA）、聚苯胺-聚丙烯磺酸（Pan-PVS）和聚苯胺-聚苯乙烯磺酸（Pan-PSS）复合膜固定酶。在 pH7 的柠檬酸-磷酸缓冲液中，固定在电极上的 NADH 具有电化学催化能力。将组氨酸与乳酸脱氢酶结合，再将产物固定在 Pan-PAA 和 Pan-PVS 膜上，制成的酶燃料电池电极，在 35℃时的电极电位可以达到 1V（SCE）。

大多数采用包埋法制备的生物传感器电极，使用的聚合物电子转移能力较差。在酶燃料电池的研究中，通过引入氧化还原聚合物包埋酶，利用电子在氧化还原聚合物中的转移能力使电极能够满足酶燃料电池的要求。氧化还原聚合物中的电子转移以三种方式实现：电子在氧化还原活性中心间的跳跃、氧化态和还原态的活性中心的碰撞和作为骨架的聚合物链段的运动。Sato 等用硫辛酰胺脱氢酶与 2-氨基-3-羧基-1,4-萘醌作为酶与介体和聚-L-赖氨酸一同固定在玻碳电极上，利用戊二醛交联，催化 NADH（浓度 10mmol/L，电极电位为−0.25V）。

8.4.2 两极室酶燃料电池

在酶燃料电池中，酶可以与介体一起溶解在底物（燃料）中，也可以固定在电极上。后者由于催化效率高、受环境限制小等优点而具有更广泛的用途。近年来，随着修饰酶电极技术的发展，大多数酶燃料电池研究工作均采用正、负电极均为酶电极的结构。此外，使用固定酶电极的酶燃料电池为了防止两电极间电极反应物与产物的相互干扰，一般将正、负电极用质子交换膜分隔为阴极区和阳极区，即两极室酶燃料电池，这与传统电池阴极/隔膜/阳极的结构相仿。

采用葡萄糖氧化酶的生物燃料电池，以葡萄糖为原料，二茂铁为电子传递介体，工作原理如图 8.15 所示。阳极室进行着酶促葡萄糖氧化反应，产生的电子借助于氧化还原介体由酶传递给阳极，再通过外电路负载 R 到达阴极。在阴极室，当存在质子和适当催化剂的条件下，发生氧化还原反应生成水。阳离子交换膜把阳极室和阴极室分开，并允许阳极室生成的质子通过，进入阴极室与氧发生反应，同时完成了电池内部的电荷传递。

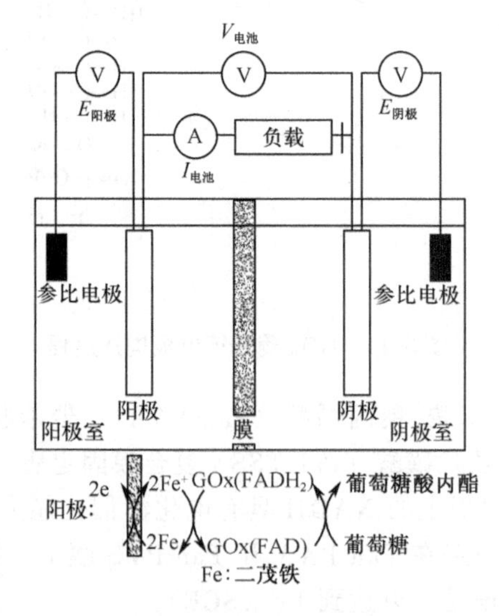

图 8.15 采用葡萄糖氧化酶的生物燃料电池示意图

Willner 等用电子介体修饰的葡萄糖氧化酶电极作为电池的阳极，固定化微过氧化物酶-11（MP-11）电极作阴极，构建了两极室酶燃料电池，其电极的构建和修饰过程见图 8.16（Willner et al.，1998）和图 8.17，燃料电池的基本结构见图 8.18。电池工作时，在 GOx 的辅因子 FAD 的作用下葡萄糖转化为葡萄糖酸内酯并最终转化为葡萄糖酸，产生的电子通过介体转移到电极上，H^+ 透过隔膜扩散到阴极区；在阴极区，H_2O_2 从电极上得到电子，在 MP-11 的作用下与 H^+ 反应，生成 H_2O。反应方程如下：

阳极反应：

$$\beta\text{-D-葡萄糖} \xrightarrow{\text{GOx (FAD/FADH}_2\text{)}} \text{葡萄糖酸内酯} + H^+ + 2e$$

阴极反应：

$$H_2O_2 + 2H^+ + 2e \xrightarrow{\text{MP-11}} 2H_2O$$

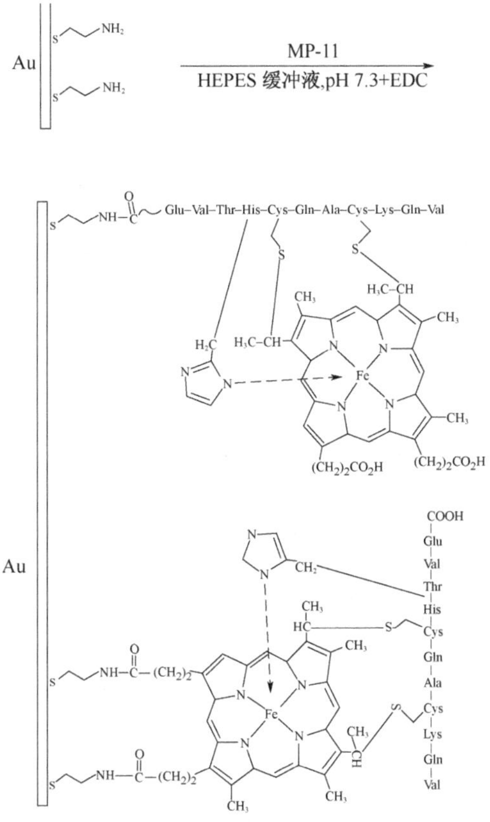

图 8.16 MP-11 固定化电极构建过程

含有 NAD^+（烟酰胺腺嘌呤二核苷酸）的脱氢酶（乙醇脱氢酶或乳酸脱氢

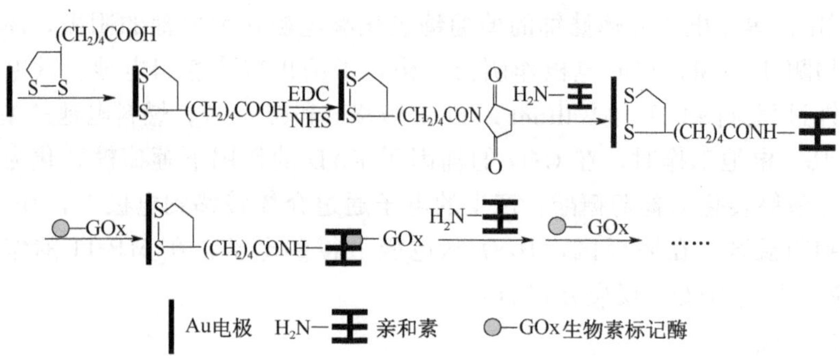

(CH2)4COOH
S—S
(CH2)4COOH
EDC
NHS
(CH2)4CON
H2N—
(CH2)4CONH—
GOx
(CH2)4CONH—
GOx
H2N—
GOx
……
Au电极
H2N—
亲和素
GOx生物素标记酶

图 8.17 酶电极修饰示意图

E阳极vs.SCE
V
Vcell
V
E阴极vs.SCE
V
Icell
A
Rload
变量
SCE
SCE
葡萄糖
H2O2
~PQQ-FAD
GOx
MP
葡萄糖酸
H2O
阳极
阴极
电解液
Rcell
膜

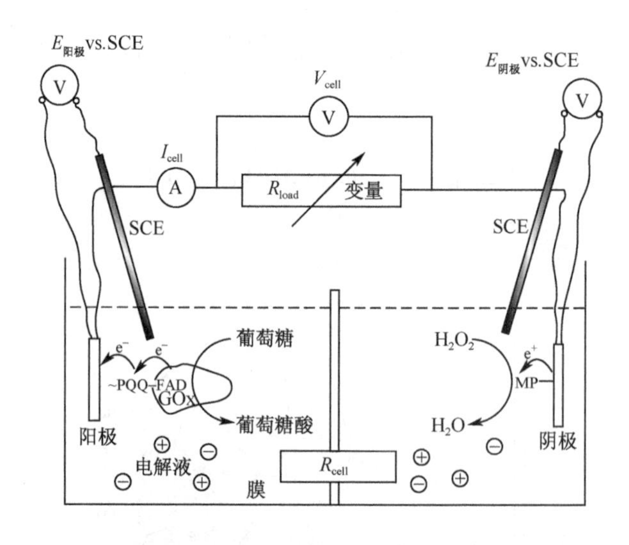

图 8.18 酶生物燃料电池基本结构示意图（Willner et al.，1998）

酶）也可用于修饰酶生物燃料电池的阳极，而辣根过氧化物酶（HRP）、漆酶（laccase）和胆红素氧化酶（BOD）等，可以用作 H_2O_2或 O_2还原的生物催化剂，有可能替代传统燃料电池中的贵金属催化剂铂。根据电极上固定酶数量的不同，可以分为单酶电极和多酶电极。随着在固定化酶电极研究中许多固定化方法和材料的改进以及对酶工程研究的深入，可用于酶生物燃料电池的酶电极类型逐渐增多，电极性能逐步提高。

多酶电极的功能是用固定在同一电极上的多种酶催化连续或同时发生的多个反应。多酶电极扩大了酶燃料电池可使用燃料的范围，提高了输出电流或电压，具有单酶电极难以达到的性能。图 8.19 是一个用于酶燃料电池的多酶电极（Moore et al.，2005）。该电极通过固定化乙醇脱氢酶、乙醛脱氢酶、甲酸脱氢酶的催化作用，使甲醇氧化为甲醛并最终转化为 CO_2。同时在每个步骤中产生的

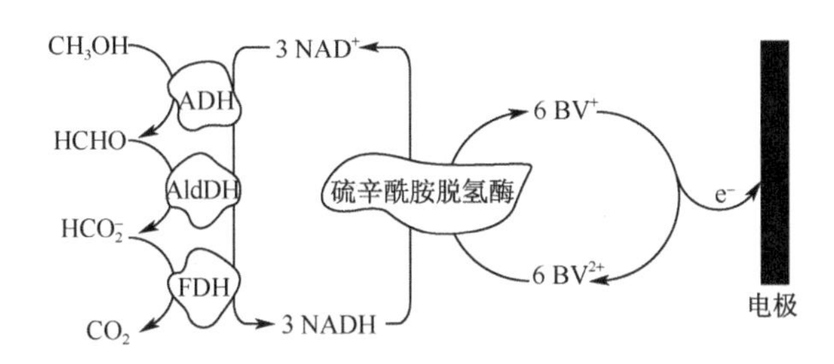

图 8.19 多酶混合电极示意图

NADH 由硫辛酰胺脱氢酶重新生成 NAD^+。用 BV^{2+}/BV^+ 作为硫辛酰胺脱氢酶的电子介体，它与 O_2 阴极组成生物燃料电池，用甲醇为燃料，输出电压为 0.8V，在 0.49V 下的最大功率为 0.68mW/cm^2。此外，Ramanavicius 等制备的酶燃料电池阳极为醌血红素蛋白（QH-ADH），阴极是 GOx 和微过氧化物酶 8（MP-8）多酶电极，可以用多种有机物作燃料：用乙醇作燃料时电池最大开路电压为－125mV；用葡萄糖作燃料，开路电压为＋145mV；用乙醇和葡萄糖混合燃料，最大开路电压为＋270mV。

8.4.3 无隔膜酶燃料电池

虽然两极室的酶燃料电池有很多优点和用途，但在制备微型酶电池时，由于需要隔膜、密封等辅助部件，增加了电池的体积和质量，而且隔膜会增加电池内阻，使电池的输出性能降低。因此近年来人们开始致力于无隔膜酶生物燃料电池研究。

Katz 等设计的一种无隔膜酶燃料电池利用两种溶液形成的液-液界面将阴极和阳极分开，取消了隔膜，从而提高了电池的输出性能（图 8.20）（Katz et al., 1999）。这种酶燃料电池分别以葡萄糖和异丙基苯过氧化物作电池的阳极和阴极的燃料，它们分别溶解于互不相溶的水相和二氯甲烷有机相中，催化电池阴阳两极化学反应的酶分别是固定化的 MP-11 和葡萄糖氧化酶。在此条件下，电池的开路电压可以达到 1V 以上，短路电流密度达到830mA/cm^2，最大输出功率为 520μW。但这种结构的酶燃料电池对阴极和阳极底物溶液具有一定要求，因此使用条件受到限制。由于阴极和阳极分别处于两种不同液体环境中，严格来说它仍然是一个两极室结构的酶燃料电池（Katz et al., 1999）。

第一只真正意义上的单极室无隔膜酶燃料电池出现在 1999 年，电池阳极为单层的 Apo-GOx（不含辅基的葡萄糖氧化酶）电极，阴极为细胞色素 c/细胞色素 c 氧化酶（Cyt c/Cox）电极。在葡萄糖浓度为 1mmol/L 并用空气饱和的

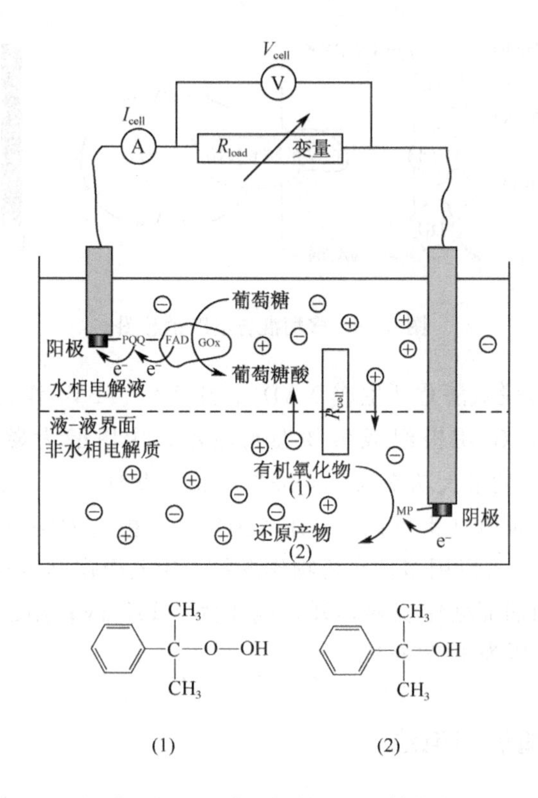

图 8.20　液-液两相无隔膜生物燃料电池结构与原理示意图

pH＝7 缓冲液中工作，环境温度为 25℃时，电池产生的最大电流密度为 110μA/cm²，电压为 0.04V，最大输出功率为 5μW/cm²。该电池电压较低，输出功率不高，这主要与酶电极的电极电势有关，但它为该类电池的研究奠定了基础。

现今对无隔膜电池研究较多的是利用漆酶在阴极催化氧还原生成水。漆酶对氧的还原有较好的催化活性，但底物的 pH 变化会对活性产生一定影响。当 pH＝5 时，电池具有较好的电流输出，pH＝7 时，漆酶的活性下降到只有其最大值的 1%。在优化的实验条件下，可使漆酶达到最大活性的 50%。然而，目前这类电池的工作寿命较短，一般只有几个小时或者几天，所以还不适合于实际应用，尤其是作为植入人体环境中使用的电能，仍需进行深入细致的研究。

Heller 的胆红素氧化镁 BOD/GOx 电池工作电压为 0.52V 时，电流为 8.3μA/mm²，输出功率为 4.3μW/mm²。将 BOD 和 GOx 碳纤维电池植于一粒葡萄中，可以产生 2.4μW/mm² 的电流。虽然 BOD/GOx 电池的电压略低于 Lac/GOx 电池，但是由于能够在 pH＝7 的含氯离子溶液中工作，因此有进一步研究的价值。采用 BOD/GOx 电极的酶燃料电池可植入人体内为生物传感器提供电能。Heller 等已经开始初步的实用化研究，他们将 GOx 和 BOD 电极植入皮下，实时检测糖尿病患者的血糖浓度（刘强等，2006）。

8.4.4 利用光能的酶燃料电池

除对电极、材料和隔膜的改进以提高酶燃料电池性能和寿命的研究外，将酶燃料电池与光伏电池结合也是最近的研究成果。酶电极与光能转换电极结合，通过一个多步骤的催化过程，可以实现生物催化的光能—电能的转换。这种光/酶混合燃料电池为利用有机体实现光电转换提供了一个新的思路。

Garza 等设计的复合电池的结构如图 8.21 所示（Garza et al.，2003）。光电阳极用的材料是铟-锡氧化物（FTO）导电玻璃，外面涂有一层 SnO_2 半导体纳米颗粒。电子从激发态卟啉增感剂 S 进入 SnO_2，同时 S 被氧化为 S^+。S^+ 被还原型烟酰胺腺嘌呤二核苷酸（磷酸）［NAD(P)H］所还原，接着氧化态的烟酰胺腺嘌呤二核苷酸（磷酸）［NAD（P)］被脱氢酶还原，同时将燃料氧化。质子经过质子交换膜到达阴极。电子经外电路到达阴极。增感剂采用四芳基卟啉。用卟啉做增感剂是因为它可以强烈地吸收可见光，化学稳定性高，易于改性，且其作为模拟光合反应中的传电子体和染料光敏电池的组成部分已有深入研究。此复合电池的短路电流可达 60μA，开路电压可达 0.75V，最大功率为 19μW，优于用同样燃料和阴极的太阳电池和生物燃料电池。由于以水为电解液，不使用重金属等有毒物质，它对环境更友好。

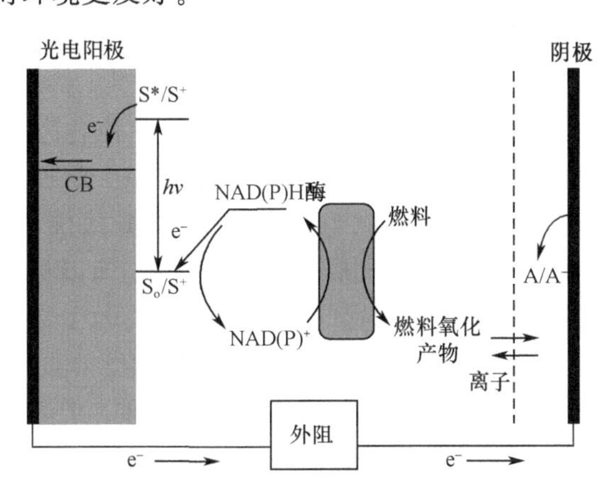

图 8.21 光/生物混合燃料电池示意图

这种光/酶混合燃料电池的研究尚处于初级阶段，目前只局限在对阳极的研究，没有与之配对的光/酶阴极，所以这种生物燃料电池仅能认为是准混合光/酶燃料电池。

8.5 生物燃料电池的应用

已有研究显示，微生物燃料电池在以下方面具有应用开发的前景：①作为替代能源；②作为传感器；③作为污水处理的新工艺；④生物修复等。

8.5.1 作为替代能源

使用微生物燃料电池可以改善汽车的燃料结构。使用生物燃料电池，1L 糖类物质的浓溶液氧化产生的电能可供一辆中型汽车行驶 25～30km，如果汽车的油箱为 50L 的话，装满糖后可连续行驶 1000km 而不需要再补充能源。使用生物燃料电池，一方面可控制因化石燃料燃烧导致的空气污染问题，另一方面还可避免因发生交通事故而引发的汽油起火燃烧甚至爆炸（孙卫中，2007）。

生物燃料电池为可植入人体内的设备提供能量支持。2005 年日本东北大学教授西泽松彦领导的研究小组新开发出了一种利用血液中的糖分发电的燃料电池。这样的生物电池可为植入糖尿病患者体内的测定血糖值的装置提供充足电量、为心脏起搏器提供能量。

美国麻省理工学院的一个学生研究小组发明了一种能用废弃的植物纤维产生电能的生物燃料电池，它可专门用来为手机充电。这个学生科研小组研制的电池名为“生物伏特”，它利用一种特殊细菌在分解植物纤维时将电子释放出来，从而产生电能。

2001 年英国西英格兰大学的科学家们研制出了一种名为“Slugbot”的机器人，专门用于搜捕危害种植业的“鼻涕虫”。“Slugbot”将抓获的鼻涕虫放在一容器里，在酶的作用下将其转化成电能。2000 年美国佛罗里达大学科学家 Stuart Wilkinson 宣称，他们已经研制出了一种需要吃肉以给体内补充电能的机器人 Chew Chew。这种机器人的“胃”其实就是一块微生物燃料电池，这个电池需要大量的细菌，食物被细菌分解后，化学能被转化为电能，为机器人运动和工作提供动力。这种技术的潜力可以用于车辆，但是要生产出智能型车辆还是任重而道远的。因为运行一辆小汽车所需要的能量都是极为巨大的，更何况笨重的火车。可能更实际的设想是制造水下机器人。如果可以制造出吃鱼的机器人，那么就可以制造一种监控海滩防止鲨鱼袭击的机器人（孙卫中，2007）。

8.5.2 生物传感器

BOD_5被广泛用于评价污水中可生化降解的有机物的含量，但由于传统的BOD的测定方法需要花五天的时间，时间太长。因此，关于BOD传感器的研究大量出现，其中以MFC原理为基础的BOD传感器的研究也是大家关注的焦点。

利用MFC原理开发新型BOD传感器的关键在于：①电池产生的电流或电荷与污染物的浓度之间有良好的线性关系；②电池电流对污水浓度的响应速度要快；③有好的重复性。

目前，正在研究的MFC型传感器全部为有膜的双室型结构，电池的阴极多为溶氧的磷酸盐缓冲溶液，阳极为待测的水溶液。1999年，韩国科技研究院水环境及修复中心研究中使用的BOD传感器的两个电极均为石墨平板，两区之间用Nafion膜分隔，接外电阻为10Ω，使用的微生物均呈现电化学活性，没有加入中间体。该研究中心用该类BOD传感器分别对污水进行了取样测定和连续在线测定，实验结果显示可以成功地测量到污水样的BOD值，与传统方法测量BOD值相比较，BOD值的偏差在3%～10%。韩国的B. H. Kim在取样测定实验中，采用的微生物为燃料电池中富集电化学活性的菌群，原料为淀粉加工厂的污水。实验结果显示，电池产生的电流与污水浓度之间呈明显的线性关系，相关系数达到0.99，低浓度时电流响应时间少于30min，但浓度达到200mg/L时，响应时间需要10h。但如果污水没有用缓冲溶液稀释，则其浓度与电流间没有线性关系。MFC测定的BOD的标准偏差为3%～12%。英国的I. S. Chang在连续测定实验中，用污水处理厂的活性污泥对MFC接种，待监测的污水为葡萄糖和谷氨酸配制的模拟污水，实验结果显示，污水流动速率和阴极流速均会影响电池电流；当污水的BOD小于100mg/L时，电流与浓度呈线性关系，测定BOD为100mg/L的模拟废水，三次电流测定的差值小于10%。Hyunsoo Moon等通过改变污水流动速度和电池阳极容积的方式，使电流响应时间缩短到了5min。

此外，MFC作为贫营养水体（如地表水、污水处理厂排出液等）的传感器的主要障碍在于O_2通过阴极和质子交换膜的扩散速率大，在阴极的还原速率低，因此导致电池输出电流输出信号很小，K. H. Kang等有针对性地对MFC的阴极进行了改进后，明显提高了MFC电流输出的重复性和信噪比。

8.5.3 污水处理

目前，以有机污水为燃料、回收利用污水中有机质的化学能一直是MFC研究的主要目的。使用微生物电池处理污水一方面可以为微生物燃料电池提供一个新的研究方向，另一方面，为处理污水，将无用资源转变为可生产能量的有用资源提供了新的发展方向。而且微生物燃料电池将污水中可降解有机物的化学能转化为电能，实现了污水处理的可持续发展（孙健和胡有勇，2008）。

Liu 等首先发现生活污水可以用来发电，在去除 80%的 COD 的同时可以产生最大电能密度为 $26mW/m^2$。英国的 Bruce E. Logan 及其实验室人员对 MFC 作了很多的研究，设计了很多种不同结构的 MFC 用以处理污水，其中，直接使用空气作为阴极的 MFC，明显提高了电池的输出功率密度。当电池以生活污水（COD 为 200～300mg/L）为燃料时，连续运行 140h 后，达到最大电压 0.32V，处理后污水的 COD 值降低了 50%以上。电池有质子交换膜时最大功率密度达到 $(146±8)mW/m^2$，无膜时达到 $(28±3)mW/m^2$，可见，有膜时的电池功率密度是无膜的 5.2 倍。Sang 等在处理高浓度食品废水时，将废水稀释到 COD 为 595mg/L，流入两室 MFC 可产电 $(81±7)mW/m^2$，而最后出水 COD＜30mg/L（去除率为 95%）。Heilmann 等用单室 MFC 处理含蛋白质废水，利用清蓝白素可以获得最大输出功率为 $(354±10)mW/m^2$，处理肉汤废水时，可产电 $(80±1)mW/m^2$，若向其中加入 300mg/L 的 NaCl，其产电可以提高 33%。崔龙涛等（2006）以破碎厌氧颗粒污泥上清液接种的微生物燃料电池的外电路负载两端最高电压达 433mV，功率密度为 $117.5mW/m^2$，对城市污水的 COD 去除率最高为 39.7%，库仑效率最大可达 60.6%。尤世界等利用厌氧活性污泥作为接种体成功启动了空气阴极生物燃料电池（ACMFC），110h 的接种产生了 0.24V 的电压；以乙酸钠和葡萄糖作底物分别产生了 0.38V 和 0.41V 电压，最大输出功率分别为 $146.56mW/m^2$ 和 $192.04mW/m^2$，同时乙酸钠和葡萄糖的去除率分别为 99%和 87%。陶虎春等（2008）通过 MFC 与传统厌氧消化（conventionalanaerobic digestion，CAD）的比较试验，考察了对高浓度葡萄糖和硫酸盐人工废水的处理效果：MFC 在获得一定能量的同时（I=0.16mA，P=$4.76mW/m^2$），有效去除水中有机物，去除率高于 CAD。葡萄糖为碳源，初始 TOC=2100mg/L，运行 144h，MFC 获得 91.61%去除率，CAD 获得 58.85%去除率；初始 NH_3-N 为 500mg/L，MFC 中去除率最高达 92.61%，CAD 达 72.38%；MFC 中对硫酸盐的利用率和 CH_4 产生量都低于 CAD，表明 MFC 技术可提高处理高浓度有机废水的效果。Booki Min 用柱塞流蛇形管道电池处理含不同底物的污水，实现了连续处理污水，连续产生电流。值得注意的是，MFC 在厌氧降解有机物的同时，污水 pH 保持中性，且溶液中没有常规厌氧环境发酵产生 CH_4 和 H_2 等。这给我们的启示是，用 MFC 可以作为污水的常规处理手段，COD_{Cr} 去除率可以达到一般厌氧过程同样的效果，但 MFC 不会使污水水质发生酸化，也不会产生具有爆炸性的危险气体，因此具有很好的开发前景。

随着人类进入工业化以来，各种废水的产量也急剧增加，若生物燃料电池能降低成本和提高发电效率，将会为废水处理节省庞大的开支。虽然目前该产品还在不断改进，尚未投入商业化生产，但我们完全有理由相信它拥有广阔的发展前景。

8.5.4　生物修复

通常情况下，为了促进有毒污染物的生物降解，加入电子供体或电子受体支持微生物的呼吸。电极可以作为电子受体支持微生物呼吸，达到降解污染物的目的。例如，异化还原铁地杆菌能够以电极为唯一电子受体有效地降解甲苯。另外利用电极作为电子供体支持微生物有毒污染物的还原。例如，在 U 的污染中，U^{6+} 可以从电极上获得微生物产生的电子而还原成为 U^{4+}，附着在阴极表面而去除。

8.5.5　在航空航天上的使用

作为一种清洁、高效而且性能稳定的电源技术，燃料电池已经在航空航天领域得到了成功的应用。为处理密闭的宇宙飞船里宇航员排出的尿液，美国宇航局设计了一种巧妙的方案：用微生物中的芽孢杆菌来处理尿液并产生氨气，以氨气作为微生物电池的电极活性物质，这样既处理了尿液，又得到了电能。一般在宇航条件下，每人每天排出 22g 尿，能得 47W 电力（孙卫中，2007）。

毋庸置疑，微生物燃料电池是全世界的研究热点，伴随人类的发展生物能量的内涵在不断地革新，愈加发挥着重大作用。

总之，生物燃料电池是一种能将产生新能源和解决环境污染问题有机地结合起来的新技术，其蕴藏的极大潜力为今后人类充分利用工农业废弃物和城市生活垃圾等生物质资源进行发电提供了广阔的前景。但是它的利用和研究却仍然处于起步阶段。如何充分将生物质燃料的诸多优势为人类所用，如何提高生物转化效率，如何使生物质燃料满足现代轻便、高效、长寿命的需要，仍需要几代人的不懈努力。但我们完全可以相信，依托生物电化学和生物传感器的研究进展，以及对修饰电极、纳米科学研究的层层深入，生物燃料电池的研究必将得到更快的发展。

另外，微生物电池可作为工具在研究电子传递的方式等实验中得到应用。微生物在浸矿过程中如何将电子传递给固体氧化物的问题，一直是国内外学者研究的热点。冯雅丽等（2006）在进行大洋多金属矿生物还原的研究中，设计了一套微生物燃料电池体系。连静等（2006b）利用生物燃料电池模拟细胞表面电化学过程来研究微生物在矿物表面传递电子的过程，还利用微生物电池对微生物在矿物表面电子传递的过程进行了实验研究。微生物电池体系不仅能克服 $Fe(OH)_3$ 还原培养体系中的二次成矿等原因带来的干扰因素，而且氧化还原速率可以直接通过外电路电流记录，能准确、迅速地反应出微生物将电子传递给固态的电子受体的过程。通过微生物电池能更详实地研究直接接触方式和通过电子传递中间体方式对胞外电子传递的影响。

参考文献

曹效鑫，梁鹏，黄霞. 2006. “三合一”微生物燃料电池的产电特性研究. 环境科学学报，26 (8)：1252～1257

崔龙涛，左剑恶，范明志. 2006. 处理城市污水同时生产电能的微生物燃料电池. 中国沼气，24 (4)：3～16

冯雅丽，李浩然，连静等. 2006. 利用微生物电池研究微生物在矿物表面电子传递过程. 北京科技大学学报，28 (11)：1009～1013

冯雅丽，连静，杜竹玮等. 2005. 无介体微生物燃料电池研究进展. 有色金属，57 (2)：47～50

冯雅丽，周良，祝学远等. 2006. *Geobacter metallireduens* 异化还原铁氧化物三种方式. 北京科技大学学报，28 (6)：524～529

付宁，黄丽萍，葛林科等. 2006. 微生物燃料电池在污水处理中的研究进展. 环境污染治理技术与设备，7 (12)：7～14

关毅，张鑫. 2007. 微生物燃料电池. 化学进展，19 (1)：74～79

洪义国，郭俊，孙国萍. 2007. 产电微生物及微生物燃料电池最新研究进展. 微生物学报，47 (1)：173～177

黄霞，梁鹏，曹效鑫等. 2007. 无介体微生物燃料电池的研究进展. 中国给水排水，23 (4)：1～6

贾鸿飞，谢阳，王宇新. 2000. 生物燃料电池. 电池，30 (2)：86～89

康峰，伍艳辉，李佟茗. 2004. 生物燃料电池研究进展. 电源技术，28 (11)：273～277

李登兰，洪义国，许玫英等. 2008. 微生物燃料电池构造研究进展. 应用与环境生物学报，14 (1)：147～152

连静，冯雅丽，李浩然等. 2006a. 微生物燃料电池的研究进展. 过程工程学报，6 (2)：334～338

连静，冯雅丽，李浩然等. 2006b. 直接微生物燃料电池的构建及初步研究. 过程工程学报，6 (3)：408～412

连静，祝学远，李浩然等. 2005. 直接微生物燃料电池的研究现状及应用前景. 科学技术与工程，5 (22)：1747～1752

刘道广，陈银广. 2007. 同步污水处理/发电技术——微生物燃料电池的研究进展. 水处理技术，33 (4)：1～5

刘强，许鑫华，任光雷等. 2006. 酶生物燃料电池. 化学进展，18 (11)：1530～1537

吕丰，许鑫华. 2006. 生物燃料电池酶电机电化学性能研究。国际生物医学工程杂志，29 (2)：56～58

马放，冯玉杰，任南琪等. 2003. 环境生物技术. 北京：化学工业出版社. 226～228

孙健，胡勇有. 2008. 废水处理新概念——微生物燃料电池技术研究进展. 工业用水与废水，39 (1)：1～6

孙卫中. 2007. 漫谈生物燃料电池. 化学教学，(9)：47～50

陶虎春，倪晋仁，易丹等. 2008. 微生物燃料电池与传统厌氧消化处理人工废水的比较. 应用基础与工程

科学学报，16（1）：23～28

杨冰，高海军，张自强．2007．微生物燃料电池研究进展．生命科学仪器，5（1）：3～12

张先恩．1991．生物传感器技术原理与应用．长春：吉林科学技术出版社．126～132

赵庆良，张金娜，尤世界等．2006．不同阴极电子受体从生物燃料电池中发电的比较研究．环境科学学报，26（12）：2052～2057

祝学远，冯雅丽，李少华等．2007．单室直接微生物燃料电池的阴极制作及构建．过程工程学报，7（3）：594～597

邹勇进，孙立贤，徐芬等．2007．以新亚甲基蓝为电子媒介体的大肠杆菌微生物燃料电池的研究．高等学校化学学报，28（3）：510～513

左剑恶，崔龙涛，范明志等．2007．以模拟有机废水为基质的单池微生物燃料电池的产电性能．太阳能学报，28（3）：320～323

Aelterman P, Rabaey K, Pham H T et al. 2006. Continuous electricity generation at high voltages and currents using stacked microbial fuel cells. Environ Sci Technol, 40: 3388～3394

Chen C C, Su Y C. 2007. An autonomous CO_2 discharge and electrolyte agitation scheme for portable microbial fuel cells. J Micromech Microeng, 17: 265～273

Du Z W, Li A R, Gu T Y. 2007. A state of the art review on microbial fuel cells: a promising technology for wastewater treatment and bioenergy. Biotechnol Advances, 25: 464～482

Garza L D L, Jeong G, Liddel P A et al. 2003. Enzyme-based photoelectrochemcal biofuel cell. J Phys Chem B, 107: 10252～10260

He Z, Minteer S D, Angenent L T. 2005. Electricity generation from artificial wastewater using an upflow microbial fuel cell. Environ Sci Technol, 39: 5262～5267

He Z, Wagner N, Minteer S D et al. 2006. An upflow microbial fuel cell with an interior cathode: assessment of the internal resistance by impedance spectroscope. Environ Sci Technol, 40: 5212～5217

Katz E, Filanovsky B, Willner I. 1999. A biofuel cell based on two immiscible solvents and glucose oxidase and microperoxidase-11 monolayer-functionalized electrodes. New J Chem, 23: 481～487

Liu H, Logan B E. 2004. Electricity generation using an air-cathode single chamber microbial fuel cell in the presence and absence of a proton exchange membrane. Environ Sci Technol, 38: 4040～4046

Liu H, Ramnarayanan R, Logan B E. 2004. Production of electricity during wastewater treatment using a single chamber microbial fuel cell. Environ Sci Technol, 28: 2281～2285

Min B, Logan B E. 2004. Continuous electricity generation from domestic wastewater and organic substrates in a flat plate microbial fuel cell. Environ Sci Technol, 38: 5809～5814

Moore C M, Minteer S D, Martin R S. 2005. Microchip-based ethanol/oxygen biofuel cell. Lab on a Chip, 5: 218～225

Park D H, Zeikus J G. 2003. Improved fuel cell and electrode designs for producing electricity from microbial degradation. Biotechnol Bioeng, 81: 348～355

Rabaey K, Boon N, Hofte M et al. 2005. Microbial phenazine production enhances electron transfer in biofuel cells. Environ Sci Technol, 39: 3401～3408

Rabaey K, Clauwaert P, Aelterman P et al. 2005. Tubular microbial fuel cells for efficient electricity generation. Environ Sci Technol, 39: 8077～8082

Rabaey K, Verstraete W. 2005. Microbial fuel cells: novel biotechnology for energy generation. Trends in Biotechnology, 23: 291～298

Ringeisen B R, Henderson E, Wu P K et al. 2006. High power density from a miniature microbial fuel cell using *Shewanella oneidensis* DSP10. Environ Sci Technol, 40: 2629～2634

Willner I, Katz E, Patolsky F et al. 1998. Biofuel cell based on glucose oxidase and microperoxidase-11 monolayer-functionalized electrodes. J Chem Soc Perkin Trans, 2: 1817～1822

9 煤炭的生物转化技术

我国有丰富的煤炭资源，特别是褐煤、风化煤等低阶煤资源，已探明的褐煤保有量达1303亿吨，占全国煤炭储量的12.7%，以内蒙古东北部、东北三省和云南省为最多（郑平，1991）。这些低阶煤资源直接燃烧热效率低，工业应用价值低，长期露天堆放，不仅造成能源的浪费，而且容易造成环境污染。因此，如何合理开发和充分利用褐煤及其他低阶煤资源将是一个值得深入研究的课题。

煤炭作为资源，既可以作为能源使用，又可以从中提取有用的化工产品，60%以上的化工原料就来自煤炭。作为能源，煤炭必须清洁高效利用，采用高温、高压等手段把煤转变为液体、气体等其他类燃料替代油类物质，是其高效转化利用的一种。从煤中提取化工产品，通常采用的是物理的、化学的方法，外加一定的压力以及一定的温度条件来进行。而物理、化学方法处理煤炭存在的主要问题是成本较高、条件苛刻。

煤炭微生物转化或生物转化（biotransformation）又称微生物降解（biodegradation）或生物溶解（biosolubilization），是指煤在微生物参与下发生大分子的解聚作用，主要是利用真菌、细菌和放线菌等微生物的转化作用来实现煤的溶解、液化和气化，使之转化成易溶于水的物质或者烃类气体。与其他方法相比，煤炭的生物转化技术具有能耗低、转化条件温和、转化效率高、转化产物应用价值高、设备要求简单等优点。20世纪初已有微生物利用褐煤生长并能改变褐煤的理化性质的研究报道（Fischer and Fuchs，1927a；1927b），但直到德国的Fakoussa（1981）研究发现细菌能利用并部分溶解烟煤中的有机部分和1982年美国科学家Cohen和Gabriele（1982）报道两株担子菌杂色云芝（*Polyporus versicolor*）和黄裙竹荪（*Poria multicolor*）能将风化程度较高的褐煤转化成黑色液体这一现象以后，褐煤及其他劣质煤的生物降解才受到了人们的广泛关注，许多科学工作者开始对煤的生物降解进行研究并生产出了有用的生物产品，如有特殊价值的化学品或制取清洁燃料、工业添加剂与植物生长促进剂等（Polman et al.，1995；Yong et al.，1995）。

9.1 低阶煤的特点与生物转化

成煤植物在微生物和各种物理、化学因素的作用下形成煤要经历泥炭、褐煤、烟煤及无烟煤等一系列的煤化过程。低阶煤主要包括褐煤、风化煤、泥炭等，其特点是煤化程度低，水分和灰分含量高、热值低、含有较多的腐殖酸。侧链及含氧官能团多，氧含量高达15%～30%。低阶煤中存在许多类木质素结构，分子中的侧链及桥键较多，活性官能团含量较高（图9.1），最易被微生物作用，而微生物对高阶煤（如烟煤或无烟煤）较难溶解，其对高阶煤主要进行表面改性。据此，培养能降解木质素的微生物来降解低阶煤，并从中得到一些有特殊价值的化学品，成为低阶煤转化利用的一条新的有效途径（Fakoussa and Hofrichter，1999）。

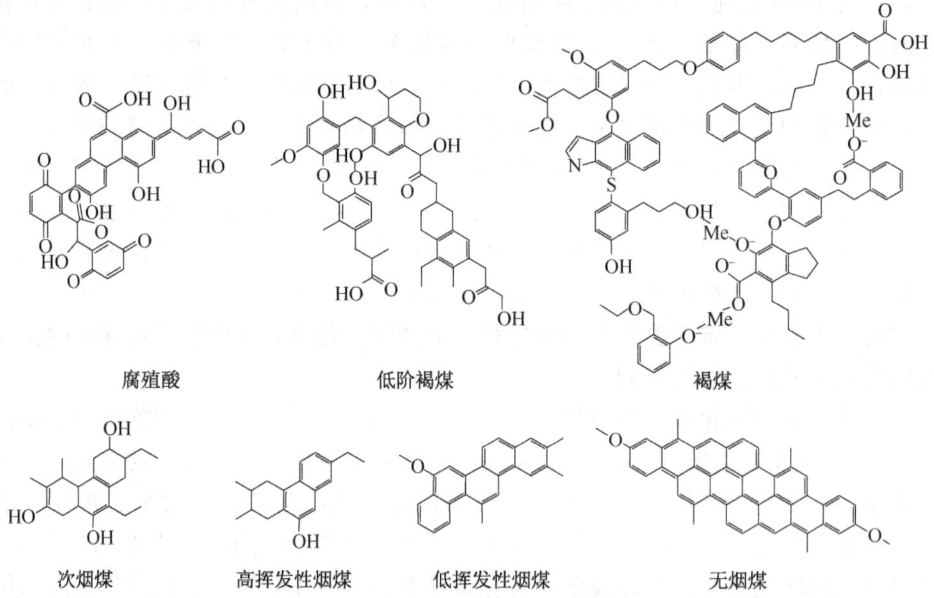

腐殖酸　低阶褐煤　褐煤

次烟煤　高挥发性烟煤　低挥发性烟煤　无烟煤

图9.1　不同煤阶煤中代表性结构

泥炭是由植物体向煤转变过程中的过渡产物，被认为是最“年轻”的煤，其含氧量很高，未经处理的泥炭难于被微生物降解，这可能是由于泥炭中存在抑制性的有机物影响了微生物的作用。

9.2　煤炭生物转化的微生物学

9.2.1　煤炭生物转化微生物多样性

降解低阶煤微生物是根据它们的代谢产物，如分泌的酶、螯合剂等具有攻击煤中或类似于煤的有机化合物中某些成分、结构等作用，而从现有的各种微生物中筛选出来的。例如，木质素结构与煤类似，可选用能降解木质素的微生物，如黄孢原毛平革菌来进行微生物溶煤研究并已取得满意效果；煤中具有芳环结构，故可选用能降解芳环的细菌，如假单胞菌属来进行溶煤研究。此外，从暴露于自然界的煤中分离微生物也是获得降解煤微生物的一个有效途径（陶秀祥等，2005）。如王风芹（2002）从内蒙褐煤中筛选出了多株能够降解内蒙褐煤的细菌、真菌和放线菌；Gupta（1990）等从土壤中分离出1株洋葱假单胞菌（*Pseudomonas cepacia*），能够使煤结构中的核基碳、醚氧、芳香环和共轭的碳碳双键均有减少；Ward（1985）从露天褐煤中分离得到12株真菌，都能以褐煤作为碳源和能源。

降解煤的微生物多种多样，包括细菌、放线菌和真菌。细菌主要有：枯草芽孢杆菌（*Bacillus subtilis*）、短小芽孢杆菌（*Bacillus pumilus*）、蜡质芽孢杆菌（*Bacillus cereus*）（Maka et al.，1989）、淀粉液化芽孢杆菌（*Bacillus amyloliquefaciens*）（Laborda et al.，1999）、节杆菌（*Arthrobacter* sp.）（袁红莉等，1998）、洋葱假单胞菌 DLC-07（Gupta et al.，1990）、荧光假单胞菌（*Pseudomonas fluorescens*）（Fakoussa RM 1981）等。放线菌主要为链霉菌：绿孢链霉菌（*Streptomyces viridosporus* T7A）、西唐氏链霉菌（*Streptomyces setonii* 75Vi2）、栗褐链霉菌（*Streptomyces badius* 252）（Quigley et al.，1989；Gupta et al.，1988）、黄微绿链霉菌（*Streptomyces flavovirens*）（Moolick，1989），除此之外，还有报道束丝放线菌（*Actinosynnema* sp.）和诺卡氏菌（*Nocardia* sp.）（袁红莉等，1998）也参与褐煤的降解。真菌是降解煤的主要微生物，报道最多的是担子菌中的黄孢原毛平革菌（*Phanerochaete chrysosporium*）（Scott and Lewis，1988；Achi，1993；Ralph and Catcheside，1994；1999），其他担子菌还有杂色云芝（*Trametes/Polyporus/Coriolus versicolor*）（Cohen et al.，1987；佟威等，1996；Reiss，1992；John et al.，1987；Fakoussa and Hofrichter，1999）和绵腐卧孔菌（*Poria placenta*）（Cohen and Gabriele，1982；Reiss，1992）等；丝状真菌如：拟青霉（*Paecilomyces* sp. Tli）（Fasion and Lewis，1989；Fasion et al.，1990；Ward，1985）、青霉（*Penicillium* sp.）（Ward，1985；袁红莉等，2000）、毛霉（*Mucor* sp.）（Ward；1985）、栖土曲霉（*Aspergillus terricola*）、赭曲霉（*Aspergillus ochraceus*）（袁红莉等，1998）、小克银汉霉（*Cunninghamella* sp.）（Quigley et al.，1989）、佛罗里达侧耳（*Pleurotus florida*）、糙皮侧耳（*Pleurotus ostreatus*）、环柄侧耳（*Pleurotus sajur-caju*）、刺芹侧耳（*Pleurotus eryngii*）、绿色木霉（*Trichoderma viride*）、球盖菇（*Stropharia* sp.）（Reiss，1992）、尖孢镰刀菌（*Fusarium oxysporum*）（Hölker and Fakoussa，1995；Hölker et al.，1999）、*Nematoloma frowardii* bi9、*Clitocybula duseni* b11（Hofrichter et al.，1999）、黑绿木霉（*Trichoderma atroviride*）（Hölker et al.，1999）、毛束霉（*Doratomyces* sp.）（Laborda et al.，1999）等；酵母中的假丝酵母（*Canadida* sp.）也具有降解褐煤的能力

(Ward，1985；Scott et al.，1986；Steward et al.，1990)。

已报道的降解煤的微生物大多是木质素降解菌，A. Maka 却报道一些能在有煤条件下分泌碱性物质的非木质素降解菌也具有降解褐煤的活性，而降解褐煤的微生物却不一定可以降解木质素（Maka et al.，1989)。

9.2.2 高效菌株的选育

煤炭的微生物转化研究已经有近 30 年的历史，但在煤降解菌种的寻求上还未取得突破性进展，尚未找到效果非常显著且适应广泛的廉价菌种。目前，所报道的菌种对煤的降解能力有限，且菌种在生长过程中还需另外加入各种营养物质，这使得煤生物转化成本提高，成为制约煤的微生物转化技术工业化的瓶颈。

目前，基因工程在此领域的应用已经朝构建能够降解特殊化合物的微生物方向迈进，基因水平操作被用来提高某些微生物体内特异酶水平，而这些酶具有特异性生物转化作用。据报道，美国研究人员将 4 种假单胞菌的基因转入同一菌株中，培育出有超常降解能力的菌种，其降解石油的速度非常快，几小时能够分解石油中 2/3 的烃类。煤炭与石油的形成有着同源性，这意味着煤炭转化菌的基因工程时代即将到来。袁红莉等用紫外诱变处理出发菌株，诱变后以菌株在褐煤培养基上生长的情况为指标，选出较好发菌株青霉（*Penicillium* sp.）生长更好的变异株 28 株。复筛得到 9 株较出发菌株降解力明显提高的变异株，其中一株编号为 6 的突变株降解力最强，将其在平板中培养后，能在 36h 内将与其菌丝体直接接触的褐煤降解产生黑色液体（图 9.2)，摇瓶培养 3 天，其培养液亦具有降解褐煤的能力。当然，这方面工作的路还很长，有待微生物工作者和煤化工工作者的共同努力，在新菌种的寻找、分离纯化及驯化、诱变育种方面，特别是利用基因工程技术研制高效基因工程菌方面，应加大研究力度。

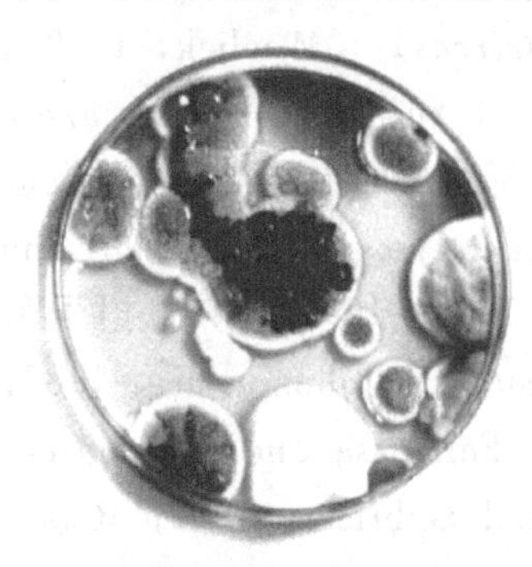

图 9.2　青霉 *Penicillium* sp. P6 液化褐煤效果图

9.3 煤炭生物转化的机理

植物残体经过生物化学和地球化学阶段，将残余的有机质转变为泥炭，并进一步转变为褐煤。煤化的过程伴随着植物体物理性质和化学性质的变化，而木质素的典型结构却被保存了下来。有人认为褐煤是由木质素脱氢和脱甲基得来的

(Fakoussa and Hofrichter，1999)。由于褐煤和木质素一样，都是由芳香族化合物组成，并由盐桥、脂肪键等连接起来的三维大分子网状结构，它很难穿过微生物的细胞壁进入胞内，所以褐煤的生物降解主要是由微生物分泌到胞外的一些碱性物质、螯合剂、表面活性剂、生物酶等起作用。煤炭降解机理见图 9.3（尹苏东和陶秀祥，2005）。

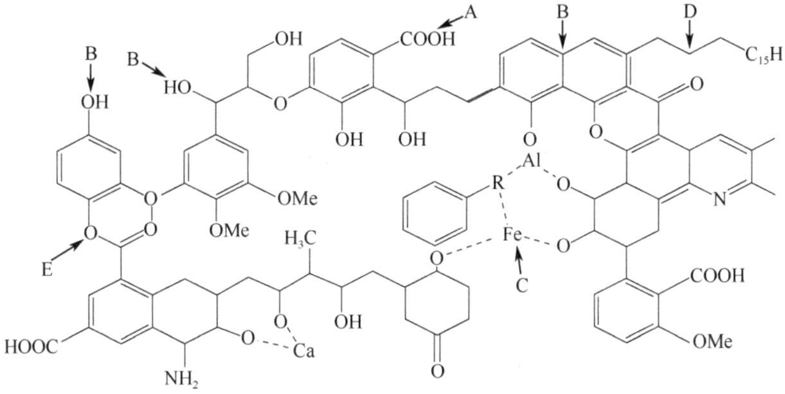

图 9.3 煤炭生物转化的机理

A. 碱溶；B. 生物氧化酶；C. 螯合剂；D. 表面活性剂；E. 酯酶

9.3.1 微生物生长过程中产生的碱性中间物的作用

微生物在生长过程中产生碱性物质，如氨、生物胺、多肽及其衍生物参与煤的液化过程。这是由于煤中腐殖酸的羧基含量较高，在高 pH（>8）时，会脱质子化形成黑色水溶性的盐溶液。1987 年 Cohen 曾指出 pH 升高有利于煤的溶解，Quigley 同年第一次指出微生物液化煤是由于微生物生长过程中利用培养基中的多肽或多胺产生的碱性物质提高了培养基 pH 的缘故。Strandberg 和 Lewis (1988) 进一步证实了这一结论，西唐氏链霉菌在没有煤诱导的条件下就可以向胞外分泌一种可以溶解煤的活性成分，这种活性成分热稳定性高，相对分子质量较小，对蛋白酶不敏感，由此他们推定这种物质不是生物酶。复杂的氮源和氨基酸可以促进菌体生长和活性物质活性的增加，培养液的 pH 越高煤的溶解量就越大，而 pH 的高低与培养基中多肽或多胺的量有关。后来的研究还发现，在相同的 pH 条件下，化学溶解和生物溶解褐煤产物的性质不同，化学溶解产物的最高吸收峰在 210nm 处，并随时间的延长而增强；生物溶解产物的最高吸收峰在 250nm 处，随 pH 的升高，煤的溶解量也在逐渐增大，pH10 时的溶解量为 pH9 和 pH8 时的 10 倍，微生物溶解煤的过程既有微生物与煤的相互作用，又有因为 pH 升高而导致的化学效应，因此微生物溶解煤可能是一个间接的化学过程

(Maka et al., 1989)。

9.3.2 微生物分泌的螯合剂和表面活性剂的作用

1988年，Quigley等（1988）注意到褐煤中存在的多价阳离子如Ca^{2+}、Fe^{3+}、Al^{3+}等可以在羧基等基团之间作为盐桥，当脱除这些多价金属后，能使煤更多地溶于稀碱，并使生物溶解力增强，而此时发生的氧化作用却很少。Cohen（1990）指出在生物液化褐煤时，有螯合剂乙二酸氨的参与，这些螯合剂可以将金属离子从褐煤中去除。Fredrickson等在1990年报道了真菌杂色云芝培养物中液化褐煤的因子是一种热稳定、低相对分子质量的胞外因子，这种因子液化煤的活性可以被Fe^{3+}抑制，而且可以用铁螯合剂如EDTA等模拟，由此他们提出微生物液化煤的机制是分泌螯合剂螯合煤中的Fe^{3+}等金属离子，从而改变煤的结构。袁红莉也证实加大EDTA的浓度，煤溶解得就越多，而且培养液中Fe^{3+}的含量也随之减少（Yuan et al., 1995）。

Polman等（1994，1995）的工作表明微生物分泌的生物表面活性剂能像化学合成的表面活性剂如吐温-80一样液化部分的褐煤。Fakoussa（1981）研究发现荧光假单胞菌向培养基中释放一些表面活性剂类的物质，使培养基的表面张力减小，从而增强降解煤的能力。表面活性剂主要是还原煤中的氮和硫，具体机理有待于进一步研究。

9.3.3 生物酶

在以上的机理研究中微生物要生长在丰富的培养基中（富氮和合适的碳源）才可以产生碱性物质、螯合剂和表面活性剂，而且这几种机理只能部分降解煤，不能打断C—C共价键，也就是不能从根本意义上把褐煤大分子降解。由于褐煤是与木质素结构十分相似的大分子化合物，决定了降解褐煤的酶主要是木质素降解酶系中的一些酶类，目前报道最多的是锰依赖过氧化物酶（manganese-dependent peroxidases，Mnp）、木素过氧化物酶（lignin peroxidases，Lip）和漆酶（laccase，Lac）。这些酶的优点在于：①胞外酶，解决了大分子物质穿过细胞壁和细胞膜进入细胞内的困难；②底物专一性不太强，具有较高的氧化还原电位，可以氧化一系列的芳香族化合物；③可以利用一些具有反应活性、可扩散的小分子来扩大底物范围，这些小分子在酶和最终还原剂之间起氧化还原介质的作用，从而解释了为什么大分子底物可以被酶的活性中心氧化（Ralph and Catcheside，1999）。

9.3.3.1 木素过氧化物酶

Lip是以血红素为辅基（含铁原卟啉Ⅸ）的糖蛋白，催化反应需要H_2O_2的参与（Warrishi et al.，1991）。它的底物范围比较广，可以氧化酚类或非酚类的芳香族化合物，前者经去一个电子的氧化后生成苯氧自由基，然后再经过歧化反应生成醌类（Odier et al.，1988），而后者却被Lip氧化成芳正离子自由基（Schoemaker et al.，1985）。Lip的独特之处就是它能直接氧化具有高氧化还原电势的甲氧基和非酚类的芳香族化合物。

木质素过氧化物酶的晶体精细结构如图9.4所示（Poulos et al.，1993）。

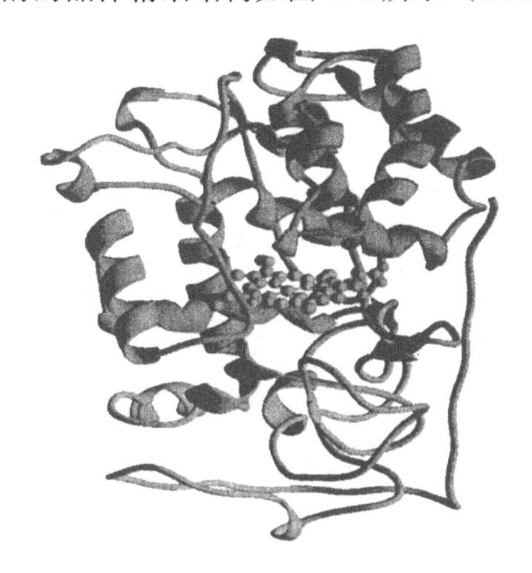

图9.4 木质素过氧化物酶晶体精细结构（分辨率2Å）

许多研究表明纯化的Lip具有降解煤大分子物质的能力。Wondrack等（1989）发现美国北达科他州的褐煤和德国的次有烟煤经硝酸处理后的煤聚合物可被部分提纯的黄孢原毛平革菌的Lip部分解聚。溶于水和有机溶剂的煤聚合物（如*N*，*N*-二甲基甲酰胺）可以被降解成溶于水的小分子片段，加入藜芦醇能增强这一解聚作用）。Ralph和Catcheside（1994，1998，1999）报道褐煤中溶于水的部分（煤腐殖酸）可被木质素降解菌黄孢原毛平革菌部分解聚。培养16天后转化率达85%，碱溶酸析不沉淀，煤大分子残余物的分子质量从一开始的65kDa降低为32kDa，伴随着胞外Lip的出现煤发生显著的脱色。进一步的研究还发现黄孢原毛平革菌的Lip对甲基化可溶于水的褐煤具有脱色作用，降解后280nm和400nm处吸收值分别降低26%和39%，酶催化的脱色反应必须有藜芦醇的存在。Lip的抑制剂次钒酸盐对这一反应有抑制作用，据推测，藜芦醇可能是Lip和最终底物之间稳定的氧化还原介质（形成瞬时的芳正离子自由基）。在脱色过程中，大分子物质只有被甲基化后才发生真正的解聚作用。未经处理的碱溶性煤不能作为 Lip 的底物，甲基化似乎可促进 Lip 催化煤分子键的断裂，因为酚羟基被 Lip 氧化后形成苯氧自由基，苯氧自由基之间可发生聚合作用；相反，非酚类的芳香族基团被 Lip 氧化后形成芳正离子自由基，再经 C—C、C—O 键的断裂得以降解。煤经甲基化后溶于水的部分可转化为低相对分子质量的产品，在产品中可检测到不同甲基化芳香族单体的存在。

9.3.3.2 锰依赖过氧化物酶

Mnp 与 Lip 一样都是胞外酶，糖蛋白，并以血红素作为辅基，二者之间的主要区别是 Mnp 在氧化还原反应中需要 Mn^{2+} 作电子供体。Mnp 被 Mn^{2+} 还原，而 Mn^{2+} 被氧化为 Mn^{3+}，Mn^{3+} 被有机酸如乙二酸、丙二酸、苹果酸、酒石酸、乳酸等螯合剂螯合后可提高其氧化还原电位。螯合的 Mn^{3+} 作为可扩散的氧化还原介质氧化酚类，某些甲基化、硝基化和氯代的芳香族化合物（Wariishi et al.，1992）。加入合适的添加介质如硫醇、脂、不饱和脂肪酸及其衍生物可以提高 Mnp 体系的氧化能力（Dodson et al.，1987），这样 Mnp 就可以切断原先不能切断的化学键（如非酚类的芳基醚，某些多环的芳香族碳氢化合物）。西班牙的科学家还发现了 Mnp 和 Lip 杂和体，这个杂和体既可氧化 Mn^{2+} 又可氧化非酚类的芳香族化合物（Marf nez et al.，1996）。

Willmann 和 Fakoussa（1997）曾证明一株担子菌（代号为 RBS1k）在对煤大分子脱色过程中可诱导 Mnp 的产生。脱色和解聚时煤的最适浓度为 0.5g/L。酶学分析表明在培养物上清液中有 Mnp，但检测不到 Lip 和 Lac 活性，Mnp 是在加入煤腐殖酸时诱导产生的。生物降解实验中，Mn^{2+} 可诱导担子菌 *Nematoloma frowardii* 和 *Clitocybula dusenii* 将煤腐殖质迅速降解为低相对分子质量的黄腐酸。分批发酵培养一周时间后有 2g/L 以上的煤腐殖酸被转化。培养物中加入煤后，Mnp 的活性急剧增加，这表明煤腐殖质对 Mnp 具有诱导作用。

用 *N. frowardii* 的 Mnp 进行煤的生物解聚实验表明在无细胞体系中 Mnp 能够解聚煤腐殖质。煤解聚时伴随着 460nm 处吸收值急剧降低，而 360nm 处黄腐酸类物质生成的吸收值增加。GPC 分析表明煤腐殖酸向黄腐酸转化的过程中分子质量也从 3kDa 降低为 0.7kDa（Hofrichter and Fritsche，1997）。Ziegenhagen 和 Hofrichte（1998）用少量的 *C. dusenii* 的 Mnp（0.2U/L）对煤腐殖质的解聚条件进行优化，发现腐殖质和 Mn^{2+} 的最适浓度分别为 250mg/L 和 1mmol/L，H_2O_2 由葡萄糖氧化酶不断提供，少量的硫醇类物质谷胱甘肽和有机溶剂二甲基甲酰胺可刺激解聚作用。研究还发现 Mnp 在反应条件下（37℃）十分稳定，几周后仍保持部分活性。对人工合成的 ^{14}C 标记的腐殖质进行解聚实验发现大分子物质除转化成小分子的黄腐酸外还有 $^{14}CO_2$ 的释放，这表明 Mnp 具有直接矿化腐殖质的能力（Hofrichter and Fritsche，1997）。用纤维素和聚丙烯作

为载体将 *C. dusenii* 的菌丝固定生产胞外 Lip 和 Mnp，结果发现固定的 *C. dusenii* 在通气培养条件下可以产生大量的Mnp（大于3000U/L），生物量可以回收并用于下次循环，纯化的 Mnp 有两种结构：Mnp1（分子质量为 43kDa，pI4.5）和 Mnp2（分子质量为 42kDa，pI3.8）（Ziegenhagen and Hofrichter，2000）。由黄孢原毛平革菌提取的 Mnp 可以氧化 Mn^{2+} 为 Mn^{3+}，在充氧气的条件下，Mn^{3+} 离子可以使 Morwell 褐煤中的可溶性大分子解聚，而在充氮气或空气的情况下，Mn^{3+} 离子却使这些发生聚合作用，该菌的一株突变株可以产生 Mnp，而不产生 Lip，在充氧气的培养条件下，也使煤大分子发生聚合而非解聚，由此可见，Mnp 既可以解聚又可以聚合褐煤中的分子，充氧气和 Lip 都是 Mnp 解聚煤大分子的必要条件（Ralph and Catcheside，1998）。

Wunderwald 等（2000）发现由 3-氟-儿茶酚自发氧化聚合而成的氟化腐殖酸（FHA）可被 *Nematoloma frowardii* 的菌丝及其 Mnp 降解，褐色的 FHA 溶液被部分脱色和脱氟（45%～60%），并形成低相对分子质量的黄腐酸类物质。

9.3.3.3　漆酶

漆酶是一种含有 Cu^{2+} 的多聚酚氧化酶，和植物中的抗坏血酸氧化酶、哺乳动物中的血浆铜蓝蛋白同属蓝色多铜氧化酶（blue muhicopper oxidase）家族。除柄孢霉（*Podospora anserina*）产生的一种漆酶是四聚体外，其他漆酶一般是单一多肽，肽链一般由 500 个左右的氨基酸组成，糖配基占整个分子的 10%～45%。糖组成包括氨基己糖、葡萄糖、甘露糖、半乳糖、岩藻糖和阿拉伯糖等。由于分子中糖基的差异，漆酶的分子质量随来源不同会有很大差异，为 52～390kDa，甚至来源相同的漆酶相对分子质量也会不同。漆酶催化酚类芳香族化合物成苯氧自由基，然后再经过自由基之间的聚合、歧化、脱质子化、水的亲核进攻等非酶促反应最终导致烷基-芳基断裂、Ca 氧化、酚的去甲氧基化等（Kirk and Shimada，1985）。三种氧化酶的特点比较见表 9.1（Hofrichter et al.，1999）。

表 9.1　降解褐煤的氧化酶类特点比较表

	Lip	Mnp	Lac
氧化电位/V	1.2～1.5	1.1	0.8～0.96
对 H_2O_2 的要求	+	+	−
底物专一性	宽，包括非酚类的芳香族化合物	强，Mn^{2+}	宽，酚类化合物
C—C 键的断裂	+	+	−
稳定性	低	高	高
传递介质	藜芦醇等	Mn^{2+}/Mn^{3+}	3-羟基-邻-氨基-苯甲酸

续表

	Lip	Mnp	Lac
合成或次级介质	—	硫醇,不饱和脂肪酸	ABTS,丁香醛,OH—苯并三唑
分子质量/kDa	38～47	38～50	53～110
最适 pH	2.5～3.0	4.0～4.5	3.5～7
pH 范围	20～5.0	2.0～6.0	2.0～8.5
等电点	3.2～4.7	2.9～7.0	2.6～4.5
催化中心	含 Fe 的血红素	含 Fe 的血红素	4 个铜原子
结构	单体,糖蛋白	单体,糖蛋白	单体,二聚体或四聚体,糖蛋白

一些研究表明，漆酶在 *T. versicolor* 的褐煤转化过程中起主要作用，可使褐煤颗粒转变为黑色液滴。对产自植物致病真菌稻梨孢菌（*Pyricularia oryzae*）的漆酶的褐煤降解性能研究发现，与过氧化物酶相比，在二氧六环溶液中，只有3%～5%的溶煤效果。但是人们普遍认为，由于其并非从木素降解真菌中分离而来，所以溶煤能力偏低。

以麦秸为底物对 *Phlebia radiata* 和 *Panus tigrinus* 进行固体发酵研究发现了黄漆酶（yellow laccase）。黄漆酶与漆酶催化中心的 Cu 离子氧化状态不同，这可能是由于木质素降解产物结合在酶的催化中心造成的。有趣的是 Leontievsky 等（1997）研究表明黄漆酶在有氧情况下可以直接氧化非酚类物质（藜芦醇，β-*O*-4 木质素二聚体）而不需其他介质的参与。在煤腐殖酸琼脂固体培养基上 *T. versicolor* 也能产生黄漆酶。

9.3.3.4　水解酶及其他

除降解木质素的酶系外，水解酶（如脂酶）等对褐煤的降解（液化）也有一定的作用。它能裂解分子内的酯键和其他可水解的键。1988 年 Campbell 研究发现部分提纯的 *T. versicolor* 漆酶具有降解风化褐煤的活性，进一步研究表明该漆酶由两种蛋白质组成，一种具有漆酶活性却不能降解煤，另一种不具有漆酶活性却可以促进煤的液化，后来发现该蛋白质具有脂酶的活性，然而该酶对褐煤的作用与螯合剂相比却很低。1991 年 Crawford 和 Gupta 报道用风化的 Vermont 褐煤腐殖酸培养几种 G^+ 和 G^- 细菌，发现一种非氧化酶类对腐殖酸有解聚作用，把培养液煮沸后煤解聚活性丧失。有人对黑绿木霉进行研究也得到了相似的结果，该菌对 Rhenish 褐煤的液化活性具有热敏感性、可诱导性和水解性等特点，黑绿木霉还可产生碱性物质、螯合剂等非酶介质，以降解煤腐殖质。该真菌液化褐煤的活性是由水解酶和非酶促反应综合作用的结果（Hölker et al.，1999）。考虑到脂酶在褐煤降解中的作用，有一点值得注意，在降解过程中没有小分子物质作介质，这就产生了空间障碍，因为脂酶大分子不能进入煤的大分子网状结构中去，因此，这一点需要做进一步的研究。

1999 年，Schumacher 和 Fakoussa 报道 G^+ 赤红球菌（*Rhodococcus ruber*）CD4 MSM 44394 可以降解脂环族化合物环十二烷成相应的醇和酮，关键酶是贝耶尔-维利格（Baeyer-Villiger）氧化酶，它是一种依赖于 NADPH 和 O_2 的黄素蛋白，专一性底物为大环内酯类物质，内酯类物质的进一步代谢产物是易发生β-氧化的羟基内脂类物质。脂肪键是维持煤三维结构的重要成分，它与环十二烷的结构相似，因此 *R. ruber* CD4 可以降解煤中的脂肪键从而使煤的相对分子质量变小。除此之外，有报道还原酶、纤维素酶等也具有降解褐煤的能力（袁红莉和陈文新，1997）。

总之，漆酶、锰过氧化物酶、木素过氧化物酶和水解酶在褐煤的降解过程中起重要作用，不同的微生物降解褐煤的主要酶系不同，不同的褐煤由于成煤植物和分化程度不同造成褐煤的结构、组成不同，其降解机理也不尽相同。

煤炭的生物转化是由微生物分泌的碱性化合物、螯合剂、表面活性剂及木质素降解相关酶共同作用的结果。降解木质素担子菌的褐煤降解机理见图 9.5（Hofrichter et al., 1999）。

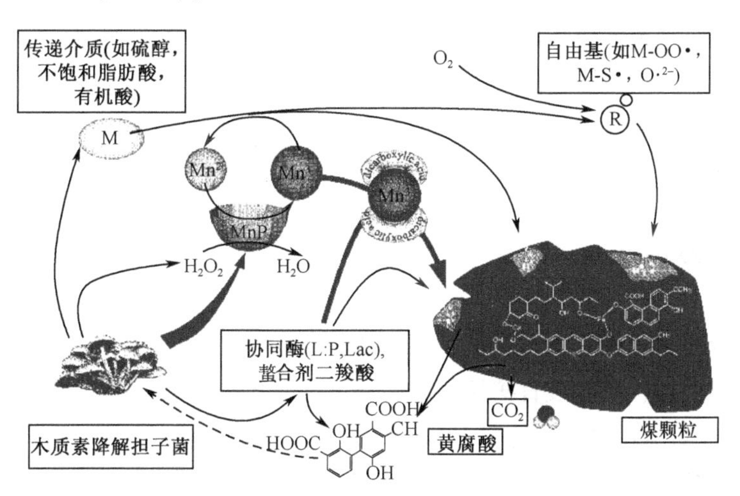

图 9.5　降解木质素的担子菌褐煤降解模式

9.4　煤炭转化方式

9.4.1　预处理

煤炭预处理主要是对煤炭的氧化：① 化学氧化：主要用硝酸和过氧化氢等；② 热氧化：在 120℃下维持 7h。氧化的目的是提高煤炭的氧含量，这样有利于菌种产生的氧化酶、酯酶、螯合剂对煤作用，断开煤结构中的化学键。另外还有超声波法预处理。以上方法都促进了菌种对煤炭的溶解，化学氧化处理效果好于超声波处理，但是没有进行预处理的煤也可以被溶解，只是溶解量少、费时。

9.4.2 菌种固体培养基溶煤

在一定的培养条件下，溶煤微生物在固体平板培养基上长满培养基表面后，在其上均匀撒上煤炭颗粒，观察、记录和及时取出溶煤液滴。该方法简单易行，溶解效果直观，但是该方法不适合需长时间溶煤的情况，因为培养基容易失去水分，导致培养基开裂，另外固体培养不适合放大。该方法的作用在于菌种和煤的匹配、获得少量较纯的溶解产物，以及培养基的优化，如袁红莉等在进行菌种诱变后筛选溶煤能力提高的突变子即是采用此方法。

9.4.3 无细胞培养液溶煤

这种方法是用液体深层培养菌种（实验室里一般用摇瓶培养），待微生物生长一段时间后，用真空过滤等方法收集菌体胞外液（无细胞滤液），然后加入灭过菌的煤样进行溶煤。这种方式的优点是易于收集溶解产物；胞外液中不含菌体细胞，也易于深入考察溶煤过程和探讨溶煤适宜条件。

9.4.4 发酵液溶煤

这种方法与胞外液溶煤方式有些类似。但不同的是，煤样直接加入培养液中，菌体、煤样、培养液直接接触。煤样可以在接种时一并加入，或在培养一段时间后再加入。待煤样溶解后再过滤或离心分离液体与固体菌丝体和未溶煤。这种溶煤方式易于放大，且操作过程简单，有应用的可行性。

9.5 影响微生物降解煤的因素

9.5.1 煤炭的结构与组成

煤本身的结构与组成对微生物降解的影响很大，氧、氮含量越高的煤中含有较多的活性官能团，尤其是活性较高的含氧官能团，这些煤越容易被微生物降解。煤在自然界的风化过程是物理与生物共同作用的结果，风化程度越高的褐煤，腐殖酸和黄腐酸的含量越大，氧化程度也越高，越容易被微生物利用而降解。

1991年，Catcheside和Mallett研究发现褐煤和风化褐煤一样，极易被白腐菌及其他一些真菌液化。堆积的褐煤最表面部分氧化程度最高，也最容易被液化，液化率可达到70%左右，但是从煤矿中刚采出来的煤却不被微生物作用，只有在用硝酸或过氧化物处理或在空气中被氧化后才可以被微生物液化。袁红莉等（1998）对不同风化程度的褐煤研究后发现，刚采掘出来的褐煤表面几乎没有微生物存在，而风化程度较高的褐煤表面有休眠孢子和少量菌丝，褐煤在潮湿状态下培养后发现随风化程度的增加优势菌群存在着明显的演替，逐渐由放线菌、细菌变为真菌，平板分离结果也支持这一现象，因此她提出褐煤在自然界的风化过程中微生物群落存在明显的演替。进一步的研究发现，风化程度高的褐煤中氧、氮含量明显增加，而且也越容易被微生物液化。

Gupta（1987）也报道一种给定的煤由于其本身的结构不同或煤颗粒的大小不同可降解程度不同，不同的菌对同一种煤的降解能力也不同，煤颗粒越大，降解速度越慢。这可能是因为组成煤的成分不同，结构不同，因此需要通过不同的机理来液化和降解，而不同的菌分泌的胞外物质不同，使得其降解褐煤的机理不同，因此对适合其降解的煤具有较强的降解能力。

9.5.2 营养

培养基中C、N、O的组成对微生物降解褐煤起重要作用。在褐煤中引入氮可以加速微生物降解褐煤的速度（John and Henrique，1989；Fasion et al.，1990），而对碳源的报道却因菌而异。

放线菌 *Streptomyces setonii* 75Vi2 通过向胞外分泌可以溶解煤的活性成分（CS）而降解煤，实验证明这一过程不需要碳源，复杂的氮源和氨基酸可以促进菌体生长的CS活性的增强，CS活性的产生必须有有机氮的参与，加入葡萄糖反而会抑制CS的产生（Strandberg and Lewis，1988）。王风芹发现放线菌在高氏Ⅰ号培养基上生长良好，但不具有降解褐煤的能力，伊莫逊氏培养基中既有复杂的氮源牛肉膏、蛋白胨，又有葡萄糖，但只有部分菌能够降解褐煤，而在牛肉膏蛋白胨培养基上所有的菌都可以降解褐煤，这一结果说明了葡萄糖对放线菌降解褐煤不利，而丰富的复杂氮源可以促进褐煤的降解。真菌在查氏培养基中比在土豆培养基中降解能力强可能也是由于氮源引起的，因为在查氏培养基中加有硝酸钠而在土豆培养基中没有，这一结果与其他人的报道一致，即在培养基中加入氮可以加速微生物对褐煤的降解。假单胞菌利用葡萄糖可以提高其对煤腐殖酸的脱色活性。对假丝酵母来说麦芽糖比蔗糖更利于其降解，而限氮培养不利于这一过程（王风芹，2002）。Hölker 和 Fakoussa（1995）等还报道一株镰刀菌 *Fusarium oxysporium* 液化煤的能力依赖于特殊的碳源，当以葡萄糖或其他碳水化合物为碳源时，该菌不具有液化煤的能力，却可以产生红色的比卡菌素，但当在谷氨酸或葡萄糖酸盐作为碳源的培养基上生长时，该菌不产生比卡菌素，却可以降解并液化煤。因此比卡菌素存在与否可以表明该菌液化煤的能力，在培养基中加入比卡菌素，即使在谷氨酸或葡萄糖酸盐上生长，也会抑制该菌液化煤的活性，这一发现为人们研究微生物降解煤的机理提供了重要的材料。

煤中含有大量的酸性基团（如羧基、酚羟基等），$(NH_4)_2SO_4$、NH_4Cl 等生理酸性盐中的 NH_4^+ 被微生物利用后会导致 pH 的下降，这对本身为酸性的褐煤的降解不利；$NaNO_3$ 为生理碱性盐，NO_3^- 被吸收后会引起 pH 的升高，而 pH 的升高不仅有利于微生物的生长，而且可以加速褐煤的溶解，便于微生物的进一步降解。尿素为碱性，而且为速效氮源，可以被微生物快速利用。因此尿素和 $NaNO_3$ 在褐煤的降解中优于其他的无机氮源。豆饼粉在发酵工业上常用来作为迟效氮源，豆饼粉被微生物降解后缓慢地释放出氨基酸等供微生物后期生长利用。但任何微生物的生长都需要合适的 C/N，过高或过低都不利于微生物的生长，也不利于对底物的降解。

9.5.3 工艺条件

在微生物降解褐煤的过程中要严格控制发酵时间，以防在发酵后期，由于营养基质的减少微生物又对降解的产物进行消耗。肖善学和赵炜（1999）研究了霉菌生长对黄腐酸结构的影响作用，结果表明霉菌的生命活动消耗了黄腐酸中具有生理活性的组分，改变了黄腐酸的分子结构，使其对植物的刺激作用减弱（肖善学，1999）。Mn^{2+}、Mo^{2+}、藜芦醇等小分子物质作为可扩散的小分子物质，可以扩大大分子酶类的作用底物，提高酶的氧化能力，并对木质素酶类具有诱导作用；次钒酸盐对 Lip 具有抑制作用；而有机酸如柠檬酸、丙二酸等作为螯合剂可以提高 Mnp 的氧化还原电位，所以在发酵过程中这些小分子物质可能会对微生物降解褐煤起到一定的作用。除此之外，发酵过程中还要考虑通气、pH、温度等工艺参数对发酵的影响。

9.6 煤炭生物转化的产物性质分析

煤炭生物降解产物分析主要依据现代煤化学和生物学的分离技术和分析手段进行有关产物组成、结构和性质分析。常用的分析手段及方法包括：工业分析、元素分析、红外光谱、核磁共振波谱、质谱分析等，也有用紫外、气（液）相和凝胶色谱及凝胶电泳等方法，其降解产物的研究内容包括产物组成、产物结构、溶解度、相对分子质量、酸沉淀性质、吸光度和发热量等（阳卫军等，2001）。

9.6.1 产物组成

微生物降解后的褐煤腐殖酸与未经降解的腐殖酸相比，氢、氧、氮含量都明显增加，而碳含量降低，表明分子内含氧及含氮的官能团有所增加，这表明，在煤生物降解过程中，有水中氢、氧的介入，即发生了氧化水解过程。此外，Faison 等（1989，1990）指出，溶解产物中明显地富集了氮、硫、钠、氯等元素。

9.6.2 产物结构

1982 年，Cohen 和 Gabriele 在对两株担子菌 *Polyporus versicolor* 和 *Poria multicolor* 液化美国北达科他州褐煤产生黑色液体的初始研究中就发现，经微生物液化产生的黑色液体与原褐煤的红外吸收光谱表现出不同，主要是原褐煤中 1600cm^{-1} 处的吸收峰移到 1590cm^{-1} 处。Kitamura 等（1993）后来的研究也发现经一株青霉液化的风化煤和未经处理的煤及用过氧化氢处理的煤相比氧含量明显增高，灰分含量显著降低。对液化煤的红外吸收光谱特征研究表明经微生物液化的煤与未经处理的煤相比有两个显著变化：一个是 2920cm^{-1} 和 2850cm^{-1} 处的吸收峰消失，另一个是 1710cm^{-1} 处附近的吸收峰增强。二者分别是由含甲基基团物质和含羧基基团物质的吸收引起的。由此他们推断煤中的甲基基团被氧化产生羧基基团。韩威等研究表明，硝酸氧化的扎赉诺尔褐煤经云芝作用后，其红外光谱图特征与原煤基本相似。不同的是在 1400cm^{-1} 处出现了一个较强的吸收峰，表明产物中含有较多的羧酸盐、胺盐。在 1715cm^{-1}、1700cm^{-1} 及 1680cm^{-1} 处峰消失或变弱，表明产物中酚、醇、醚或酯的化合物有所增加，含“—CH_3”的结构基可能减少。可见，不同的煤种经同一种微生物作用后，其结构的变化并不完全相同。但产物的结构特征仍与原煤类似。核磁共振分析表明，降解产物中的“CO—”官能团明显增多，表明该过程有氧化作用发生，导致极性增大及酸性增强。

9.6.3 产物的相对分子质量及发热量

煤生物降解产物是一种很复杂的有机混合物，其平均相对分子质量及相对分子质量的分布，目前尚无公认的标准测定方法。由于技术、水平、仪器等方面因素，研究者测定时采用的方法各不相同，通常用蒸气渗透压法、凝胶电泳法或质谱法测定平均相对分子质量。而用超滤膜或凝胶渗透层析法测定相对分子质量分布，所得结果因煤种、菌种、研究者不同而差异较大。Scott 等（1986）的测定结果表明，降解产物中 82.5%的相对分子质量为 3 万～30 万；佟威等（1996）测定的降解产物的平均相对分子质量在 3.53 万左右。一般认为，溶煤产物的相对分子质量比原煤要小，但这与所用的菌种、煤样和实验方法有关。有的菌种并不明显改变降解产物的相对分子质量；而有的菌种在用原煤作为唯一碳源时，降解产物的相对分子质量比原煤要大。生物降解产物的发热量与原煤的发热量大致相当，为原煤的 94%～97%。这说明煤经微生物作用后，能量损失很小。

9.7 煤炭生物转化产物的应用

煤经好氧生物作用后，转化为一种水溶性的液态产物，该产物含有多种官能团，具有较大的工、农、牧、医等方面的应用潜力。对此，研究者提出了各种可能的用途。如 Fasion（1991）提出，被木质素真菌所降解的煤物质可望像聚合木质素那样在工业上用于抗氧化剂、表面活性剂、树脂或黏合剂成分，特别是作为商业离子交换树脂或吸附剂用；在农业上用作土壤调节剂，改善植物根的吸收作用；医学上作为免疫辅药等。并且指出，真菌作用于降解煤而释放出低分子芳烃，这些芳烃带有很多含氧官能团，是工业上有价值的化学品。Klein 等（1999）建议，可将煤的转化产物合成聚羟基烯烃类（polyhydroxyalkanoate）精细化学品。Catcheside 等认为，目前煤炭微生物降解技术在低阶煤选矿、低阶煤的特殊低相对分子质量有机物的转化以及制取新的液体燃料等方面的应用已成为可能。生物降解产物也可经厌氧菌作用而产生甲烷、甲醇、乙醇等低相对分子质量物质，可作为燃料。目前，这方面的实际应用报道并不多。佟威（1993）用花盆土培考察云芝培养液溶解硝酸氧化煤样品对玉米种植的影响。结果表明，浇灌煤降解产物水溶液有助于玉米出苗及在干旱情况下生长，同时发现煤降解产物对蒜苗的生长具有明显刺激作用。柳丽芬等（1996）的研究发现，煤转化产物对蔬菜生长有很强的促进作用，在较低的浓度下即可显示很好的效果，其白菜增重高达对照样的 6 倍。武丽敏（1995）的研究表明，褐煤的微生物降解产物能增加土壤的肥力和活性，对玉米、小麦等农作物的生长有明显的促进作用。袁红莉等研究发现褐煤经微生物降解后其腐殖酸比未降解的褐煤腐殖酸生物活性明显增强。与未经降解的褐煤腐殖酸相比，微生物降解褐煤产生的腐殖酸对土壤微生物区系具有明显的刺激作用；对萝卜枯萎病病原菌表现出抑制作用；使大豆根瘤菌在大豆上结瘤的单瘤重及在苜蓿上的结瘤数和单瘤重均显著增加；而且能显著地促进豌豆种子发芽及幼苗生长。

经过多年的研究，现有两个成功的例子：一个是用微生物溶解褐煤，制备肥料和土壤调节剂，该产品在美国已经上市；另一个是生产生物可降解塑料，该产品由生长在煤衍生混合物上的细菌菌种产生。

9.8 煤炭生物转化的展望

微生物溶煤是一个多学科交叉领域，它的成功需要多种学科知识的综合应用，如微生物学、分子生物学、地球化学、燃料科学和化学工程。目前在研究上存在以下几个问题（尹苏东和陶秀祥，2005）。

（1）缺少对煤结构的研究。目前在许多研究中，以对溶煤菌种筛选、溶煤生理环境、溶煤机理研究为主，而对煤炭研究，特别是煤炭结构研究不足。微生物溶煤是菌种和煤炭两方面作用的共同结果，如果忽略了煤炭的研究，必然导致研究的不全面。煤炭溶解主要是靠微生物的解聚作用，不同的微生物其解聚的官能团结构也不同，所以我们必须根据不同种类煤炭的化学结构，来选择合适的菌种，从而大大提高溶解的效率。

（2）缺少煤与微生物之间关系的研究。煤炭是植物遗体在生物化学和物理化学的共同作用下形成的。在任何一个煤层中都可以发现微生物的存在，微生物在地球碳元素的循环利用中发挥了重要的作用，所以加强煤田微生物群落的研究，可以从生态学的角度获得新的溶煤菌种，乃至获得煤炭溶解的新思路。

（3）缺少新的生物溶煤方式。除了利用微生物的直接溶煤方法，也可以根据微生物溶煤机理开发出固定化酶、人工拟态酶等新途径来提高溶解煤炭效率。Miki 和 Sato 尝试在硅酸盐层上附上四苯卟啉环来构建人造的类氢化酶表面（酶拟态），用人造酶处理后，与对照组相比，褐煤的溶解性增强。虽然该拟态酶的催化中心不是很稳定，但是从某种程度上证明了新途径的可能性。

微生物溶煤的研究，对于解决目前煤炭利用率不高，燃烧污染环境提供了一个新思路，同时它对发展煤炭液体燃料、解决石油危机，将煤炭转化为高附加值化学品也有重大意义。所以研究微生物溶煤这个领域具有巨大的现实意义和经济价值。

参考文献

陈玉玲，曹敏．1999．黄腐酸对冬小麦幼苗 IAA、ABA 水平的影响及作用机理的探讨．植物学通报，16（5）：586～590

崔志军，赵军．1995．黄腐酸与氮磷配合对春小麦苗期生长及养分状况的影响．甘肃农业大学学报，30：56～61

戴和武，谢可玉．1999．褐煤利用技术．北京：煤炭工业出版社．1～27

韩威，佟威，杨涛波等．1994．煤的微生物溶（降）解及其产物研究．大连理工大学学报，36（6）：653～661

蒋崇菊，何云龙，刘大强等．1997．用有机溶剂提取泥炭黄腐酸的研究．哈尔滨理工大学学报，2（3）：112～114

柳丽芬，阳卫军，成玺等．1996．鹤岗风化煤的微生物降解研究．大连理工大学学报，36（4）：434～438

陶秀祥，尹苏东，周长春．2005．低阶煤的微生物转化研究进展．煤炭科学技术，33（9）：63～67

佟威．1993．煤的微生物分解及其产物研究．大连：大连理工大学博士学位论文

佟威，孙玉梅，韩威等．1996．关于微生物溶煤作用几个影响因素的研究．煤炭转化，19（3）：63～67

王风芹．2002．混菌发酵褐煤产生黄腐酸的研究．北京：中国农业大学硕士学位论文

武丽敏．1995．微生物阵解褐煤的研究．煤炎综合利用，（1）：26～28

肖善学，赵炜．1999．霉菌生命活动对黄腐酸结构及生理活性的影响．华东理工大学学报，25：598～600，42，536～542

阳卫军，彭长宏，唐谟堂．2001．煤的微生物转化．现代化工，21（6）：12～15

尹苏东，陶秀祥．2005．微生物溶煤研究进展．洁净煤技术，11（4）：34～38

袁红莉，蔡亚歧，周希贵等．2000．微生物降解褐煤产生的腐殖酸化学特性的研究．环境化学，19：240～243

袁红莉，陈文新，木村真人．1998．褐煤风化过程中微生物群落的演替．微生物学报，38（6）：411～416

袁红莉，陈文新．1997．煤的微生物液化．微生物学通报，24：284～286

郑平．1991．煤炭腐殖酸的生产和应用．北京：化学工业出版社

Achi O K. 1993. Studies on the microbial degradation of nigerian preoxidized subbituminous coal. International Biodeterioration and Biodegradation, 31: 293～303

Campbell J A, Stewart D L, McCullouch M et al. 1988. Biodegradation of coal-related model compounds. Am Chem Soc, Div Fuel Chem Prep, 33 : 514～523

Catcheside D E A, Mallett K J. 1991. Solubilzation of Australian lignites by fungi and other microorganisms. Energy Fuels, 5: 141～145

Cohen M S, Bowers W C, Aronson H et al. 1987. Cell-free solubilization of coal by *Polyporus versicolor*. Appl Environ Microbiol, 53 (12) : 2840～ 2843

Cohen M S, Feldmann K A, Brown C S et al. 1990. Isolation and identification of the coal-solubilizing agent produced by *Trametes versicolor*. Appl Environ Microbiol, 56: 3285～3290

Cohen M S, Gabriele P D. 1982. Degradation of coal by the fungi *Polyporus versicolor* and *Poria monticolor*. Appl Environ Microbiol, 44 : 23～27

Crawford D L, Gupta R K. 1991. Characterizaton of extracellular bacterial enzymes which depolymerize a soluble lignite coal polymer. Fuel, 70: 577～580

Dodson P J, Evans C S, Harvey P H et al. 1987. Production and properties of an extracellular peroxidase from *Coriolus versicolor* which catalyses Cα-Cβ cleavage in a lignin model compoud. FEMS Microbial Lett, 42 : 17～22

Fakoussa R M, Frost P J. 1999. *In vivo*-decolorization of coal-derived humic acids by laccase-excreting fungus *Trametes versicolor*. Appl Microbiol Biotechnol, 52: 60～65

Fakoussa R M, Hofrichter M. 1999. Biotechnology and microbiology of coal degradation. Appl Microbiol Biotechnol, 52: 25～40

Fakoussa R M. 1981. Coal as substrate for microorganisms-investigations of the microbial decomposition of untreated bituminous coal. Bonn: Doctoral Dissertation, Rhein Friedrich-Wilhelms University

Fasion B D, Lewis S N. 1989. Production of coal-solubilizing activity by *Paecilomyces* sp. during submerged growth in defined liquid media. Appl Biochem Biotech , 20/21: 743～752

Fasion B D, Woodward C A, Bean G M. 1990. Microbial solubilization of a preoxidized subbituminous coal. Appl Biochem Biotech, 24/25: 831～841

Fasion B D. 1991. Biological coal conversions . Critical Reviews in Biotechnology, 11 (4): 347～366

Fischer F, Fuchs W. 1927a. Über das Wachstum von Schimmel-pizen auf Kohle. Brennstoff-Chemie, 8: 231～233

Fischer F, Fuchs W. 1927b. Über das Wachstum von Schimmel-pizen auf Kohle (2. Mitteilung) . Brennstoff-Chemie, 8: 293～295

Fredrickson J K, Steward D L, Campbell J A et al. 1990. Biosolubilization of low-rank coal by a trametes versicolor sideropore-like product and other complexing agents. J Ind Microbiol, 5: 401～406

Gupta R K, Deobald L A, Crawford D L. 1990. Depolymerization and chemical modification of lignite by *Pseudomonas cepacia* strain DLC-07. Appl Biochem Biotechnol, 24/25: 899～911

Gupta R K, Spiker J K, Crawford D L. 1988. Biotransformation of coal by ligninolytic *Streptomyces*. CAN J Microbial, 34: 667～674

Hofrichter M, Fritsche W. 1997. Depolymerization of low-rank coal by extracellular fungal enzyme system. Ⅱ. The ligninolytic enzymes of the coal-humic-acid-degrading fungus *Nematoloma frowardii* b19. Appl Microbiol Biotechnol, 47: 419～424

Hofrichter M, Ziegenhagen D, Sorge S et al. 1999. Degradation of lignite (low-rank coal) by ligninolytic basidiomycetes and their peroxidase system. Appl Microbiol Biotechnol, 52: 78～84

Hölker U, Fakoussa R M. 1995. Growth substrates control the ability of *Fusarium oxysporum* to solubilize low-rank coal. Appl Microbiol Biotechnol, 44: 351～355

Hölker U, Sludwig S, Scheel T et al. 1999. Mechanisms of coal solubilization by the deuteromycetes *Trichoderma atroviride* and *Fusarium oxysporum*. Appl Microbiol Biotechnol, 52: 57～59

John W W, Henrique C G. 1989. Biodegradation of nitrogen-enriched lignite. Resources, Conservation and Recycling, 2: 249～260

John W, Pyne J R, Dorothy L et al. 1987. Solubilization of leonardite by an extracellular fraction from *Coriolus versicolor*. Appl Environ Microbiol, 53 (12): 2844～2848

Khan S, Dekker M. 1972. Humic Substances in the Environment. New York: INC

Kirk T K, Shimada M. 1985. Lignin biodegradation: the microorganisms involved and the physiology and biochemistry of degradation by white-rot fungi. *In*: Higuchi T. Biosynthesis and Biodegradation of Wood Components. Orlando: Academic Press. 579～605

Kitamura K, Ohmura N, Hiroshi S. 1993. Isolation of coal-solubilizing microoganisms and utilization of the solubilized product. Appl Biochem Biotechnol, 38: 1～13

Klein J, Catcheside D E A, Fakoussa R. 1999. Biological processing of fossil fuels. Appl Microbiol Biotechnol, 52: 2～15

Kuwatsuka S, Watanabe A, Ttoh K et al. 1992. Comparison of two methods of humic and fulic acid, IHSS and NAGOYA methods. Soil Sci Plant Nutr, 38 (1): 23～30

Laborda F, Monistrol F I, Luna N et al. 1999. Processes of liquefaction/solubilization of Spanish coals by microorganisms. Appl Microbiol Biotechnol, 52: 49～56

Leontievsky A, Vares T, Lankinen P et al. 1997. Blue and yellow laccase of ligninolytic fungi. FEMS Lett, 156: 9～14

Maka A, Srivastava V J, Kilbane Ⅱ J J et al. 1989. Biological solubilization of untreated North Dakota lignite by a mixed bacteral and mixed bacteral/fungal culture. Appl Biochem Biotech, 20/21: 715～729

Martínez M J, Ruiz-Dueñas F, Guillén F et al. 1996. Purification and catalytic properties of two manganese peroxidase isoenzymes from *Pleurotus eryngii*. Eur J Biochem, 237: 424～432

Moolick R T, Linden J C, Karim M N. 1989. Biosolubilization of lignite. Appl Biochem Biotechnol, 20/21: 731～735

Odier E, Mozuch M D, Kalyanaraman B et al. 1988. Ligninase-mediated phenoxy radical formation and polymerization unaffected by cellobiose: quinone oxidoreductase. Biochemie, 70: 847～852

Polman J K, Breckenridge C R, Stoner D L et al . 1995. Biologically derived value-added products from coal. Appl Biochem Biotechnol, 54 : 249～255

Polman J K, Miller K S, Stoner D L et al. 1994. Solubilization of bituminous and lignite coals by chemically and biologically synthesized surfactants. J Chem Tech Biotechnol, 61: 11～17

Poulos T L, Edwards S L, Wariishi H et al. 1993. Crystallographic refinement of lignin peroxidase at 2 A. J Biol Chem, 268 (6): 4429～4440

Quigley D R, Breckenridge C K, Dugan P R et al. 1988. Effect of mutivalent cations found in coal on alkali- and biosolubilities. Am Chem Soc Div Fuel Chem Prep, 33: 580

Quigley D R, Ward B, Crawford D L et al. 1989. Evidence that microbially produced alkaline materials are involved in coal biosolubilization. Appl Biochem Biotech, 20/21: 753～763

Quigley D R, Wey J E, Breckenridge C R et al. 1987. Comparison of alkali and microbial solubilization of oxidized low-rank coals. Proceedings of the Biological Treatment of Coals Workshop U. S. Department of Energy, Germanton, Md. 151

Ralph J P, Catcheside D E A. 1994. Decolourisation and depolymerisation of solubilised low-rank by the white-rot basidiomycete *Phanerochaete chrysosporium*. Appl Microbiol Biotechnol, 42 : 536 ～ 542

Ralph J P, Catcheside D E A. 1998. Involvement of manganese peroxidase in the transeformation of macromolecules from low-rank coal by *Phanerochaete chrysosporium*. Appl Microbiol Biotechnol, 49: 778～784

Ralph J P, Catcheside D E A. 1999. Transformation of macromolrcules from a brown coal by lignin peroxidase. Appl Microbiol Biotechnol, 52 : 70～77

Reiss J. 1992. Studies on the solubilization of German coal by fungi. Appl Microbiol Biotechnol, 37: 830～832

Schoemaker H E, Harvey P J, Bowen R M et al. 1985. On the mechanism of enzymatic lignin breakdown. FEBS Lett, 183: 7～12

Schumacher J D, Fakoussa R M. 1999. Degradation of alicyclic molecules by *Rhodococcus ruber* CD4. Appl Microbiol Biotechnol, 52: 85～90

Scott C D, Lewis S M. 1988. Biological solubilization of coal using both *in vivo* and *in vitro* process. Appl Biochem Biotech, 18: 403～412

Scott C D, Strandberg G W, Lewis S N. 1986. Microbial solubilization of coal. Biotechnol Prog, 2: 131～139

Steward D L, Thomas B L, Bean R M et al. 1990. Colonization and degradation of oxidized bituminous and lignite coals by fungi. J Ind Microbiol, 6: 53～59

Strandberg G W, Lewis S N. 1988. Factors affecting coal solubilization by the bacteria *Streptomyces setonii* 75Vi2 and alkaline buffers. Appl Biochem Biotechnol, 8: 355～361

Toth-Allen J, Torzilli A P, Isbister J D. 1994. Analysis of low-molecular mass products from biosolubilization coal. FEMS Microbiol Lett, 116: 283～286

Ward B. 1985. Lignite-degrading fungi isolated from a weathered outcrop. System Appl Microbiol, 6: 236～238

Wariishi H, Valli K, Gold M H. 1992. Manganese (Ⅱ) oxidation by manganese peroxidase from the basidiomycete *Phanerochaete chrysosporium*. J Biol Chem, 267: 23688～23695

Warrishi H, Huang J, Dunford H B et al. 1991. Reactions of lignin peroxidase compounds Ⅰ and Ⅱ with veratryl alcohol. J Biol Chem, 266: 20694～20699

Willmann G, Fakoussa R M. 1997. Extracellar oxidative enzymes of coal-attacking fungi. Fuel Process Technol, 52: 27～41

Wondrack L, Szanto M, Wood W A. 1989. Depolymerization of water solube coal polymer from subbituminous coal and lignite by lignin peroxidase. Appl Biochem Biotechnol, 20/21: 765～780

Wunderwald U, Kreisel G, Braun M et al. 2000. Formation and degradation of a synthetic humic acid derived from 3-fluorocatechol. Appl Microbiol Biotechnol, 53: 441～446

Yong W, Petersen J N, Kaufman E N. 1995. Modeling the biological solubilization of coal in a liquid fluidized-bed reactor. Appl Biochem Biotechnol, 51/52: 437～447

Yuan H L, Toyota K, Kimura M. 1995. Mechanism of biodegradation of lignite piled in the open air. Bulletin of Japanese Society of Microbial Ecology, 10 (2): 59～65

Ziegenhagen D, Hofricheter M. 1998. Degradation of humic acids by manganese peroxidase from the white-rot fungus *Clitocybula dusenii*. J Basic Microbiol, 38: 289～299

Ziegenhagen D, Hofrichter M. 2000. A simple and rapid method to gain high amounts of manganese peroxidase with immobilized mycelium of agaric white-rot fungus *Clitocybula dusenii*. Appl Microbiol Biotechnol, 53: 553～557

10 其他技术

丙酮、丁醇作为优良的有机溶剂和重要的化工原料，广泛应用于化工、塑料、有机合成、油漆等工业。丙酮-丁醇发酵曾是仅次于酒精发酵的第二大发酵过程。但是，从 20 世纪 50 年代开始，由于石油工业的发展，丙酮-丁醇发酵工业受到冲击，逐渐走向衰退。随着石化资源的耗竭以及温室效应的日趋严重，可再生能源日益受到人们的关注。作为丙酮-丁醇发酵的主要成分之一的丁醇（质量分数 60%以上）因具有良好的燃料性能而使该发酵过程重新受到高度重视。

10.1 生物丁醇

10.1.1 生物丁醇的燃料特性

正丁醇系统命名为 1-丁醇，熔点为－90.2℃，沸点为 117.7℃，相对密度为 0.810。具有脂肪族伯醇的化学性质，工业上广泛用作溶剂。正丁醇可由淀粉经特殊细菌作用发酵制得，也可由丙烯、一氧化碳、氢合成。

生物乙醇作为一种以生物质为原料生产的可再生能源，已广为人们所熟知。随着生物化工技术的不断发展，目前，一种新生代生物能源——生物丁醇正悄悄进入人们的视野。杜邦公司认为，当油价在 30～40 美元/桶而再不下降时，由发酵法生产的丁醇具有竞争性。

生物丁醇与生物乙醇相似，是生物加工的醇类燃料（表 10.1）（穆光照，1990）。汽油中的主要组成是 C6 和 C7，因此丁醇比乙醇更类似于“油”，它与燃料添加剂和润滑油配伍性更好。和乙醇相比，生物丁醇在燃料性能和经济性方面具有明显的优势，这些优势主要有以下几个方面：①因其类似烃类的结构，丁醇不易于与水相混合，丁醇与汽油的配伍性更好，能够与汽油达到更高的混合比；在不对汽车发动机进行改造的情况下，乙醇与汽油混合比的极限为 15%，而汽油中允许调入的丁醇可以达到 20%。②丁醇具有较高的能量密度，丁醇分子结构中含有的碳原子数比乙醇多，单位体积能储存更多的能量，测试表明，丁醇能量密度接近汽油，而乙醇的能量密度比汽油低 35%。③丁醇的蒸气压力低，对水的溶解性比乙醇小得多，并且可在炼油厂调和后用管道运送，不像乙醇必须在分销终端进行调和。丁醇的前景比其他生物燃料如乙醇或生物柴油更乐观，因为丁醇既不需要车主购买特殊车辆，也不必改造原有车辆发动机，而且这种新型燃料更环保。

表 10.1 丁醇与乙醇及汽油的特性比较

性质		丁醇	乙醇	汽油
分子式		C_4H_9OH	C_2H_5OH	C2～C12 烃类
相对分子质量		74	46	58～180
氧含量(m/m)/%		21.6	34.7	0
能量密度/(MJ/L)		26.9～27.0	21.1～21.7	32.2～32.9
比能量/(MJ/kg)		3.2	3.0	2.9
密度(20℃)/(kg/L)		0.8109	0.7813	0.70～0.78
理论空燃比		11.2	9.0	14.2～15.1
雷德蒸气压/kPa		4.35	18	45～100
沸点/℃		117.7	78.32	30～220
闪点/℃		35～35.5	12	−40
蒸发潜热/(kJ/kg)		581.99	904	310
低热值/(MJ/kg)			26.77	43.50
辛烷值	MON	94	92	72～86
	RON	113	111	84～98

杜邦公司与 BP 公司对所作的新燃料进行了基于实验室的发动机试验和行车试验，结果表明，生物丁醇的性能在关键参数上与无铅汽油相似，生物丁醇可作为燃料组分，生物丁醇配方可满足良好的燃料关键性能要求，包括高的能量密度、受控的挥发度、高的辛烷值和低含量的杂质，调和 10%的丁醇燃料与无铅汽油燃料很相似。另外，生物丁醇的能量密度与无铅汽油相近。

各种燃料的热量值为，生物乙醇 21.1～21.7MJ/L，生物丁醇 26.9～27.0MJ/L，汽油 32.2～32.9MJ/L。生物丁醇的热值较生物乙醇高，介于生物乙醇与汽油之间。

英国政府计划加速丁醇和其他生物燃料的生产，使生物燃料销售份额到 2010 年占所有燃料的 5%，到 2015 年占 10%。欧洲最大的石油公司 BP 公司与大型化工公司杜邦公司将联手开发、生产和销售新一代生物燃料，用作可再生的运输燃料。两家公司于 2007 年在英国市场上推出他们用作汽油组分的第一个产品：称为生物丁醇的正丁醇。BP 和杜邦与英国食品联合会的成员英国糖业公司合作，将使英国以甜菜为原料的第一套乙醇发酵装置转产 3 万吨/a (900 万加仑/a) 丁醇。到 2010 年，丁醇燃料可在 1250 个英国石油公司加油站销售。

长期以来，由于我国丁醇产能严重不足，反映在价格上是丁醇价格一直在上扬，由2006年1月的约9000元/t上升到目前的1.6万元/t以上。我国40%丁醇依赖进口，据权威部门预测，到2011年，我国的丁醇需求将达70万吨以上，依赖进口的局面难以得到根本性转变。目前我国化学合成法的丁醇产能约为38万吨/a，主要包括中国石化旗下齐鲁石化（6.5万吨/a）、北京化工四厂（2万吨/a）、中国石化与德国BASF合资的扬子-巴斯夫公司（10万吨/a）；中国石油旗下吉林石化公司（17万吨/a）、中国石油大庆石化总厂（2.5万吨/a）。随着石油价格的不断上涨，丁醇发酵工业已迎来复苏产业的大好时机。目前中国发酵法丁醇生产主要企业包括金沂蒙和吉安生化有限公司、吉林凯赛生物技术有限公司、广西桂林金源化工有限公司、河南天冠企业集团有限公司等8家企业，产能约16.5万吨/a。

随着世界经济的发展，对石油的需求迅速扩大，石油作为战略物资和不可再生的能源，其价格不断上涨，带动丁醇、丙酮价格上升，使生物发酵法生产丙丁总溶剂重新具有市场竞争优势，发展前景良好。丁醇可采用与乙醇相似的发酵流程制取，不过，与乙醇相比，丁醇生产的成本要高得多，也就是说，生产丁醇需用较大的蒸发、加热、冷却、蒸馏等设施，投资费用较高。因此，实现生物丁醇商业化的关键是提高原料加工成丁醇的转化率和发酵终端浓度，加快转化过程。这取决于高效微生物菌种的开发和生产工艺设计的优化。

同乙醇一样，生物丁醇传统生产方法也会消耗大量农产品，为此，科学家正在研究利用多种生物基原料生产丁醇的新技术，解决与人争粮的问题。专家表示，以非粮作物为原材料生产生物丁醇是未来发展的方向，将来能源行业可望使用作物纤维素，如谷物秸秆来生产生物丁醇。

目前，生物丁醇产业还处于初级阶段。近年来，由于石油价格不断攀升，不少有战略眼光的企业参与了生物丁醇的研究，世界上许多化学公司已经开始进行重大的战略转向，用生物资源替代石油资源、用生物技术路线取代化学技术路线进行生物燃料及化学品的生产。因此，发酵法生产丁醇代表着丁醇生产未来的发展方向。预计到2010年，处于行业领先的公司将可能设计出优异的生物丁醇制造工艺，使其经济性与乙醇相当，届时丁醇作为一种燃料将在石油公司的加油站销售。

10.1.2 丁醇转化原理

10.1.2.1 丙酮丁醇生产中常用的微生物

能够发酵生成丙酮丁醇的微生物种类甚多，一般认为用于丙酮丁醇发酵的生产菌种为梭状芽孢杆菌。丙酮丁醇菌在广义上属于丁酸菌族。丁酸菌是厌氧性、有鞭毛、能运动的杆状菌，在产生孢子时成为纺锤状或鼓槌状。细胞内含有淀粉粒，能被碘液染成深蓝色。按Bergey's分类，属于裂殖菌纲—真细菌目—真细菌亚目—芽孢杆菌科—梭菌属（*Clostridium*）（焦瑞身等，1960）。丙酮丁醇菌除有丁酸菌的一般通性外，还有一般丁酸菌所没有的发酵产生丙酮、丁醇的能力。

主要的丙酮丁醇生产菌有两类：醋酪酸梭状芽孢杆菌和糖-丁基丙酮梭菌。

1）醋酪酸梭状芽孢杆菌（*Clostridium acetobutylicum*）

醋酪酸梭状芽孢杆菌简称丙酮丁醇梭菌，该菌是 Weizmann 于 1912 年从谷物分离而得，即所谓魏斯曼型菌（Walton and Martin，1979）。

(1) 形态。在 5%的玉米醪培养基中，37℃培养 24h 镜检，短杆状，两端圆形，单一或双联排列，(0.5～0.7)μm×(2.6～4.7)μm，周边鞭毛运动，分裂生殖，革兰氏染色为阳性，后期变为阴性。经 3 天以上培养，游离出孢子，圆锥或椭圆形，(1.0～2.4)μm×(0.8～1.2)μm 大小，能休眠及抗不良环境能力保持其生命力。在间歇培养后期会出现梭状的纺锤体细胞，是一种介于营养细胞和孢子之间的形态，大小为 (4～6)μm×(1～2)μm，细胞内积蓄淀粉粒，以后就形成孢子。

(2) 生理特性。厌氧性，在好气的斜面培养下不繁殖，但接种到新配制的葡萄糖马铃薯液体培养基中，即使是好气培养，在 30℃下经过 2h 后也生育发酵。培养温度以 37℃左右最适宜，20～47℃下能生长。孢子在 65℃下能耐 40 天，100℃下能耐几分钟，孢子能抗干燥，故利于保存。pH 以 6～7 为宜，发酵时 pH 为 4～5.5。能分解蛋白质。不还原硝酸盐，不生成吲哚。能液化明胶，凝固牛乳。能发酵淀粉、果糖、蔗糖、麦芽糖、乳糖、葡萄糖、木糖、半乳糖、棉籽糖、肝糖、糊精、甘露糖、甘露醇等，不发酵蜜二糖、甘油、海藻糖、山梨醇、纤维素、乳酸钙等。发酵玉米、马铃薯等淀粉质原料，产生总溶剂的产量为淀粉的 35%～37%，其丁醇与丙酮比例为 2∶1，气体容积比 CO_2∶H_2＝60∶40。

典型的醋酪酸梭状芽孢杆菌菌株为 *Clostridium acetobutylicum* ATCC824，也是我国早期实验和生产用的菌种。适宜发酵玉米、甘薯和马铃薯淀粉质原料。溶剂比例丙酮∶丁醇∶乙醇（A∶B∶E）＝3∶6∶1。无抗噬菌体性能。国内外许多科研报告或论文都还使用该菌种作为丙酮-丁醇发酵的典型试验菌株。后来大多数工厂均使用自己选育或驯养的菌种，如中国科学院微生物研究所的 AS 1.70，以及具有各种优良的抗噬菌体性能的上海溶剂厂的新抗-2 号，焦瑞身课题组选育的高丁醇比菌株 EA2018 等（张益棻等，1996）。

2）糖-丁基丙酮梭菌（*Clostridium saccharobutyl-acetonicum*）

糖-丁基丙酮梭菌也是梭状属菌株，适合于糖蜜发酵，与醋酪酸梭状芽孢杆菌很相似（Walton and Martin，1979）。

(1) 形态。在添加葡萄糖的马铃薯培养基中，于 30℃培养 20h，营养细胞为短杆状或长杆状，单个或连接存在，大小多为 1.7μm×6μm，周边鞭毛。革兰氏染色为阳性，但易变，不规则。经过 3 天以后的发酵醪中存在孢子，形状为圆头的圆锥形或卵形，1.4μm × 2.7μm 左右。在含葡萄糖的马铃薯培养基中，30℃培养 36h 后会形成梭状和鼓槌状的梭状体细胞，用碘化钾检验，呈淀粉粒反应。用葡萄糖、糖蜜、肉浸液、蛋白胨、硫酸铁的琼脂培养基进行厌气平板培养，30℃，48h 后，其菌落为圆形或不规则形，滑面或粗面，隆起，半透明或不透明，不产生色素。用石蕊牛乳培养基，30℃培养 48h 后，石蕊还原，72h 后呈酸性，15 日后酪素凝固，部分胨化。

(2) 生理特性。与醋酪酸梭状芽孢杆菌相似，厌氧性。一般培养温度宜低些，最适发酵温度 29～31℃。最适 pH5.6～6.2。能充分利用无机氮源。吲哚不生成，硝酸盐还原不清楚、不生成或极少生成硫化氢。能发酵葡萄糖、果糖、乳糖、蔗糖、麦芽糖、棉籽糖、玉米淀粉可溶性淀粉、糊精、肝糖等。不发酵鼠李糖、松三糖、甘油、甘露醇、山梨醇等。在糖浓度为 6%左右的糖蜜中加入硫酸铵、碳酸钙，接入 4%～10%种量，发酵 30～70h，可得到 30%以上的溶剂。一般情况下糖蜜发酵生产溶剂的三成分比例为丙酮∶丁醇∶乙醇（A∶B∶E）＝(26～32)∶(68～73)∶(1～6)。

用糖蜜原料发酵生产丙酮-丁醇的菌株还有糖-醋丁基梭菌（*Clostridium saccharo-acetobutylicum*）。日本、美国、南非、中国台湾等工厂用甘蔗废糖蜜发酵时使用这些菌株。前苏联、东欧一些国家也曾用于甜菜废糖蜜的丙酮丁醇发酵。

另外，还有一些其他菌种，如适用于农林副产物水解液或亚硫酸盐纸浆废液发酵的费地浸麻梭状芽孢杆菌（*Cl. felsineum*）、丁基梭状芽孢杆菌（*Cl. butylicum*）等。

最近研究发现用于溶剂生产的菌种并非属于细菌的一个同源群。DNA 杂交、16S rRNA 基因序列研究显示，淀粉发酵和糖发酵生产溶剂的梭菌在系统发生学上具有很大差别。*Cl. acetobutylicum* ATCC824 和 DSM173I 是典型的淀粉分解菌群，而糖分解群的菌种可很明确地分组为 3 个种群：*Cl. beijerinckii* 和 *Cl. ncetobzftylicum* NCIMB8052；*Cl. saccharo-acetobutylicum* N1-4；*Cl. acetobutylicum* NCP P262。分类为 *Cl. Acetobutylicum* 的各菌种是由一些异源的不同种所组成。NCP P262 菌种是最近才应用于工业化发酵生产的菌种，它是目前溶剂生产最好的自然菌种。

10.1.2.2 丙酮-丁醇的发酵机理

关于丙酮-丁醇的发酵机理，一个世纪来，众多科学家进行了探讨和研究，特别是 20 世纪上半叶，提出了不少学说。由于菌种、原料、发酵条件的不同，其化学变化必然有差别。用 *Cl. acetobulylicum* ATCC824 菌种，发酵玉米等淀粉质原料时，一般都认为淀粉首先经淀粉酶水解生成葡萄糖，葡萄糖再经磷酸果糖途径到丙酮酸，再进一步由丙酮-丁醇菌的酶系转化为酸和溶剂。从丙酮酸到酸和溶剂的代谢途径如图 10.1 所示（Jones and Woods，1986）。

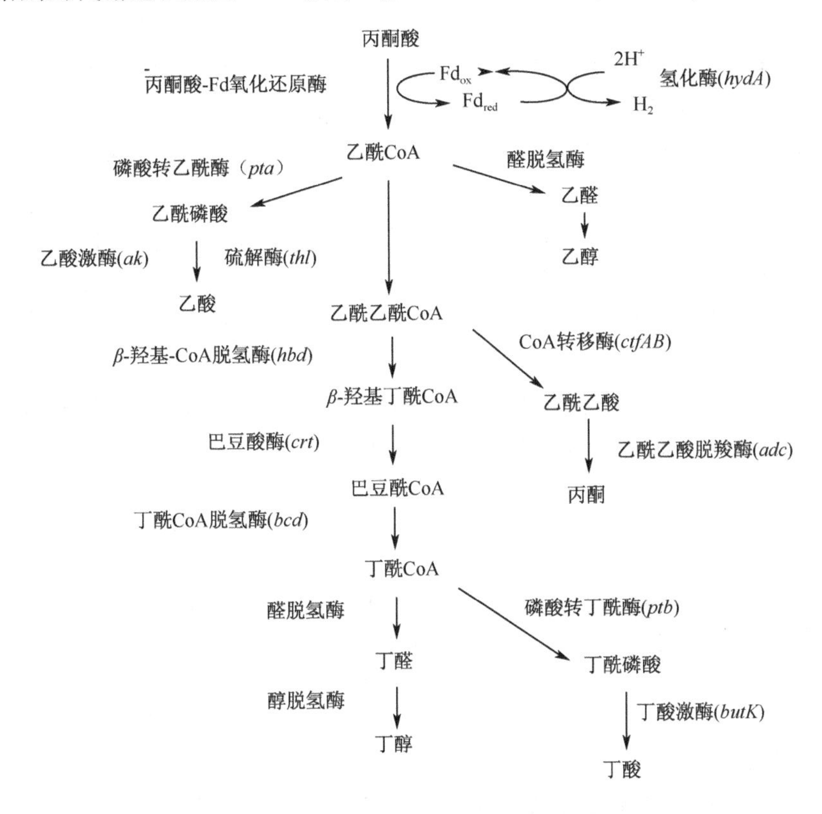

图 10.1 从丙酮酸到酸和溶剂的代谢途径

图中编码酶的基因已被克隆和测序，其名称注于括号内

丙酮生产从乙酰乙酰 CoA 开始，所涉及的酶类包括 CoA 转移酶和乙酰乙酸脱羧酶。乙酰乙酸脱羧酶基因（*adc*）包含在单顺反子操纵子（monocistronic peron）中，CoA 转移酶的两个亚基由 *ctfA* 和 *ctf*B 基因所编码并与醛/醇脱氢酶基因（*adh*）一起位于 *sol* 操纵子。*sol* 和 *adc* 操纵子相互紧密连接，但具有趋同转录性。

丁醇的形成需通过丁醛脱氢酶将丁酰 CoA 转化成丁醛，最终由丁醇脱氢酶将其转化为丁醇。目前专性丁醛脱氢酶基因仍未得到克隆，但多功能醛/醇脱氢酶（AdhE）可在丁醇形成过程中起一定作用。在丁醇形成过程中 AdhE 酶的作用已通过突变型互补实验得到证实，在 *Cl. acetobulylicum* M5 的 AdhE 酶突变株质粒上编码 *adhE* 基因的表达，使丁醇的生产得以恢复。同时，mRNA 分析也表明了 AdhE 酶在丁醇形成过程中的生理作用。

两个丁醇脱氢酶同工酶（Ⅰ和Ⅱ）也已得到纯化，其由 *bdhA* 和 *bdhB* 基因所编码。丁醇脱氢酶Ⅰ（BdhⅠ）的丁醛脱氢作用是乙醛脱氢的两倍，而丁醇脱氢酶Ⅱ（BdhⅡ）的丁醛脱氢活性是乙醛脱氢的46倍。*bdh*A 和 *bdh*B 基因毗连连锁在单顺反子操纵子上，它们分别由一个启动子所控制。一个编码乙醇脱氢所需 NADPH 的 *adh* Ⅰ基因已从 *Cl. acetobulylicum* P262 菌种中分离得到，其对丁醇、乙醇都具有活性。

丙酮酸的“磷酸裂解”产生分子态的氢，在这个反应中有铁氧化蛋白（Fd）参与，通过氢化酶由还原态 Fd 形成 H_2。

由丙酮丁醇梭菌和 *Cl. butylicum* 进行的丁醇-丙酮发酵，开始时形成大量的酸，特别是丁酸。由于大量酸的形成，所以能诱导形成乙酰乙酸脱羧酶并催化丙酮和 CO_2 的形成。开始巴豆酰辅酶 A 作为 H 受体，丁酸和丁酰辅酶 A 还原成丁醇。

中国的溶剂发酵生产主要用玉米等淀粉质原料，使用的菌种属于典型的醋酪酸梭状芽孢杆菌菌株 *Cl. acetobulylicum*。为了便于工业上计算方便，采用以下近似的化学反应式：

$$\underset{\text{淀粉}}{(C_6H_{10}O_5)_n} + nH_2O \longrightarrow \underset{\text{葡萄糖}}{nC_6H_{12}O_6}$$

$$\underset{\text{葡萄糖}}{12C_6H_{12}O_6} \longrightarrow \underset{\text{正丁醇}}{6CH_3CH_2CH_2CH_2OH} + \underset{\text{丙酮}}{4CH_3COCH_3} + \underset{\text{乙醇}}{2CH_3CH_2OH} + 18H_2 + 28CO_2 + 2H_2O$$

实际工业生产中，还生成异丙醇、异戊醇、乙酸、丁酸等副产物杂质，若用高丁醇比菌种，丁醇比例也不同。因此，上述反应式只能作为近似的表述。

10.1.3 传统的丙酮-丁醇生产技术（陈騊声和陆祖祺，1991）

10.1.3.1 玉米发酵生产丙酮-丁醇

玉米是发酵生产丙酮-丁醇最经典的原料。

1）发酵基质的制备

将玉米或其他淀粉质原料磨粉，配料加水，使可发酵的糖类的浓度为6%～8%。然后用间歇或连续方法，在0.1～0.3MPa蒸汽压力下（温度120～140℃）蒸煮灭菌1～2h，该工序称为蒸煮，所制备的基质称为蒸煮醪。

蒸煮醪液保持在无菌的条件下，进行冷却，泵入发酵罐内。因为梭菌具有足够的淀粉酶，玉米等淀粉质原料不需要外加糖化工序。

2）接种菌株

将丙酮丁醇梭菌逐级扩大培养，从液体试管到6L培养瓶，到5000L种子罐，再用此足够的菌液量接种 100m^3乃至更大的发酵罐。

传代或扩大培养步骤中，保藏菌株活化时，孢子发芽培养严格厌氧，因为梭菌对氧极其敏感，最少量的氧也会对梭菌有很大的妨碍，并从而引起发酵产量的下降。一般采用厌氧培养装置，抽真空或通 CO_2保护。在接种后 10～20h 发芽生长处于活泼产气状态时，即可转入正常生长及发酵。

在接种和培养过程中要重视纯种状态，每级扩大培养后要检查菌液的纯度（无菌情况），以便避免外来的污染。

3）发酵过程

正常情况下的发酵过程分为三个阶段。①第一阶段：大部分在 13～17h 后，由于产生了大量的乙酸及丁酸使酸度达到了最高值。活泼产气，最初主要是形成氢，在这一阶段梭菌迅速生长，形成的细胞是革兰氏阳性。②第二阶段：酸度直线下降，同时形成丙酮及丁醇。产气达到顶峰，但与第一阶段相反，这个阶段形成的气体主要是 CO_2，梭菌数目不断增加，同时孢子的数目也迅速增加。在第一个小时内由 pH6 降到约为 pH5，并且可维持不变，这是因为在基质中有许多缓冲物质存在。③第三阶段：再形成更多的酸，并且丙酮及丁醇的产生放缓，产气变弱。整个发酵过程在 48～72h 内结束。

4）提取

丙酮及丁醇大部分是在发酵醪液中，采用一系列连续蒸馏的蒸馏塔装置，将其溶剂蒸馏出来，并通过分馏使产品进一步精制纯化。

被称为废醪的残余物中约含 1%的固态物质，可用过滤及过筛分离出来，干燥后就成了一种良好的、含维生素 B_2的饲料。

玉米发酵生产丙酮丁醇的工艺流程示意见图 10.2。

发酵过程中排出的气体主要为 CO_2和 H_2，还夹带有一部分溶剂，使这些气体经过一个吸收塔可回收一定量的溶剂，回收液通过分馏纯化。100 000m^3的气体约能回收 1t 溶剂（55%的丙酮，22.4%丁醇及 22.4%乙醇的混合物），为总溶剂产量的 1%～2%。CO_2和 H_2可以分离压缩作为副产品。

在玉米发酵时，每 100kg 淀粉所得的溶剂的总产量约为：11kg 丙酮，22.5kg 丁醇及 2.7kg 乙醇，36m^3的 CO_2及 24m^3的 H_2。此外还有杂醇油、废醪饲料等其他副产品。

10.1.3.2 用糖蜜发酵生产丙酮-丁醇

糖蜜是丙酮-丁醇发酵的一项重要原料。甘蔗废糖蜜或甜菜废糖蜜都能适用。图 10.3 为糖蜜发酵生产丙酮-丁醇的工艺流程示意。

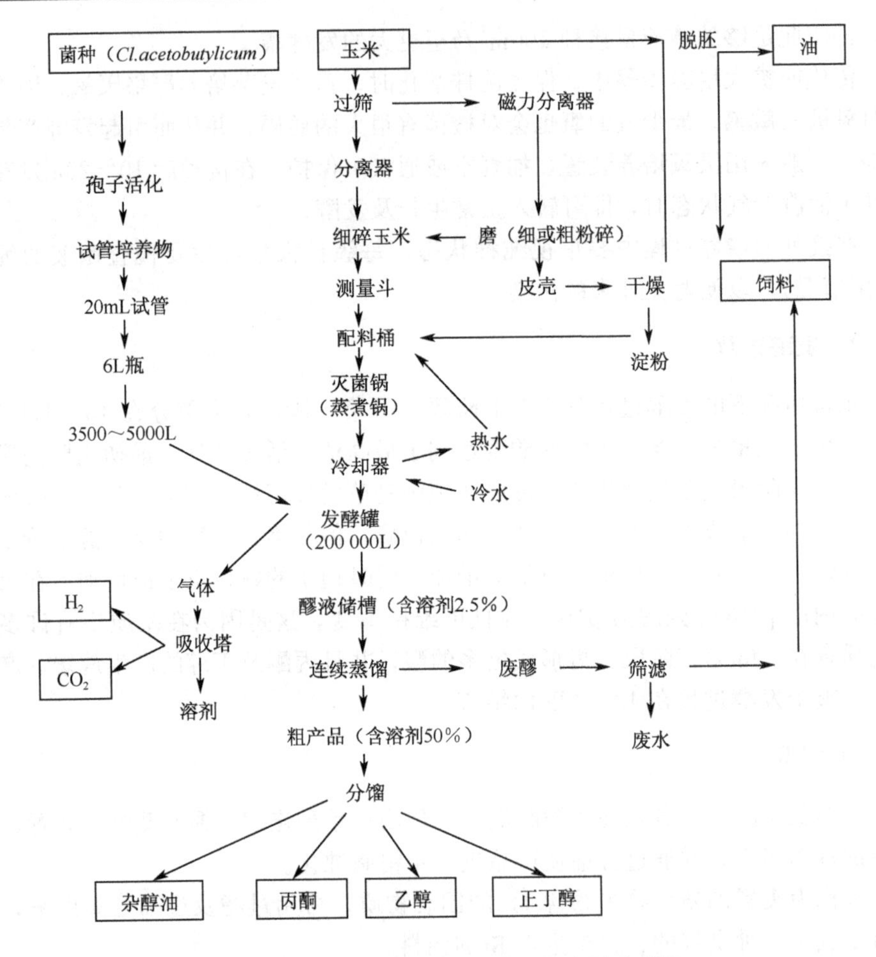

图 10.2　玉米发酵丙酮-丁醇工艺流程示意图

1）菌种

用丙酮丁醇梭菌时必须向糖蜜中加入一定量的玉米粉，以便适合于该菌种的发酵条件。还选用其他菌种，如糖丁酸梭菌（*C. saccarobutylicum*），特别是梅氏丁酸梭菌（*C. madisonii*）及糖醋丁酸梭菌（*C. sccharacetobutyicum*），能够不加淀粉，在加入氮磷源后时就能发酵糖蜜。菌株接种扩大繁殖同时玉米发酵，但在培植菌株的营养液中需加入一些糖蜜。

2）基质

糖蜜用水及蒸汽稀释到糖含量为 5%～7%。按需要加入过磷酸盐或磷酸铵（约为糖量的 0.3%）。然后将醪液灭菌（大部分是连续灭菌——俗称连续消毒），

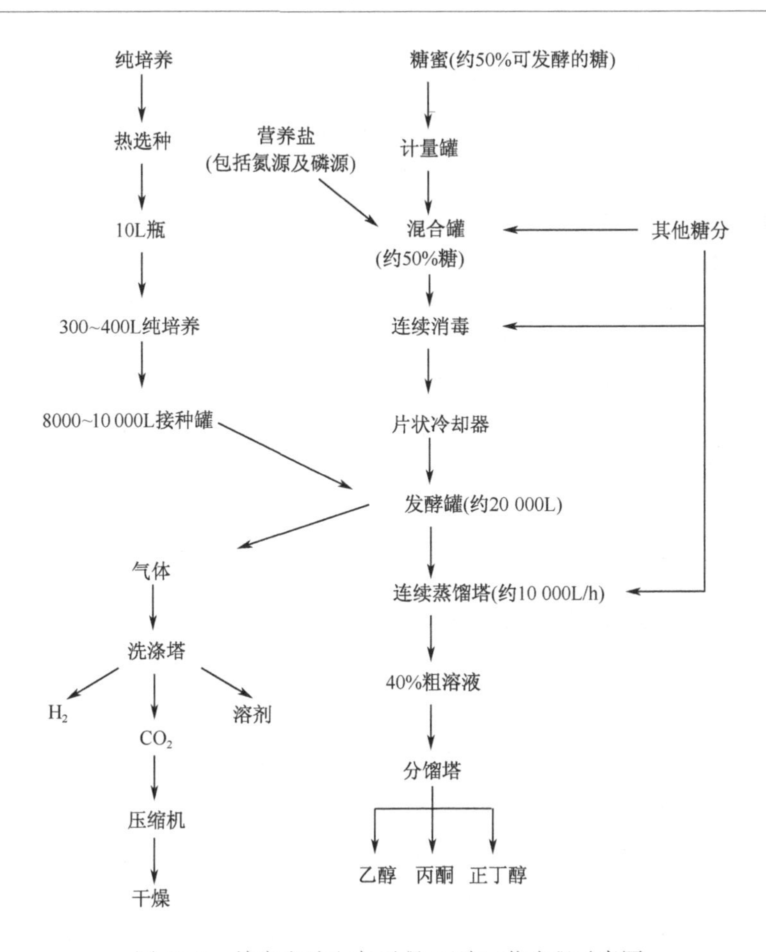

图 10.3 糖蜜发酵生产丙酮-丁醇工艺流程示意图

并泵入发酵罐。

3）发酵过程

发酵过程相同于玉米发酵。但为了使发酵更迅速地发动，常常先将一部分醪液泵入罐中，而其余部分在发酵发起之后再分批加入，这样就使得那些较玉米淀粉难于发酵的糖蜜容易被发酵。在发酵糖蜜时 pH 的调整极其重要。pH 开始为 6.7，然后迅速地下降到 5.2～5.6。

4）提取

提取方法相同于玉米发酵。对于 100kg 的甘蔗糖蜜（约含 57kg 的粗糖和转化糖）产量为 4.9kg 丙酮，11.5kg 丁醇，少量乙醇，32.1kg CO_2 及 0.8kgH_2，干燥糟 28.6kg。

10.1.3.3 丙酮-丁醇的连续发酵

丙酮-丁醇发酵大都采用间歇方法。以前认为丙酮丁醇梭菌经过多次营养菌体的移植后就呈现生理上的衰退，因此人们都相信用这种微生物进行生产时，不适于用连续操作。后来 Dyr 等（1958）成功地用丙酮丁醇梭菌在 5L 罐内进行连续发酵，指出将菌体生长与溶剂发酵分为多级，可维持菌体正常活力。因为在第一罐中连续进新醪液，因此整个系统是连续的。1960 年，丙酮丁醇连续发酵已经工业化实施。用 6～11 个发酵罐组进行发酵，还有在活化罐采用不同的培养溶液，以便使梭菌总是保持其活性阶段，以溢流的方式进行丙酮-丁醇的连续发酵生产，其产量与间歇发酵法相比，提高约 20%。国内 1959 年焦瑞身等首先开始研究丙酮丁醇发酵，在上海溶剂厂 100m^3 发酵罐上进行了一系列实验，使发酵周期缩短了 14h 左右，提高了溶剂产量。1970 年前后，国内溶剂厂普遍采用了连续发酵生产工艺（孙志浩，1982）。

10.1.3.4 分离偶联技术发酵丙酮丁醇

丙酮丁醇发酵的总溶剂量为 2%，因此除了原料成本外，由于总溶剂含量低，后续蒸馏成本很高，约占整个生产成本的 1/3，而在丙酮丁醇发酵过程中导致溶剂总量低的主要原因是丁醇达到约 1.3%的含量后，开始对丙酮丁醇梭菌产生抑制，导致发酵结束，如果在发酵过程中能够在线分离丁醇，这样得到的溶剂产量就会很高，这样后续的蒸馏成本会降低很多，目前分离偶联发酵的技术包括气提偶联发酵，渗透汽化膜偶联发酵，抽真空偶联技术，萃取偶联发酵技术，其中气提偶联比较简单易行，不过气提效率不高，渗透汽化膜偶联发酵技术现在随着膜技术的不断发展，研究越来越多，这种方法效率高，选择性强，不过膜的成本比较高，中国科学院过程工程研究所等一些单位正在进行渗透汽化膜偶联发酵的研究（Chen and Blaschek，1999）。

10.1.4 纤维质原料发酵丙酮及丁醇

前面介绍的几种丙酮丁醇的发酵方法，在过去都是较为成熟的技术，曾经在丙酮-丁醇的生产中大规模的应用，后来因为生产成本过高，被兴起的石油化工法所替代。现在随着石油资源日趋枯竭，石油价格的不断攀升，石油化工法的生产成本也不断增大，加之人们对保护资源以及环境意识的不断提升，国内外对生物法生产丁醇技术又重新高度重视。在粮食紧缺，能源危机的今天，纤维质原料生产燃料丁醇无疑具有诱人的潜力和前景。高校科研院所以及企业都在集中精力攻关纤维质原料发酵生产丁醇的技术，经过努力，这一技术取得了很大的研究进展。现在主要的问题包括纤维质原料预处理成本偏高，以及预处理过程产生的废水量比较大。

10.1.4.1 纤维丁醇发酵微生物

主要纤维丁醇产生菌的研究现状见表 10.2（王风芹等，2009）。丙酮丁醇产生菌具有广泛的糖利用范围，可以利用六碳糖（如葡萄糖、果糖、半乳糖、甘露糖）及五碳糖中的阿拉伯糖和木糖进行发酵。但目前还没有发现能够直接利用木质纤维素生产丁醇的菌株。Lopez-Contreras 等（2001）从厌氧的胃瘤真菌 *Neocallimastix patriciarum* 中克隆了两段不同的纤维素酶基因 *cel*A（从基因家族 6 中编码纤维二糖水解酶）和 *cel*D（从基因家族 5 中编码内切葡聚糖酶），将其转入 *C. beijerinckii* 中，转化后的菌株内切葡聚糖酶活性显著增大，并且对苔藓类、

表 10.2 主要纤维丁醇产生菌的研究现状

底物	水解方法	脱毒	整合发酵技术	菌种	ABE 产量/(g/L)	丁醇产量/(g/L)	ABE 产率/(g/g 糖)	ABE 产生速率/[g/(L·h)]
松树 杨木 玉米秸秆	SO_2 预处理＋酶水解	无	分批-萃取发酵	*C. acetobutylicum* P262	17.7 22.9 25.7	10.8 13.4 15.1	0.36 0.32 0.34	0.73 0.95 1.07
甘蔗渣 水稻秸秆	碱法预处理＋酶水解	硫酸铵与活性炭脱毒	SHF	*C. saccharoperbutylacetonicum* ATCC 27022	18.1 13.0	14.8 10.0	0.33 0.28	0.30 0.15
小麦秸秆	碱法预处理＋酶水解	无	SSF	*C. acetobutylicum* IFP 921	17.7	10.3	0.18	0.47
玉米纤维	稀硫酸预处理＋酶水解	XAD-4 resin	SHF	*C. beijerinckii* BA101	9.3	6.4	0.39	0.10
	水热处理＋酶水解	无	SHF	*C. beijerinckii* BA101	8.6	6.5	0.35	0.1
小麦秸秆	酸预处理＋酶水解	无	气提 SSF	*C. beijerinckii* P260	21.42	NA	0.41	0.31
稻草	酶法水解	无	SHF	*C. acetobutylicum* C375	12.8	8.42	0.30	0.21
玉米秸秆	气爆预处理＋酶水解	无	膜循环酶解耦合发酵技术	*Clostridium acetobutylicum* AS1.132	NA	0.14 g/g（纤维素＋半纤维素）	0.21	0.31

谷类中结构复杂的聚糖转化为溶剂的能力也有较大提高。可见，通过一定的分子遗传技术手段可以使产溶剂菌株具有更为广泛的多聚糖降解酶，能够较好的提高溶剂产量（Lopez-Contreras et al.，2004)。

10.1.4.2 纤维丁醇发酵技术

1）纤维原料糖化液组成及其对丁醇发酵的影响

由于溶剂产生梭菌不能有效水解富含纤维质的农业废弃物，因此木质纤维原料必须首先经预处理（物理法、化学法或生物法）和酶水解成为单糖再进行发酵，其经预处理和酶解糖化液的单糖包括60%已糖（葡萄糖、半乳糖等）和40%戊糖（木糖和阿拉伯糖等)。与乙醇产生菌（主要利用已糖发酵）相比，丁醇产生梭菌在发酵过程中可以同时利用戊糖和已糖发酵产生丁醇，提高了原料的利用效率（Ezeji T et al.，2007)。

纤维水解液中除了水解糖之外还存在许多不利于菌体生长的化合物，有毒化合物的种类以及它们在木质纤维素水解液中的浓度依赖于原料的种类及预处理条件。发酵培养基中的酸类物质（如阿魏酸和ρ-香豆酸)、酚类物质、有机或无机盐类（如硫酸钠、乙酸钠、NaCl）等对丁醇发酵菌株的生长与发酵均有显著的抑制作用。Soni等（1982）报道甘蔗渣和水稻秸秆水解液会抑制 *C. saccharoperbutylacetonicum* 的生长，Qureshi等（2008a）发现玉米纤维水解液也可抑制 *C. beijerinckii* BA101的生长。Claassen等（2000）采用蒸汽爆破和酶水解处理有机生活垃圾，水解液经脱毒处理后 *C. acetobutylicum* DSM1731发酵产生总溶剂的量较对照提高了3倍。但Qureshi等（2008b）研究发现小麦秸秆稀酸水解液不经任何脱毒处理即可用于丁醇发酵，且产量与产率均高于以葡萄糖为原料的对照。

2）分批发酵技术

20世纪80年代就有利用甘蔗渣、稻草秸秆、小麦秸秆等通过碱法预处理进行丁醇发酵的尝试，总溶剂产量可达13.0～18.1g/L。Parekh等（1988）利用SO_2催化技术预处理松木或白杨木进行丁醇发酵，总溶剂产量达到17.6～24.6 g/L。陈守文等（1998）利用 *C. acetobutylicum* C375发酵稻草酶法水解液(还原糖浓度为4.28%)，总溶剂产量为12.8g/L，丁醇比例为65.8%。Qureshi等（2007）对小麦秸秆进行稀酸预处理和酶水解，得到糖含量为60g/L的糖化液，经过滤、超滤后用 *C. beijerinckii* P260进行发酵，总溶剂产量为25.0g/L，其中丁醇为12.0 g/L。

3）整合发酵技术

丁醇分批发酵的主要问题在于产物对细胞的毒性大造成产物浓度较低以及由于发酵菌种的延迟期较长使得丁醇的产率较低。为解决以上两个问题纤维丁醇发酵可采用补料发酵（fed-batch fermmentation）、连续发酵（continuous fermentation）、同步糖化发酵（Simultaneous hydrolysis and fermentation，SSF）、气提（gas stripping）发酵等整合发酵技术（integrated fermentation）以提高丁醇的产量及设备的利用效率。

中国科学院过程工程研究利用新型的蒸汽爆破玉米秸秆膜循环酶解耦合发酵系统对丁醇发酵进行了研究，丁醇的产量达0.14g/g，最大丁醇产率达到0.31g/(L·h)。纤维素和半纤维素的转化率分别为72%和80%，使用单位纤维素酶所产生的丁醇量为3.9mg/IU，是分步水解批次发酵的1.5倍（李冬敏和陈洪章，2007)。

气提技术是指利用发酵过程中产生的 H_2 和 CO_2 或者惰性气体作为载气，使其在动力作用下进入发酵体系并带走有机溶剂，后在冷凝器内收集，而循环气体再次进入反应器作为载气使用的发酵过程。气提技术不但减少了代谢产物对菌体的抑制作用，而且利用发酵产气进行气体循环，经济合理，在纤维丁醇生产中潜力巨大。

Ezeji等（2004）研究了 *C. beijerinckii* BA101利用高浓度的P2合成培养基采用补料与气提技术整合发酵丙酮-丁醇-乙醇（ABE），结果表明采用该整合技术ABE的产生速率比对照提高了4倍，消耗500g葡萄糖产生总溶剂232.8g（其中丁醇151.7g），其产率和产生速率分别为0.47g/g和1.16g/(L·h)。Qureshi等（2007，2008a，2008b）研究了 *C. beijerinckii* P260以小麦秸秆稀酸水解液为原料，采用多种整合发酵技术进行丁醇发酵，各种整合发酵技术的产量比较如表10.3所示，整合入气提发酵技术后可以大大提高总溶剂的产量。

丁醇发酵技术中，除上述外还有萃取发酵技术、渗透萃取和渗透汽化技术、固定化及细胞再循环技术等均得到了很好的应用，但在以纤维质原料进行发酵生产当中，一些工艺可能由于成本和技术原因还不能得到较好的应用。随着纤维质原料预处理技术和糖化酶工业的发展，越来越多的注意力将集中在以纤维质原料进行燃料丁醇的生产中，各种工艺过程和生产技术将进一步的改进和完善，逐步向工业生产迈进。

表 10.3　*C. beijerinckii* P260 利用小麦秸秆水解液进行丁醇发酵工艺比较

发酵工艺*	ABE 产量 /(g/L)	丁醇产量 /(g/L)	ABE 产率 /(g/g)	ABE 产生速率 /[g/(L·h)]	原料水解率/ %
SHF	13.38	8.09	0.32	0.14	100%
SSF	11.93	7.4	0.42	0.27	75%
SSF-gas stripping	21.42	NA	0.41	0.31	95%
SSF-Fed-batch fermentation-gas stripping	192.0g	NA&	0.44	0.36	100%

注 *：SHF：1%的稀硫酸于 121℃预处理 1 h，糖化条件：纤维素酶、β-葡萄糖苷酶和木聚糖酶在 pH5、45℃下水解 72h，发酵温度为 35℃，pH6.5；

SSF：pH6.5、温度 35℃；

SSF-gas stripping：以 CO_2和 H_2为载气进行同步糖化发酵与产物提取；

Fed-batch fermentation- gas stripping：pH6.5、温度 35℃，发酵过程中流加糖并通过气提技术提取产物。

NA 表示无效数据；NA& 表示重复后仍为无效数据。

丙酮丁醇发酵具有悠久的历史，国内原有的丙酮丁醇生产厂家具有成熟的工艺与丰富的经验，为纤维丁醇的生产奠定了基础。国内进行纤维质丁醇研究的科研单位包括中科院上海植物生理生态研究所微生物组、中国科学院过程工程研究所陈洪章教授课题组、山东大学、华东理工大学、河南农业大学等；进行这一技术攻关的企业包括河南天冠集团和华北制药集团等；国外进行研究的公司有美国杜邦公司，英国石油公司等。华北制药集团有限责任公司 2008 年 4 月 23 日已通过《华北制药集团有限责任公司非粮发酵制造生物丁醇高技术产业化示范工程项目》的报备，项目建成后将形成年产 10 万吨生物丁醇的规模，总投资 7.5 亿元，建设期限为 2008 年 3 月 1 日至 2010 年 9 月 1 日。

纤维乙醇预处理和糖化的技术与工艺平台可直接用于纤维燃料丁醇的生产，其发酵技术与设备经改造后也可用于丁醇的发酵，为纤维丁醇的生产提供了坚实的技术支撑。

10.2　能源的生物脱硫净化技术

能源的生物脱硫技术（BDS，biocatalytic desulfurization）是利用自然界存在的微生物脱去硫，而不破坏有价值的烃类。应用微生物脱硫历史较早，1935 年，Maliyantz 就开始了生物脱硫的研究，1948 年，美国取得了生物脱硫的第一个专利。1988 年，美国气体技术研究所（GTI）发现了选择性较高的 IGTS-8 菌种，1991 年，美国能源生物系统公司（EBC）接受了该菌种，后经过筛选和改进，开发了利用生物菌从柴油或柴油的混合进料中脱硫的工艺技术，但由于加工过程中一部分烃类作为细菌生存和繁衍的碳源被消耗掉，使能源的应用价值受损，都均未实现工业化（卞爱华，2001）。近几年，随着生物脱硫净化技术的不断发展，特别是近年来基因技术的发展，使高活性脱硫生物技术取得了新进展，生物脱硫净化技术因其具有反应条件温和（常温 20～60℃、常压）、无需加氧（赵延飞等，2004）、设备投资比 HDS 低 50%、操作费用降低 15%、且能有效地除去 HDS 难以除去的二苯并噻吩等优点，有希望成为传统加氢脱硫过程的辅助途径，进行含硫燃料的深度脱硫。

10.2.1 石油的生物脱硫净化

石油是当今世界主要能源之一，硫作为一种有毒物质普遍存在于石油中，在天然原油中，硫的含量为 1000～30 000ppm①。目前我国绝大多数炼油厂都采用加氢脱硫这种脱硫工艺，但该法的投资和经营费用很大，因此，迫切需要一种新型有效的脱硫技术应用于石油化工生产中。

10.2.1.1 生物脱硫机理

石油中的硫化物、无机硫及沸点较低的含硫有机物很容易脱去，而沸点较高的二苯并噻吩（DBT）及其衍生物是典型的难脱除有机硫的代表物，常被用作模式化合物评价脱硫效果。20 世纪 70 年代，对 DBT 降解途径提出各种假说，可以概括为两种路线：一种是 Kodama 等提出的 C—C 键断裂氧化途径。Kodama 路线，也称破坏性路线（图 10.4），即 DBT 的 C—C 键断裂后形成水溶性含硫化合物从油中脱出（杜长海等，2002）。这样脱去的不仅是硫本身，而是整

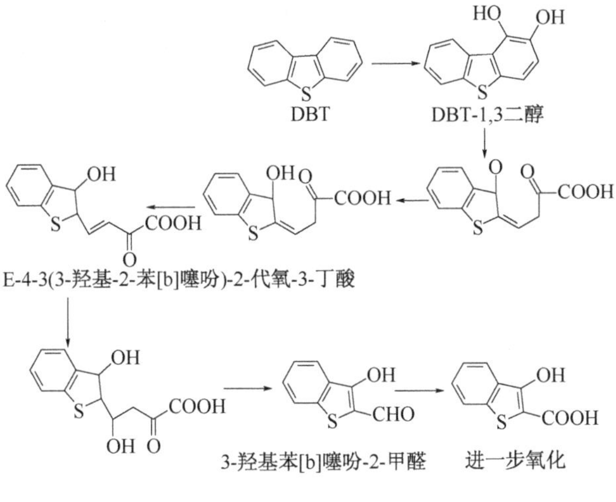

图 10.4 Kodama 路线

① $1ppm=10^{-6}$，后同。

个含硫杂环，降低燃料收率。另一种是 C—S 键断裂氧化的非破坏性路线，称为“4S”代谢途径（图 10.5），或 IGTS8 途径（刘会洲等，2008）。其特点是 DBT 中的硫原子被氧化为硫酸盐转入到水相，而其骨架结构则氧化成 2-羟基联苯（2-HBP）留在油相，没有碳的损失，更具有应用价值。

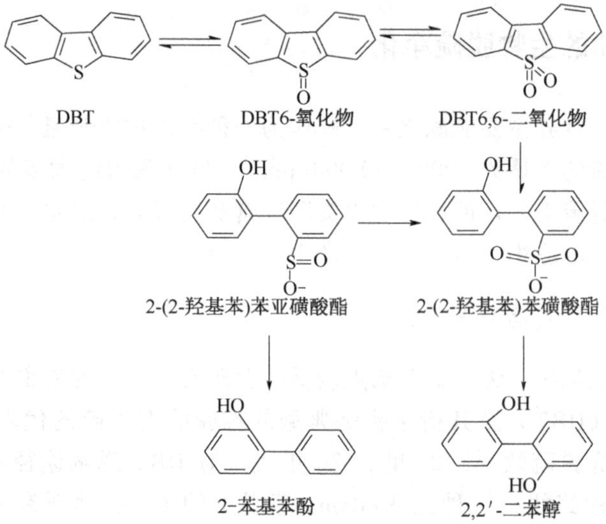

图 10.5　IGTS 8 路线

脱硫过程的 C—S 键断裂机理的研究较深入。研究用 IGTS8 证明了 C—S 键断裂氧化是由多种酶顺序催化完成的，代谢途径见图 10.6（杜长海等，2002）。

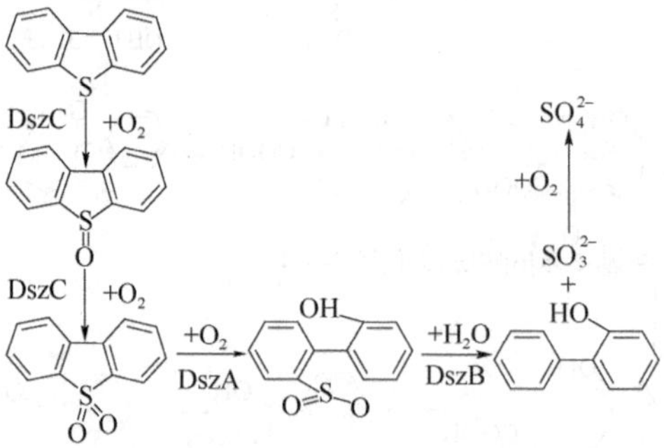

图 10.6　催化 C—S 键断裂的关键酶系

C—S 键断裂氧化涉及四个关键酶，分别标记为 DszA、DszB、DszC、DszD。第一个作用的 DszC 是单氧化酶，它催化 DBT 氧化为二苯并噻吩亚砜，再进一步氧化为砜。后者在砜单氧化酶（DszA）催化下，使砜的第一个 C—S 键断裂，形成中间体；再经脱硫酶（DszB）催化，使第二个 C—S 键断裂，硫被释放出来。DBT 脱硫后形成 2-HBP，仍然留在油相。DszD 是氧化还原酶，它分别为 DszC 和 DszA 提供必须的还原态黄素（$FMNH_2$）。

10.2.1.2 脱硫微生物

迄今为止，已分离出的可用于石油生物脱硫的主要菌种包括：假单胞菌（*Pseudomonas* sp.）、红球菌（*Rhodococcus* sp.）、棒杆菌（*Corynebacterium* sp.）、短杆菌（*Brevibacterium* sp.）、戈登氏菌（*Gordona* sp.）和诺卡氏菌（*Nocardia* sp.）。1979 年首次报道了一种异养细菌于 30℃下，在 DBT 上繁殖，可除去有机硫。1988 年，美国气体技术研究院分离出玫瑰色红细菌（*Rhodococcus rhodocrous*），它是目前公认的对 DBT 脱硫有效的菌种，该菌种已按布达佩斯条约保藏于美国典型培养物保藏中心，该菌种被称为 ICTS8（登记号为 ATCC53968）。2000 年，Maghsoudi 等从石油样品中分离得到一株脱硫棒杆菌 *Corynebacterium* sp. P32C1。该菌株在发酵罐中培养 27h 就可以将 0.25mol/L DBT 全部转化成 2HBP（郭文革和张学军，2005）。用在指数生长期后期制备的休止细胞可在 30min 内完全转化 0.5mol/LDET，最大 2HBP 的生产速率达到 37mmol/（kg dry cell · h）。目前被公认的菌株见表 10.4（刘凤等，2003）。

表 10.4 几种有效的脱硫菌种

菌 种	基质	分解产物
假单胞菌 CB1(*Pseudomonas* sp.CB1)	DBT、煤	羟基联苯、硫酸根
不动杆菌 CB2(*Acinetobacter* sp. CB2)	DBT	羟基联苯、硫酸根
革兰氏阳性菌细菌(grampositive bacteria)	煤	硫酸根
玫瑰色红细菌(*Rhodococcus rhodochrous*)	DBT、石油、煤	羟基联苯、硫酸根
脱硫弧菌(*Desulfovibrio desulfuricans*)	DBT	联苯、H_2S
棒状杆菌(*Corynebacterium* sp.)	DBT	羟基联苯、硫酸根
短杆菌 Do(*Brevibacterium* sp.Do)	DBT	安息香酸、亚硫酸盐联苯、H_2S
假单胞菌 Osl(*Pseudomonas* sp.Osl)	甲基苯、甲基磺酸盐	苯醛
红球菌 SY1(*Rhodococcus*.SY1)	DBT、DMS、DMSO	硫酸根、甲烷

10.2.1.3 脱硫方法

对于不同的生物脱硫技术而言，固定化细胞脱硫技术可以实现生物催化剂的重复使用，减少染菌概率，改善油水比例，降低成本并提高脱硫效率。固定化细胞脱硫被认为是最有前景的脱硫方法。Chang 等用硅藻土固定 CYKS1 和 CYKS2 菌株，并研究其催化脱硫的能力，固定化细胞重复培养 7 或 8 批，每批时间为 24h。用 CYKS1 处理标准油（含有 DBT 的十六烷）时，第一批培养可脱去 4.0mmol/(L · h) DBT（0.13g 硫/L），最后一批可脱硫

0.25g/L。平均脱硫速率由第一批的0.24mg/(L·h)上升到最后一批的0.48mg/(L·h)；用CYKS2催化脱硫时，重复培养后脱硫速率并无明显变化，如果固定化细胞在4℃的1mol/L的磷酸缓冲溶液（pH7.0）中保存10天后，脱硫活力降至原始值的50%～70%。Settl等选择一些亲水性的天然物质作为吸附剂来固定化细胞，从而消除碳氢化合物吸收机制的制约，这种方法特别适用于水也参与到DBT降解反应的脱硫过程，并进行了固定化细胞生物反应器的设计。

目前正在使用的BDS技术是炼油技术的补充，当前通用的工艺构型是一种连续搅拌罐组式反应器（STS）（图10.7）（刘凤等，2003）。

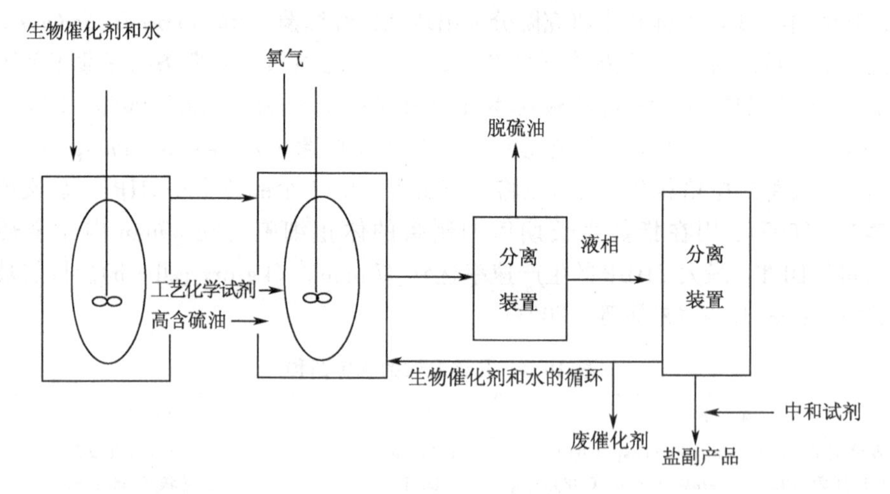

图10.7　连续搅拌罐组式反应器装置

对于含硫高的燃油、工艺化学试剂和生物催化剂等被加入到反应器中，生成的脱硫油、含硫的水和生物催化剂的混合物被连续地移走，接着这些油、生物催化剂和水的混合物经过两个分离步骤，首先是把生物催化剂和水从脱硫油中分离出来，第二步是从生物催化剂中分离出硫化合物副产品（在水溶液中），然后分出的生物催化剂再返回到反应器中被循环使用。图10.7中的搅拌装置也有人建议用气提装置代替，其优点是利用空气与液相之间的浮力来对混合物进行搅拌，以提高反应效率。考虑到大部分炼油厂现行的设备是HDS装置，所以各国正积极开发HDS和BDS联合装置，这样既弥补了彼此的不足，又节省了操作经费。现已成形的连用设备有两种，一种是HDS顺流连接BDS，另一种是BDS高含硫裂化原料脱硫装置。

10.2.2 煤炭的生物脱硫净化

10.2.2.1 我国煤炭分布

煤炭是世界能源的重要组成部分，我国是世界上最大的产煤国和煤消耗国，煤炭占我国一次能源的3/4。我国煤平均硫分为1.11%，高硫分的煤比例大，高硫煤储量占煤炭总量的1/3左右，西南地区煤含硫量为3.23%，西北地区煤的含硫量平均为3.05%，中南地区煤的含硫量为2.02%，华北地区煤的含硫量为1.65%，山东地区煤炭含硫量平均在2%以上。

10.2.2.2 煤炭中硫的存在形式

煤炭脱硫与硫在煤炭中的存在状态有着密切的关系，硫在煤炭中存在形式复杂，它主要包括无机硫和有机硫，有时还包括微量的呈单体状态的元素硫。无机硫主要有硫化物硫（黄铁矿硫和白铁矿硫）与硫酸盐硫（石膏类矿物），黄铁矿是煤炭中硫的主要组成部分。有机硫主要包括硫醚、硫醇、噻吩等存在形式。有机硫与无机硫不同，它是煤中有机质组成部分，以共价键结合，主要来源于成煤植物细胞中蛋白质。换句话说，它是成煤植物本身的硫在成煤过程中参与煤的形成转到煤里面，均匀分布于煤中。煤中硫的存在形式见如图10.8所示（朱申红等，2001）。

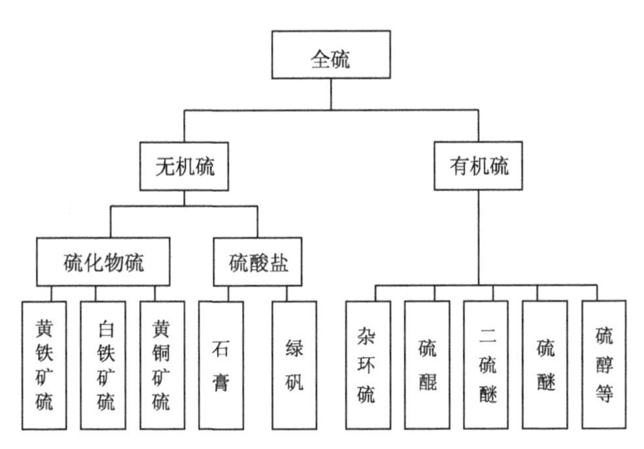

图10.8 煤中硫的存在形式

10.2.2.3 煤炭脱硫技术

煤炭的脱硫技术总的来说可以分为燃前脱硫、燃中脱硫和燃后脱硫。燃中脱硫的缺点主要在于脱硫效率低下，一般只有50%～60%，而且易于结渣、堵塞，技术方面不成熟。燃后脱硫虽然效果好，脱硫率可达 80%以上，但投资大、运行成本高，脱硫后废石膏的出路少。并且，燃烧中脱硫和燃烧后烟气脱硫均属被动防治方法，燃前脱硫为主动防治，以降低煤硫含量，提高煤价，扩大应用市场。此外，燃前脱硫所需投资仅为烟气脱硫的 1/10，并且一般在原煤产地进行，可避免污染的异地转移，为最佳的脱硫途径。

煤的燃前脱硫包括物理法、化学法和微生物法三种。物理法是采用重选、磁选、浮选的方法来对煤进行处理，优点是过程较简单；缺点是只能脱除大部分无机硫，而不能脱除煤中有机硫。化学法是在高温高压下通过氧化剂把硫氧化，或把硫置换而达到脱硫目的。优点是能脱除大部分无机硫，不受硫的晶体大小、结构、分布的影响，同时，能脱除部分有机硫；缺点是条件苛刻，需高温高压，能耗高，费用大。生物法是利用微生物能选择性的氧化煤中的有机硫和无机硫，从而达到除去煤中硫的目的。其优点是能专一脱除结构复杂、嵌布粒度很细的无机硫（黄铁矿），同时又能脱除部分有机硫，而且投资少、运行成本低，脱硫效率高。因此，通过发展和应用微生物脱硫技术来降低煤的含硫量具有非常重要的意义。

10.2.2.4 脱硫微生物

据报道，可用于浸矿的微生物多达有几十种。按照它们最佳生长温度可以分为三类：中温菌（mesophile）、中等嗜热菌（moderate thermophile）和高温菌（thermophile）。煤脱除无机硫的微生物主要有氧化亚铁硫杆菌（*Thiobacillus ferrooxidans*）、氧化硫硫杆菌（*Thiobacillus thiooxidans*）、氧化亚铁微螺菌（*Leptospirillum ferrooxidans*）三种，这三种细菌为中温菌，其中，前两种属于硫杆菌属，后一种为微螺菌属。对于脱除煤炭中的有机硫，目前最有效的菌种为假单细胞菌属（*Pseudomonas*）的假单胞菌（CBI）、硫化叶菌属（*Sulfolobus*）中的叶硫球菌（*S. acidocaldarius*）、*S. brierleyi*、红球菌属、芽孢杆菌属、不动杆菌属、根瘤菌属以及埃希氏菌属等。

10.2.2.5 脱硫方法

正在研究和应用的煤炭生物脱硫方法主要有 3 种：微生物浸出法，表面改性浮选法和生物选择性絮凝法。

微生物浸出法脱除煤中黄铁矿的过程，实质是一个生物氧化过程，在这个过程中微生物作为一种催化剂转化不溶性无机物黄铁矿为可溶性形式，从而获得其生长代谢所必需的能量。生物浸出主要是利用嗜硫菌对黄铁矿晶格的直接氧化，或者通过细菌代谢产物对黄铁矿晶格的间接氧化作用，使不溶性黄铁矿转化成可溶性硫酸进入溶液，而达到脱硫目的。直接氧化就是指微生物（细菌）附着在煤粒表面上与煤粒表面的硫化矿直接发生作用，从而使矿物氧化溶解。以氧化亚铁硫杆菌（简写 *T. f* 菌）为例，在有 O_2 和 H_2O 存在的情况下，对黄铁矿会有如下反应：

$$2FeS_2 + 7O_2 + 2H_2O \xrightarrow{\text{细菌}} 2FeSO_4 + H_2SO_4 \quad (10.1)$$

$$4FeSO_4 + O_2 + 2H_2SO_4 \xrightarrow{\text{细菌}} 2Fe_2(SO_4)_3 + 2H_2O \quad (10.2)$$

间接氧化作用是指矿物 FeS_2 在 *T. f* 菌代谢过程中，产生的硫酸高铁作用下发生的化学溶解作用，反应如下：

$$FeS_2 + 7Fe_2(SO_4)_3 + 8H_2O \xrightarrow{T.f\text{菌}} 15FeSO_4 + 8H_2SO_4 \quad (10.3)$$

反应所生成的硫酸亚铁又被细菌氧化成硫酸铁（Fe^{3+}），形成新的氧化剂，从而使间接氧化作用不断进行下去。

20 世纪 90 年代开始，国内外的有关研究人员把微生物处理技术与选煤技术结合起来，研究开发了微生物浮选脱硫技术，即微生物表面预处理浮选脱硫法。这种方法是把煤首先粉碎成微粒并与水混合，然后在其悬浮液中吹进微细气泡，煤和黄铁矿的表面均可附着气泡，由于空气和水的浮力作用，两者一起浮于水面不能分开。如果将微生物加入到煤泥水溶液中，微生物只附着在黄铁矿颗粒的表面，使得黄铁矿的表面由疏水性变成亲水性。而与此同时，微生物却难以附着在煤颗粒表面，而使煤粒仍保持其疏水性表面的特点。在气泡的推动下，煤粒上浮而黄铁矿颗粒则下沉，从而把煤和黄铁矿分开。其工艺流程如图 10.9 所示（康淑云，1999）。

微生物表面预处理浮选法可以大大地缩短微生物脱硫的处理时间。据报道，采用该方法在试验中微生物在数秒内就能起作用，脱硫时间只需数分钟，从而大幅度地缩短了处理时间。此外，该方法在脱除煤中黄铁矿时，矿物质也同时作为尾矿，因此可达到同时脱硫脱灰的目的。

生物选择性絮凝法与微生物表面氧化浮选脱硫法不同，微生物选性絮凝脱硫法是采用本身疏水的细菌吸附于煤粒的表面，通过细菌的吸附，使煤粒形成稳定的絮团。但是，这种细菌很少吸附到黄铁矿表面。其实质是利用细菌对不同矿物絮凝能力的不同，即选择性吸附能力的差异，实现煤与黄铁矿的分离。该法的关键是能够筛选培育出具有选择性絮凝作用的微生物菌种。例如，草分枝杆菌（*Mycobacterium phlei*）属革兰氏阳性棒状原核生物，广泛地存在于自然界中。研究发现它无毒无害，对所有动物都不致病，对该菌采用红外光谱分析，结果表明：草分枝杆菌表面含有环烷烃、脂环烃、芳香环多种具有高度的疏水性有机官能团。因此，草分枝杆菌是一种强疏水性微生物。另外，其菌体表面还含有—OH或—NH、—COO 等多种离子化基团，使其带有较强的电性。草分枝杆菌对煤泥水具有良好的选择性絮凝脱硫效果。

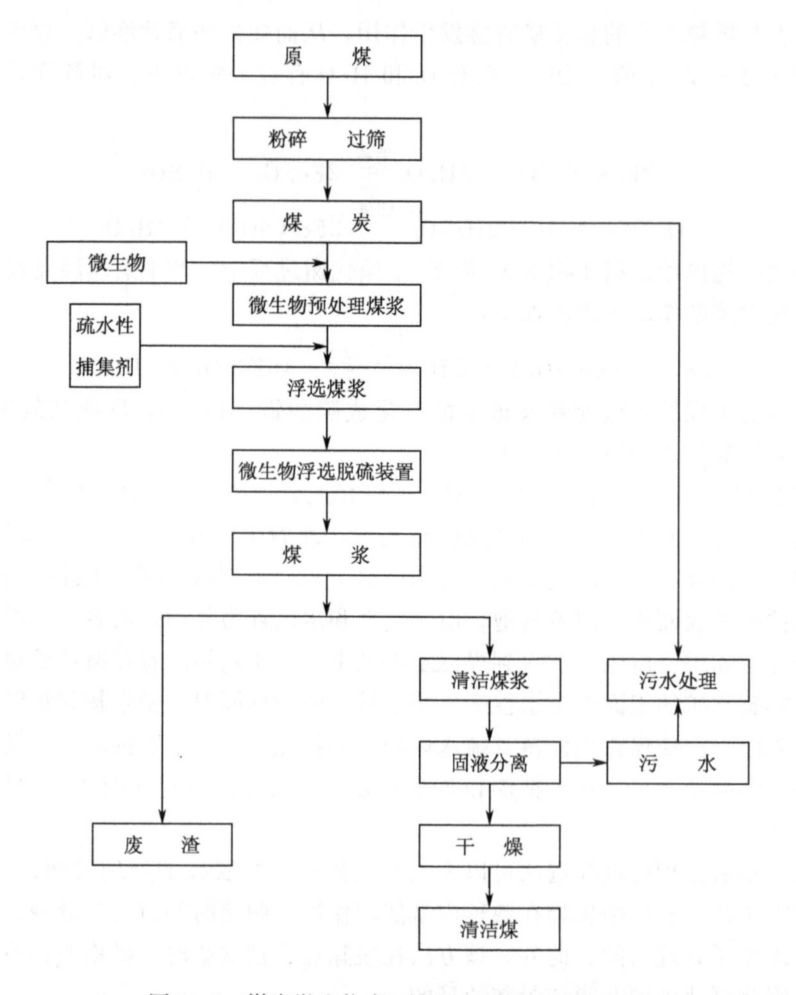

图 10.9　煤炭微生物表面预处理浮选法工艺流程

除了以上方法外，目前还有一些正处在实验室研究阶段的煤炭生物脱硫方法，如细菌油团聚法和生物-非生物脱硫法等。

10.2.2.6　煤炭脱硫展望

21世纪是高效、洁净和安全利用能源时代，对我国由于燃煤造成的日益严重的大气环境污染问题，开展燃煤脱硫技术具有重大的现实意义。微生物法脱硫是人工加速自然界硫循环的过程，尽管还存在许多的问题，但这种技术对生态环境的效益是其他脱硫方法无可比拟的。据分析，微生物脱硫成本在每吨40～50元，比现行的煤燃中脱硫技术、燃烧后的烟气脱硫技术和其他燃烧前脱硫技术都更具有竞争力。我国在煤炭微生物脱硫技术进行系统性的研究还远远不够，而且就目前来看该技术还很不成熟。因此，开发适合我国的微生物脱硫技术具有广阔的前景，对满足日益增长的煤炭能源需求和遵循日益严格的环保法规具有特别重要的意义。

今后对煤炭微生物脱硫技术的发展重点是，如何采取可持续发展的战略，开发廉价的、操作简便的煤脱硫技术。在我国利用生物技术进行煤炭脱硫，处于实验室和半工业化应用阶段，要想实现完全的工业化还有很多问题需要解决：①煤的生物溶解，将在对微生物进行筛选、驯化、转基因基础上，进一步提高微生物对煤的溶解速率和转化率。②目前进行微生物脱硫的菌种尽管有几十种，但主要是氧化亚铁硫杆菌，所选菌种尚嫌单一。而且大多为嗜酸和耐热菌，对设备要求较高，必须继续进行菌种的培育与筛选，选择出适应能力强、繁殖速度快、脱硫效率高的菌种。③煤炭中某些杂质对微生物有毒性，会抑制微生物的生长和作用。④筛选既能溶解煤分子，又能脱硫的微生物对风化褐煤等低品位煤的加工处理，提高褐煤等附加值，合理高效地利用煤炭资源具有重要意义。⑤微生物和生物催化剂对温度十分敏感，在大规模生产中，传热将是一个非常棘手的问题。⑥煤是一种非均质的物质，对于煤中有机硫的检测还缺乏一种确定的方法。

10.2.3 沼气的生物脱硫净化

10.2.3.1 引言

在能源紧张的今天，沼气作为宝贵的生物能源，对解决目前的能源危机有重要的现实意义。沼气能源建设，一方面满足了农村生产生活的需要；另一方面，随着工业生产的发展，对环境带来的越来越严重的污染问题，尤其是工业有机废水和生活垃圾对生活环境的危害日趋严重，沼气工程优越的废物处理技术为治理环境污染、回收能源提供一种行之有效的变废为宝的方法，是一项绿色环保工程。

但是，厌氧发酵后所产生的沼气中，除主要含有 CH_4 和 CO_2，还含有微量的 H_2S 气体。我国环保标准严格规定，利用沼气能源时，沼气气体中硫化氢含量不得超过 $20g/m^3$。为达到这个指标的要求，为此必须设法除去沼气中的 H_2S 气体，使处理结果达到国家标准的要求。

10.2.3.2 脱硫方法

沼气脱硫的方法有两种，即生物法和化学法。化学法脱硫可以分为碱吸收、化学吸附、化学氧化以及高温热氧化等几种方法。以往化学法广泛地用于硫化氢的去除中，且累积了丰富的经验，但却存在着运行费用高、投资大、产生二次污染等缺点。

生物脱硫是利用硫细菌，如脱氮硫杆菌、氧化硫硫杆菌、排硫硫杆菌、丝状硫细菌等，在微氧的条件下将 H_2S 氧化成单质硫。生物法以其设备简单、能耗低、产生二次污染少，尤其适合处理低浓度气态污染物的特点，受到人们的广泛重视。通过硫细菌的代谢作用，将硫化氢转化为单质硫。根据微生物的活动类型，硫细菌有三种：光合细菌，反硝化细菌，无色硫细菌。研究表明：硫细菌属（*Thiobaillus*）在代谢的过程中可将代谢产物硫颗粒释放到细胞外，在好氧且氧的浓度为生化反应限速因素或者硫化物负荷较高的状态下，可以达到脱硫目的。但有些硫细菌（*Beggiatoa*，*Thiothrix* 和 *Thiospira*）将产生的硫积累于细胞内部，此外，杂菌生长还会造成反应器中的污泥膨胀，给单质硫的分离带来麻烦。如果不能及时得到分离，就会存在进一步氧化的问题，从而影响脱硫效率。所以，在脱硫单元运行的过程中，必须严格控制反应条件，以控制这类微生物的优势生长。值得注意的是，在氧过量的情况下，硫化物会被氧化为硫酸盐从而影响脱硫的效率。这是在脱硫过程中不希望发生的。

脱硫工艺流程如图 10.10 所示，从中可以看出，从沼气发酵槽内出来的气体进入脱硫塔，同时从发酵槽内流出部分发酵液，用泵将发酵液从脱硫塔的底部打到顶部进行淋洒，发酵液当中含有大量的微生物，与沼气中的硫化氢作用后，能够生成含有硫单质的细菌存在与脱硫塔内部的填充层里，这种细菌是好氧性细菌，如果没有与硫化氢接触，可以消耗自身成为硫酸，与硫化氢相遇后能够将硫化氢氧化成单质硫（黄红良等，2006）。

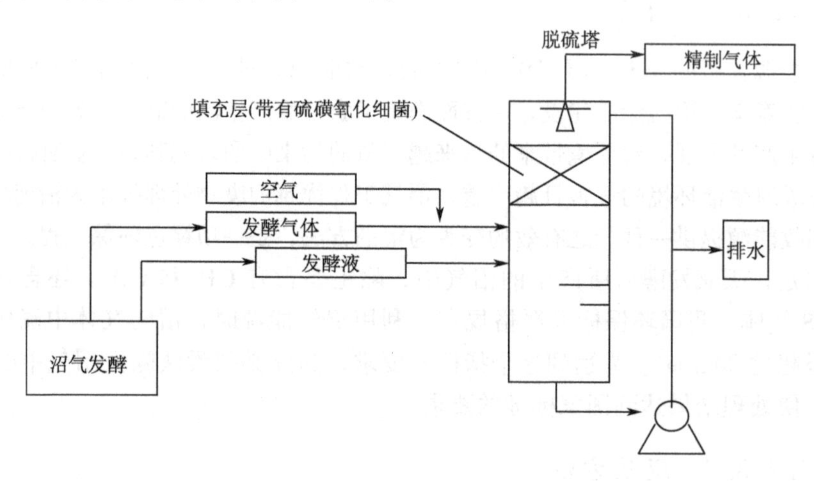

图 10.10　生物脱硫塔工艺流程

随着《中华人民共和国可再生能源法》的实施，生物质能源的开发和利用受到国家的鼓励。污泥、废水是一种有价值的资源，利用其消化产沼气，既解决了污泥出路问题，又开发了新的能源，这是可持续发展的体现。在我国，利用生物法沼气脱硫在我国也是一门新兴的学科，它以其设备简单、能耗低、产生二次污染少的特点受到了越来越多人的关注。

参考文献

卞爱华. 2001. 生物脱硫技术在石油化工中的应用开发动向. 安徽化工, 111 (3): 8～10

陈守文, 马昕, 汪履绥等. 1998. 稻草酶法水解液的丙酮丁醇发酵. 工业微生物, 28 (4): 30～34

陈駒声, 陆祖祺. 1991. 发酵法丙酮和丁醇生产技术. 北京: 化学工业出版社

杜长海, 马智, 贺岩峰等. 2002. 生物催化石油脱硫技术进. 化工进展, 21 (8): 569～571

郭文革, 张学军. 2005. 石油生物脱硫技术研究进展. 化工科技市场, (7): 28～31

黄红良, 隋静, 李伟善等. 2006. 番禺 200kW 磷酸燃料电池发电系统的脱硫设施. 广东化工, 33 (9): 46～48

焦瑞身, 郑幼霞, 沈永强等. 1960. 丙酮丁醇连续发酵的研究和生产. 上海市科技论文集. 1～23

康淑云. 1999. 微生物脱硫技术进展. 中国煤炭, 25 (5): 35～39

李冬敏, 陈洪章. 2007. 汽爆秸秆膜循环酶解耦合丙酮丁醇发酵. 过程工程学报, 7 (6): 1212～1216

刘凤, 李玲霞, 邹洪等. 2003. 石油催化脱硫新技术——生物催化脱硫. 首都师范大学学报, 24 (4): 45～50

刘会洲, 李玉光, 邢建民. 2008. 石油生物脱硫技术研发现状与前景. 生物产业技术, 4: 36～40

穆光照. 1990. 实用溶剂手册. 上海: 上海科学技术出版社

孙志浩. 1982. 丙酮丁醇发酵生产的发展. 应用微生物, (2): 41～45

王风芹, 楚乐然, 谢慧等. 2009. 纤维燃料丁醇研究进展与展望. 生物加工过程, 7 (1): 12～15

张益棻, 陈军, 杨蕴刘等. 1996. 高丁醇比丙酮丁醇梭菌的选育与应用. 工业微生物, 26 (4): 1～6

赵延飞, 晏乃强, 吴旦等. 2004. 石油的非加氢脱硫技术研究进展. 石油与天然气化工, 33 (3): 174～178

朱申红, 杨卫东, 娄性义. 2001. 煤炭脱硫技术现状及高梯度磁分离技术在脱硫中的应用. 青岛建筑工程学院学报, 22 (2): 26～29

Chen C K, Blaschek H P. 1999. Acetate enhances solvent production and prevents degeneration in *Clostridium beijerinckii* BA101. Appl Microbiol Biotechnol, 52: 170～173

Claassen P A, Budde M A, López-Contreras A M. 2000. Acetone, butanol and ethanol production from domestic organic waste by solventogenic clostridia. J Mol Microbiol Biotechnol, 2: 39～44

Ezeji T C, Qureshi N, Blaschek H P. 2004. Acetone-butanol-ethanol production from concentrated substrate: reduction in substrate inhibition by fed-batch technique and product inhibition by gas stripping. Appl Microbiol Biotechnol, 63: 653～658

Ezeji T C, Qureshi N, Blaschek H P. 2007. Bioproduction of butanol from biomass: from genes to bioreactors. Curr Opin Biotechnol, 18: 220～227

Ezeji T, Qureshi N, Blaschek H P. 2007. Butanol production from agricultural residues: impact of degradation products on *Clostridium beijerinckii* growth and butanol fermentation. Biotechnol Bioeng, 97: 1460～1469

Jones D T, Woods D R. 1986. Acetone-butanol fermentation revisited. Microbiol Rev, 50: 484～524

Lopez-Contreras A M, Gabor K, Martens A M et al. 2004. Substrate-induced production and secretion of cellulases by *Clostridium acetobutylicum*. Appl Environ Microbiol, 70: 5238～5243

Lopez-Contreras A M, Smidt H, van der Oost J et al. 2001. *Clostridium beijerinckii* cells expressing *Neocallimastix patriciarum* glycoside hydrolases show enhanced lichenan utilization and solvent production.

Appl Environ Microbiol, 67: 5127～5133

Maghsoudi S, Kheirolomoom A, Vossoughi M et al. 2000. Selective desulfurization of dibenzotniophene bynewly isolated *Corvnebacterium* sp. strain P32C1 . Riochemical Engineering Journal, 5: 11～16

Parekh S R, Parekh R S, Wayman M. 1988. Ethanol and butanol production by fermentation of enzymatically saccharified SO_2-prehydrolysed lignocellulosics. Enzyme Microbial Technol, 10: 660～668

Qureshi N, Saha B C, Cotta M A. 2008a. Butanol production from wheat straw by simultaneous saccharification and fermentation using *Clostridium beijerinckii*: part Ⅱ - fed-batch fermentation. Biomass and Bioenergy, 32: 176～183

Qureshi N, Saha B C, Hector R E et al. 2008b. Butanol production from wheat straw by simultaneous saccharification and fermentation using *Clostridium beijerinckii*: part Ⅰ-batch fermentation. Biomass and Bioenergy, 32: 168～175

Qureshi N, Saha B C, Cotta M A. 2007. Butanol production from wheat straw hydrolysate using *Clostridium beijerinckii*. Bioprocess Biosyst Eng, 30: 419～427

Soni B K, Das K, Ghose T K. 1982. Bioconversion of agro-wastes into acetone butanol. Biotechnol Lett, 4: 19～22

Walton M T, Martin J L. 1979. Production of butanol-acetone by fermentation. *In*: Peppler H J, Perlman D. Microbial Technology. 2nd ed. Vol. 1. London: Academic Press, Inc. 187～209